高等学校应用型特色规划教材

计算机网络技术与应用

(第 2 版)

罗建航　崔　丹　吴　敏　杨万扣　主　编

清华大学出版社

北　京

内容简介

本书是根据高等院校非计算机专业的培养目标和基本要求，结合作者多年的教学和应用实践经验而编写的一本计算机网络技术教材。全书共分 12 章，主要内容包括计算机网络概述、数据通信基础、网络的体系结构和协议、局域网、广域网与网络互联、Internet 技术与 Intranet、Internet 应用、网络操作系统、网络管理与网络安全、网络设计与布线、典型应用案例等。

本书以基础理论—实用技术—实训为主线组织编写。每一章都设置了“小型案例实训”，以便于读者掌握本章的重点及提高实践能力。本书最后两章详细分析了两个网络应用项目实例，旨在提高读者的综合应用能力。本书易学易用、注重能力，并对容易混淆的地方和实用性较强的内容进行了重点提示和讲解。另外，本书配有电子教案，以方便教学。

本书适合作为高等院校非计算机专业本科学生的计算机网络技术教材，也可供计算机专业专科学生及广大网络爱好者学习使用。

图书在版编目(CIP)数据

计算机网络技术与应用/罗建航等主编. --2 版. --北京：清华大学出版社，2014(2023.2 重印)
(高等学校应用型特色规划教材)
ISBN 978-7-302-37463-3

Ⅰ. ①计… Ⅱ. ①罗… Ⅲ. ①计算机网络—高等学校—教材 Ⅳ. ①TP393

中国版本图书馆 CIP 数据核字(2014)第 170691 号

责任编辑：章忆文 杨作梅
封面设计：杨玉兰
责任校对：周剑云
责任印制：宋 林

出版发行：清华大学出版社
网 址：http://www.tup.com.cn, http://www.wqbook.com
地 址：北京清华大学学研大厦 A 座 邮 编：100084
社 总 机：010-83470000 邮 购：010-62786544
投稿与读者服务：010-62776969, c-service@tup.tsinghua.edu.cn
质量反馈：010-62772015, zhiliang@tup.tsinghua.edu.cn
课件下载：http://www.tup.com.cn, 010-62791865
印 装 者：三河市龙大印装有限公司
经 销：全国新华书店
开 本：185mm×260mm 印 张：23 字 数：568 千字
版 次：2008 年 1 月第 1 版 2014 年 8 月第 2 版 印 次：2023 年 2 月第 9 次印刷
定 价：59.00 元

产品编号：057295-03

前　言

计算机网络是计算机技术和通信技术紧密结合并不断发展的一门学科。它的理论发展和应用水平直接反映了一个国家高新技术的发展水平，并成为反映一个国家现代化程度和综合国力的重要标志。在以信息化带动工业化和工业化促进信息化的进程中，计算机网络扮演了越来越重要的角色。为了适应信息社会对人才培养的需要，"计算机网络"已不再只是计算机专业的重要课程，它也成为许多非计算机专业，如管理类、应用类等相关专业的一门重要课程。

全书共分 12 章，主要内容包括计算机网络概述、数据通信基础、网络的体系结构和协议、局域网、广域网与网络互联、Internet 技术与 Intranet、Internet 应用、网络操作系统、网络管理与网络安全、网络设计与布线、典型应用案例等。

本书本着理论与实践并重的原则，在介绍适度理论的同时，每一章都设置了"小型案例实训"，以便于读者掌握本章的重点及提高实践能力。本书最后两章详细分析了两个网络应用项目示例，包括规划设计及管理维护的完整过程，便于读者将前面所学的知识点串联起来，提高综合应用能力。

本书具有如下特色。

1. 定位准确

本书在满足非计算机专业对于计算机网络的理论范围和深度要求的基础上，以计算机网络的基本概念、原理、方法和技术为核心进行内容组织，并配备实例进行说明，力求做到概念清晰、原理讲述清楚，适合非计算机专业的本科学生使用。

2. 体系结构和内容有重要创新

本书以基础理论—实用技术—实训为主线组织编写。全书内容新颖，既介绍成熟的理论与技术，也注重介绍网络的新发展、新动向。

3. 理论与实践并重

本书在重点阐述计算机网络原理和技术的基础上，比较详细地介绍了一些计算机网络的典型应用。例如我们在每一章都设置了实训案例，以便于读者提高实践能力，并在最后两章详细讨论了网吧系统和校园网系统的分析和设计，综合应用前面所学的计算机网络技术，有助于全面提高学生的综合应用水平。

本书易学易用、注重能力，对易混淆的地方和实用性较强的内容进行了重点提示和讲解。本书适合作为高等院校非计算机专业本科学生的计算机网络技术教材，也可供计算机

专业专科学生和广大网络爱好者学习使用。

本书由罗建航、崔丹、吴敏、杨万扣任主编。在此要感谢何光明、陈海燕、王珊珊、周海霞、卢振侠、石雅琴、张华丽、陈莉萍、缪静文、刘邦辉、张居晓、马新兵等同志的关心和帮助。

限于作者水平，书中难免存在不当之处，恳请广大读者批评指正。联系邮箱：iteditor@126.com。

编者

目　录

第 1 章　计算机网络概述

本章要点

- ☑ 计算机网络的发展历程
- ☑ 计算机网络的功能与应用
- ☑ 计算机网络的组成与拓扑结构
- ☑ 计算机网络的分类

1.1　认识计算机网络

随着计算机应用的深入，特别是家用计算机的日益普及，人们一方面希望众多用户能共享信息资源，另一方面也希望各计算机之间能互相传递信息进行通信。个人计算机的硬件和软件配置一般都比较低，功能也有限，因此，要求大型与巨型计算机的硬件和软件资源，以及它们所管理的信息资源能够被众多的微型计算机所共享，以便充分利用这些资源。正是这些原因，促使计算机向网络化发展，人们将分散的计算机连接成网，组成计算机网络。

计算机网络是由计算机设备、通信设备、终端设备等网络硬件和软件组成的大的计算机系统。网络中的各个计算机系统具有独立的功能，它们在断开网络连接时，仍可单机使用。

所谓计算机网络是指互连起来的、功能独立的计算机集合。这里的“互连”意味着互相连接的两台或两台以上的计算机能够互相交换信息，能够实现资源共享的目的。而“功能独立”是指每台计算机的工作是独立的，任何一台计算机都不能干预其他计算机的工作，任意两台计算机之间都没有主从关系。

从这个简单的定义中可以看出，计算机网络涉及以下 3 方面的问题。

(1) 两台或两台以上的计算机相互连接起来才能构成网络，达到资源共享的目的。

(2) 两台或两台以上的计算机连接，互相通信，交换信息，需要有一条通道。这条通道的连接是物理的，由硬件实现，这就是连接介质(有时称为信息传输介质)。它们可以是双绞线、同轴电缆或光纤等“有线”介质，也可以是激光、微波或卫星等“无线”介质。

(3) 计算机系统之间的信息交换，必须有某种约定和规则，这就是协议。这些协议可以由硬件或软件来完成。

因此，我们可以把计算机网络定义为：将地理位置分散的、功能独立的多台计算机系统通过线路和设备互连起来，以功能完善的网络软件实现网络中资源共享和信息交换的系统。

1.2　计算机网络的产生和发展

计算机网络是现代通信技术与计算机技术相结合的产物。计算机网络始于 20 世纪 50 年代，是 20 世纪最伟大的科学技术成就之一，经历了从简单到复杂、从单机到多机、从

终端与计算机之间的通信到计算机与计算机之间的直接通信的演变过程。

1.2.1 联机系统

联机系统，即以一台中心计算机连接大量在地理上处于分散位置的终端。终端通常指一台计算机的外部设备，现在的终端概念已定位到一种由显示器、控制器及键盘合为一体的设备。

随着连接的终端数目的增加，为了减轻中心计算机的负担，在通信线路和中心计算机之间设置了一个前端处理机(Front End Processor，FEP)或通信控制器(Communication Control Unit，CCU)，专门负责与终端之间的通信控制。从而也就出现了数据处理与通信控制的分工，以便更好地发挥中心计算机的处理能力。另外，在终端较集中的地区，设置集线器和多路复用器，通过低速线路将附近群集的终端连至集线器和复用器，然后通过高速线路、调制解调器与远程计算机的前端处理机相连，构成如图 1-1 所示的远程联机系统。

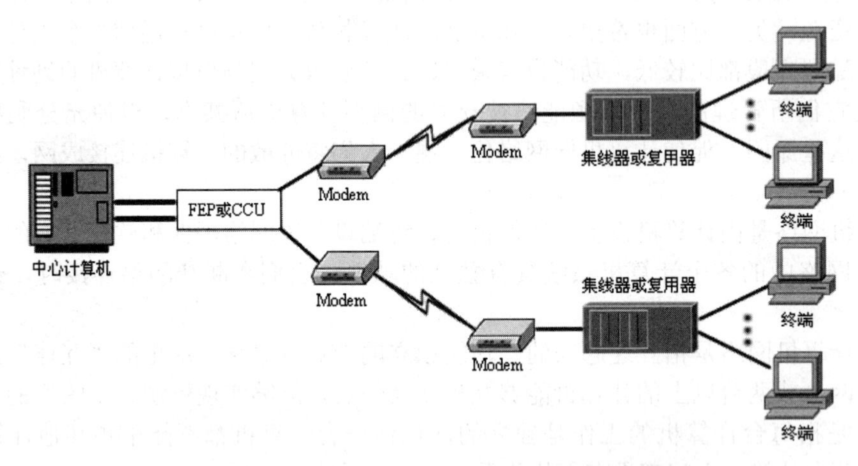

图 1-1 以单计算机为中心的远程联机系统结构示意图

1.2.2 计算机互联网络

从 20 世纪 60 年代中期开始，出现了若干个计算机互联系统，开创了计算机-计算机通信的时代。随后各大计算机公司都陆续推出了自己的网络体系结构，以及实现这些网络体系结构的软、硬件产品。1974 年 IBM 公司提出的 SNA(System Network Architecture)和 1975 年 DEC 公司推出的 DNA(Digital Network Architecture)就是两个著名的例子。但这些网络也存在不少弊端，主要问题是不同厂家提供的网络产品实现互联十分困难。这种自成体系的系统称为“封闭”系统。因此，人们迫切希望建立一系列的国际标准，得到一个“开放”系统，这正是推动计算机网络走向国际标准化的一个重要因素。

这个阶段典型的计算机网络如图 1-2 所示。这一阶段计算机网络的主要特点是资源的多向共享、分散控制、分组交换、采用专门的通信控制处理机、分层的网络协议，这些特点往往被认为是现代计算机网络的典型特征。但这个时期的网络产品彼此之间是相互独立的，没有统一标准。

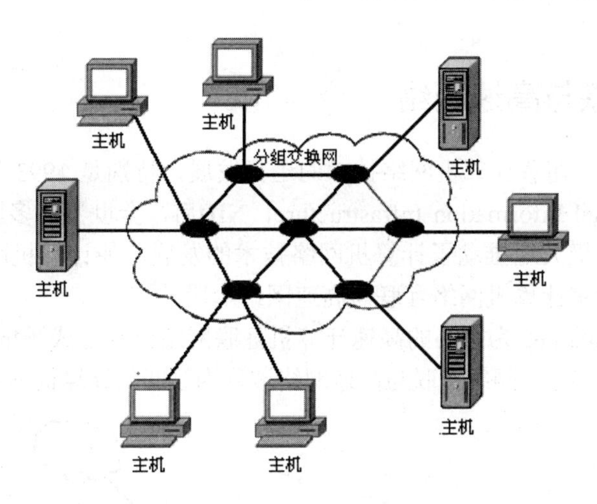

图 1-2　以多计算机为中心的网络结构示意图

1.2.3　标准化网络

20 世纪 70 年代中期，计算机网络开始向体系结构标准化的方向迈进，即正式步入网络标准化时代。1984 年国际标准化组织(International Standards Organization，ISO)正式颁布了一个开放系统互连参考模型的国际标准 ISO 7498。该模型分为七个层次，有时也被称为 ISO 七层模型。从此网络产品有了统一的标准，同时也促进了企业的竞争，尤其为计算机网络向国际标准化方向发展提供了重要依据。

20 世纪 80 年代，随着微机的广泛使用，局域网获得了迅速发展。美国电气与电子工程师协会(IEEE)为了适应微机、个人计算机以及局域网发展的需要，于 1980 年 2 月在旧金山成立了 IEEE 802 局域网络标准委员会，并制定了一系列局域网络标准。在此期间，各种局域网大量涌现。新一代光纤局域网——光纤分布式数据接口(FDDI)网络标准及产品的相继问世，为推动计算机局域网络技术进步及应用奠定了良好的基础。这一阶段典型的标准化网络结构如图 1-3 所示，通信子网的交换设备主要是路由器和交换机。

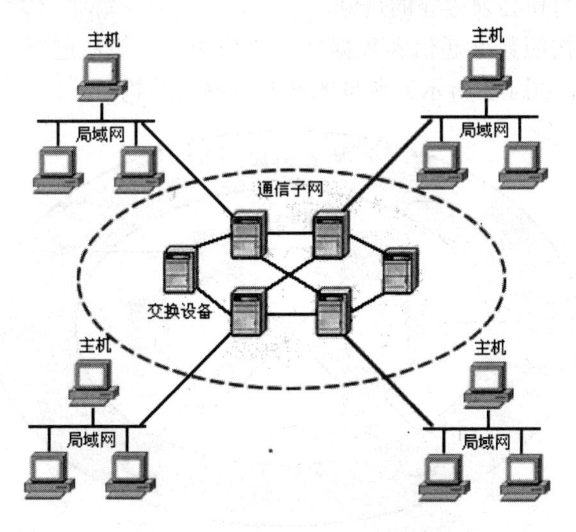

图 1-3　标准化网络结构示意图

1.2.4　网络互联与高速网络

20 世纪 90 年代，随着计算机网络技术的迅猛发展，特别是 1993 年美国宣布建立国家信息基础设施(National Information Infrastructure，NII)后，全世界许多国家都纷纷制定和建立本国的 NII，从而极大地推动了计算机网络技术的发展，使计算机网络的发展进入了一个崭新的阶段，这就是计算机网络互联与高速网络阶段。

目前，全球以 Internet 为核心的高速计算机互联网络已经形成，Internet 已经成为人类最重要、最大的知识宝库。网络互联与高速网络被称为第四代计算机网络，如图 1-4 所示。

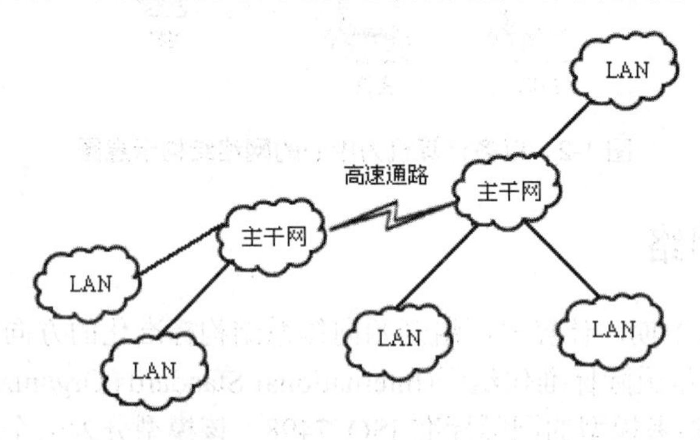

图 1-4　网络互联与高速网络结构示意图

1.3　计算机网络的组成

一般而论，计算机网络有 3 个主要组成部分：若干个主机，它们分别为用户提供服务；一个通信子网，它主要由节点交换机和连接这些节点的通信链路所组成；一系列的协议，这些协议是为在主机和主机之间或主机和子网中各节点之间的通信而服务的，它们是通信双方事先约定好的和必须遵守的规则。

为了便于分析，按照数据通信和数据处理的功能，一般从逻辑上将网络分为通信子网和资源子网两个部分，图 1-5 所示为典型的计算机网络结构。

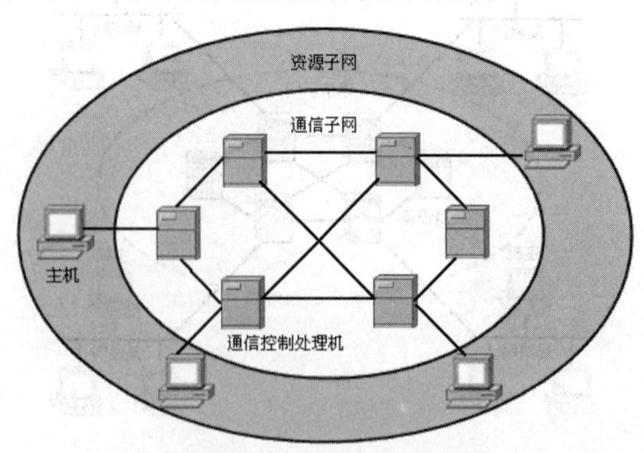

图 1-5　典型的计算机网络结构

1. 通信子网

通信子网由通信控制处理机(CCP)、通信线路与其他通信设备组成，负责完成网络数据的传输、转发等通信处理任务。

通信控制处理机在网络拓扑结构中被称为网络节点。它一方面作为连接资源子网的主机和终端的接口，将主机和终端连入网内；另一方面它又作为通信子网中的分组存储转发节点，完成分组的接收、校验、存储、转发等功能，实现将源主机报文准确发送到目的主机的作用。目前通信控制处理机一般为路由器和交换机。

注意： 在以交互式应用为主的微机局域网中，一般不需要配备通信控制处理机，但需要安装网络适配器(即网卡)，用来担负通信部分的功能。

通信线路用于为通信控制处理机与通信控制处理机、通信控制处理机与主机之间提供通信信道。计算机网络采用了多种通信线路，如电话线、双绞线、同轴电缆、光纤电缆、无线通信信道、微波与卫星通信信道等。

2. 资源子网

资源子网由主机系统、终端、终端控制器、联网外设、各种软件资源与信息资源组成。资源子网实现全网面向应用的数据处理和网络资源共享，它由各种硬件和软件组成。

(1) 主机系统(Host)：它是资源子网的主要组成单元，装有本地操作系统、网络操作系统、数据库、用户应用系统等软件。它通过高速通信线路与通信子网的通信控制处理机相连接。普通用户终端可以通过主机系统连入网内。早期的主机系统主要是指大型机、中型机与小型机。

(2) 终端：它是用户访问网络的界面。终端可以是简单的输入、输出终端，也可以是带有微处理器的智能终端。智能终端除具有输入、输出信息的功能外，本身具有存储与处理信息的能力。终端可以通过主机系统连入网内，也可以通过终端设备控制器、报文分组组装与拆卸装置或通信控制处理机连入网内。

(3) 网络操作系统：它是建立在各主机操作系统之上的一个操作系统，用于实现不同主机之间的用户通信，以及全网硬件和软件资源的共享，并向用户提供统一的、方便的网络接口，便于用户使用网络。

(4) 网络数据库：它是建立在网络操作系统之上的一种数据库系统，可以集中驻留在一台主机上(集中式网络数据库系统)，也可以分布在多台主机上(分布式网络数据库系统)。它向网络用户提供存取、修改网络数据库的服务，以实现网络数据库的共享。

(5) 应用系统：它是建立在上述部件基础上的具体应用，以实现用户的需求。图 1-6 表示了主机操作系统、网络操作系统、网络数据库系统和应用系统之间的层次关系。图中，UNIX、Windows 为主机操作系统，NOS 为网络操作系统，NDBS 为网络数据库系统，AS 为应用系统。

3. 现代网络结构的特点

在现代的广域网结构中，随着使用主机系统用户的减少，网络结构已经发生了巨大的变化。目前，通信子网由交换设备与通信线路组成，它负责完成网络中的数据传输与转发任务。交换设备主要包括路由器与交换机。随着微型计算机的广泛应用，联入局域网的微型计算机数目日益增多，它们一般通过路由器将局域网与广域网相连接，图 1-3 所示即为目前常见的计算机网络的结构示意图。

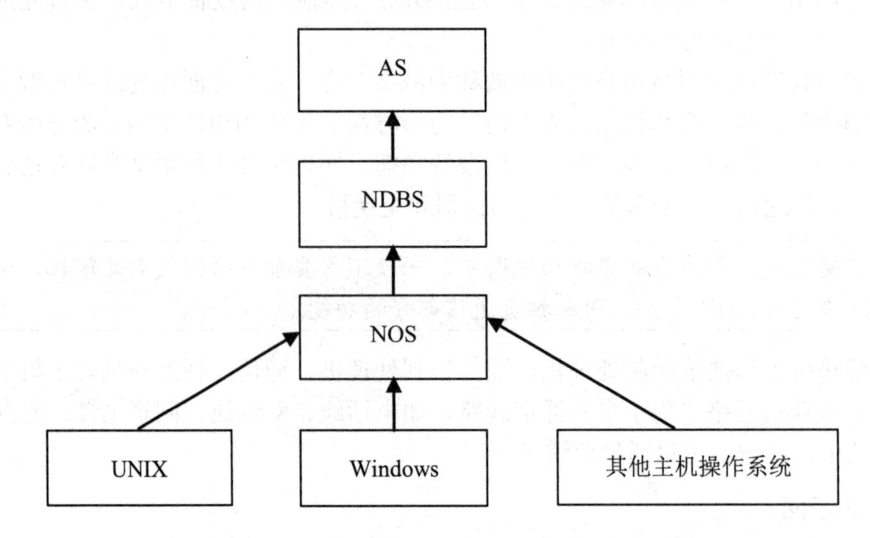

图 1-6　主机操作系统、网络操作系统、网络数据库系统和应用系统之间的层次关系

另外，从组网的层次角度看网络的组成结构，也不一定是一种简单的平面结构，而可能变成一种分层的立体结构。图 1-7 所示即为一个典型的三层网络结构，最上层称为核心层；中间层称为分布层；最下层称为访问层；为最终用户接入网络提供接口。

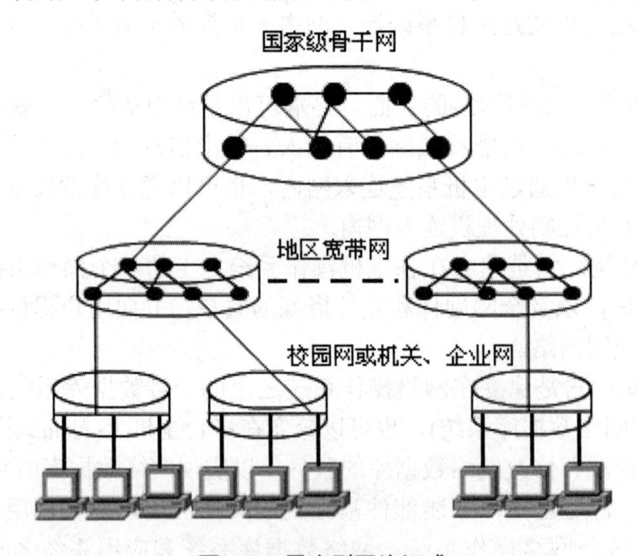

图 1-7　层次型网络组成

1.4　计算机网络的功能

计算机网络是计算机技术和通信技术紧密结合的产物，它不仅使计算机的作用范围超越了地理位置的限制，而且大大加强了计算机本身的信息处理能力。计算机网络具有单个计算机所不具备的众多功能，分别介绍如下。

1. 数据交换和通信

计算机网络中的计算机之间或计算机与终端之间，可以快速可靠地相互传递数据、程序或文件。例如，电子邮件(E-mail)可以使相隔万里的异地用户快速准确地相互通信；电子数据交换(EDI)可以在商业部门(如银行、海关等)或公司之间实现订单、发票、单据等商业文件安全准确的交换；文件传输服务(FTP)可以实现文件的实时传递，为用户复制和查找文件提供了有力的工具。

2. 资源共享

充分利用计算机网络中提供的资源(包括硬件、软件和数据)是计算机网络组网的目标之一。计算机的许多资源是十分昂贵的，不可能为每个用户所拥有。例如，进行复杂运算的巨型计算机、海量存储器、高速激光打印机、大型绘图仪和一些特殊的外部设备等，另外还有大型数据库和大型软件等。然而这些昂贵的资源都可以为计算机网络上的用户所共享，既可以使用户减少投资，又可以提高这些昂贵资源的使用效率。

3. 提高系统的可靠性和可用性

在单机使用的情况下，如果没有备用机，则计算机一有故障便会停机；如果增加备用机，则费用会大大增加。当计算机连成网络后，各计算机可以通过网络互为后备，当某一处计算机发生故障时，可由别处的计算机代为处理。还可以在网络的一些节点上设置一定的备用设备，起到全网络公用后备的作用。这样计算机网络就能起到提高系统可靠性及可用性的作用了。特别是在地理位置分布很广且具有实时性管理和不间断运行要求的系统中，建立计算机网络便可以保证系统更高的可靠性和可用性。

4. 均衡负荷，相互协作

对于大型的任务或当网络中某台计算机的任务负荷太重时，可将任务分散到较空闲的计算机上去处理，或由网络中比较空闲的计算机分担负荷。这就使得整个网络资源能互相协作，以免网络中的计算机使用不均，既影响任务又不能充分利用计算机资源。

5. 分布式网络处理

在计算机网络中，用户可根据问题的实质和要求选择网内最合适的资源来处理，以便问题能迅速而经济地得到解决。对于综合性大型问题，可以采用合适的算法将任务分散到不同的计算机上进行处理。各计算机连成网络也有利于共同协作进行重大科研课题的开发和研究。利用网络技术还可以将许多小型机或微型机连成具有高性能的分布式计算机系统，使它具有解决复杂问题的能力，从而使费用大为降低。

6. 提高系统性能价格比，易于扩充，便于维护

计算机组成网络后，虽然增加了通信费用，但由于资源共享，明显提高了整个系统的性能价格比，降低了系统的维护费用，且易于扩充，方便系统维护。

计算机网络的上述功能和特点使得它在社会生活的各个领域得到了广泛的应用。

1.5 计算机网络的分类

计算机网络的分类方法很多，可以从不同的角度对计算机网络进行分类。常用的分类方法有：按网络覆盖的地理范围分类、按网络的拓扑结构分类、按传输技术分类、按网络的应用领域分类等。

1. 按网络覆盖的地理范围分类

按网络覆盖的地理范围分类是最常用的分类方法，也是我们最熟悉的分类方法。按照网络覆盖的地理范围的大小，可以把计算机网络划分为广域网(Wide Area Network，WAN)、城域网(Metropolitan Area Network，MAN)和局域网(Local Area Network，LAN)3种类型。

1) 局域网

局域网是指在一个有限的地理范围内(几千米以内)将计算机、外部设备和网络互联设备连接在一起的网络系统，常应用于一幢大楼、一个学校或一个企业内。例如，在一个教学楼里，将分布在不同教室或办公室里的计算机连接在一起组成局域网。局域网技术是专为短距离通信而设计的，目的在于通过它在短距离内使互连的多台计算机进行通信。局域网技术最直接、最显著的作用是资源共享。

2) 城域网

城域网基本上是一种大型的局域网，一般使用与局域网相似的技术，它的覆盖范围介于局域网和广域网之间。接入城域网的计算机通常分布在一些较小的行政辖区内，这种范围较局域网要大许多。在城域网中的许多局域网借助一些专用网络互联设备连接到一起，即使没有连入某局域网的计算机也可以直接接入城域网，从而访问网络中的资源。

3) 广域网

利用行政辖区的专用通信线路将多个城域网互连在一起便构成了广域网。当今人们广泛使用的国际互联网络(因特网)便是广域网中的一种。广域网的组成已非个人或某个团体的单独行为，而是一种跨地区、跨部门、跨行业、跨国的社会行为。

2. 按网络的拓扑结构分类

网络中各个节点相互连接的方法和形式称为拓扑结构。常见的拓扑结构有星型、总线型、环型和树型等，如图 1-8 所示。图中的小圆圈又称为节点，节点处既可以是一台计算机，也可以是另外一个网络。

3. 按传输技术分类

根据所使用的传输技术不同，可以将网络分为广播式网络和点到点网络。

1) 广播式网络

在广播式网络中仅有一条通信信道，该信道由网络上的所有站点共享。在传输信息时，任何一个站点都可以发送数据分组，传到每台机器上，被其他所有站点接收。这些机器根据数据包中的目的地址进行判断，如果是发给自己的则接收，否则就丢弃它。总线型以太网就是典型的广播式网络。

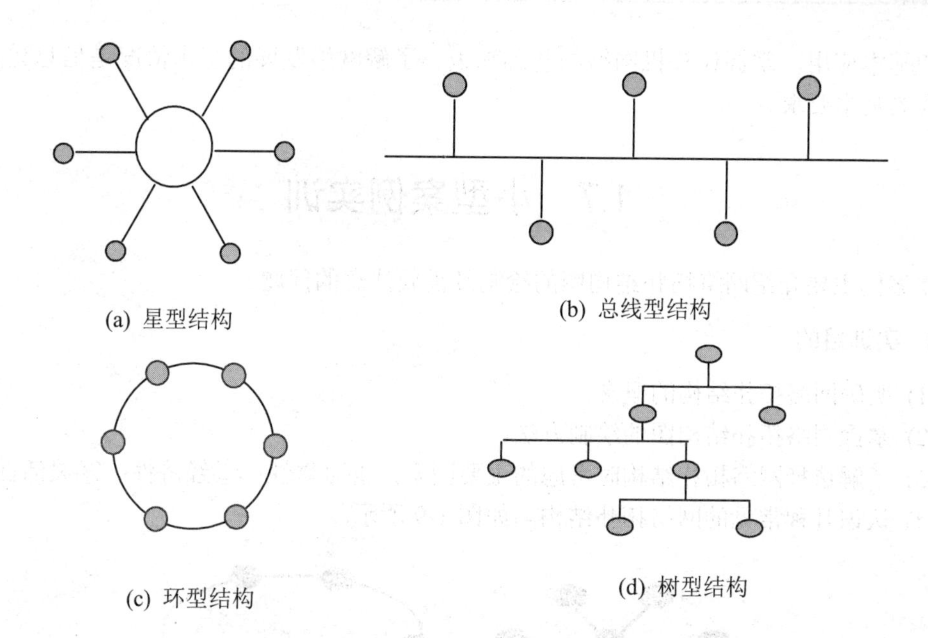

图 1-8　常见的网络拓扑结构

2) 点到点网络

与广播式网络相反，点到点网络由一对机器之间的多条连接构成，在每对机器之间都有一条专用的通信信道，因此在点到点网络中，不存在信道共享与复用的情况。当一台计算机发送数据分组后，它会根据目的地址，经过一系列中间设备的转发，直接到达目的站点，这种传输技术称为点到点，采用点到点传输技术的网络称为点到点网络。

4. 按网络的应用领域分类

根据网络应用领域的不同，可以将网络分为专用网和公共网两大类。

1) 专用网

专用网可以只是一个局域网的规模，也可以是一个城域网乃至广域网的规模。然而这类网络通常不对社会公众开放，即使开放也有很大的限度，它仅仅是一个企业或企业集团或一个行业内部应用的网络系统。因此这类网络又有很多其他称呼，如企业网、银行网、校园网等。现在的计算机网络中，专用网往往是互联网的一个组成部分。

2) 公用网

顾名思义，公用网的应用领域是对全社会公众开放的。如商业广告、列车/航班时刻查询等各种公开信息便是通过这类网络发布的。

1.6　本 章 小 结

计算机网络是计算机技术和通信技术密切结合的产物。随着计算机应用的深入，特别是家用计算机的日益普及，人们对于信息的需求也上升到了更高的层次。一方面希望众多用户能共享信息资源，另一方面也希望各计算机之间能互相传递信息进行通信，这就产生了计算机网络。本章主要介绍了计算机网络的定义、发展、组成，以及计算机网络典型的分类和基本应用。掌握计算机网络的基础知识、了解网络发展的基本情况是信息化社会对每个人的基本要求。

1.7 小型案例实训

本案例主要介绍网络拓扑结构图的绘制及需要注意的问题。

1. 实训目的

(1) 明确网络拓扑结构的概念。
(2) 掌握网络拓扑结构图的绘制方法。
(3) 了解选择网络拓扑结构时考虑的主要因素：①可靠性；②经济性；③灵活性。
(4) 认识几种常见的网络拓扑结构，如图1-9所示。

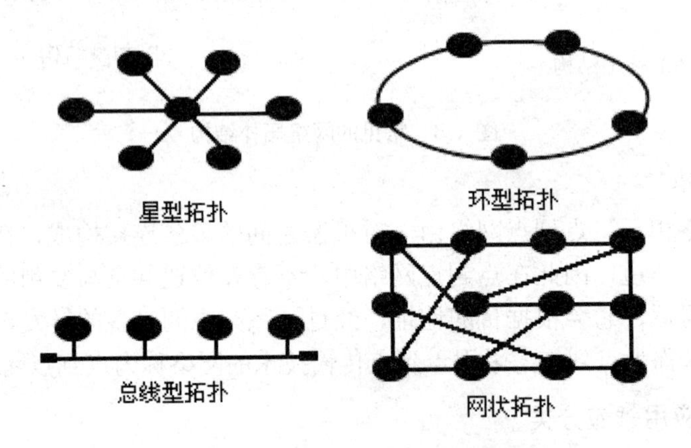

图1-9 几种常见的网络拓扑结构

2. 实训设备

(1) 器材：计算机、笔、笔记本、Word字处理程序。
(2) 网络。
① 计算机科学学院学生小机房，如图1-10所示。

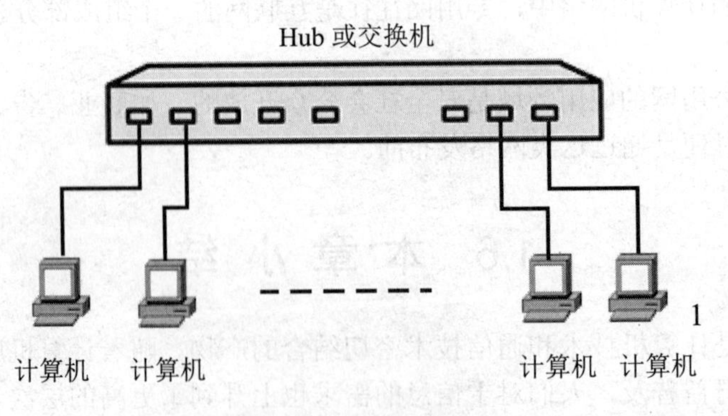

图1-10 学生小机房

② 计算机科学学院学生大机房，如图1-11所示。

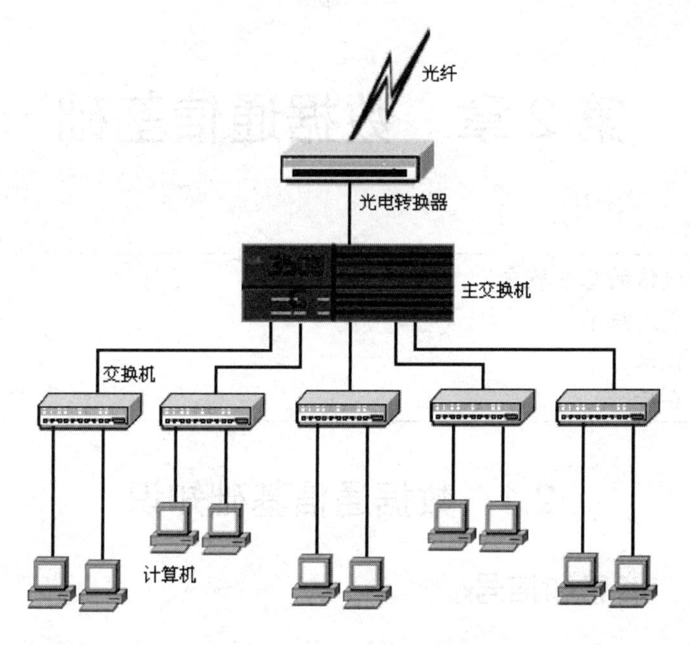

图 1-11　学生大机房

3. 实训内容

(1) 实地考察，确定实训选用的网络机房类型。
(2) 认真观察，仔细询问，得出初步草稿图。
(3) 细心琢磨，画出某机房的网络拓扑结构图。

4. 讨论

(1) 单星型结构与采用分级(层)组网的星型结构有何差异？
(2) 星型拓扑结构的优缺点是什么？
(3) 其他网络拓扑结构的优缺点是什么？

1.8　思考与练习

1. 什么是计算机网络？它有哪些功能？
2. 计算机网络的发展可分为几个阶段？每个阶段各有什么特点？
3. 通信子网和资源子网的组成和作用有哪些？
4. 计算机网络从哪些角度进行分类？可分为哪些类型？
5. 常用的计算机网络拓扑结构有哪几种？各有什么特点？
6. 简述局域网、城域网和广域网的特点。

第2章　数据通信基础

本章要点

- ☑ 数据通信的基本概念
- ☑ 多路复用技术
- ☑ 交换技术
- ☑ 传输介质

2.1　数据通信基础知识

2.1.1　数据、信息和信号

通信的目的是为了交换信息(Information)。信息的载体可以是数字、文字、语音、图形和图像，我们常称它们为数据(Data)。数据是对客观事实进行描述与记载的物理符号。信息是数据的集合、含义与解释。例如，对一个企业当前生产各类经营指标的分析，可以得出企业生产经营状况的若干信息。显然，数据和信息的概念是相对的，甚至有时将两者等同起来，此处不做过多论述。

数据可分为模拟数据和数字数据。模拟数据取连续值，数字数据取离散值。在数据被传送之前，要将数据变成适合于传输的电磁信号——模拟信号或者数字信号。所以，信号(Signal)是数据的电磁波表示形式。模拟信号是随时间连续变化的信号，这种信号的某些参量，如幅度、频率或相位等都可以表示要传送的信息。传统的电话机送话器输出的语音信号、电视摄像机产生的图像信号以及广播电视信号等都是模拟信号。数字信号是离散信号，如计算机通信所用的二进制代码“0”和“1”组成的信号。模拟信号和数字信号的波形图如图2-1所示。

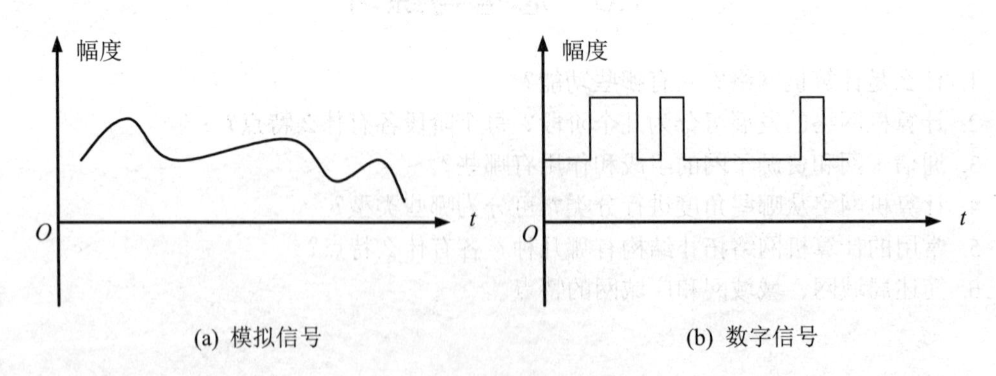

图2-1　模拟信号与数字信号

和信号的分类相似，信道也可以分成传送模拟信号的模拟信道和传送数字信号的数字信道两大类。但是应注意，数字信号在经过数模转换后就可以在模拟信道上传送，而模拟信号在经过模数转换后也可以在数字信道上传送。

2.1.2　通信系统模型

通信系统的模型如图 2-2 所示。信源是产生和发送信息的一端，信宿是接收信息的一端。变换器和反变换器均是进行信号变换的设备，在实际的通信系统中有各种具体的设备名称。如信源发出的是数字信号，当要采用模拟信号传输时，要将数字信号变成模拟信号，则用所谓的调制器来实现，而接收端要将模拟信号反变换为数字信号，则用解调器来实现。在通信中常要进行两个方向的通信，故将调制器与解调器做成一个设备，称为调制解调器。它具有将数字信号变换为模拟信号以及将模拟信号恢复为数字信号两种功能。当信源发出模拟信号，而要以数字信号的形式传输时，则要将模拟信号变换为数字信号，通常是通过所谓的编码器来实现，到达接收端后再经过解码器将数字信号恢复为原来的模拟信号。实际上，也是考虑到一般为双向通信，故将编码器与解码器做成一个设备，称为编码解码器。信道一般用来表示向某一个方向传送信息的媒体。因此，一条通信线路往往包含一条发送信道和一条接收信道。一个信道可以看成一条线路。此外，信息在信道中传输时，可能会受到外界的干扰，我们称之为噪声。如信号在无屏蔽双绞线中传输时会受到电磁场的干扰。

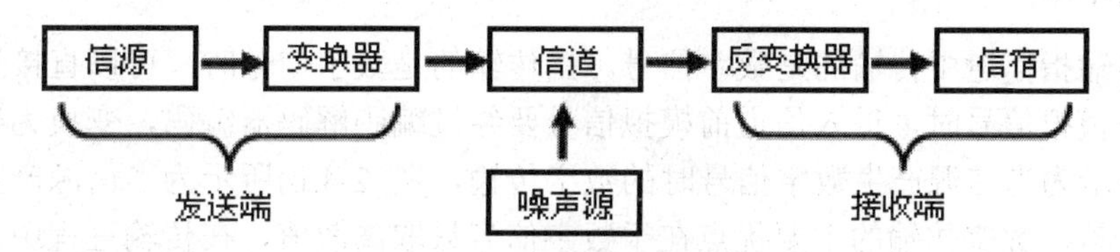

图 2-2　通信系统的模型

由此可见，无论信源产生的是模拟信号还是数字信号，在传输过程中都要变成适合信道传输的信号形式。在模拟信道中传输的是模拟信号，在数字信道中传输的是数字信号。

提示： 通信系统的发展经历了 4 个阶段：第一阶段是 19 世纪 80 年代到 20 世纪 50 年代，以电话的广泛应用为标志，业务类型是语音；第二阶段是 20 世纪 60 年代，以脉冲编码调制(PCM)为基础的数字传送和卫星通信是这一阶段典型的技术，业务类型仍然是语音；第三阶段是 20 世纪 70 年代，以数据网络和分组交换技术为特征，业务类型以数据为主；第四阶段开始于 20 世纪 80 年代，以综合业务数字网络和移动通信为特征，业务类型覆盖了语音、数据、视频、图像等各个领域。

2.1.3　数据传输方式

1. 模拟传输

模拟传输指信道中传输的是模拟信号。当传输的是模拟信号时，可以直接进行传输；当传输的是数字信号时，进入信道前数字信号要经过调制解调器调制，变换为模拟信号。图 2-3(a)所示为当信源产生模拟信号时的模拟传输，图 2-3(b)所示为当信源产生数字信号时的模拟传输。模拟传输的主要优点在于信道的利用率较高，但是在传输过程中信号会衰减，会受到噪声干扰，且信号放大时噪声也会放大。

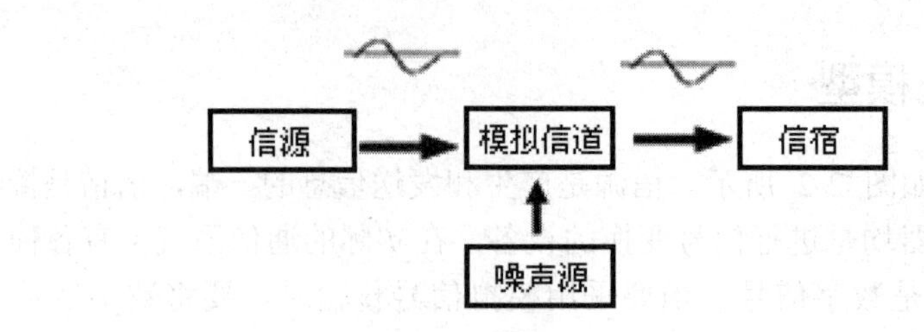

(a) 信源产生模拟信号

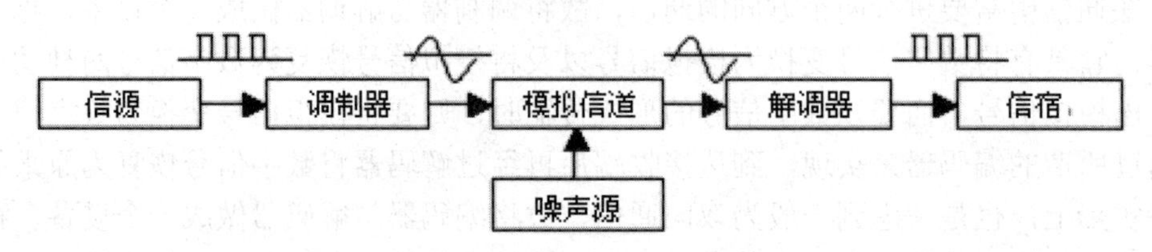

(b) 信源产生数字信号

图 2-3 模拟传输

2. 数字传输

数字传输指信道中传输的是数字信号。当传输的是数字信号时，可以直接进行传输；当传输的是模拟信号时，进入信道前模拟信号要经过编码解码器编码，变换为数字信号。图 2-4(a)所示为当信源产生数字信号时的数字传输，图 2-4(b)所示为当信源产生模拟信号时的数字传输。数字传输的主要优点在于数字信号只取离散值，在传输过程中即使受到噪声的干扰，只要没有畸变到不可辨识的程度，均可用信号再生的方法进行恢复，也即信号传输不失真，误码率低，能被复用和有效地利用设备。但是传输数字信号比传输模拟信号所要求的频带要宽得多，因此数字传输的信道利用率较低。

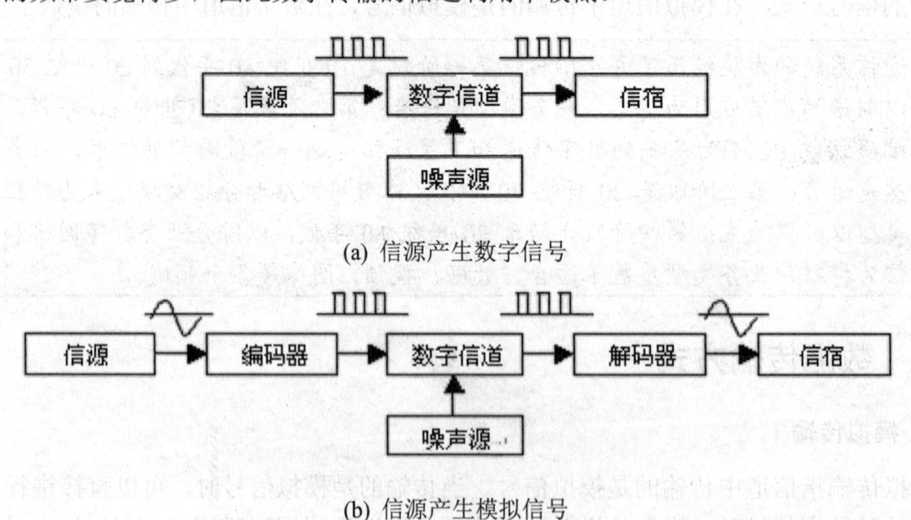

(a) 信源产生数字信号

(b) 信源产生模拟信号

图 2-4 数字传输

2.1.4　物理信道的连接方式

1. 点到点连接方式

终端(或计算机)与计算机之间可以直接连接，或者通过调制解调器用线路(拨号线路或专用线路)进行连接。当两者之间的通信量较大时，可采用这种点到点的连接方式。

2. 多点连接方式

为了提高物理信号的利用率，当终端(或计算机)与计算机之间的通信量不大时，可选用多点连接方式，即多个终端(或计算机)通过一条公用总线直接或通过调制解调器与计算机相连，如图 2-5(a)所示。图中 M 代表调制解调器，T 代表终端。在该方式中，图中左侧的计算机作为主站，其他各终端(或计算机)均为从站，由主站统一控制公用总线的使用，各终端(或计算机)信息的接收和转发都是在总站的控制下进行的，终端(或计算机)不能任意发送信息，否则将在公用总线上发生信号冲突。

3. 集中式连接方式

当有多个相距不远的终端(或计算机)都要求与远程计算机通信时，为了节省传输信道，可先将多个相距不远的终端连接到多路复用器或集线器上，再用一条传输线路将复用器或集线器与计算机相连，如图 2-5(b)所示。如果计算机到集线器或终端到集线器均采用双绞线连接，并且距离小于 100m，则可直接相连，而不需要加装调制解调器。

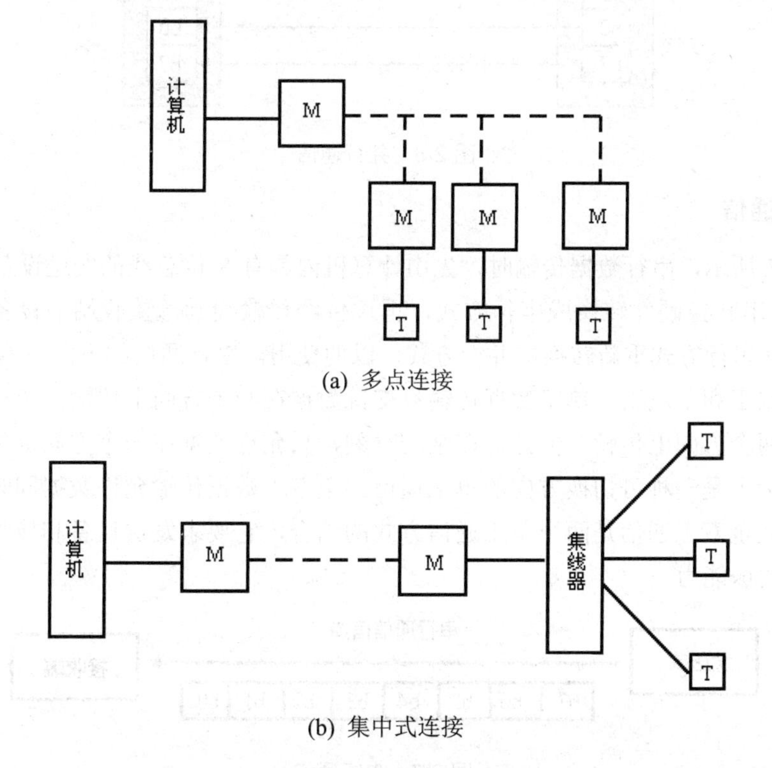

图 2-5　物理信道的连接方式

2.1.5 并行通信与串行通信

1. 并行通信

在并行数据传输中有多个数据位，如 8 个数据位，同时在两个设备之间传输，如图 2-6 所示。发送设备将 8 个数据位通过 8 条数据线传送给接收设备，还可附加 1 位数据校验位。接收设备可同时接收到这些数据，无须做任何变换就可直接使用。在计算机内部的数据通信通常以并行方式进行。并行的数据传送线也叫总线，如并行传送 8 位数据就叫 8 位总线，并行传送 16 位数据就叫 16 位总线。并行数据总线的物理形式有多种，如计算机内部直接用印制电路板实现的数据总线、连接软盘驱动器的扁平带状电缆、连接计算机外部设备的圆形多芯屏蔽电缆等，但其功能都是一样的。

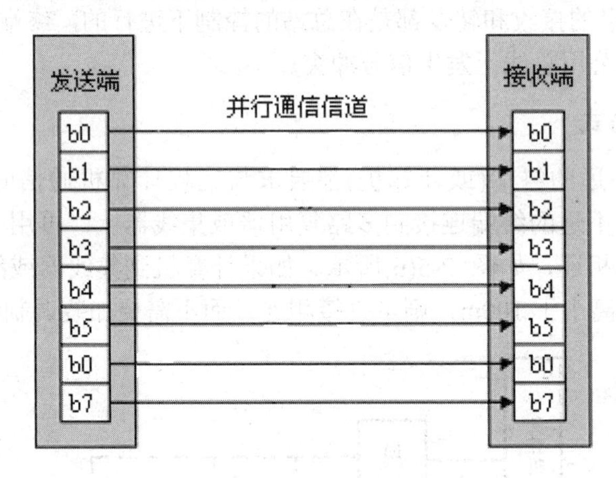

图 2-6 并行通信

2. 串行通信

如图 2-7 所示，串行数据传输时，先由计算机内具有 8 位总线的发送设备，将 8 位并行数据经并-串转换硬件转换成串行方式，再逐位经传输线到达接收站的设备中，并在接收端将数据从串行方式重新转换成并行方式，以便使用。串行通信的方向性结构有 3 种，即单工、半双工和全双工。单工数据传输只支持数据在一个方向上传输；半双工数据传输允许数据在两个方向上传输，但是，在某一时刻，只允许数据在一个方向上传输，因而半双工通信实际上是一种可切换方向的单工通信；全双工数据传输允许数据同时在两个方向上传输，因此全双工通信是两个单工通信方式的结合，它要求发送设备和接收设备都有独立的接收和发送能力。

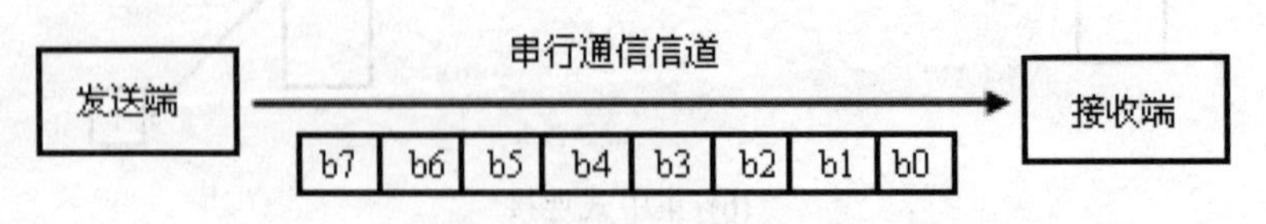

图 2-7 串行通信

2.1.6　数据通信方式

1. 单工、半双工与全双工通信

(1) 单工通信方式：在单工信道上，信息只能在一个方向上传送。发送方不能接收信息，接收方不能发送信息。信道的全部带宽都用于由发送方到接收方的数据传送。无线电广播和电视广播都是单工传送的例子。

(2) 半双工通信方式：在半双工信道上，通信双方都可以交替发送和接收信息，但不能同时发送和接收信息。在一段时间内，信道的全部带宽都用于一个方向上的信息传递。航空和航海无线电台以及对讲机等都是以这种方式通信的。这种方式要求通信双方都有发送和接收能力，又有双向传送信息的能力，因而设备比单工通信昂贵，但比全双工便宜。在要求不很高的场合，多采用这种通信方式。

(3) 全双工通信方式：这是一种可同时进行双向信息传递的通信方式。现代的电话通信都是采用这种方式。它要求通信双方都有发送和接收设备，而且要求信道能提供双向传输的双倍带宽，所以全双工通信设备较昂贵。

表 2-1 所示为三种通信方式的比较。

表 2-1　三种通信方式的比较

通信方式	传输方向	信道个数	收发方的限制	优 缺 点	应　用
单工	固定单向	1	一方只能发送信息，一方只能接收信息	结构简单、效率低、只能单向传输信息	广播、电视
半双工	限时双向	2	通信双方在不同时刻可分别发送或接收信息	效率低	对讲机等
全双工	双向	2	通信双方在同一时刻既可发送信息又可接收信息	结构复杂、成本高、性能最好	计算机之间

2. 异步传输和同步传输

在通信过程中，发送方和接收方必须在时间上保持步调一致，亦即同步，才能准确地传送信息。解决的方法是，要求接收端根据发送数据的起止时间和时钟频率，来校正自己的时间基准与时钟频率。这个过程叫位同步或码元同步。在传送由多个码元组成的字符以及由许多字符组成的数据块时，通信双方也要就信息的起止时间取得一致，这种同步作用有两种不同的方式，因而也就对应了两种不同的传输方式。

1) 异步传输

异步传输即把各个字符分开传输，字符与字符之间插入同步信息。这种方式也叫起止式，即在组成一个字符的所有位前后分别插入起止位，如图 2-8 所示。起始位(0)对接收方的时钟起置位作用。接收方的时钟置位后只要在 8～11 位的传送时间内准确，就能正确地接收该字符。最后的停止位告诉接收者该字符传送结束，然后接收方就能识别后续字符的起始位。当没有字符传送时，连续传送终止位(1)。加入校验位的目的是检查传输中的错误，一般使用奇偶校验。

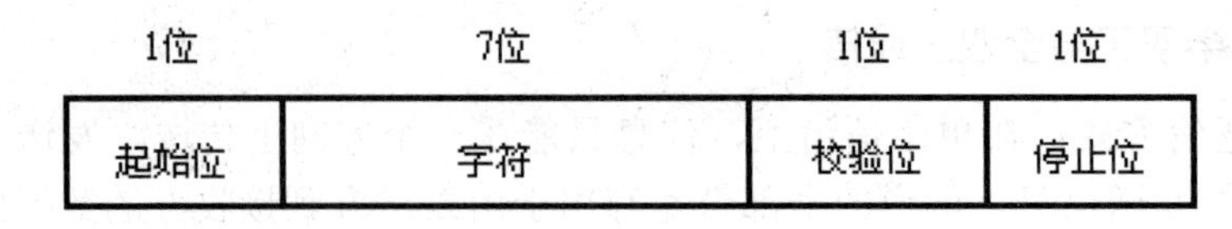

图 2-8　异步传输

2) 同步传输

异步传输不适合传送大的数据块，如磁盘文件。同步传输在传送连续的数据块时比异步传输更有效。按这种方式，发送方在发送数据之前先发送一串同步字符 SYN(编码为 0010110)，接收方只要检测到两个以上 SYN 字符便确认已进入同步状态，准备接收数据，随后双方就以同一频率工作(数字数据信号编码的定时作用也表现在这里)，直到传送完指示数据结束的控制字符为止，如图 2-9 所示。这种方式仅在数据块前加入控制字符 SYN，所以效率更高，但实现起来较复杂。在短距离高速数据传输中，多采用同步传输方式。

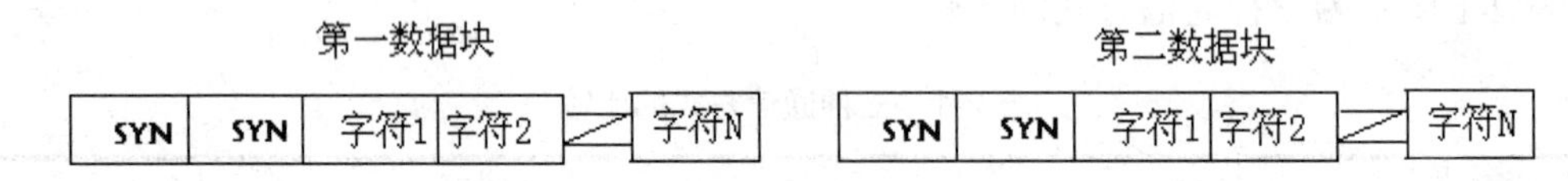

图 2-9　同步传输

表 2-2 列出了异步传输与同步传输的比较。

表 2-2　异步传输与同步传输的比较

传输方式	传输单位	优　点	缺　点
异步传输	字符	控制简单、成本低	效率低、速度慢
同步传输	报文或分组	传输效率高	误码率较高、控制复杂

2.1.7　数据通信的主要技术指标

数据通信的主要技术指标是衡量数据传输有效性和可靠性的参数。有效性主要用数据传输速率、调制速率、传输延迟、信道带宽和信道容量等指标来衡量。可靠性一般用数据传输的误码率等指标来衡量。常用的数据通信的技术指标有以下几个。

1. 信道带宽和信道容量

通信系统中传输信息的信道具有一定的频率范围(即频带宽度)，称为信道带宽。信道容量是指信道允许的最大数据传输速率，它与采用的传输介质、信号的调制解调方法、交换器的性能等密切相关，是描述信道的主要指标之一。

2. 数据传输速率和调制速率

数据传输速率是指通信系统单位时间内传输的二进制代码的位(比特)数，通常使用

“位/秒”(bps)、“千位/秒”(kbps)、“兆位/秒”(Mbps)、“千兆位/秒”(Gbps)作为计量单位。

调制速率又叫波特率或码元速率，它是数字信号经过调制后的传输速率，表示每秒传输的电信号单元(码元)数，即调制后模拟电信号每秒钟的变化次数，它等于调制周期(即时间间隔)的倒数，单位为波特(Baud)。

注意： 在同一系统中，波特率与数据传输速率成正比。波特率一般小于数据传输速率，而在某些情况下波特率大于数据传输速率。如采用自带时钟的曼彻斯特编码，一半的信号变化用于时钟同步，另一半的信号变化用于传输二进制数据，因此，波特率是数据传输速率的 2 倍。

3. 误码率

误码率是衡量通信系统在正常工作情况下传输可靠性的指标。误码率是指二进制码元在传输过程中被传错的概率。它等于错误接收的码元在所传输的总码元中所占的比例。

$$\text{误码率}P_e = \frac{\text{错误接收的码元数}}{\text{传输的总码元数}}$$

在实际的通信系统中，系统对误码率的要求应权衡通信的可靠性和有效性两个方面的因素，误码率越低，对设备的要求就越高。

4. 传输延迟

信息传输的延迟是指数据从信源(源计算机)到信宿(目的计算机)所花费的时间。信息传输的延迟时间主要与发送和接收处理时间、电信号响应时间、中间转发时间以及信道传输延迟时间有关。

2.2　多路复用技术

在计算机网络中，传输线路的成本占整个系统相当大的比例。为了提高传输线路的利用率，一般采用让多个数据通信合用一条传输线的方法，这就是多路复用技术。

2.2.1　频分多路复用

频分多路复用(Frequency Division Multiplexing，FDM)是将具有一定带宽的信道分割为若干个较小频带的子信道，每个子信道供一个用户使用。这样在信道中就可同时传送多个不同频率的信号，如图 2-10 所示。分割开的子信道的中心频率不相重合，且各信道之间留有一定的空闲频带(也叫作保护频带)，以保证数据在各子信道上的可靠传输。频分多路复用实现的条件是信道的带宽远远大于传输每个单路信号所需要的带宽。

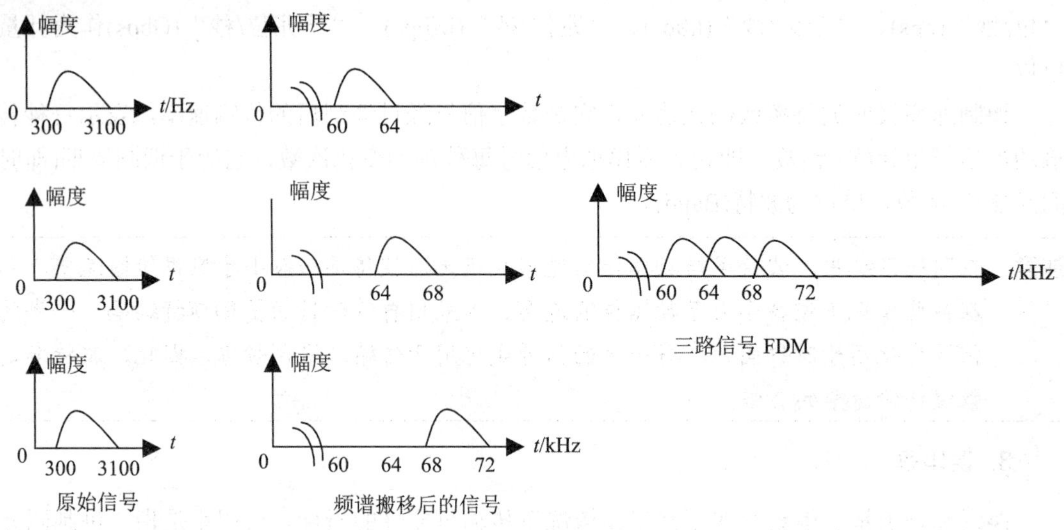

图 2-10 频分多路复用

2.2.2 时分多路复用

1. 时分多路复用原理

时分多路复用(Time Division Multiplexing，TDM)是将一条物理线路按时间分成一个个的时间片，每个时间片常称为一帧(Frame)，每帧长 125 μs，再分为若干时隙，轮换地为多个信号所使用。每一个时隙由一个信号(也即一个用户)占用，也即在占有的时隙内，该信号使用通信线路的全部带宽，而不像 FDM 那样，同一时间同时发送多路信号。时隙的大小可以按一次传送一位、一个字节或一个固定大小的数据块所需的时间来确定。从性质上来看，时分多路复用特别适合于数字信号的传输。通过时分多路复用，多路低速数字信号可复用两条高速的信道。例如，数据速率为 48 kbps 的信道可为 5 条速率为 9600 bps 的信号时分多路复用，也可为 20 条速率为 2400bps 的信号时分多路复用。

表 2-3 列出了频分多路复用和时分多路复用的比较。

表 2-3 频分多路复用和时分多路复用的比较

分 类	特点(共享信道方式)	优 点	缺 点
频分多路复用	同一时间传送多路信号，采用带宽划分方法	适用于传输模拟信号，无延时，费用低	速率低
时分多路复用	多个信号分时使用一个信道，采用时间片轮转方法	速率高，适用于传输数字信号，传输效率高	有一定的延时，费用较高

2. 同步时分多路复用和异步时分多路复用

1) 同步时分多路复用

同步时分多路复用是指时分方案中的时间片是预先分配好的，时间片与数据源是一一对应的，不管某一个数据源有无数据要发送，对应的时间片都是属于它的，或者说各数据的传输定时是同步的。在接收端，根据时间片的序号来分辨是哪一路数据，以确定各时间片上的数据应当送往哪一台主机。如图 2-11 所示，数据源 A、B、C、D 按时间先后顺序分别占用被时分复用的信道。

2) 异步时分多路复用

异步时分多路复用是指各时间片与数据源无对应关系，系统可以按照需要动态地为各路信号分配时间片。为使数据传输顺利进行，所传送的数据中需要携带供接收端辨认的地址信息，因此异步时分复用也称为标记时分复用技术。如图 2-12 所示，数据源 A、B、D 被分别标记了相应的地址信息。高速交换中的异步传输模式 ATM 就是采用这种技术来提高信道利用率的。

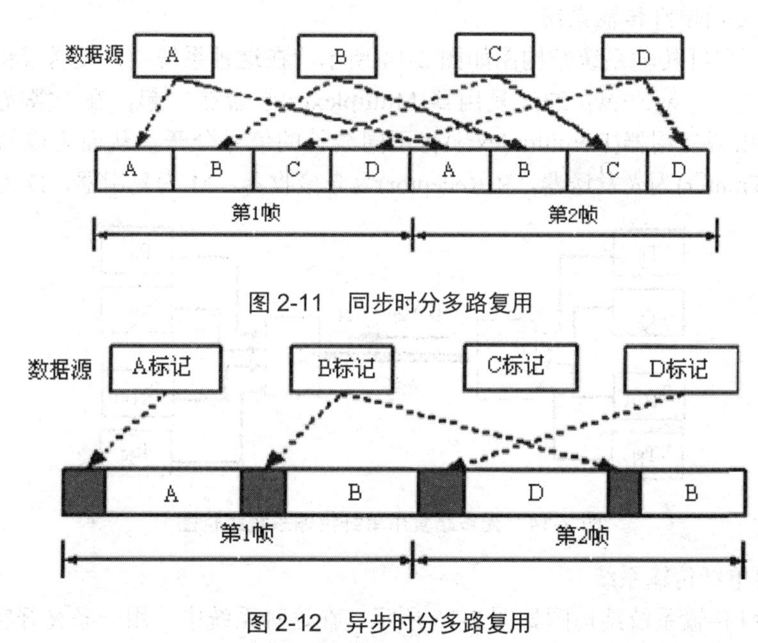

图 2-11　同步时分多路复用

图 2-12　异步时分多路复用

2.2.3　光波分多路复用

1. 基本原理

光波分多路复用(Wavelength Division Multiplexing，WDM)技术是在一根光纤中能同时传播多个光波信号的技术。光波分多路复用的原理如图 2-13 所示，在发送端将不同波长的光信号组合起来，复用到一根光纤上，在接收端又将组合的光信号分开(解复用)，并送入不同的终端。

2. 光波分多路复用系统原理

简单地说，光波分多路复用是将一条单纤转换为多条“虚纤”，每条虚纤工作在不同的波长上。光波分多路复用系统有 3 种基本结构：光多路复用单纤传输系统、光双向单纤传输系统、光分路插入传输系统。

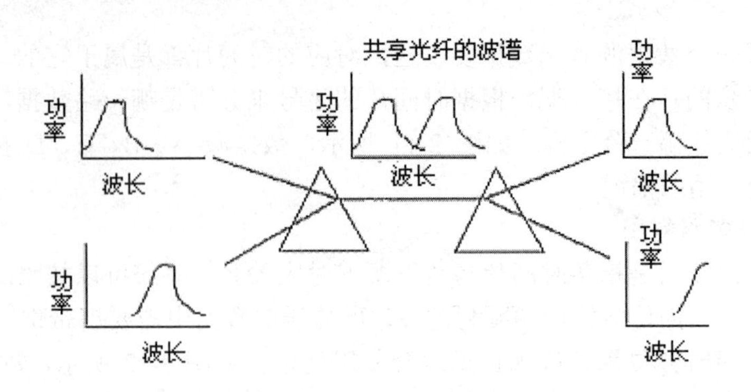

图 2-13 光波分多路复用单纤传输

1) 光多路复用单纤传输系统

光多路复用单纤传输系统结构图如图 2-14 所示。在这种系统中，发送端将不同波长的已调制的光信号 $w_1,w_2,\cdots,w_N$ 通过复用器(Multiplexer)组合在一起，在一条光纤中单向传输；接收端使用解复用器(Demultiplexer)将不同波长的信号分开，从而完成信号传输的任务。图中，T(Tranfer)为光发送器，R(Receptor)为光接收器，M 为复用器，D 为解复用器。

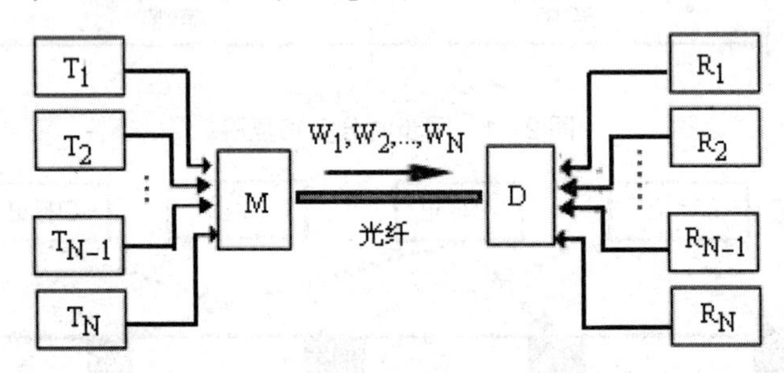

图 2-14 光多路复用单纤传输系统结构图

2) 光双向单纤传输系统

光双向单纤传输系统结构图如图 2-15 所示。在这种系统中，用一条光纤实现两个方向信号的同时传输，因而也称为单纤全双工通信系统。实现这种系统的关键思想是两端都需要一组复用/解复用器(MD)。

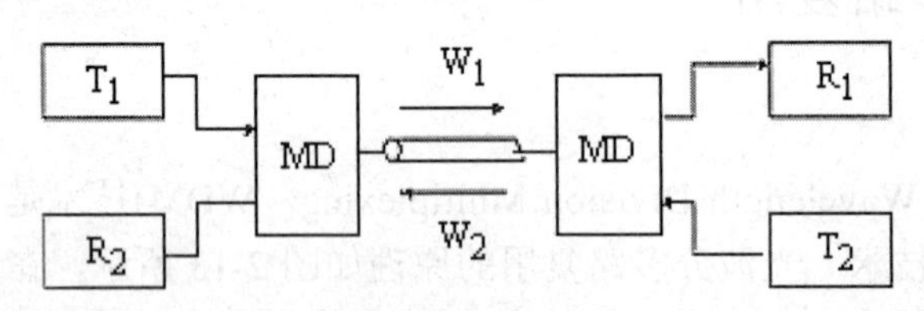

图 2-15 光双向单纤传输系统结构图

3) 光分路插入传输系统

光分路插入传输系统结构图如图 2-16 所示。在这种系统中，两端都需要一组复用/解复用器(MD)，复用器将光信号 w_3、w_4 插接到光纤中，解复用器将光信号 w_1、w_2 从光纤信号中分接出来，通过不同波长光信号的合流与分流实现信息的上、下通路。

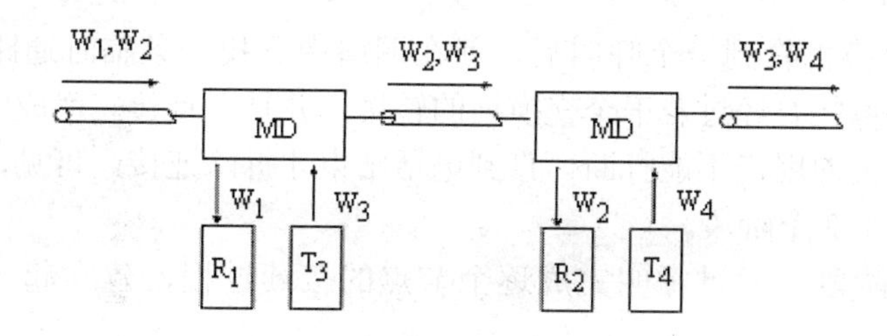

图 2-16　光分路插入传输系统结构图

2.3　数据交换技术

根据网络拓扑结构，通信子网又可分为广播通信网和交换通信网。在广播通信网中，通信是广播式的，无中间节点进行数据交换，所有网络节点共享传输媒体，如总线网、卫星通信网。如图 2-17 所示的通信子网即为交换通信子网，它由若干网络节点按任意拓扑结构互连而成，以交换和传输数据为目的。通常将进网的数据流到达的第一个节点称为源节点，离开子网前到达的最后一个节点称为宿节点。如图 2-17 所示，若 H_1 与 H_5 通信，则 A 与 E 分别称为源节点与宿节点。通信子网必须能为所有进网的数据流提供从源节点到宿节点的通路，而实现这种数据通路的技术就称为数据交换技术，或数据交换方式。

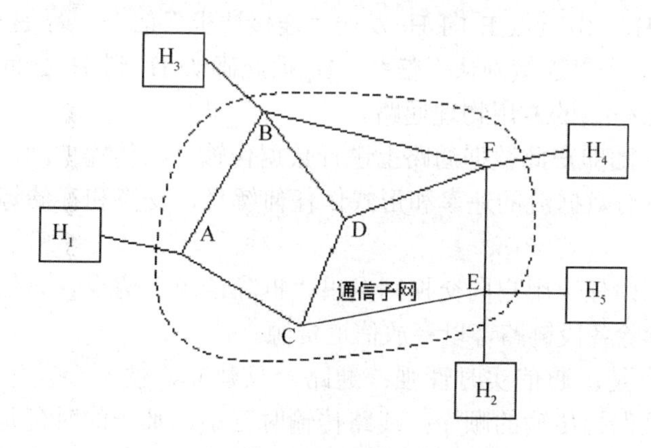

图 2-17　交换通信子网

对于交换网，数据交换方式按照网络节点对途经的数据流所转接的方法不同来分类。目前广泛采用的交换方式有两大类。

(1) 线路交换(Circuit Switching)：在网络节点内部完成对通信线路(在空间或时间上)的连通，为数据流提供专用的传输通路。线路交换也称电路交换。

(2) 存储转发交换(Store-and-Forward Exchanging)：网络节点运用程序先将途经的数据流按传输单元接收并存储下来，然后选择一条合适的链路将它转发出去，在逻辑上为数据流提供传输通路。

2.3.1　线路交换

线路交换方式是把发送方和接收方用一系列链路直接连通。电话交换系统就是采用这种交换方式。当交换机收到一个呼叫后，就在网络中寻找一条临时通路供两端的用户通话，这条临时通路可能要经过若干个交换局的转接，并且一旦建立就成为这一对用户之间的临时专用通路，别的用户不能打断，直到电话结束才拆除连接。可见，经由线路交换而实现的通信包括以下3个阶段。

(1) 线路建立阶段：通过呼叫完成逐个节点的接续过程，建立起一条端到端的直通线路。

(2) 数据传输阶段：在端到端的直通线路上建立数据链路连接并传输数据。

(3) 线路拆除阶段：数据传输完成后，拆除线路连接，释放节点和信道资源。

线路交换最重要的特点是在一对用户之间建立起一条专用的数据通路。为此，在数据传输之前需要花费一段时间来建立这条通路，这段时间称为呼叫建立时间。在传统的公用电话网中，呼叫建立时间为几秒至几十秒，而在现在的计算机程控交换网中，它可减少到几十毫秒量级。

我们可以利用图2-17来说明线路交换方式下通信三阶段的工作过程。假设用户 H_1 要求连接到 H_5 进行一次数据通信。为此，H_1 向节点A发出一个“连接请求”信令，要求连到 H_5。通常从 H_1 到交换网节点的进网线路是专用的，不存在入网连接过程。节点A基于路由信息和线路可用性及费用等的衡量，选择出一条可通往节点E的空闲链路，例如选择了连接到节点C的一条链路。节点C也根据同样的原则作出连到节点E的链路选择。节点E也有专线连到 H_5，由节点E向 H_5 发送“连接请求”信令。若 H_5 已准备好，即通过这条通路向 H_1 回送一个“连接确认”信令，H_1 据此确认 H_1 到 H_5 之间的数据通路已经建立，即 H_1—A—C—E—H_5 的专用物理通路。

于是，H_1 与 H_5 随即在此数据通路上进行数据传输。在传输期间，交换网的各有关节点始终保持连接，不对数据流的速率和形式作任何解释、变换和存储等处理，完全是直通的透明传输。

数据传输完后，由任一用户向交换网发出“拆除请求”信令。该信令沿通路各节点传送，指示这些节点拆除各段链路，以释放信道资源。

线路交换的优点是：通信实时性强；通路一旦建立，便不会发生冲突，数据传送可靠、迅速，不丢失且保持传输的顺序；线路传输时延小，唯一的时延是电磁信号的传播时间。其主要缺点是：线路利用率低，特别是对于计算机的突发性数据通信不适应；通路建立之前有一段较长的呼叫建立时延；系统无数据存储及差错控制能力，不能平滑通信量。

因此，线路交换适于连接时间长、批量大的实时数据传输，如数字话音、传真等业务。对于需要经常性长期连接的用户之间，可以使用永久性连接线路或租用线路，进行固定连接，即不存在呼叫建立和拆除线路这两个阶段，避免了相应的时延。

2.3.2 报文交换

报文交换属于存储转发交换方式，不要求交换网为通信双方预先建立一条专用数据通路，也就不存在建立线路和拆除线路的过程。在这种交换网中，配有大容量存储设备的计算机。通信用的主机把需要传输的数据组成一定大小的报文，并附有目的地址，以报文为单位经过公共交换网传送。交换网中的节点计算机再接收和存储各个节点发来的报文，待该报文的目的地址线路有空闲时，再将报文转发出去。一个报文可能要通过多个中间节点(交换分局)存储转发后才能达到目的站点。交换网络有路径选择功能。现仍用图 2-17 来说明。如 H_1 欲发一份报文给 H_5，即在报文中附上 H_5 的地址，发给交换网的节点 A，节点 A 将报文完整地接收并存储下来，然后选择合适的链路转发到下一个节点，如节点 C。每个节点都对报文进行类似的存储转发，最后到达目的站 H_5。可见，报文在交换网中完全是按接力方式传送的。通信双方事先并不确知报文所要经过的传输通路，但每个报文确实经过了一条逻辑上存在的通路。如上述 H_1 的一份报文经过了 H_1—A—C—E—H_5 的一条通路。

在报文传输上，任何时刻一份报文只在一条节点到节点间的点到点链路上传输，每一条链路传输过程都对报文的可靠性负责。这样，与线路交换相比，报文交换有许多优点：不必要求每条链路的数据速率相同，因而也就不必要求收、发两端工作于相同的速率；传输中的差错控制可在多条链路上进行，不必由收、发两端介入，简化了端设备；由于接力式工作，任何时刻一份报文只占用一条链路的资源，不必占用通路上的所有链路资源，而且许多报文可以分时共享一条链路，这就提高了网络资源的共享性及线路的利用率；一个报文可以同时向多个目的站点发送，而线路交换网络难于做到；在线路交换网络上，当通信量变得很大时，就不能接收某些呼叫，而在报文交换网中仍可以接收报文，但是传送延迟会增加。

报文交换的主要缺点是：每一个节点对报文数据的存储转发时间较长，传输一份报文的总时间并不比采用线路交换方式短，或许会更长。因此，报文交换不适于传输实时的或交互式业务，如话音、传真、终端与主机之间的会话业务等。事实上，报文交换主要应用于非计算机数据业务(如民用电报业务)的通信网中，以及公共数据网发展的初期。只有到出现了分组交换方式之后，公共数据网才真正进入到成熟阶段。

2.3.3　分组交换

1. 数据报传输分组交换

假定图 2-17 中，若 H_1 将报文划分为 3 个分组(P_1、P_2、P_3)，每个分组都附上地址及其他信息，按序发送给节点 A。节点 A 每接收到一个分组都先存储下来，由于每一个分组都含有完整的目的站的地址信息，因而每一个分组都可以独立地选择路由，分别对它们进行单独的路径选择和其他处理过程。例如，它可能将 P_1 送往节点 C，将 P_2、P_3 送往节点 B。这种选择主要取决于节点 A 在处理分组时的各链路负荷情况以及路径选择的原则和策略。这样可使各个节点处于并行操作状态，可大大缩短报文的传输时间。由于每个分组都带有终点地址，所以它们不一定经过同一路径，但最终都能到达同一个目的节点 E。这些分组到达目的节点的顺序也可能被打乱，这就要求目的节点 E 负责分组排序和重装成报文，也可由目的地 H_5 来完成这种排序和重装工作。由上可知，交换网把进网的任一个分组都当作单独的“小报文”来处理，而不管它是属于哪个报文的分组，就像在报文交换方式中把一份报文进行单独处理一样。这种单独处理和传输单元的“小报文”或“分组”，即称为数据报(Datagram)。这种分组交换方式称为数据报传输分组交换方式。

2. 虚线路传输分组交换

类似上述的线路交换方式，报文的源发站在发送报文之前，通过类似于呼叫的过程使交换网建立一条通往目的站的逻辑通路。然后，一个报文的所有分组都沿着这条通路进行存储转发，不允许节点对任一分组做单独的处理和另选路径。如图 2-18 所示，假设 H_1 有 3 个分组(P_1、P_2、P_3)要送往 H_5 去。H_1 首先发一个“呼叫请求”，即发送一个特定格式的分组给节点 A，要求连到 H_5 进行通信，同时也寻找一条合适的路径。节点 A 根据路由选择原则将呼叫请求分组转发到节点 B，节点 B 又将该分组转发到节点 C，节点 C 再将该分组转发到节点 E，最后节点 E 通知 H_5，这样就初步建立起一条 H_1—A—B—C—E—H_5 的逻辑通路。若 H_5 准备好接收报文，可发一个“呼叫接收”分组给节点 E，沿着同一条通路传送到 H_1，从而 H_1 确认这条通路已经建立，并分配一个“逻辑通道”标识号，记为 VC_1。此后 P_1、P_2、P_3 各分组都附上这一标识号，交换网的节点都将它们转发到同一条通路的各链路上传输，这就保证了这些分组一定能沿着同一条通路传输到目的地 H_5。全部分组到达 H_5 并经装配确认无误后，任一站都可以主动发送一个“消除请求”分组来终止这条逻辑通路，具体过程由交换网内部完成。

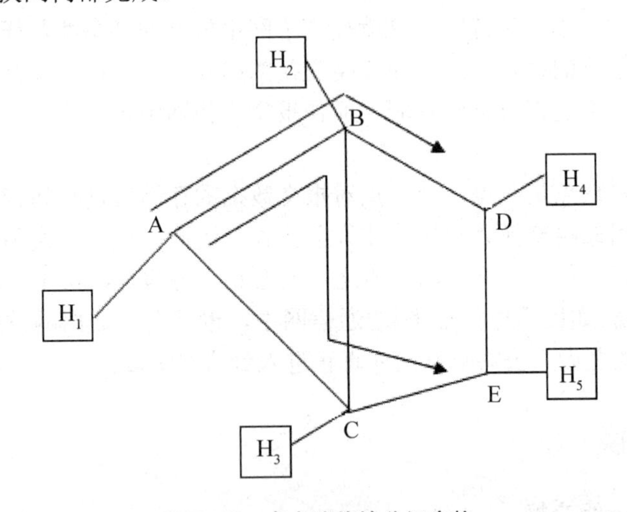

图 2-18　虚电路传输分组交换

上述这种分组交换方式称为虚线路传输分组交换方式。为建立虚线路的呼叫过程称为虚呼叫(Virtual Calling)，通过虚呼叫建立起来的逻辑通路称为虚拟线路(Virtual Circuit)，简称虚线路或虚通路。

需要注意的是，虚线路与存储转发这一概念有关。当我们在线路交换的电话网上打电话时，我们在通话期间的确是自始至终地占用一条端到端的物理信道。当我们占用一条虚线路进行计算机通信时，由于采用的是存储转发的分组交换，所以只是断续地占用一段又一段的链路，分组在每个节点仍然需要存储，并在线路上进行输出排队，但不需要为每个分组作路径判定。虽然我们感觉好像(而并没有真正地)占用了一条端到端的物理线路，但这与线路交换有本质的区别。虚线路的标识号只是对逻辑信道的一种编号，并不指某一条物理线路本身。一条物理线路可能被标识为许多逻辑信道编号，这点正体现了信道资源的共享性。我们假定主机 H_1 还有另一个进程在运行，此进程还想和主机 H_4 通信。这时，H_1 可再进行一次呼叫，并建立一个虚线路，在图 2-18 中标记为 VC_2，它经过 A、B、D 3 个节点。由图可见，链路 A—B 既是 VC_1 的链路，也是 VC_2 的链路。

数据报方式和虚线路方式的主要区别如表 2-4 所示。需要指出的是，数据报方式没有呼叫建立过程，每个分组(或称数据报)均带有完整的目的站的地址信息，独立地选择传输路径，到达目的站的顺序与发送时的顺序可能不一致；而虚线路方式必须通过虚呼叫建立一条虚线路，每个分组不需要携带完整的地址信息，只需带上虚线路的号码标识，不需要选择路径，均沿虚线路传送，这些分组到达目的站的顺序与发送时的顺序完全一致。

表 2-4　数据报与虚线路的比较

	数 据 报	虚 线 路
端到端的连接	不需要	必须有
目的站地址	每个分组均有目的站的全地址	仅在连接建立阶段使用
分组的顺序	可能不按发送顺序到达目的站	总是按发送顺序到达目的站
端到端的差错控制	由用户端主机负责	由通信子网负责
端到端的流量控制	由用户端主机负责	由通信子网负责

2.4　传 输 介 质

传输介质是网络中传输信息的物理通道，它的性能对网络的通信、速度、距离、价格以及网络中的节点数和可靠性都有很大影响。因此，必须根据网络的具体要求，选择适当的传输介质。常见的网络传输介质有很多种，可分为两大类：一类是有线传输介质，如双绞线、同轴电缆、光纤等；另一类是无线传输介质，如微波和卫星通信等。

2.4.1　双绞线

双绞线由两根相互绝缘的导线绞合成匀称的螺纹状，作为一条通信线路。将两条、四条或更多这样的双绞线捆在一起，外面包上护套，就构成双绞线电缆，如图 2-19 所示。

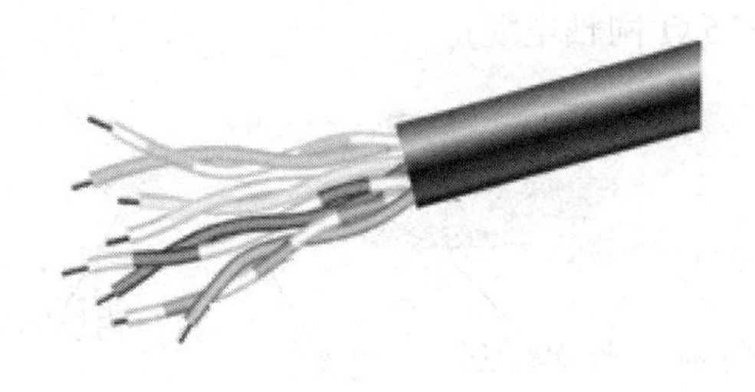

图 2-19　双绞线电缆

双绞线用于模拟传输或数字传输，其通信距离一般为几千米到十几千米。对于模拟传输，当传输距离太长时要加放大器，以便将衰减了的信号放大到合适的数值。对于数字传输，则要加中继器，以对数字信号进行整形。导线越粗，其通信距离就越远，但造价也就越高。

双绞线主要用于点到点的连接，如星型拓扑结构的局域网中，计算机与集线器 Hub 之间常用双绞线来连接，但其长度不超过 100 m。双绞线也可用于多点连接。作为一种多点传输，介质，它比同轴电缆的价格低，但性能要差一些。

双绞线按其是否有屏蔽，可分为屏蔽双绞线和无屏蔽双绞线。屏蔽双绞线是在一对双绞线外面有金属筒缠绕，有的还在几对双绞线的外层包上铜编织网，均用作屏蔽，最外层再包上一层具有保护性的聚乙烯塑料。与无屏蔽双绞线相比，其误码率明显下降，约为 10^{-6}～10^{-8}，但价格较贵。无屏蔽双绞线除少了屏蔽层外，其余均与屏蔽双绞线相同，抗干扰能力较差，误码率高达 10^{-5}～10^{-6}，但因其价格便宜而且安装方便，故广泛用于电话系统和局域网中。

双绞线还可以按其电气特性进行分级或分类。电气工业协会/电信工业协会(EIA/TIA)将其定义为 7 种型号。局域网中常用第 5 类和第 6 类双绞线的，它们都为无屏蔽双绞线，均由 4 对双绞线构成一条电缆。第 5 类双绞线的传输速率可达 100 Mbps，常用于局域网 100 Base-T 的数据传输或用作话音传输等。第 6 类双绞线比第 5 类双绞线有更好的传输特性，传输速率可达 1000 Mbps，可用于 100 Base-T、1000 Base-T 等局域网中。第 7 类双绞线可用于 1000 Base-T、千兆以太网中。

提示： 在计算机局域网应用领域，双绞线得到了广泛的应用。我们要熟练掌握双绞线的制作与使用方法(具体内容参考 2.6 节小型案例实训)。另外，检测双绞线的质量可从以下几个方面进行：①测试网线的速度；②检查网线的柔韧性；③测试网线的可燃烧性；④测试网线的抗温性；⑤识别网线外皮上的标志；⑥测试网线的绕距；⑦测试外皮的伸展性。

2.4.2 同轴电缆

同轴电缆由内导体铜质芯线、绝缘层、网状编织的外导体金属屏蔽层以及保护塑料外层所组成，如图 2-20 所示。这种结构中的金属屏蔽网可防止内层铜质芯线向外辐射电磁场，也可用来防止外界电磁场干扰中心导体的信号，因而具有很好的抗干扰特性，被广泛用于较高速率的数据传输。通常按特性阻抗数值的不同，将其分为基带同轴电缆(50 Ω 同轴电缆)和宽带同轴电缆(75 Ω 同轴电缆)。

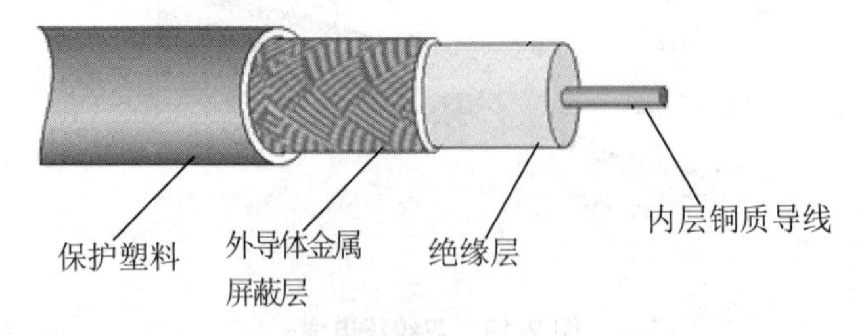

图 2-20 同轴电缆

1. 基带同轴电缆

基带同轴电缆的特性阻抗为 50 Ω，仅用于传输数字信号，并使用曼彻斯特编码方式和基带传输方式，即直接把数字信号送到传输介质上，无须经过调制。基带系统的优点是安装简单而且价格便宜，但基带数字方波信号在传输过程中容易发生畸变和衰减，所以传输距离不能很长，一般在 1 km 以内，典型的数据速率可达 10 Mbps。基带同轴电缆又有粗缆和细缆之分。粗缆抗干扰性能好，传输距离较远；细缆便宜，传输距离较近。局域网中，一般选用 RG-8 型号和 RG-11 型号的粗缆或 RG-58 型号的细缆。

注意： 在计算机局域网应用领域，基带同轴电缆相对于非屏蔽双绞线的最大优点是抗干扰性强，而且支持多点连接；缺点是物理可靠性不好，在公用机房、教学楼等人员嘈杂的地方，极易出现故障，而且某一点发生故障，整段局域网都无法通信，所以基本已被非屏蔽双绞线所代替。

2. 宽带同轴电缆

宽带同轴电缆的特性阻抗为 75 Ω，带宽可达 300 ～500 MHz，用于传输模拟信号。它是公用天线电视系统(CATV)中的标准传输电缆，目前在有线电视中广为采用。在这种电缆上传送的信号采用了频分多路复用的宽带信号，故 75Ω 同轴电缆又称为宽带同轴电缆。所谓宽带，在电话行业中是指带宽比一个标准话路，即 4 kHz 更宽的频带，而在计算机通信中，泛指采用了频分多路复用和模拟传输技术的同轴电缆网络。

2.4.3 光纤

光导纤维电缆，简称光缆，是网络传输介质中性能最好、应用前途最广泛的一种。以金属导体为核心的传输介质，所能传输的数字信号或模拟信号，都是电信号。而光纤则只能用光脉冲形成的数字信号进行通信。有光脉冲相当于 1，没有光脉冲相当于 0。由于可见光的频率极高，约为 108 MHz 的量级，因此光纤通信系统的传输带宽远大于目前其他各种传输媒体的带宽。

光纤通常由极透明的石英玻璃拉成细丝作为纤芯，外面分别有包层、吸收外壳和防护层等构成，如图 2-21 所示是一根光纤剖面的示意图。包层较纤芯有较低的折射率。当光线从高折射率的媒体射向低折射率的媒体时，其折射角将大于入射角，如图 2-22(a)所示。因此，如果入射角足够大，就会出现全反射，即光线碰到包层时就会折射回纤芯。这个过程不断重复，光也就沿着光纤向前传输。图 2-22(b)所示为光波在纤芯中传输的示意图。

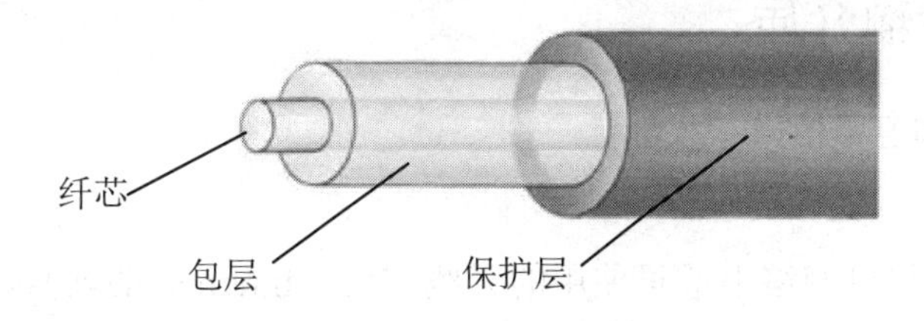

图 2-21　光纤剖面的示意图

由于光纤非常细，连包层一起，其直径也不到 0.2 mm，故常将一至数百根光纤，再加上加强芯和填充物等构成一条光缆，从而可大大提高其机械强度。最后加上包带层和外护套，即可满足工程施工的强度要求。

典型的光纤传输系统的结构如图 2-23 所示。光纤发送端采用发光二极管(Light Emitting Diode，LED)或注入型激光二极管(Injection Laser Diode，ILD)两种光源，在接收端将光信号转换成电信号时使用光电二极管(PIN)检波器或雪崩光电二极管(APD)检波器，这样即构成了一个单向传输系统。光载波调制方法采用振幅键控(ASK)调制方法，即亮度调制(Intensity Modulation)。光纤传输速率可达几千兆位每秒。目前投入使用的光纤在几千米范围内的速率可达几百兆位每秒。在 1 km 范围内，光纤能以 1000 Mbps 的速率传送数据，大功率的激光器可以驱动 100km 长的光纤而不带中继器。

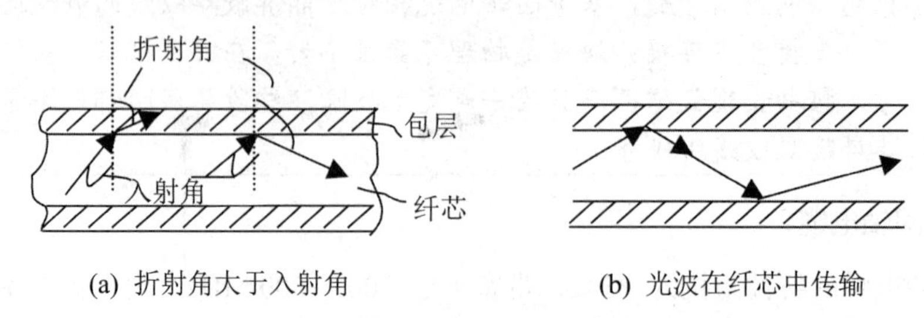

(a) 折射角大于入射角　　(b) 光波在纤芯中传输

图 2-22 光线射入到纤芯和包层界面时的情况

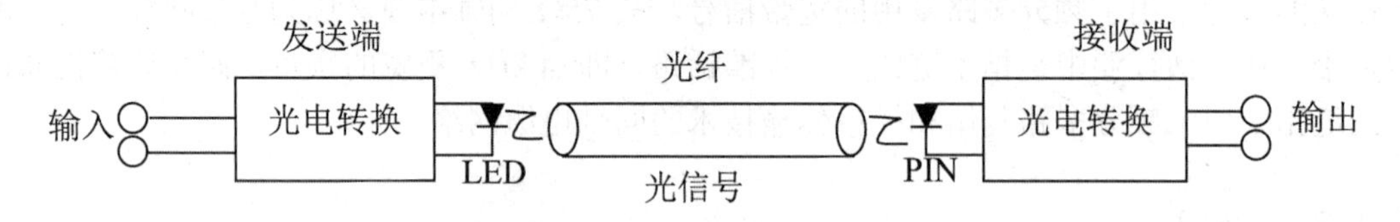

图 2-23 光缆传输系统结构示意图

光纤最普遍的连接方法是点到点方式，在某些实验系统中也采用多点连接方式。

光纤有许多优点：由于光纤的直径可小到 10～100μm，故体积小，重量轻，1km 长的一根光纤也只有几克重；光纤的传输频带非常宽，在 1km 内的频带可达 1GHz 以上，在 30km 内的频带仍大于 25MHz，故通信容量大；光纤传输损耗小，通常在 6～8km 的距离内不使用中继器而可实现高速率数据传输，基本上没有什么衰耗，这一点也正是光纤通信得到飞速发展的关键原因；不受雷电和电磁干扰，这在有大电流脉冲干扰的环境下尤为重要；无串音干扰，保密性好，也不容易被窃听或截取数据；误码率很低，可低于 10^{-10}，而双绞线的误码率为 10^{-5}～10^{-6}，基带同轴电缆为 10^{-7}，宽带同轴电缆为 10^{-9}。

2.4.4 无线传输介质

1. 微波信道和卫星信道

1) 微波信道

微波信道是计算机网络中最早使用的无线信道，Internet 的前身 ARPANET 中用于连接美国本土和夏威夷的信道即是微波信道，它也是目前应用最多的无线信道。微波信道所用微波的频率范围为 1～20GHz，既可传输模拟信号又可传输数字信号。微波通信是把微波信号作为载波信号，用被传输的模拟信号或数字信号来调制它，故微波通信是模拟传输。由于微波的频率很高，故可同时传输大量信息。又由于微波能穿透电离层而不反射到地面，故只能使微波沿地球表面由源向目标直接发射。微波在空间是直线传播，而地球表面是个曲面，因此其传播距离受到限制，一般只有 50 km 左右。但若采用 100m 高的天线塔，则距离可增大到 100 km。此外，因微波被地表吸收而使其传输损耗很大，因此为实现远距离传输，则每隔几十千米便需要建立中继站。中继站把前一站送来的信号经过放大后再发送到下一站，故称为微波接力通信。大多数长途电话业务使用 4～6GHz 的频率范围。目前各国使用的微波设备信道容量多为 960 路、1200 路、1800 路和 2700 路，我国多为 960 路。1 路的带宽通常为 4 kHz。

2) 卫星信道

为了增加微波的传输距离，应提高微波收发器或中继站的高度。当将微波中继站放在人造卫星上时，便形成了卫星通信系统，也即利用位于 36 000 km 高的人造同步地球卫星作为中继器的一种微波通信。通信卫星则是太空中无人值守的微波通信的中继站。卫星上的中继站接收从地面发来的信号，加以放大整形后再发回地面。一个同步卫星可以覆盖地球 1/3 以上的地表，如图 2-24 所示。这样利用 3 个相距 120° 的同步卫星便可覆盖全球的全部通信区域，通过卫星地面站可以实现地球上任意两点间的通信。卫星通信属于广播式通信，通信距离远，且通信费用与通信距离无关。这是卫星通信的最大特点。

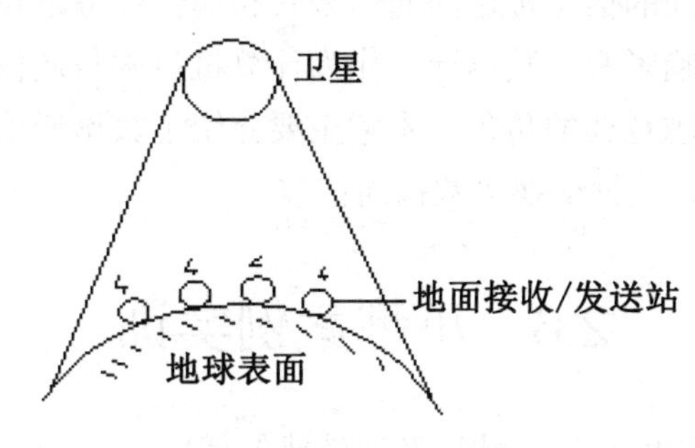

图 2-24　卫星微波通信

2. 红外线信道和激光信道

1) 红外线信道

红外线是最新的无线传输介质之一，红外线信道利用红外线来传输信号，常见于电视机等家电中的红外线遥控器，在发送端设有红外线发送器，接收端没有红外线接收器。发送器和接收器可任意安装在室内或室外，但需使它们处于视线范围内，即两者彼此都可看到对方，中间不允许有障碍物。红外线通信设备相对便宜，有一定的带宽。当光束传输速率为 100kbps 时，通信距离可大于 16km，1.5Mbps 的传输速率使通信距离降为 1.6km。红外线通信只能传输数字信号。此外，红外线具有很强的方向性，故对于这类系统很难窃听、插入数据和进行干扰，但雨、雾和障碍物等环境干扰都会妨碍红外线的传播。

2) 激光信道

在空间传播的激光束可以调制成光脉冲以传输数据，和地面微波或红外线一样，可以在视野范围内安装两个彼此相对的激光发射器和接收器进行通信，如图 2-25 所示。激光通信与红外线通信一样只能传输数字信号，不能传输模拟信号；激光也具有高度的方向性，从而难以窃听、插入数据及干扰；激光同样受环境的影响，特别当空气污染、下雨有雾、能见度很差时，可能使通信中断。通常激光束的传播距离不会很远，故只在短距离通信中使用。它与红外线通信的不同之处在于，激光硬件会因发出少量射线而污染环境，故只有经过特许后方可安装，而红外线系统的安装则不必经过特许。

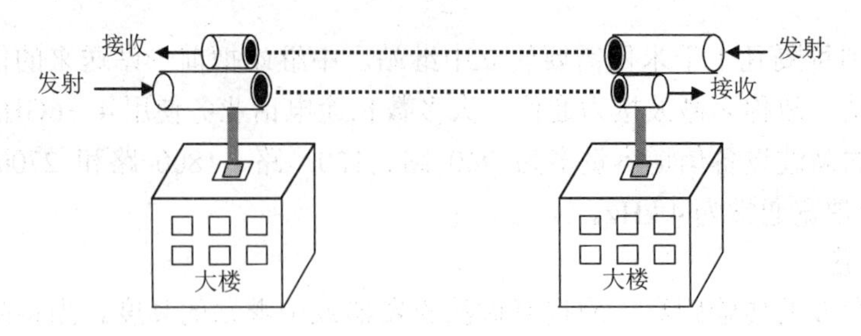

图 2-25　激光通信

2.5　本 章 小 结

现代通信网的基础是通信技术与计算机技术的结合，而完成计算机之间、计算机与终端之间以及终端与终端之间的信息传递的通信方式和通信业务就是数据通信。随着计算机技术与通信技术的结合日趋紧密，数据通信作为计算机技术与通信技术相结合的产物，在现代通信领域扮演着越来越重要的角色。本章主要介绍了数据通信的基础知识、常见的数据传输介质以及多路复用、数据交换等数据通信技术。

2.6　小型案例实训

本案例主要介绍双绞线的制作方法以及双绞线的使用。

1. 实训目的

通过了解双绞线的制作过程，以达到对传输介质的进一步了解，尤其是在各种特殊情况下网线的制作，从而胜任网络管理、维护和网络布线的工作。

2. 实训器材

双绞线、水晶头(RJ-45)、工具(压线钳、测线仪等)。

3. 实训内容

双绞线的制作分两种情况进行。

(1) 双绞线连接网卡和集线器及双绞线级联两个集线器(有级联专用端口)的一般制作。两个集线器(有级联专用端口)的级联如图 2-26 所示。

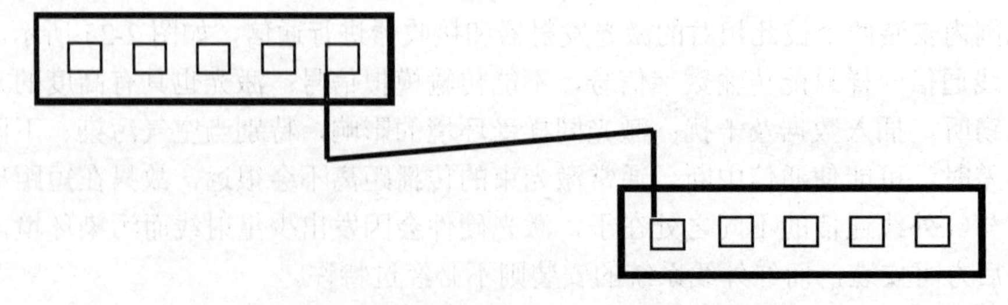

图 2-26　两个集线器(有级联专用端口)的级联

其线之间的连接如图 2-27 所示。

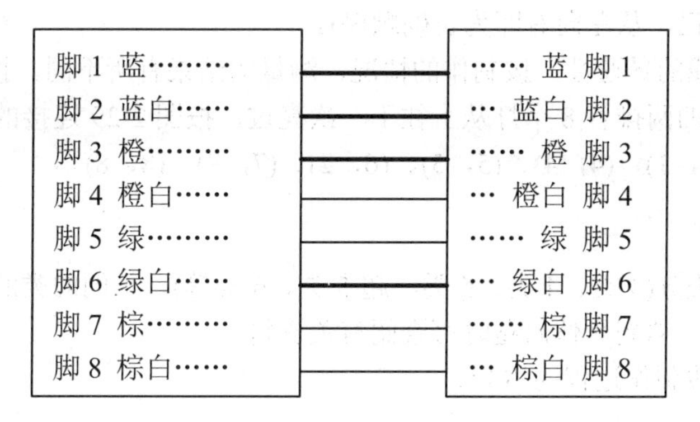

图 2-27　线间连接(有级联专用端口)

(2) 双绞线直接连接两个网卡及双绞线连接两个集线器(无级联专用端口)的制作。两个集线器(无级联专用端口)的级联如图 2-28 所示。

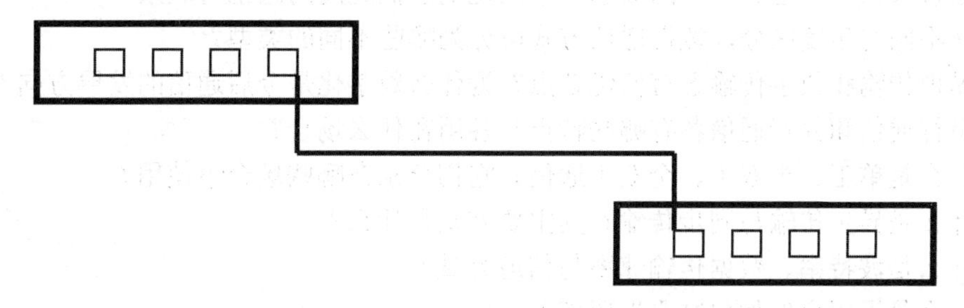

图 2-28　两个集线器(无级联专用端口)的级联

其线之间的连接如图 2-29 所示。

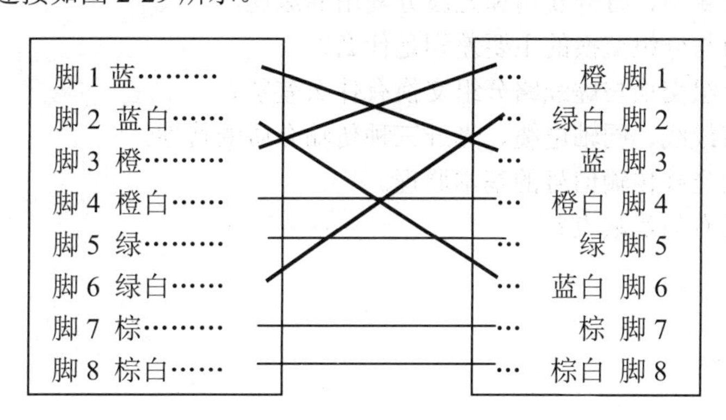

图 2-29　线间连接(无级联专用端口)

制作步骤如下。

(1) 将双绞线的一端插入压线钳的剥皮端(注意要将双绞线插到底)，将双绞线的外皮剥去一小段，大约为 1.2 cm。

(2) 将双绞线根据 3 种排线顺序插入连接器(注意要插到底)，直到另一端可以清楚地看到每一根线的铜芯为止。

(3) 将接头放入压线钳的插座，然后用力压紧，使接头夹紧双绞线。

(4) 用同样的方法完成另一端的制作，注意线的排列顺序(把线从下往上拿着，让接头的金属簧片面向自己，从左向右即为正确顺序)。

(5) 测量双绞线的导通性。按制作的情况，测量的结果有所不同。按图 2-27 连接的测量结果是测线仪上的两排各 8 个灯从上往下一次亮过。按图 2-29 连接的则灯亮的顺序为：(1，3)、(2，6)、(3，1)、(4，4)、(5，5)、(6，2)、(7，7)、(8，8)。

4. 讨论

(1) 双绞线按类分(3 类、4 类、5 类、超 5 类、6 类等)，不同的类的标准、性能参数和用途各有什么不同，遇到具体问题时可查阅有关资料。

(2) 讨论双绞线制作过程的体会。

2.7 思考与练习

1. 理解数据、信息和信号的概念，举例说明它们之间的区别与联系。
2. 从不同的角度区分，数据通信方式可分为哪些不同的类型？
3. 模拟传输和数字传输各有何优缺点？为什么数字化是今后通信的发展方向？
4. 串行通信和并行通信各有哪些特点？各用在什么场合？
5. 什么是单工、半双工、全双工通信？它们分别在哪些场合下使用？
6. 什么是异步传输与同步传输？其主要差别是什么？
7. 什么是波特率、数据传输速率与信道容量？
8. 什么是误码率？如何减小误码率？
9. 为什么通信中采用多路复用技术？
10. 概述频分复用、时分复用和光波分复用的原理。
11. 报文交换与分组交换的主要差别是什么？
12. 数据报分组交换与虚线路分组交换有什么差别？
13. 试比较双绞线、同轴电缆、光纤三种传输介质的特性。
14. 简要说明光纤传输信号的基本原理。
15. 微波通信有何优缺点？

第 3 章　网络的体系结构和协议

本章要点

- ☑ 网络体系结构的概念
- ☑ OSI 参考模型
- ☑ TCP/IP 参考模型
- ☑ 网络协议
- ☑ IP 地址分类、子网划分及域名管理

计算机网络是由数台、数十台乃至上千台计算机系统通过通信网络连接而成的一个非常复杂的系统，如何构造计算机系统的通信功能，才能实现这些计算机系统之间，尤其是异构计算机系统之间的相互通信，是网络体系结构着重要解决的问题。

3.1　网络的体系结构

3.1.1　网络分层结构

基本的网络体系结构模型就是层次结构模型，如图 3-1 所示。所谓层次结构就是指把一个复杂系统的设计问题分解成多个层次分明的局部问题，并规定每一层次所必须完成的问题。层次结构提供了一种按层次来观察网络的方法，它描述了网络中任意两个结点间的逻辑连接和信息传输。

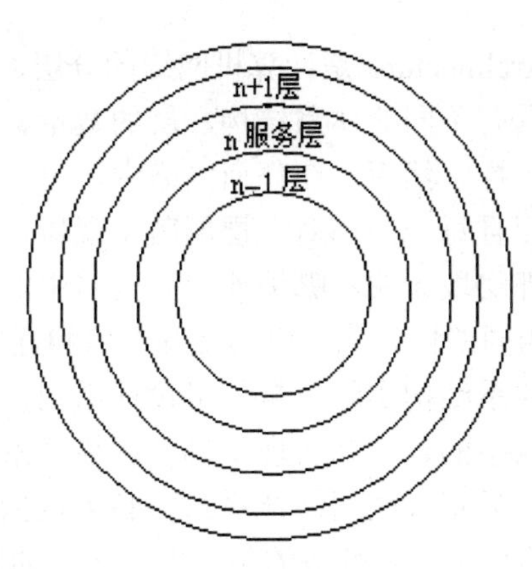

图 3-1　层次模型

在图 3-1 所示的分层结构中，n 层是 n−1 层的用户，又是 n+1 层服务的提供者。n+1 层虽然是直接使用了 n 层提供的服务，实际上它通过 n 层还间接使用了 n−1 层以及以下所有各层的服务。

系统的顶层执行用户要求的工作，直接与用户接触，可以是用户编写的程序或发出的命令。除顶层外，各层都支持其上一层的实体进行工作，这就是服务。

网络分层结构中，每一层都由一些实体组成，这些实体抽象地表示了通信时的软件元素(如进程或子程序)或硬件元素(如智能 I/O 芯片等)。实体是通信时能发送和接收信息的任何软硬件设施。

分层结构中各相邻层之间要有一个接口，它定义了较低层向较高层提供的原始操作和服务。相邻层通过它们之间的接口交换信息，高层并不需要知道低层是如何实现的，仅需要知道该层通过层间的接口所提供的服务，这样使得两层之间保持了功能的独立性。

3.1.2 网络协议

协议是用来描述两个进程间信息交换规则的术语。在计算机网络中，相互通信的双方处在不同的地理位置，两个进程间相互通信，需要交换信息来使它们的动作协调一致达到同步。而信息交换必须按照预先约定好的规则进行，我们称这种在计算机网络中通信双方都遵守的规则为网络协议。

计算机网络协议主要由以下 3 个要素组成。

(1) 语义：协议的语义是指对构成协议的协议元素含义的解释，也即“讲什么”。它涉及用于协调与差错处理的控制信息。

(2) 语法：语法是用于规定将若干个协议元素和数据组合在一起来表达一个更完整的内容时所应遵循的格式，即对所表达的内容的数据结构形式的一种规定。它涉及数据及控制信息的格式、编码及信号电平等。

(3) 定时：定时规定了事件的执行顺序，即通信过程中的应答关系和状态变化关系。它涉及速度匹配与排序等。

3.1.3 网络体系结构

网络体系结构(Network Architecture)是计算机网络的分层、各层协议、功能和层间接口的集合。不同的计算机网络具有不同的体系结构，层的数量、各层的名称、内容和功能以及各相邻层之间的接口都不一样。然而，在任何网络中，每一层都是为了向它相邻的上层提供一定的服务而设置的，而且每一层都对上层屏蔽实现协议的具体细节。这样，网络体系结构就能做到与具体的物理实现无关，哪怕连接到网络中的主机和终端的型号及性能各不相同，只要它们共同遵守相同的协议就可以实现互通信和互操作。

由此可见，计算机网络体系结构实际上是一组设计原则，它包括功能组织、数据结构和过程的说明以及用户应用网络的设计和实现基础。网络体系结构是一个抽象的概念，因为它不涉及具体的实现细节，只是说明网络体系结构必须包括的信息，以便网络设计者能为每一层编写符合相应协议的程序，它解决的是“做什么”的问题。

3.2 ISO/OSI 参考模型

在各种类型的计算机之间进行信息传递是一件比较困难和麻烦的工作。20 世纪 80 年代初期，国际标准化组织(ISO)认识到，需要一个网络模型来帮助厂商实现网络间的相互操作，于是 ISO 研究了各类计算机网络体系结构，并于 1984 年正式公布了一个网络体系结构模型作为国际标准，称为开放系统互连参考模型(OSI/RM)。

这里的“开放”是指任何两个遵守 OSI/RM 的系统都可以进行互连，当一个系统能按 OSI/RM 与另一个系统进行通信时，就称该系统为开放系统。

3.2.1　分层通信

在 OSI 参考模型中，将整个通信功能划分为 7 个层次，如图 3-2 所示。每一层的目的是向相邻的上一层提供服务，并且屏蔽服务实现的细节。模型设计成多层，像是在与另一台计算机对等层通信。实际上，通信是在同一计算机的相邻层之间进行的。每一层都按照一组协议来实现某些网络的功能。7 个层次之间的问题相对独立，而且易于分开解决，也无须过多依赖于外部信息。7 个层次自下而上分布，并具有不同的功能。

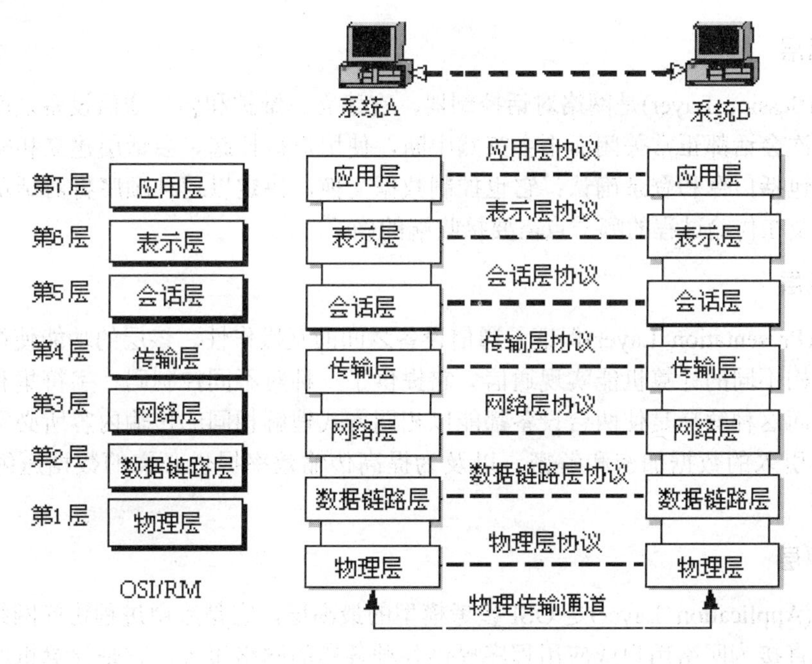

图 3-2　OSI 参考模型

1. 物理层

物理层(Physical Layer)是 OSI 的最底层，它建立在物理通信介质的基础上，作为通信系统和通信介质的接口，用来实现数据链路实体间透明的比特(bit)流传输。为建立、维持和拆除物理连接，物理层规定了传输介质的机械特性、电气特性、功能特性和规程特性。

2. 数据链路层

数据链路层(Data Link Layer)从网络层接收数据，并加上有意义的比特位形成报文头部和尾部(用来携带地址和其他控制信息)。这些附加了信息的数据单元称为帧。数据链路层负责将数据帧无差错地从一个站点送达下一个相邻的站点，即通过一些数据链路层协议完成在不太可靠的物理链路上实现可靠的数据传输。

3. 网络层

网络层(Network Layer)关心的是通信子网的运行控制，主要解决如何使数据分组跨越通信子网从源传送到目的地的问题，这就需要在通信子网中进行路由选择。另外，为避免通信子网中出现过多的分组而造成网络阻塞，需要对流入的分组数量进行控制。当分组要跨越多个通信子网才能到达目的地时，还要解决网际互联的问题。

4. 传输层

传输层(Transport Layer)的主要任务是向会话层提供服务，服务内容包括传输连接服务和数据传输服务。前者是指在两个传输层用户之间负责建立、维持传输连接和在传输结束后拆除传输连接；后者则是要求在一对用户之间提供互相交换数据的方法。传输层的服务，使高层的用户可以完全不考虑信息在物理层、数据链路层和网络层通信的详细情况，方便用户使用。

5. 会话层

会话层(Session Layer)是网络对话控制器，它建立、维护和同步通信设备之间的交互操作，保证每次会话都正常关闭而不会突然中断，使用户被挂起。会话层建立和验证用户之间的连接，包括口令和登录确认；它也控制数据交换，决定以何种顺序将对话单元传送到传输层，以及在传输过程的哪一点需要接收端的确认。

6. 表示层

表示层(Presentation Layer)保证了通信设备之间的互操作性。该层的功能使得两台内部数据表示结构不同的计算机能实现通信。它提供了一种对不同控制码、字符集和图形字符等的解释，而这种解释是使两台设备都能以相同方式理解相同的传输内容所必需的。表示层还负责为引入的数据加密和解密，以及为提高传输效率提供必需的数据压缩及解压等功能。

7. 应用层

应用层(Application Layer)是 OSI 参考模型的最高层，它是应用进程访问网络服务的窗口。这一层直接为网络用户或应用程序提供各种各样的网络服务，它是计算机网络与最终用户之间的界面。应用层提供的网络服务包括文件服务、打印服务、报文服务、目录服务、网络管理以及数据库服务等。

上述的 7 层中的上 5 层一般由软件实现，而下面的两层由硬件和软件实现。

3.2.2 信息格式

在层次式结构的网络中，不同系统的应用进程在进行数据通信时，其信息流动的过程如图 3-3 所示。其中源进程 A 首先将用户数据送至最高层(应用层)，由该层在用户数据前面加上控制信息，形成最高层的数据单元后送到次高层；次高层又在数据单元前面加上控制信息，形成次高层的数据单元后，又将其传送至下一层。信息按这种方式逐层地向下传送直至最低层(物理层)，由于该层实现比特流传送，故不需加控制信息。当比特流经过传输介质到达目标系统时，再从最低层逐层向上传送，且在每一层都依照相应的控制信息完成指定的操作后，再将本层控制信息去掉，后面的数据单元向上一层传送，依次类推。当数据最后到达应用层时再由应用层把用户数据提交给目标进程 B，便结束了通信过程。

虽然源进程 A 把数据传送至目标进程 B 时的实际路径要穿越下面的所有层次，但进程 A 却不能感知到这种过程，就像是它直接把数据交给了 B 的对等层。这样，在客观上就形成了一条由 A 到 B 的虚通信路径，如图 3-3 所示。

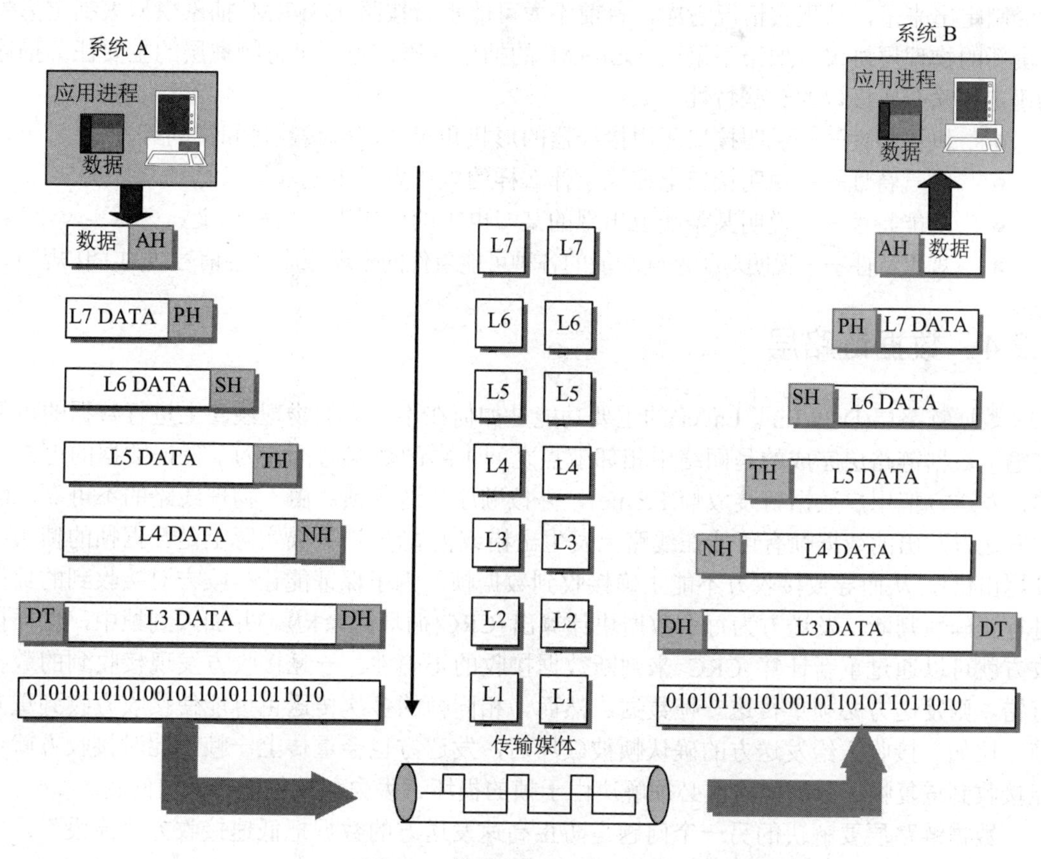

图 3-3　信息在各层之间的传递

3.2.3　物理层

物理层(Physical Layer)的主要功能是完成相邻节点之间原始比特流的传输。物理层协议关心的典型问题是使用什么样的物理信号来表示数据“1”和“0”；每个比特持续的时间多长；数据传输是否可同时在两个方向上进行；最初的连接如何建立和通信完成后连接如何终止；物理接口(插头和插座)有多少针以及各针的用处。物理层的设计主要涉及物理层接口的机械、电气、功能和过程特性，以及物理层接口连接的传输介质等问题。物理层的设计还涉及通信工程领域内的一些问题。

物理层(Physical Layer)的作用是实现相邻计算结点之间比特数据流的透明传送，尽可能屏蔽掉具体传输介质和物理设备的差异。需要注意的是，物理层并不是指连接计算机的具体物理设备或传输介质，如双绞线、同轴电缆、光纤等，由于物理设备和传输媒体种类

繁多，而通信手段也有许多不同方式，物理层的作用正是要使其上面的数据链路层感觉不到这些差异，这样可使数据链路层只需要考虑如何完成本层的协议和服务，而不必考虑网络具体的传输介质是什么。“透明传送比特流”表示经实际电路传送后的比特流没有发生变化，对传送的比特流来说，这个电路好像是看不见的，当然，物理层并不需要知道哪几个比特代表什么意思。物理层与具体的物理设备、传输介质以及通信手段有关，其涉及的范围比较广泛，在 ISO 的 OSI/RM 形成之前，许多属于物理层的规程(Procedure)或协议就已经制定出来了，从现实情况考虑，目前不太可能重新按照 OSI/RM 抽象模型去制定另外一套新的物理层协议。如果不采用 OSI/RM 的抽象术语，那么可将物理层的主要任务描述为确定传输介质接口的一些特性，如：

- 机械特性——说明接口所用接线器的形状和尺寸、引线数目和排列等。
- 电气特性——说明接口电缆线上什么样的电压表示 1 或 0。
- 功能特性——说明某条线上出现的某一电平的电压表示何种意义。
- 规程特性——说明对于不同功能的各种可能事件的出现顺序及各信号线的工作规则。

3.2.4 数据链路层

数据链路层(Data Link Layer)的主要功能是如何在不可靠的物理线路上进行数据的可靠传输。数据链路层完成的是网络中相邻节点之间可靠的数据通信。为了保证数据的可靠传输，发送方把用户数据封装成帧(Frame)，并按顺序传送各帧。由于物理线路的不可靠，因此发送方发出的数据帧有可能在线路上发生出错或丢失(所谓丢失实际上是数据帧的帧头或帧尾出错)，从而导致接收方不能正确接收到数据帧。为了保证能让接收方对接收到的数据进行正确性判断，发送方为每个数据块计算出 CRC(循环冗余检验)并加入到帧中，这样接收方就可以通过重新计算 CRC 来判断数据接收的正确性。一旦接收方发现接收到的数据有错，则发送方必须重传这一帧数据。然而，相同帧的多次传送也可能使接收方收到重复帧。比如，接收方给发送方的确认帧被破坏后，发送方也会重传上一帧，此时接收方就可能接收到重复帧。数据链路层必须解决由于帧的损坏、丢失和重复所带来的问题。

数据链路层要解决的另一个问题是防止高速发送方的数据把低速接收方“淹没”。因此需要某种信息流量控制机制使发送方得知接收方当前还有多少缓存空间。为了控制的方便，流量控制常常和差错处理一同实现。在广域网中，数据链路层负责主机-接口信号处理机(IMP)、接口信号处理机(IMP)-IMP 之间数据的可靠传送；而在局域网中，数据链路层负责主机之间数据的可靠传输。

在物理层实现了透明的 0、1 码传输的基础上，数据链路层(Data Link Layer)将加强这些原始比特的传输，使之成为一条无差错的数据传输链路。

数据链路层(Data Link Layer)的主要作用是通过一些数据链路层协议和链路控制规程，在不太可靠的物理链路上实现可靠的数据传输。“线路(Line)”、“链路(Link)”和“数据链路”是不同的概念。线路中间没有任何交换结点，而链路是一条无源的端到端的物理线路段，在进行数据通信时，两台计算机之间的通信链路往往是由许多线路串接而成。当把实现控制数据传输的一些规程的硬件和软件加到链路上就构成了像数据管道一样的数据链路。有时将链路称为物理链路，而将数据链路称为逻辑链路，即物理链路加上必要的通信规程就是逻辑链路。当采用复用技术时，一条物理链路上可以有多条逻辑数据链路。数据链路层为了实现相邻结点之间数据帧的正确传输，必须包括链路管理、帧同步、流量控制、差错校验与恢复等基本功能。

3.2.5 网络层

网络层(Network Layer)的主要功能是完成网络中主机间的报文传输，其关键问题之一是使用数据链路层的服务将每个报文从源端传输到目的端。如果在子网中同时出现过多的报文，子网可能形成拥塞，必须加以避免，此类控制也属于网络层的内容。

网络层的任务是分组传送、路由选择和流量控制，最主要的功能是实现端到端通信系统中中间结点的路由选择。从 OSI/RM 的通信角度来看，网络层所提供的服务主要有两大类，即面向连接的网络服务和无连接的网络服务，这两种网络服务的具体实现就是所谓的虚电路服务和数据报服务。

1. 面向连接服务

面向连接服务就是在数据交换之前，必须先建立连接，当数据交换结束后，则应该终止这个连接。由于面向连接服务和电路交换的许多特性相似，因此面向连接服务在网络层中又称为虚电路服务。“虚”的意思是虽然在两个服务用户的通信过程中没有自始至终都占用一条端到端的完整物理电路，但却好像占用了一条这样的电路。

面向连接服务比较适合于在一定期间内要向同一目的地连续发送许多报文的情况。若两个用户经常进行频繁通信，则可建立永久虚电路，这样可免除每次通信时连接建立和连接释放这两个过程。

2. 无连接服务

在无连接服务的情况下，两个实体之间的通信不需要先建立好一个连接，因此其下层的有关资源不需要事先进行预定保留，这些资源是在数据传输时动态地进行分配的。无连接服务不需要通信的两个实体同时处于激活状态，当发送端的实体正在进行发送时，它必须是激活的，但这时接收端的实体并不一定要激活，只有当接收端的实体正在进行接收时，它才必须是激活的。无连接服务的优点是灵活方便和比较迅速，但无连接服务不能防止报文的丢失、重复或失序。当采用无连接服务时由于每个报文都必须提供完整的目的站地址，因此其开销也较大。

3. 虚电路服务与数据报服务的对比

使用虚电路服务，对网络用户来说，在呼叫建立后，整个网络就好像有两条连接两个网络用户的数字管道，所有发送到网络中的分组，都按发送的先后顺序进入管道，然后按先进先出的原则沿着管道传送到目的站主机。在全双工通信中，每一条管道只沿一个方向传送分组，这些分组在到达目的站时的顺序与发送时的顺序一样。

数据报服务则不同，每一个发出的分组都携带了完整的目的站的地址信息，每一个分组都可以独立地选择路由。在此情况下，没有呼叫建立过程，对于网络用户来说，整个网络好像有许多条不确定的数字管道，所发送出去的每一个分组都可独立地选择一条管道来

传送。这样，先发送出去的分组不一定先到达目的站主机。因此，数据报不能保证按发送顺序交付目的站。

在使用数据报时，每个分组必须携带完整的地址信息。但在使用虚电路的情况下，每个分组不需要携带完整的目的地址，而仅需要有个虚电路号码的标志。这样就使分组的控制信息部分的比特数减少，因而减少了额外开销。

对待差错处理，这两种服务也是有很大差别的。由于数据报服务不能保证按顺序交付，也不能保证不丢失和不重复，因此在使用数据报服务的情况下，主机要承担端到端的差错控制。但在使用虚电路的情况下，网络有端到端的差错控制功能，能够保证分组按顺序交付，而且不丢失、不重复。

表3-1中归纳了虚电路服务与数据报服务的一些主要区别。

表3-1　虚电路与数据报的对比

	虚 电 路	数 据 报
端到端的连接	必须有	不要
目的站地址	仅在连接建立阶段使用	每个分组都有目的站的全地址
分组的顺序	总是按发送顺序到达目的站	到达目的站时可能不按发送顺序
端到端的差错处理	由通信子网负责	由主机负责
端到端的流量控制	由通信子网负责	由主机负责

3.2.6　传输层

传输层(Transport Layer)是OSI参考模型的7层中比较特殊的一层，同时也是整个网络体系结构中十分关键的一层。设置传输层的主要目的是在源主机和目的主机进程之间提供可靠的端到端通信。

传输层是第一个端到端，也就是主机到主机的层次。有了传输层后，高层用户就可利用传输层的服务直接进行端到端的数据传输，从而不必知道通信子网的存在。通信子网的更替和技术变化通过传输层的屏蔽将不被高层用户看到。通常，传输层在高层用户请示建立一条传输通信连接的时候，就通过网络层在通信子网中建立一条独立的网络连接。但是，若需要较高的吞吐量，传输层也可以建立多条网络连接来支持一条传输连接，这就是分流(Spliting)。或者，为了节省费用，传输层也可以将多个传输通信合用一条网络连接，称为复用(Multilexing)。传输层还要处理端到端的差错控制和流量控制的问题。概括地说，传输层为上层用户提供端到端的透明化的数据传输服务。

传输层和网络层一样提供两种类型的服务：面向连接的和面向无连接的服务。面向连接的传输层服务很像面向连接的网络层服务，它们都有建立连接、数据传输、释放连接；同样也有寻址和流量控制问题。同样面向无连接的服务在传输层和网络层也是相似的。有一个简单的理由可以说明为什么很相似的两层不合为一层，那就是网络层是在通信子网中，用户是不能用程序控制的，而传输层服务是可以用标准的服务原语集合写成的。因此说传输层是介于传输服务提供者和传输服务用户之间的重要位置，是形成可靠数据传输服务的提供者和用户之间的主要边界。

对于传输层来说，高层用户对传输服务质量的要求是确定的，传输层的协议内容取决于网络层所提供的服务。网络层提供面向连接的虚电路服务和无连接的数据报服务，如果网络层提供虚电路服务，则它可以保证报文分组无差错、不丢失、不重复和顺序传输，在这种情况下，传输层协议相对要简单。即使对虚电路服务，传输层也是必不可少的，因为虚电路仍不能保证通信子网传输百分之百正确。例如，在 X.25 虚电路服务中，当网络发出中断分组和恢复分组请求时，主机无法获得通信子网中报文分组的状态，而虚电路两端的发送、接收报文分组的序号均置为零。因此虚电路恢复的工作必须由高层(传输层)来完成。如果网络层使用数据报方式，则传输层的协议将会变得复杂。

3.2.7　会话层

会话层(Session Layer)允许不同机器上的用户之间建立会话关系。会话层允许进行类似传输层的普通数据的传送，在某些场合还提供了一些有用的增强型服务。会话层允许用户利用一次会话在远端的分时系统上登录，或者在两台机器间传递文件。

会话层提供的服务之一是管理对话控制。会话层允许信息同时双向传输，或任一时刻只能单向传输。如果属于后者，类似于物理信道上的半双工模式，会话层将记录此时该哪一方进行传输。会话层的另一种服务是同步。若两台机器进程间需进行数小时的大型文件传输，而通信子网故障率又较高，则对传输层来说，每次传输中途失败后，都不得不重新传输这个文件。会话层提供了在数据流中插入同步的机制，在每次网络出现故障后可以仅重传最后一个同步点以后的数据，而不必从头开始。

会话层是建立在用户与网络间的接口，好像两台主机间的联络官，主要处理通信双方交互的建立、组织，并协调、控制会话过程的进行(会话服务)。

1. 会话层的基本概念

会话层的主要目的是提供一个面向用户的连接服务，它给会话用户之间的对话和活动提供同步所必需的手段，以便对数据的传送提供控制和管理。

会话层定义了可供选择的多种服务，可以将若干相关联的服务组成一个功能单元(Function Unit)，而每一个功能单元提供一种可供选择的工作类型。在会话连接建立时可就这些功能单元进行协商选择。

令牌(Token)有时称为权标，表示使用服务权。令牌每一次动态地赋予一个用户，以保证用户调用某种服务时具有独占性，防止出现竞争和冲突。用户只有拥有某种令牌才能够调用与该令牌属性相关的会话服务。令牌每次只能让一个会话用户使用，定期轮换。令牌的引入是由于会话层内存在着较多的用户交互，要控制和协调这些交互并保证交互动作逻辑顺序的正确和避免在数据交换中产生混乱，就需要用令牌进行统一管理。

2. 会话层的服务

会话服务主要分为会话连接管理与会话数据交换两大部分。会话连接管理服务使得进行通信的双方对等应用进程之间可以建立和维持一条信道连接。会话数据交换服务为两个进行通信的应用进程在此信道上交换会话服务数据单元提供手段。另外，会话层还可提供交互管理服务、会话连接同步服务等功能。

3. 会话层的协议机制

通常每个用户服务请求都会直接被映射为一个对应的会话协议数据单元 SPDU，然后按照规定的协议将此 SPDU 传送给远端的会话实体。会话协议数据单元 SPDU 有它规定的固定格式。会话连接和传输连接的关系不一定总是一对一的，有时，当一个会话连接结束后，可以不释放传输连接而使下一个会话连接继续使用前面用过的传输连接；有时传输连接会出现短暂的故障，但会立即建立另外一条新的传输连接。所有这些操作对于会话层都是透明的，这说明了一个会话连接也可以对应于多个传输连接。虽然一个传输连接可以对应多个会话连接，但这些会话连接总是一个接一个地出现的，这说明一个传输连接并不能复用多个会话连接，而仅能支持一个会话连接。例如，当需要传送加速数据时，一个会话连接就可以对应两个传输连接。

3.2.8 表示层

表示层(Presentation Layer)处理的是 OSI 系统之间用户信息的表示问题。网络上计算机可能采用不同的数据表示，所以需要在数据传输时进行数据格式的转换。例如在不同的机器上常用不同的代码来表示字符串(ASCII 和 EBCDIC)、整型数(二进制反码或补码)以及机器字的不同字节顺序等。为了让采用不同数据表示法的计算机之间能够相互通信并交换数据，我们在通信过程中使用抽象的数据结构来表示传送的数据，而在机器内部仍然采用各自的标准编码。管理这些抽象数据结构，并在发送方将机器的内部编码转换为适合网上传输的传送语法以及在接收方做相反的转换等工作都是由表示层来完成的。

另外，表示层还涉及数据压缩和解压、数据加密和解密等工作。

1. 语法与语义

语法是指构成应用数据的一组规则，是数据的表示形式，它涉及文字、图像、数据等的表示。语法实际上是一种对应用数据单元符号比特串的解释方法。

语义是指一个数据的特定内容及含义，语义是由应用层负责处理的，只有应用实体才能知道数据的意义。

在计算机网络中互相通信的双方常常使用不同类型的计算机，各计算机所采用的“语法”是不同的，必须设立表示层来进行处理。由于表示层要为应用层服务，当应用层的数据传送时，表示层就提供了语法表示的数据传送，从而完成语法的处理及语法转换。

2. 语法转换

当一个应用程序在多个计算机上实现的时候，往往需要把一个数据对象从一台计算机传送到另一台计算机。为了保证程序语义的正确性，必然要对比特串的格式进行变换，把符合发送方局部语法的比特串转换成符合接收方局部语法的比特串，这一工作称为语法转换。这种转换工作可以由任一方或双方协作完成。表示层虽然不关心数据的语义，但要保证数据的语义在传到远端的对等应用实体后保持不变，所以表示层有时也称为描述层。

3.2.9 应用层

应用层(Application Layer)是 OSI 参考模型的最高层，直接面对用户的具体应用，是计算机网络与最终用户的界面，为用户提供网络管理、文件传输、事务处理等服务。其中包含了若干个独立的、用户通用的服务协议模块。

应用层为网络用户之间的通信提供了专用的应用程序，通过激活这些网络程序和服务来实现有实际意义的功能。这些应用程序必须拥有各自的协议来进行网络通信。常用的应用层程序有：E-mail(SMTP)、文件传输与访问(FTP)、Web 浏览器和服务器(HTTP)等。在 OSI 的 7 个层次中，应用层是最复杂的，所包含的应用层协议也最多，还有不少内容正在研究和开发之中。

常见的应用层程序如下。

E-mail(电子邮件)是网络上最常见到的应用程序之一。其主要优点就是快速传输消息。广泛采用的 TCP/IP 中的 E-mail 协议叫作 SMTP。

FTP(文件传输与访问)可以在两台计算机之间快速传输文件，提供交互式的访问，屏蔽了各种计算机系统的细节，因而适合于在异构网络/主机间传输文件。它采用 FTP。

Web(万维网)服务是目前网上最方便和最受欢迎的信息服务类型，它用于访问遍布于 Internet 上的相互链接在一起的超文本信息。它采用传输协议 HTTP。

3.3　TCP/IP 参考模型

TCP/IP 是一组通信协议的代名词，它是 Internet 的核心，利用 TCP/IP 可以很方便地实现多个网络的无缝连接。通常所谓的“某台机器在 Internet 上”，就是指该主机具有一个 Internet 地址(也称 IP 地址)，使用 TCP/IP，并可向 Internet 上所有其他主机发送 IP 数据报。TCP/IP 有如下特点。

- 开放的协议标准，可以免费使用，并且独立于特定的计算机硬件与操作系统。
- 独立于特定的网络硬件，可以运行在局域网、广域网，更适用于互联网中。
- 统一的网络地址分配方案，使得整个 TCP/IP 设备在网中都具有唯一的地址。
- 标准化的高层协议，可以提供多种可靠的用户服务。

3.3.1　TCP/IP 的层次结构

TCP/IP 分为 4 个层次，分别是网络接口层、网际层、传输层和应用层。TCP/IP 的层次结构与 OSI 层次结构的对照关系如图 3-4 所示。

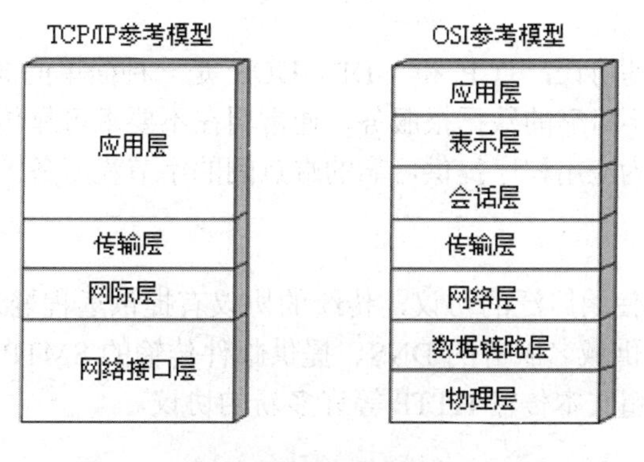

图 3-4　TCP/IP 与 OSI 层次结构的对照

1. 网络接口层

网络接口层是 TCP/IP 的最低层，负责接收 IP 数据包并通过网络发送 IP 数据包，或者从网络上接收物理帧，取出 IP 数据包，并把它交给 IP 层。网络接口一般是设备驱动程序，如以太网的网卡驱动程序。

2. 网际层

网际层(IP)所执行的主要功能是处理来自传输层的分组，将分组形成数据包(IP 数据包)，并为数据包进行路径选择，最终将数据包从源主机发送到目的主机。在网际层，最常用的协议是网际协议 IP，其他一些协议用来协助 IP 的操作。

3. 传输层

传输层(TCP 和 UDP)提供应用程序间的通信，提供了可靠的传输(UDP 提供不可靠的传输)。为了实现可靠性，传输层要进行收发确认，若数据包丢失则进行重传、信息校验等。

4. 应用层

在 TCP/IP 模型中，应用程序接口是最高层，它与 OSI 模型中的高 3 层的任务相同，用于提供网络服务，比如文件传输、远程登录、域名服务和简单网络管理等。

3.3.2 TCP/IP 协议集

1. 网络接口层协议

网络接口层上的 TCP/IP 用于使用串行线路连接主机与网络或连接网络与网络的场合，这就是 SLIP 和 PPP。使用串行线路进行连接的例子，如家庭用户使用电话线和调制解调器接入网络，或两个相距较远的网络利用数据专线进行互联等。

2. 网际层协议

网际层包含 5 个协议：IP、ARP、RARP、ICMP 和 IGMP。IP 是用于传输 IP 数据报的协议，ARP 实现 IP 地址到物理地址的映射，RARP 实现物理地址到 IP 地址的映射，ICMP 用于网际层上控制信息的产生和接收分析，IGMP 是实现组选功能的协议。

3. 传输层协议

传输层有两个主要的协议：TCP 和 UDP。UDP 是一种简单的面向数据报的传输协议，它提供的是无连接的、不可靠的数据报服务，通常用在不要求可靠传输的场合；TCP 被用来在一个不可靠的网络中为应用程序提供可靠的端点间的字节流服务。

4. 应用层

应用层包含了许多使用广泛的协议，传统的协议有提供远程登录的 TELNET 协议、提供文件传输的 FTP、提供域名服务的 DNS、提供邮件传输的 SMTP 等，近年来，又出现了诸如网络新闻 NTTP、超文本传输 HTTP 等许多新的协议。

3.4　两种分层结构的比较

从前面的叙述中我们可以看出 OSI 参考模型与 TCP/IP 参考模型的一些异同点，如图 3-5 所示。相同点有：它们都是层次结构的模型；最低层都是面向通信子网的；它们都有传输层，且都是第一个提供端到端数据传输服务的层次，都能提供面向连接或无连接传输服务；最高层都是向各种用户应用进程提供服务的应用层等。不同点有：两者所划分的层次数不同；TCP/IP 中没有表示层和会话层；TCP/IP 没有明确规定通信子网的协议，也不再区分通信子网中的物理层、数据链路层和网络层；TCP/IP 中特别强调了互联网层，其中运行的 IP 是 Internet 的核心协议，且互联网层向上一层(即传输层)只提供无连接的服务，而不提供面向连接的服务等。

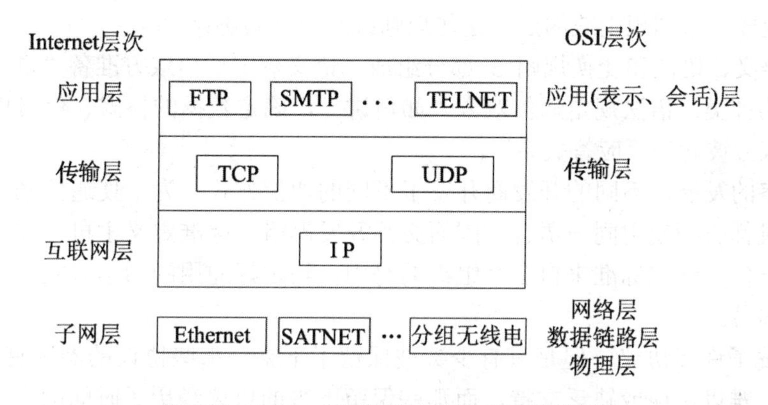

图 3-5　Internet 使用的协议与 OSI 的关系

开放系统互连参考模型是由 ISO 和原 CCITT(现 ITU-T)共同制定的国际标准，它提供了一个比较系统完整的反映计算机网络体系结构的参考模型。它吸收了当时已有的由各个公司规定的网络体系结构的基本思想与优点，但又不等同于其中任何一个。后来，ISO 和原 CCITT 又在这个参考模型的框架内为各个层次制定了一系列的协议标准和服务规范，构成了庞大的 OSI 基本标准集。在 20 世纪 80 年代末和 90 年代初，许多专家都认为 OSI 模型及其协议将取代所有其他模型及协议，但是这并没有成为事实。虽然现在 OSI 参考模型仍为国际上普遍认同，并且许多网络在描述和说明时仍以这个参考模型作为标准来对照，OSI 标准集中的某些协议也已得到实现和广泛的应用，但是至今并没有一个实际运行的网络是完全按照 OSI 模型和协议来构建的。这既有技术上的原因，比如说这个模型和协议过于庞大复杂，如何对其进行裁剪以及在实现后如何对符合标准的程度进行一致性测试(Conformance Testing)等尚未完全解决，也有不适当的策略和时机等因素。OSI 模型和协议虽然得到了各国政府部门和官方的明确支持，但是仅靠官方来推动的策略并不一定能决定技术的发展方向。特别是，到 20 世纪 90 年代以后，Internet 迅速发展，已经形成了一股难以阻挡的潮流。

TCP/IP 和 OSI 完全不一样，不是先给出参考模型而后再规定每层的协议，而是先有协议，网络实际运行后再总结出参考模型。TCP/IP 中的核心协议 IP 和 TCP 是被仔细设计

的，并且很好地实现了。其他协议就不一定如此，比如说远程终端登录协议 Telnet 最早是为电传终端设计的，不能使用图形用户界面(Graphic User Interface，GUI)和鼠标，但是目前仍在使用。在 TCP/IP 参考模型中并没有明显地区分服务和协议，它不是通用的，不适宜于用来描述其他的网络系统，甚至没有区分数据链路层和物理层。最后，严格来说 TCP/IP 模型不是一个官方的国际标准，但是由于 TCP/IP 影响巨大，已成为一种事实上的国际工业标准。

3.5 网络协议

上面我们介绍了 OSI 的网络层次结构及各层的功能。如果想在两个系统之间进行通信，两个系统就要具有相同的层次功能，通信是在系统间的对等的层次之间进行的。同等层间又必须遵守一系列规则或约定，这些规则或约定称为协议。

协议由语义、语法和变换规则 3 部分组成。语义规定通信双方准备“讲什么”，即确定协议元素的种类；语法规定通信双方“如何讲”，确定数据的格式、信号电平；变换规则规定通信双方彼此的“应答关系”。

随着网络的发展，不同的开发商开发了不同的通信方式。为了使通信畅通可靠，网络中的所有主机都必须使用同一语言。因而必须开发严格的标准定义主机之间的每个包中每个字中的每一位。这些标准来自多个组织的努力，约定好通用的通信方式，即协议。这些都使通信更容易。

已经开发了许多协议，但是只有少数被保留了下来。那些协议的淘汰有多种原因——设计有缺陷、难以实现或缺乏支持。而那些保留下来的协议经历了时间的考验并成为有效的通信方法。下面我们主要介绍一下 TCP/IP 和 IPv6 协议。

3.5.1 TCP/IP 协议簇

TCP/IP 其实是一组协议，它包括许多协议，组成了 TCP/IP 协议簇。但传输控制协议(TCP)和网际协议(IP)是其中最重要的、确保数据完整传输的两个协议。

TCP/IP 的基本传输单位是数据包，TCP/IP 负责把数据分成若干数据包，并给每个数据包加上包头，每个数据包的包头再加上接收端的地址。如果传输过程中出现数据丢失、数据失真等情况，TCP/IP 会自动要求数据重新传输，并重新组包。

IP 保证数据的传输，TCP 确保数据传输的质量。

1. TCP/IP 的数据链路层

数据链路层不是 TCP/IP 的一部分，但它是 TCP/IP 赖以存在的各种通信网和 TCP/IP 之间的接口，这些通信网包括多种广域网如 ARPANFT、MILNET 和 X.25 公用数据网，以及各种局域网，如 Ethernet、IEEE 的各种标准局域网等。IP 层提供了专门的功能，解决与各种网络物理地址的转换。

一般情况下，各物理网络可以使用自己的数据链路层协议和物理层协议，不需要在数据链路层上设置专门的 TCP/IP。但是，当使用串行线路连接主机与网络，或连接网络与网络时，例如用户使用电话线和 Modem 接入或两个相距较远的网络通过数据专线互联时，则需要在数据链路层运行专门的 SLIP(Serial Line IP)和 PPP(Point to Point Protocal)。

1) SLIP

SLIP 提供在串行通信线路上封装 IP 分组的简单方法，用以使远程用户通过电话线和 Modem 方便地接入 TCP/IP 网络。

SLIP 是一种简单的组帧方式，使用时还存在一些问题。首先，SLIP 不支持在连接过程中的动态 IP 地址分配，通信双方必须事先告知对方 IP 地址，这给没有固定 IP 地址的个人用户访问 Internet 带来了很大的不便；其次，SLIP 帧中无协议类型字段，因此它只能支持 IP；最后，SLIP 帧中无校验字段，因此链路层上无法检测出传输差错，必须由上层实体或具有纠错能力的 Modem 来解决传输差错问题。

2) PPP

为了解决 SLIP 存在的问题，在串行通信应用中又开发了 PPP。PPP 是一种有效的点到点通信协议，它由串行通信线路上的组帧方式，用于建立、配制、测试和拆除数据链路的链路控制协议 LCP 及一组用以支持不同网络层协议的网络控制协议 NCPs 3 部分组成。

由于 PPP 帧中设置了校验字段，因而 PPP 在链路层上具有差错检验的功能。PPP 中的 LCP 提供了通信双方进行参数协商的手段，并且提供了一组 NCPs 协议，使得 PPP 可以支持多种网络层协议，如 IP、IPX、OSI 等。另外，支持 IP 的 NCP 提供了在建立连接时动态分配 IP 地址的功能，解决了个人用户访问 Internet 的问题。

2. TCP/IP 网络层

网络层中含中有 4 个重要的协议：互联网协议(IP)、互联网控制报文协议(ICMP)、地址转换协议(ARP)和反向地址转换协议(RARP)。

网络层的功能主要由 IP 来提供。除了提供端到端的分组分发功能外，IP 还提供了很多扩充功能。例如，为了克服数据链路层对帧大小的限制，网络层提供了数据分块和重组功能，这使得很大的 IP 数据报能以较小的分组在网上传输。

网络层的另一个重要服务是在互相独立的局域网上建立互联网络，即网际网。网间的报文来往根据它的目的 IP 地址通过路由器传到另一网络。

1) 互联网协议 IP

网络层最重要的协议是 IP(Internet Protocol)，它将多个网络联成一个互联网，可以把高层的数据以多个数据报的形式通过互联网分发出去。

IP 的基本任务是通过互联网传送数据报，各个 IP 数据报之间是相互独立的。主机上的 IP 层向传输层提供服务。IP 从源传输实体取得数据，通过它的数据链路层服务传给目的主机的 IP 层。IP 不保证服务的可靠性，在主机资源不足的情况下，它可能丢弃某些数据报，同时 IP 也不检查被数据链路层丢弃的报文。

在传送时，高层协议将数据传给 IP，IP 再将数据封装为互联网数据报，并交给数据链路层协议通过局域网传送。若目的主机直接连在本网中，IP 可直接通过网络将数据报传给目的主机；若目的主机在远程网络中，则 IP 路由器传送数据报，而路由器则依次通过下一网络将数据报传送到目的主机或再下一个路由器。也即一个 IP 数据报是通过互联网络，从一个 IP 模块传到另一个 IP 模块，直到终点为止。

需要连接独立管理的网络的路由器，可以选择它所需的任何协议，这样的协议称为内

部网间连接器协议(Interior Gateway Protocol，IGP)。在 IP 环境中，一个独立管理的系统称为自治系统。

跨越不同的管理域的路由器(如从专用网到 PDN)所使用的协议，称为外部网间连接器协议(Exterior Gateway Protocol，EGP)。EGP 是一组简单的定义完备的正式协议。

2) 互联网控制报文协议 ICMP

从 IP 互联网协议的功能，可以知道 IP 提供的是一种不可靠的无法接收报文分组传送服务。若路由器故障使网络阻塞，就需要通知发送主机采取相应措施。

为了使互联网能报告差错，或提供有关意外情况的信息，在 IP 层加入了一类特殊用途的报文机制，即互联网控制报文协议 ICMP(Internet Control Message Protocol)。

分组接收方利用 ICMP 来通知 IP 模块发送方某些方面所需的修改。ICMP 通常是由发现发来的报文有问题的站产生的，例如可由目的主机或中继路由器来发现问题并产生有关的 ICMP。如果一个分组不能传送，ICMP 便可以被用来警告分组源，说明有网络、主机或端口不可达。ICMP 也可以用来报告网络阻塞。ICMP 是 IP 正式协议的一部分，ICMP 数据报通过 IP 送出，因此它在功能上属于网络第三层，但实际上它是像第四层协议一样被编码的。

3) 地址转换协议 ARP

在 TCP/IP 网络环境下，每个主机都分配了一个 32 位的 IP 地址，这种互联网地址是在国际范围标识主机的一种逻辑地址。为了让报文在物理网上传送，必须知道彼此的物理地址。这样就存在把互联网地址变换为物理地址的地址转换问题。以以太网(Ethernet)环境为例，为了正确地向目的站传送报文，必须把目的站的 32 位 IP 地址转换成 48 位以太网目的地址 DA。这就需要在网络层有一组服务将 IP 地址转换为相应的物理网络地址，这组协议即是 ARP(Address Resolution Protocol)。

在进行报文发送时，如果源网络层给的报文只有 IP 地址，而没有对应的以太网地址，则网络层广播 ARP 请求以获取目的站信息，而目的站必须回答该 ARP 请求。这样源站点可以收到以太网 48 位地址，并将地址放入相应的高速缓存(Cache)中。下一次源站点对同一目的站点的地址转换可直接引用高速缓存中的地址内容。地址转换协议 ARP 使主机可以找出同一物理网络中任一个物理主机的物理地址，只需给出目的主机的 IP 地址即可。这样，网络的物理编址可以对网络层服务透明。

在互联网环境下，为了将报文送到另一个网络的主机，数据报先定位发送方所在网络 IP 路由器。因此，发送主机首先必须确定路由器的物理地址，然后依次将数据发往接收端。除基本 ARP 机制外，有时还需在路由器上设置代理 ARP，其目的是由 IP 路由器代替目的站对发送方的 ARP 请求做出响应。

4) 反向地址转换协议 RARP

反向地址转换协议用于一种特殊情况，如果站点初始化以后，只有自己的物理地址而没有 IP 地址，则站点可以通过反向地址转换协议(RARP)发出广播请求，征求自己的 IP 地址，而 RARP 服务器则负责回答。这样，无 IP 地址的站点可以通过 RARP 取得自己的 IP 地址，这个地址在下一次系统重新开始以前都有效，不用连续广播请求。RARP 广泛用于获取无盘工作站的 IP 地址。

3. TCP/IP 的传输层

TCP/IP 在这一层提供了两个主要的协议：传输控制协议(TCP)和用户数据协议(UDP)，另外还有一些别的协议，例如用于传送数字化语音的 NVP。

1) 传输控制协议 TCP

传输控制协议(TCP)提供的是一种可靠的数据流服务。当传送受差错干扰的数据，或基础网络故障，或网络负荷太重而使网际基本传输系统(无连接报文递交系统)不能正常工作时，就需要通过其他协议来保证通信的可靠。TCP 就是这样的协议，它对应于 OSI 模型的传输层，在 IP 的基础上，提供端到端的面向连接的可靠传输。

TCP 采用“带重传的肯定确认”技术来实现传输的可靠性。简单的“带重传的肯定确认”是指与发送方通信的接收者，每接收一次数据，就送回一个确认报文，发送者对每个发出去的报文都留一份记录，等到收到确认之后再发出下一报文分组。发送者发出一个报文分组时，启动一个计时器，若计时器计数完毕，确认还未到达，则发送者重新发送该报文分组。

简单的确认重传严重浪费带宽，TCP 还采用一种称之为“滑动窗口”的流量控制机制来提高网络的吞吐量，窗口的范围决定了发送方发送的但未被接收方确认的数据报的数量。每当接收方正确收到一则报文时，窗口便向前滑动，这种机制使网络中未被确认的数据报数量增加，提高了网络的吞吐量。

TCP 通信建立在面向连接的基础上，实现了一种“虚电路”的概念。双方通信之前，先建立一条连接，然后双方就可以在其上发送数据流。这种数据交换方式能提高效率，但事先建立连接和事后拆除连接需要开销。TCP 连接的建立采用 3 次握手的过程，整个过程由发送方请求连接、接收方再发送一则关于确认的确认和建立网络连接 3 个过程组成。

2) 用户数据报协议 UDP

用户数据报协议是对 IP 协议组的扩充，它增加了一种机制，发送方使用这种机制可以区分一台计算机上的多个接收者。每个 UDP 报文除了包含某用户进程发送数据外，还有报文目的端口的编号和报文源端口的编号，从而使 UDP 的这种扩充，使得在两个用户进程之间递送数据报成为可能。

UDP 是依靠 IP 来传送报文的，因而它的服务和 IP 一样是不可靠的。这种服务不用确认，不对报文排序，也不进行流量控制，UDP 报文可能会出现丢失、重复、失序等现象。

4. TCP/IP 的应用层

TCP/IP 的上三层与 OSI 参考模型有较大区别，也没有非常明确的层次划分。其中文件传输协议(FTP)、远程终端访问(TELNET)、简单邮件传送协议(SMTP)、域名服务(DNS)是几个在各种不同机型上广泛实现的协议，TCP/IP 中还定义了许多别的高层协议。

1) 文件传输协议

文件传输协议(FTP)是网际提供的用于访问远程机器的一个协议，它使用户可以在本地机与远程机之间进行有关文件的操作。FTP 工作时建立两条 TCP 连接，一条用于传送文件，另一条用于传送控制。

FTP 采用客户/服务器模式，它包含客户 FTP 和服务器 FTP。客户 FTP 启动传送过

程，而服务器对其做出应答。客户 FTP 大多有一个交互式界面，具有使用权的客户可以灵活地向远地传文件或从远地取文件。

2) 远程终端访问

远程终端访问(TELNET)的连接是一个 TCP 连接，用于传送具有 TELNET 控制信息的数据。它提供了与终端设备或终端进程交互的标准方法，支持终端到终端的连接及进程到进程分布式计算的通信。

3) 域名服务

域名服务(DNS)是一个域名服务的协议，提供域名到 IP 地址的转换，允许对域名资源进行分散管理。DNS 最初设计的目的是使邮件发送方知道邮件接收主机及邮件发送主机的 IP 地址，后来发展成为可服务于其他许多目标的协议。

4) 简单邮件传送协议(SMTP)

互联网标准中的电子邮件是一个单向的基于文件的协议，用于可靠、有效的数据传输。SMTP 作为应用层的服务，并不关心它下面采用的是何种传输服务，它可能通过网络在 TCP 连接上传送邮件，或者简单地在同一机器的进程之间通过进程通信的通道来传送邮件。这样，邮件传输就独立于传输子系统，可在 TCP/IP 环境、OSI 传输层或 X.25 协议环境中传输邮件。

邮件发送之前必须协商好发送者、接收者。SMTP 服务进程同意为某个接收方发送邮件时，它将邮件直接交给接收方用户或将邮件逐个经过网络连接器，直到邮件交给接收方用户。在邮件传输过程中，所经过的路由被记录下来。这样，当邮件不能正常传输时可按原路由找到发送者。

3.5.2 IPv6 协议

随着互联网应用的不断发展，其目前的基础协议 IPv4 协议的缺点暴露得越来越多，已经无法通过修补协议来满足新应用的需求，因此产生了下一代互联网的核心协议 IPv6 协议。首先，看看 IPv4 的缺点，这里简要介绍一下 IPv4 的主要不足。

第一，有限的地址空间。

IPv4 协议中每个网络接口由 32 位的 IP 地址标识，这决定了 IPv4 的地址空间大小，理论上可以达到 2^{32}，大约 43 亿个。这么大的地址空间对于未来信息化社会，大量智能设备对网络地址的需求，显得有些力不从心。传统的 IPv4 地址分类方法，又使得可供分配的地址数量大大减少。而且实际 IPv4 地址在全球的分配非常不均衡，这进一步造成目前 IPv4 地址紧张。

第二，路由选择效率不高。

IPv4 地址的层次结果缺乏统一的分配和管理，多数的地址空间拓扑结构只要两层或者三层，这导致主干路由器中存在大量的路由表项。庞大的路由表项增加了路由查找和存储的开销，成为互联网进一步发展的瓶颈。另外，由于 IPv4 数据包的包头长度不固定，很难用硬件来提取和分析路由信息，限制了路由器数据吞吐率的提高。

第三，安全性。

IPv4 自身缺乏安全机制，传统的安全机制基本都是在应用层或传输层实现，虽然有一些基于 IP 选项的关于 IPv4 的安全机制，但在实际应用中并不成功，也就是说目前以 IPv4 为基础的 Internet，在网络层缺少安全保障。

第四，服务质量。

IPv4 协议对所有的数据没有类型区分，都会尽力投递，这样无法为一些新业务提供有效的支持。比如一些实时数据或者多媒体数据，要求有一定的服务质量保证，然而在 IPv4 协议中缺少良好的服务质量(QoS)机制。

还有其他一些问题，比如配置复杂、对移动性支持不好、扩展性不好等。这些问题只有通过全新的协议才能解决，于是开始了下一代互联网协议技术的研究。

1. IPv6 简介

IPv6 是“Internet Protocol version 6”的缩写，也被称作下一代互联网协议。IPv6 是为了解决 IPv4 所存在的一些问题和不足而提出的，同时它还在许多方面做了改进。它主要有以下特点。

1) 简化的报文头格式

通过将 IPv4 报文头中的某些字段裁减或移入到扩展报文头，减小了 IPv6 基本报文头的长度。IPv6 使用固定长度的基本报文头，从而简化了转发设备对 IPv6 报文的处理，提高了转发效率。尽管 IPv6 地址长度是 IPv4 地址长度的 4 倍，但 IPv6 基本报文头的长度只有 40 字节，为 IPv4 报文头长度(不包括选项字段)的两倍，如图 3-6 所示。

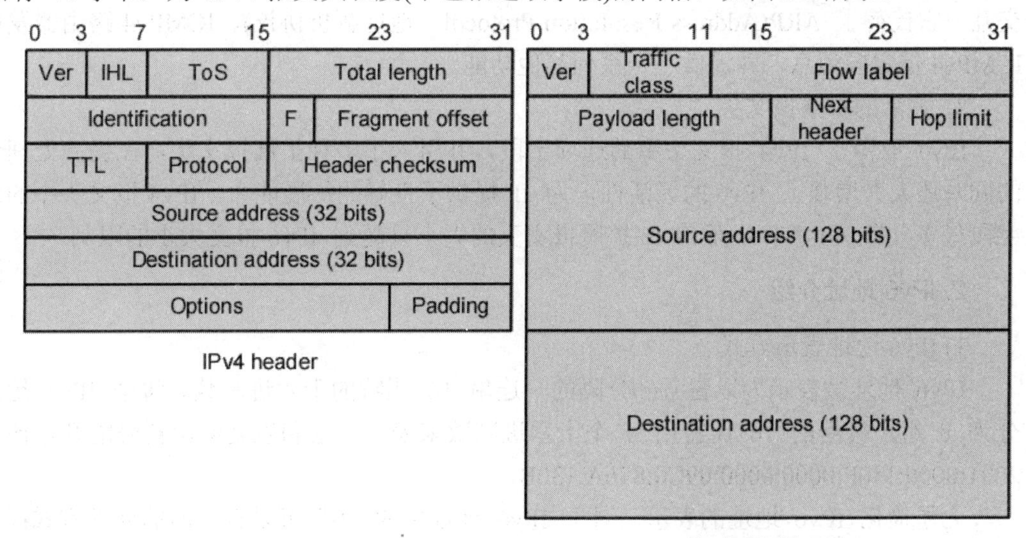

图 3-6　IPv4 报文头和 IPv6 基本报文头格式比较

2) 充足的地址空间

IPv6 的源地址与目的地址长度都是 128 比特(16 字节)。它可以提供超过 3.4×1038 种可能的地址空间，完全可以满足多层次的地址划分需要，以及公有网络和机构内部私有网络的地址分配。

3) 层次化的地址结构

IPv6 的地址空间采用了层次化的地址结构，有利于路由快速查找，同时可以借助路由聚合，有效减少 IPv6 路由表占用的系统资源。

4) 地址自动配置

为了简化主机配置，IPv6 支持有状态地址配置和无状态地址配置。

有状态地址配置是指从服务器(如 DHCP 服务器)获取 IPv6 地址及相关信息。

无状态地址配置是指主机根据自己的链路层地址及路由器发布的前缀信息自动配置 IPv6 地址及相关信息。

同时，主机也可根据自己的链路层地址及默认前缀(FE80::/10)形成链路本地地址，实现与本链路上其他主机的通信。

5) 内置安全性

IPv6 将 IPSec 作为它的标准扩展头，可以提供端到端的安全特性。这一特性也为解决网络安全问题提供了标准，并提高了不同 IPv6 应用之间的互操作性。

6) 支持 QoS

IPv6 报文头的流标签(Flow Label)字段实现流量的标识，允许设备对某一流中的报文进行识别并提供特殊处理。

7) 增强的邻居发现机制

IPv6 的邻居发现协议是通过一组 ICMPv6(Internet Control Message Protocol for IPv6，IPv6 的因特网控制报文协议)消息实现的，管理着邻居节点间(即同一链路上的节点)信息的交互。它代替了 ARP(Address Resolution Protocol，地址解析协议)、ICMPv4 路由器发现和 ICMPv4 重定向消息，并提供了一系列其他功能。

8) 灵活的扩展报文头

IPv6 取消了 IPv4 报文头中的选项字段，并引入了多种扩展报文头，在提高处理效率的同时还大大增强了 IPv6 的灵活性，为 IP 提供了良好的扩展能力。IPv4 报文头中的选项字段最多只有 40 字节，而 IPv6 扩展报文头的大小只受到 IPv6 报文大小的限制。

2. IPv6 地址介绍

1) IPv6 地址表示方式

IPv6 地址被表示为以冒号(:)分隔的一连串 16 比特的十六进制数。每个 IPv6 地址被分为 8 组，每组的 16 比特用 4 个十六进制数来表示，组和组之间用冒号隔开，比如：2001:0000:130F:0000:0000:09C0:876A:130B。

为了简化 IPv6 地址的表示，对于 IPv6 地址中的“0”可以有下面的处理方式：每组中的前导“0”可以省略，即上述地址可写为 2001:0:130F:0:0:9C0:876A:130B。如果地址中包含连续两个或多个均为 0 的组，则可以用双冒号“::”来代替，即上述地址可写为 2001:0:130F::9C0:876A:130B。在一个 IPv6 地址中只能使用一次双冒号“::”，否则当设备将“::”转变为 0 以恢复 128 位地址时，将无法确定“::”所代表的 0 的个数。

IPv6 地址由两部分组成：地址前缀与接口标识。其中，地址前缀相当于 IPv4 地址中的网络号码字段部分；接口标识相当于 IPv4 地址中的主机号码部分。地址前缀的表示方式为：IPv6 地址/前缀长度。其中，IPv6 地址是前面所列出的任一形式，而前缀长度是一个十进制数，表示 IPv6 地址最左边多少位为地址前缀。

2) IPv6 的地址分类

IPv6 主要有 3 种类型的地址：单播地址、组播地址和任播地址。

单播地址：用来唯一标识一个接口，类似于 IPv4 的单播地址。发送到单播地址的数据报文将被传送给此地址所标识的接口。

组播地址：用来标识一组接口(通常这组接口属于不同的节点)，类似于 IPv4 的组播地址。发送到组播地址的数据报文被传送给此地址所标识的所有接口。

任播地址：用来标识一组接口(通常这组接口属于不同的节点)。发送到任播地址的数据报文被传送给此地址所标识的一组接口中距离源节点最近(根据使用的路由协议进行度量)的一个接口。

IPv6 地址类型是由地址前面几位(称为格式前缀)来指定的，主要地址类型与格式前缀的对应关系如表 3-2 所示。

表 3-2　地址类型与格式前缀的对应关系

地址类型		格式前缀(二进制)	IPv6 前缀标识
单播地址	未指定地址	00...0　(128 bits)	::/128
	环回地址	00...1　(128 bits)	::1/128
	链路本地地址	1111111010	FE80::/10
	站点本地地址	1111111011	FEC0::/10
	全球单播地址	其他形式	
组播地址		11111111	FF00::/8
任播地址		从单播地址空间中进行分配，使用单播地址的格式	

3) 单播地址的类型

IPv6 单播地址的类型可有多种，包括全球单播地址、链路本地地址和站点本地地址等。

全球单播地址等同于 IPv4 公网地址，提供给网络服务提供商。这种类型的地址允许路由前缀的聚合，从而限制了全球路由表项的数量。

链路本地地址用于邻居发现协议和无状态自动配置中链路本地上节点之间的通信。使用链路本地地址作为源或目的地址的数据报文不会被转发到其他链路上。

站点本地地址与 IPv4 中的私有地址类似。使用站点本地地址作为源或目的地址的数据报文不会被转发到本站点(相当于一个私有网络)外的其他站点。

环回地址：单播地址 0:0:0:0:0:0:0:1(简化表示为::1)称为环回地址，不能分配给任何物理接口。它的作用与 IPv4 中的环回地址相同，即节点用来给自己发送 IPv6 报文。

未指定地址：地址“::”称为未指定地址，不能分配给任何节点。在节点获得有效的 IPv6 地址之前，可在发送的 IPv6 报文的源地址字段填入该地址，但不能作为 IPv6 报文中的目的地址。

4) 组播地址

表 3-3 所示的组播地址，是预留的特殊用途的组播地址。

表 3-3　预留的 IPv6 组播地址列表

地　址	应　用
FF01::1	节点本地范围所有节点组播地址
FF02::1	链路本地范围所有节点组播地址
FF01::2	节点本地范围所有路由器组播地址
FF02::2	链路本地范围所有路由器组播地址
FF05::2	站点本地范围所有路由器组播地址

另外，还有一类组播地址：被请求节点(Solicited-Node)地址。该地址主要用于获取同一链路上邻居节点的链路层地址及实现重复地址检测。每一个单播或任播 IPv6 地址都有一个对应的被请求节点地址。其格式为

FF02:0:0:0:0:1:FFXX:XXXX

其中，FF02:0:0:0:0:1:FF 为 104 位固定格式；XX:XXXX 为单播或任播 IPv6 地址的后 24 位。

5) IEEE EUI-64 格式的接口标识符

IPv6 单播地址中的接口标识符用来标识链路上的一个唯一的接口。目前 IPv6 单播地址基本上都要求接口地址标识符为 64 位。IEEE EUI-64 格式的接口标识符是从接口的链路层地址(MAC 地址)变化而来的。IPv6 地址中的接口标识符是 64 位，而 MAC 地址是 48 位，因此需要在 MAC 地址的中间位置(从高位开始的第 24 位后)插入十六进制数 FFFE(1111111111111110)。为了确保这个从 MAC 地址得到的接口标识符是唯一的，还要将 Universal/Local (U/L)位(从高位开始的第 7 位)设置为“1”。最后得到的这组数就作为 EUI-64 格式的接口标识符，如图 3-7 所示。

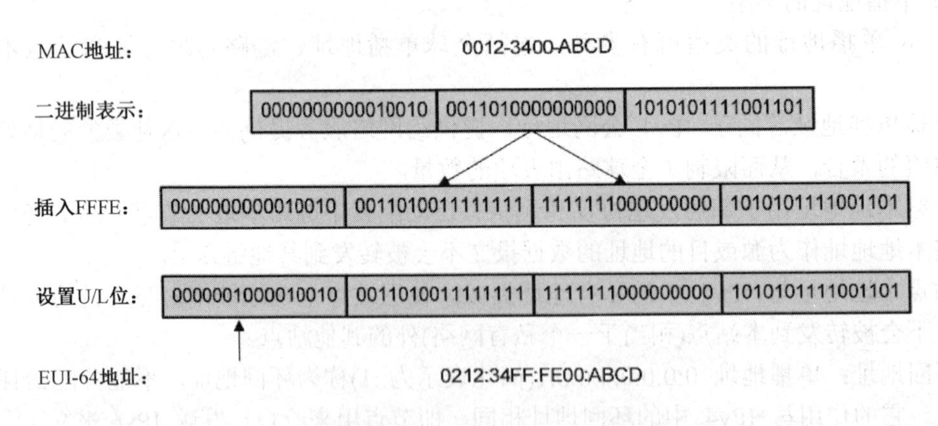

图 3-7　MAC 地址到 EUI-64 格式接口标识符的转换过程

3.5.3　IPv6 协议安装

1. 在 Windows XP 下安装 IPv6 协议

Windows XP 对 IPv6 的支持不是很好，需要手工做一定的操作完成 IPv6 的安装，安装

方式可以选择命令行模式或图形界面。

1) 命令行模式的安装

对于 Windows XP 操作系统，在命令行中输入下面的命令即可完成 IPv6 协议的安装，如图 3-8 所示。

```
C:\>ipv6 install
```

输入下面的命令，可以完成 IPv6 的卸载。

```
C:\ > ipv6 uninstall
```

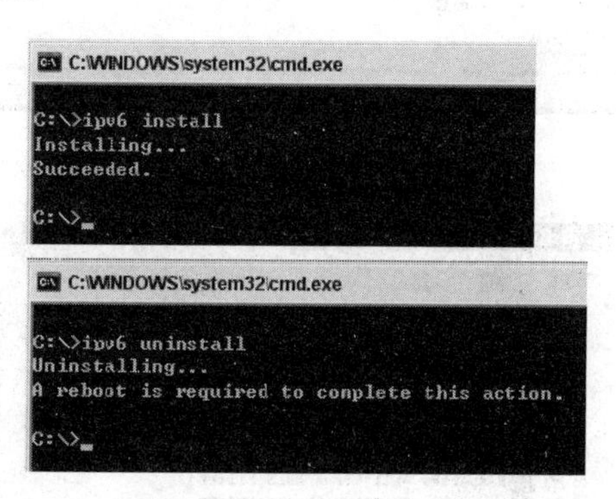

图 3-8　IPv6 的安装与卸载

2) 图形界面的安装

(1) 选择“控制面板”中的“网络连接”选项，如图 3-9 所示。

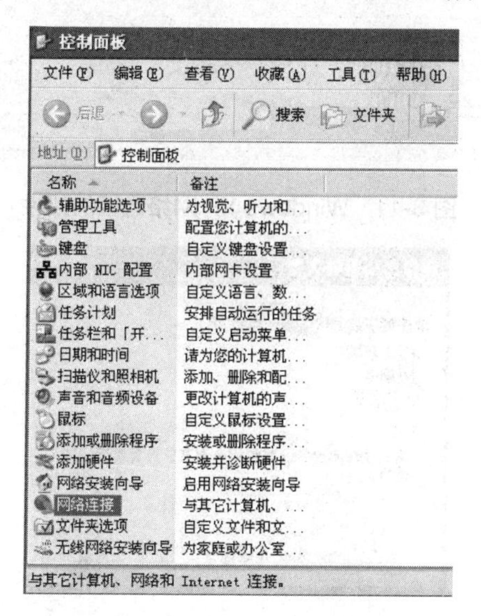

图 3-9　Windows XP 控制面板

(2) 打开“网络连接”窗口，选择“本机”|“属性”选项，如图 3-10 所示。本地连接的名称可以根据需要更改，也可以是无线连接，操作方式相同。

(3) 打开“本地连接　属性”对话框，单击“安装”按钮，如图 3-11 所示。打开“选择网络组件类型”对话框，选择“协议”选项，如图 3-12 所示。

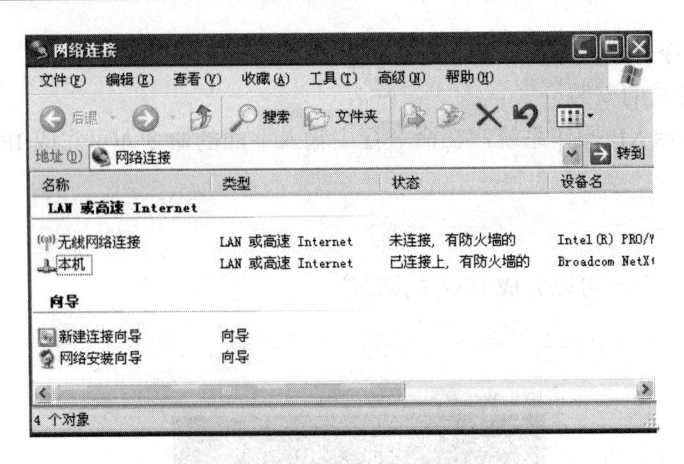

图 3-10　Windows XP 网络连接

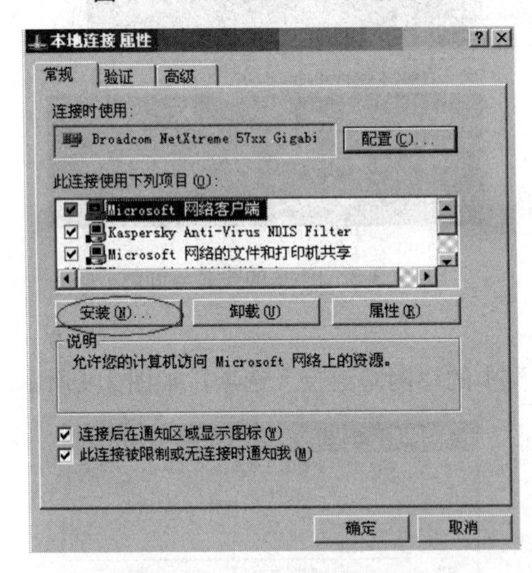

图 3-11　Windows XP 网络连接的属性

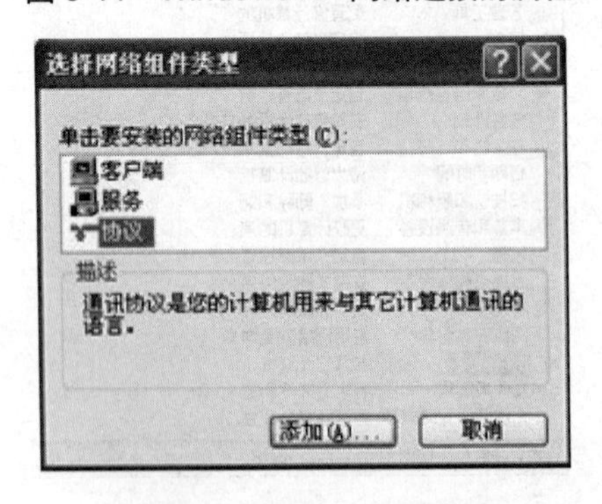

图 3-12　选择网络组件类型

(4) 添加“Microsoft TCP/IP 版本 6”，成功安装 IPv6 协议后本地连接的属性如图 3-13 所示。

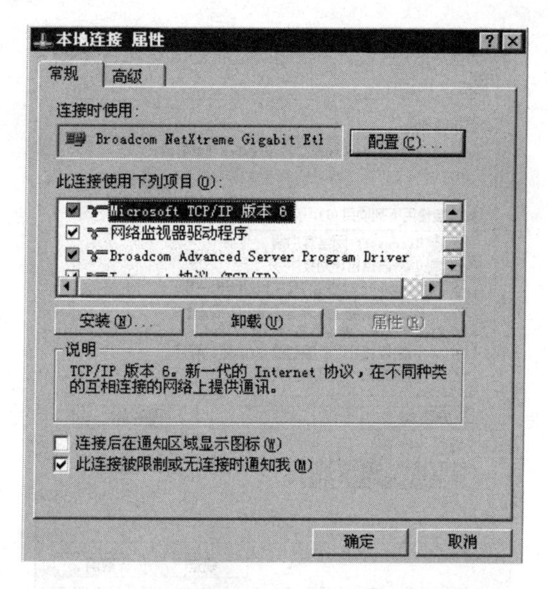

图 3-13　成功安装 IPv6 后网络连接的属性

2. Windows 7 的安装

Windows 7 下 IPv6 是预安装的，只需要检查一下网络连接的属性即可，步骤如图 3-14 和图 3-15 所示。

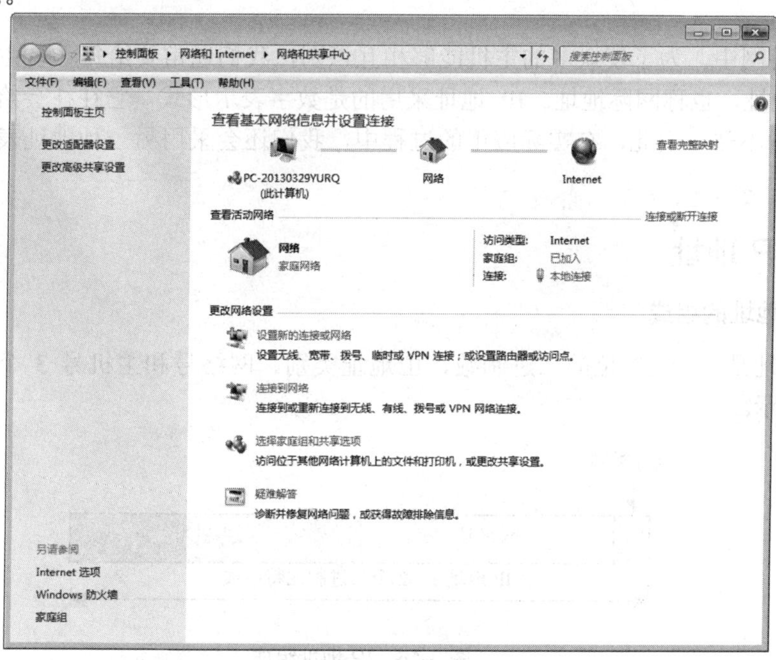

图 3-14　Windows 7 网络和共享中心

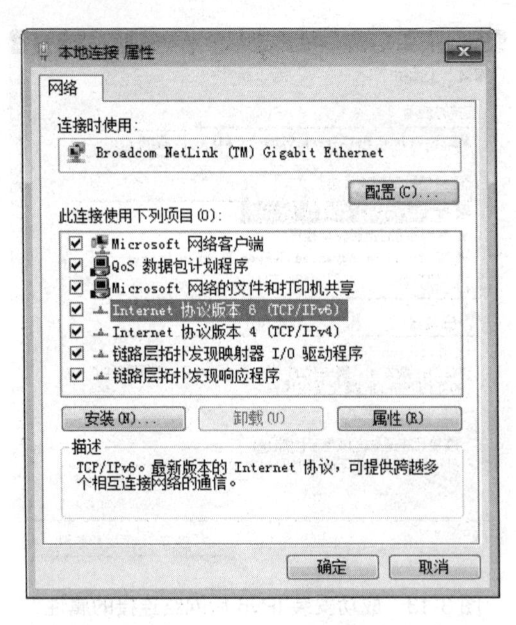

图 3-15　Windows 7 网络连接的属性

3.6　IP 地址与子网掩码

在因特网中，为了使众多的主机能够相互识别，我们通常要给每一台主机分配一个唯一的 IP 地址，也称网际地址。IP 地址采用的是数字表示形式，它往往会给我们带来记忆和使用上的不便。因此，在实际应用的过程中，我们还会采用另一种地址表示形式，即域名地址。

3.6.1　IP 地址

1. IP 地址的组成

IP 地址是一个 32 位的二进制数，由地址类别、网络号和主机号 3 个部分组成，如图 3-16 所示。

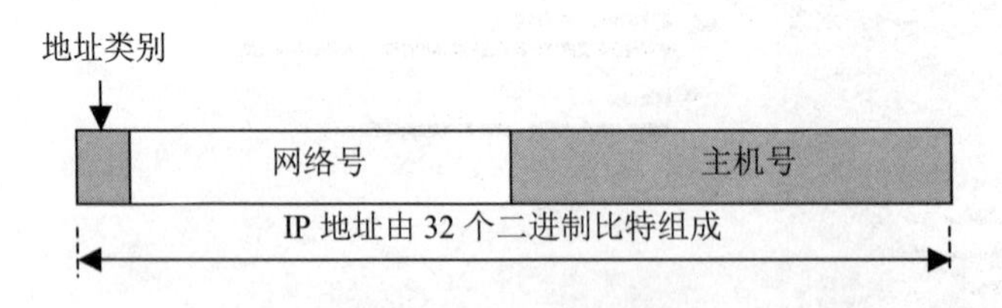

图 3-16　IP 地址组成

为了表示方便，国际上通行一种“点分十进制表示法”，即将 32 位地址分为 4 段，每段 8 位，组成一个字节，每个字节用一个十进制数表示，每个字节之间用点号“.”分隔。这样，IP 地址就表示成了以点号隔开的 4 个数字，每组数字的取值范围是 0～255(即一个字节表示的范围，如图 3-17 所示)。

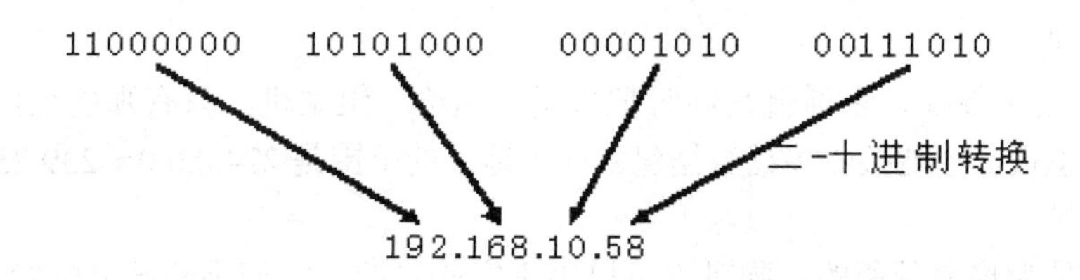

图 3-17　点分十进制表示法

2. IP 地址的分类

IP 地址分成 5 类：A 类、B 类、C 类、D 类和 E 类，详细结构如图 3-18 所示。

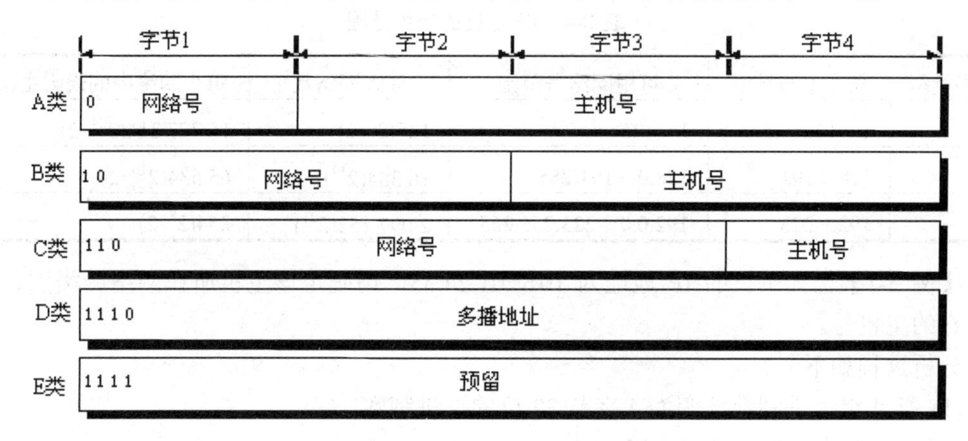

图 3-18　IP 地址分类

1) A 类地址

A 类地址网络号占 1 个字节，主机号占 3 个字节，并且第 1 个字节的最高位为 0，用来表示地址是 A 类地址，因此，A 类地址的网络数为 2^7(128)个，每个网络号所包含的主机数为 2^{24}(16 777 216)个。A 类地址的范围是 0.0.0.0～127.255.255.255。

由于网络号全为 0 和全为 1 保留用于特殊目的，所以 A 类地址有效的网络数为 126 个，其范围是 1～126。另外，主机号全为 0 和全为 1 也有特殊作用，所以每个网络号包含的主机数应该是 $2^{24}-2$(16 777 214)个。因此，一台主机能使用的 A 类地址的有效范围是：1.0.0.1～126.255.255.254。

2) B 类地址

B 类地址网络号、主机号各占两个字节，并且第 1 个字节的最高两位为 10，用来表示地址是 B 类地址，因此 B 类地址网络数为 2^{14} 个(实际有效的网络数是 $2^{14}-2$)，每个网络号所包含的主机数为 2^{16} 个(实际有效的主机数是 $2^{16}-2$)。B 类地址的范围为 128.0.0.0～191.255.255.255，与 A 类地址类似(网络号和主机号全 0 和全 1 有特殊作用)，一台主机能使用的 B 类地址的有效范围是 128.1.0.1～191.254.255.254。

3) C 类地址

C 类地址网络号占 3 个字节，主机号占 1 个字节，并且第 1 个字节的最高 3 位为 110，用来表示地址是 C 类地址，因此 C 类地址网络数为 2^{21}(实际有效的为 $2^{21}-2$)个，每个网络号所包含的主机数为 256(实际有效的为 254)个。C 类地址的范围为 192.0.0.0～223.255.255.255，同样，一台主机能使用的 C 类地址的有效范围是 192.0.1.1～223.255.254.254。

4) D 类地址

D 类地址用于多播，多播就是同时把数据发送给一组主机，只有那些已经登记可以接收多播地址的主机，才能接收多播数据包。D 类地址的范围是 224.0.0.0～239.255.255.255。

5) E 类地址

E 类地址是为将来预留的，同时也可以用于实验目的，它们不能被分配给主机。

其中，A、B、C 类地址是基本的 Internet 地址，是用户使用的地址，为主类地址。D、E 类地址为次类地址，有特殊用途，为系统保留。

如表 3-4 所示列出了 IP 地址的使用范围。

表 3-4 IP 地址的使用范围

网络类型	第 1 字节范围	可用网络号范围	最大网络数	每个网络中的最大主机数
A	1～126	1～126	126(2^7−2)	16 777 214(2^{24}−2)
B	128～191	128.0～191.255	16 384(2^{14})	65 534(2^{16}−2)
C	192～223	192.0.0～223.255.255	2 097 152(2^{21})	254(2^8−2)

【例 3-1】已知主机的 IP 地址为 101.201.24.35，请确定该主机所在网络的类别、网络号及它的主机号。

分析过程如下。

(1) 把 4 组十进制数转变为 4 字节 32 位的二进制数。

4 组十进制数：101.201.24.35。

32 位的二进制数：01100101 11001001 00011000 00100011。

(2) 确定网络类别。第一字节是 01100101，则它的第 0 位是 0，所以该主机所在网络的类别是 A 类。

(3) 确定网络号。A 类网络的第一个字节是它的网络号，即 101。

(4) 确定主机号。A 类网络的主机号是第二、三、四字节，所以它的主机号是 201.24.35。

3.6.2 子网的划分

在许多情况下，一个 A 类或 B 类地址的一个网络号，对应了很多的主机，一个组织或公司常常用不了。另一方面，C 类地址的一个网络只有 254 台主机，又显得太少。

因此，在实际应用中，通常将一个较大的网络分成几个部分，每一个部分称为一个子网。在外部，这几个子网依然对应一个完整的网络号。子网划分的方法就是将地址的主机号部分进一步划分成子网号和主机号两个部分，如图 3-19 所示。

其中，表示子网号的二进制位数(占用主机地址位数)取决于子网的个数，假设占用主机地址的位数为 m，子网个数为 n，它们之间的关系是 $n=2^m$。

例如，一个 B 类网络 172.17.0.0，将主机号分为两部分，其中 8 个比特用于子网号，另外 8 个比特用于主机号，那么这个 B 类网络就被分为 254 个子网，每个子网可以容纳 254 台主机。

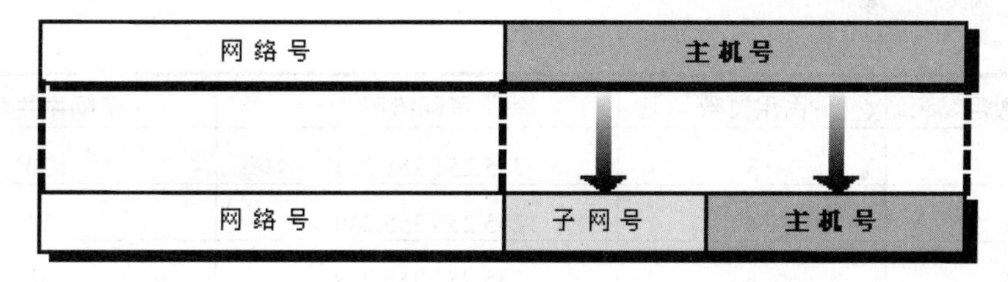

图 3-19　子网的划分

子网掩码(Subnet Mask)也是一个“点分十进制”表示的 32 位二进制数，通过子网掩码，可以指出一个 IP 地址中的哪些位对应于网络地址(包括子网地址)，哪些位对应于主机地址。对于子网掩码的取值，通常是将对应于 IP 地址中网络地址(网络号和子网号)的所有位都设置为“1”，对应于主机地址(主机号)的所有位都设置为“0”。

例如，位模式 11111111 11111111 11111111 00000000 中，前三个字节全 1，代表对应 IP 地址中最高的三个地址为网络地址；后一个字节全 0，代表对应 IP 地址中最后的一个地址为主机地址。

默认情况下，A、B、C 三类网络的掩码如表 3-5 所示。

表 3-5　默认的子网掩码

地址类型	点分十进制数	子网掩码的二进制位			
A	255.0.0.0	11111111	00000000	00000000	00000000
B	255.255.0.0	11111111	11111111	00000000	00000000
C	255.255.255.0	11111111	11111111	11111111	00000000

子网掩码的作用是判断信源主机和信宿主机是否在同一网段上，方法是把信源主机地址和信宿主机分别与所在网段的子网掩码进行二进制“与”运算，如果产生的两个结果相同，则在同一网段；如果产生的结果不同，则两台主机不在同一网段，这两台计算机要进行相互访问时，必须通过一台路由器进行路由转换。

【例 3-2】 某 A 主机的 IP 地址为 202.103.224.68，子网掩码为 255.255.255.0，计算其网络号。

202.103.224.68　　11001010　01100111　11100000　01000100
255.255.255.0　　11111111　11111111　11111111　00000000
AND 后的结果　　11001010　01100111　11100000　00000000
转为十进制　　202　　103　　224　　0

因此，IP 地址 202.103.224.68 的网络号是 202.103.224，而主机号是 68。

下面以 C 类子网为例，说明各种掩码所能划分的网段数目，如表 3-6 所示。

表 3-6　子网掩码与主机数

子网数目	占用位数	子网掩码	子网中主机数
0	0	255.255.255.0	254
2	1	255.255.255.128	126
4	2	255.255.255.192	62

续表

子网数目	占用位数	子网掩码	子网中主机数
8	3	255.255.255.224	30
16	4	255.255.255.240	14
32	5	255.255.255.248	6
64	6	255.255.255.252	2

3.6.3 几种特殊的 IP 地址形式

在 Internet 中，有些一般不使用的 IP 地址，这些地址只能在特定的情况下使用。

1. 网络地址

由一个有效的网络号和一个全“0”的主机号组成，用来表示某一个具体的网络。例如，一台 IP 地址为 202.103.225.68 的主机，其网络地址为 202.103.225.0，它的主机号为 44。

2. 广播地址

(1) 直接广播地址：由一个有效的网络号和一个全“1”的主机号构成，其作用是因特网的主机向网络号所指向的网络广播信息。

例如，202.103.225.255 是网络号为 202.103.225.0 的网络广播地址。

(2) 有限广播地址：32 位为全“1”的 IP 地址(255.255.255.255)，用于本网(或本子网)广播。

3. 回环地址

A 类网络的网络号为 127(即 01111111)的 IP 地址，是保留地址，可作为本地软件回环测试本主机之用，叫作回环地址。即在 127.0.0.0～127.255.255.255 之间，除了主机号全为 0(127.0.0.0)或主机号为全 1(127.255.255.255)以外都是可用的回环地址。因此，含有网络号 127 的数据报不可能出现在任何网络上。

4. 专用地址

由于 IP 地址的紧缺，一个机构能够申请到的 IP 地址数目往往远小于本机构所拥有的主机数。而且，出于安全等原因，一个机构内的很多主机并不需要接入到外部的因特网，它们主要是和内部的其他主机进行通信。因此，对于这些机构内部的主机来说，只需使用仅在本机构有效的本地 IP 地址即可，不需要向因特网的管理机构申请全球唯一的 IP 地址。

为了解决机构内部主机使用 IP 地址的问题，因特网的管理机构定义了一些专用地址，也称为本地地址或私有地址。这些 IP 地址只能用于机构的内部通信，不能和因特网上的其他主机通信。也就是说，因特网中的所有路由器不转发使用专用地址的主机的数据报。专用地址有如下一些。

(1) 10.0.0.0 至 10.255.255.255 (一个 A 类网络)。

(2) 172.16.0.0 至 172.31.255.255 (16 个连续的 B 类网络)。

(3) 192.168.0.0 至 192.168.255.255 (256 个连续的 C 类网络)。

总结上述，有如表 3-7 所示的一些一般不使用的特殊 IP 地址。

表 3-7 一般不使用的特殊 IP 地址

网 络 号	主 机 号	源地址使用	目的地址使用	代表的含义
0	0	可以	不可以	在本网络上的本主机
0	主机号	可以	不可以	在本网络上的某个主机
全 1	全 1	不可以	可以	只在本网络上进行广播(各路由器均不转发)
网络号	全 1	不可以	可以	对网络号上的所有主机进行广播
127	任何数	可以	可以	用作本地软件的回环地址

相对而言，IPv6 中没有子网掩码的概念，也没有网络号与主机号的概念，取而代之的是“前缀长度”和“接口 ID”。前缀长度可以理解为子网掩码，接口 ID 可以理解为主机号。例如地址 2001:1234:2234:abcd::1/64 就表示前缀长度为 64 位，剩下的是接口 ID。

在 Windows XP 中，IPv6 地址的前缀长度默认为 64 位。例如在命令行下配置地址：

ipv6 adu 5/2001:1234:2234:abcd::1

一般来说网卡的接口号是 5，可以输入 IPv6 if 来查看本地链接的接口号，之后输入 IPv6 if 查看地址，会发现前缀长度被设置为 64。

其实，IPv6 的地址空间过于广大，可能一个子网的子网都要比整个 IPv4 的世界要大很多，所以子网的概念在 IPv6 世界里已经淡化了。但是，同一站点的主机要想直接通信(不经过路由器)，还是要求前缀相同才行。

3.7 本章小结

计算机网络是由数台、数十台乃至上千台计算机系统通过通信网络连接而成的一个非常复杂的系统，如何构造计算机系统的通信功能，才能实现这些计算机系统之间，尤其是异构计算机系统之间的相互通信，是网络体系结构着重要解决的问题。本章详细介绍了两种网络体系结构模型：OSI 参考模型和 TCP/IP 参考模型。TCP/IP 参考模型目前是业界的标准，在此基础上介绍了 IP 地址、IPv6 地址以及子网掩码的概念与组成。学习 IP 地址时，要十分注意 IP 地址的点分十进制的表示法。

3.8 小型案例实训

3.8.1 网络类别、网络地址和主机地址的识别

1. 实验目的

根据 IP 地址判断其网络类别、网络地址和主机地址。

2. 实验内容

已知主机 IP 地址为 202.196.0.133，请确定该主机所在网络的类别、网络号及其主机号。

3. 实验步骤

(1) 把 4 组十进制数转变为 4 字节 32 位的二进制数。

4 组十进制数：202.196.0.133。

32 位的二进制数：11001010110001000000000010000101。

(2) 确定网络类别。第一字节是 11001010，则它的第 0、1、2 位是 110，所以该主机所在网络的类别是 C 类。

(3) 确定网络号。C 类网络的前 3 个字节是它的网络号，即 202.196.0。

(4) 确定主机号。C 类网络的主机号是第 4 字节，所以它的主机号是 133。

3.8.2 规划 IP 地址

1. 实验目的

规划 IP 地址。

2. 实验内容

请为学校计算中心规划 IP 地址，该计算中心有 6 个局域网，每个局域网最多有 30 台主机(或网络设备)。

3. 实验步骤

(1) 申请 IP 地址。计算中心共有 6 个局域网 180 台主机，若为 6 个局域网申请 6 个 C 类 IP 地址，共有 6×254=1524 个 IP 地址，实际使用 180 个地址，将有 1344 个 IP 地址浪费。我们可以用子网的方法，使这 6 个局域网共享一个 C 类 IP 地址。我们把这 6 个子网当作一个整体，申请一个 C 类 IP 地址。假设计算中心申请到的 IP 地址为：202.224.46。

(2) 确定子网地址的位数与子网地址。子网地址用于标识计算中心内部的不同子网。C 类网的主机号占 8 位，由于该计算中心有 6 个局域网，子网号应占 3 位，其余 5 位是子网中的主机号，每个子网可以有 30 个主机地址。各子网地址如下。

1 号子网号：11001010 11100000 00101110 00100000=202.224.46.32。

2 号子网号：11001010 11100000 00101110 01000000=202.224.46.64。

3 号子网号：11001010 11100000 00101110 01100000=202.224.46.96。

4 号子网号：11001010 11100000 00101110 10000000=202.224.46.128。

5 号子网号：11001010 11100000 00101110 10100000=202.224.46.160。

6 号子网号：11001010 11100000 00101110 11000000=202.224.46.192。

(3) 主机地址分配方案。我们以 1 号子网为例，说明主机地址的分配。

1 号主机地址：11001010 11100000 00101110 00100000=202.224.46.32。

2 号主机地址：11001010 11100000 00101110 00100001=202.224.46.33。

3 号主机地址：11001010 11100000 00101110 00100010=202.224.46.34。

⋮

30 号主机地址：11001010 11100000 00101110 00111110=202.224.46.62。

(4) 子网掩码的确定。

计算中心子网掩码是：11111111.11111111.11111111.11100000=255.255.255.224。

3.9　思考与练习

1. 计算机网络中为什么要引入分层的思想？
2. 什么是网络协议？它由哪 3 个要素组成？
3. 什么是计算机网络的体系结构？
4. 简述 ISO/OSI 7 层模型结构，并说明各层的主要功能有哪些。
5. 在 ISO/OSI 中，“开放”是什么含义？
6. 简述 TCP/IP 的体系结构，各层的主要协议有哪些？
7. 对比 ISO/OSI 七层模型与 TCP/IP 模型，分析各自的优缺点。
8. 试述 IP 和 TCP、UDP 的功能。
9. 什么是 IP 地址？IP 地址由哪几个部分组成？
10. 什么是 IPv6 地址，IPv6 由哪些部分组成，如何分类？
11. IP 地址有几类？它们是如何区分的？
12. 子网掩码的作用是什么？如何划分子网？

第4章 局 域 网

本章要点

- ☑ 局域网的基础知识
- ☑ 局域网组网
- ☑ 高速局域网
- ☑ 虚拟局域网
- ☑ 无线局域网

局域网是将较小地理区域的各种数据通信设备连接在一起的通信网络。局域网的出现，使计算机网络的功能得到充分发挥，局域网是目前应用最为广泛的一类网络。局域网具有覆盖地理范围有限、传输速率高、时延小、误码率低、网络管理权属单一组织所有等重要特点。它常被用于连接企业、工厂或学校内的一个楼群、一栋楼或一个办公室里的数据通信设备，以便共享资源和交换信息。

4.1 局域网概述

局域网(Local Area Network，LAN)产生于20世纪70年代，微型计算机的发明和迅速流行，计算机应用的迅速普及与提高，计算机网络应用的不断深入和扩大，以及人们对信息交流、资源共享和高带宽的迫切需求，都直接推动着局域网的发展。

4.1.1 局域网的特点及类型

1. 局域网的特点

局域网是将较小地理范围内的各种数据通信设备连接在一起的通信网络。可以从局域网所具有的3个属性来理解这个定义。

局域网是一个通信网络，它仅提供通信功能。从ISO参考模型的协议层角度看，它仅包含了低两层(物理层和数据链路层)的功能，所以连到局域网的数据通信设备必须加上高层协议和网络软件才能组成计算机网络。局域网连接的是数据通信设备，这里的数据通信设备是广义的，包括微型计算机、高档工作站、服务器等，大、中、小型计算机，终端设备和各种计算机外围设备。局域网传输距离有限，网络覆盖的范围小。

由局域网的以上这些属性所决定，局域网具有如下一些主要特点。

(1) 局域网覆盖的地理范围比较小。局域网覆盖的地理范围通常在几米到几千米之间，一般不超过30 km。

(2) 数据传输速率高。数据传输速率高，共享式局域网的传输速率通常为1～100 Mbps，交换式局域网的传输速率目前最高已达1 Gbps。

(3) 传输时延小。一般在几毫秒至几十毫秒之间。

(4) 出错率低。局域网一般都使用有线传输介质，两个站点之间具有专用通信线路，使数据传输有专一的通道，故误码率低，一般为 10^{-8}～10^{-12}。

2. 局域网的分类

从目前的发展情况来看，局域网可以分为以下两类。

- 共享介质局域网(Shared LAN)。
- 交换局域网(Switched LAN)。

共享介质局域网又可以分为 Ethernet(以太网)、Token Bus(令牌总线)、Token Ring(令牌环)与 FDDI(光纤分布数据接口)，以及在此基础上发展起来的 Fast Ethernet(快速以太网)、Fast Token Ring(快速令牌环)与 FDDI II 等。交换式局域网可以分为 Switched Ethernet(交换以太网)与 ATM LAN，以及在此基础上发展起来的虚拟局域网。局域网产品类型与相互之间的关系如图 4-1 所示。

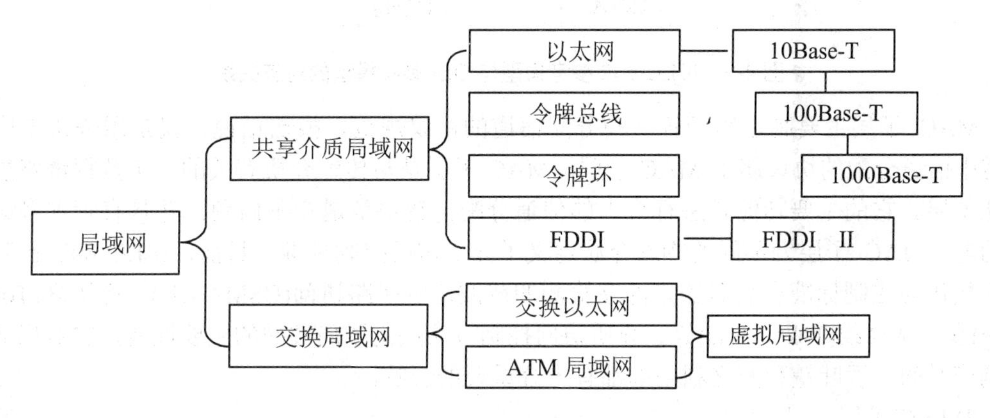

图 4-1　局域网类型与相互关系

4.1.2　局域网的体系结构

为了使不同厂商生产的网络设备之间具有兼容性、互换性和互操作性，以便让用户更灵活地进行设备选型，国际标准化组织开展了局域网的标准化工作。1980 年 2 月成立了局域网标准化委员会，即 IEEE 802 委员会(Institute of Electrical and Electronics Engineers INC，IEEE 电器和电子工程师协会)。该委员会制定了一系列局域网标准，称为 IEEE 802 标准。

1. 局域网参考模型

IEEE 802 标准所描述的局域网参考模型与 OSI 参考模型的关系如图 4-2 所示。局域网参考模型只对应 OSI 参考模型的数据链路层与物理层，它将数据链路层划分为两个子层：逻辑链路控制(Logical Link Control，LLC)子层与介质访问控制(Media Access Control，MAC)子层。

1) 物理层

物理层涉及通信在信道上传输的比特流，它的主要作用是确保二进制位信号的正确传输，包括位流的正确传送和正确接收。这就是说物理层必须保证在双方通信时，一方发送

二进制数字“1”，另一方接收的也是“1”，而不是“0”。

2) MAC 子层

介质访问控制(MAC)子层是数据链路层的一个功能子层。MAC 构成了数据链路层的下半部，它直接与物理层相邻。

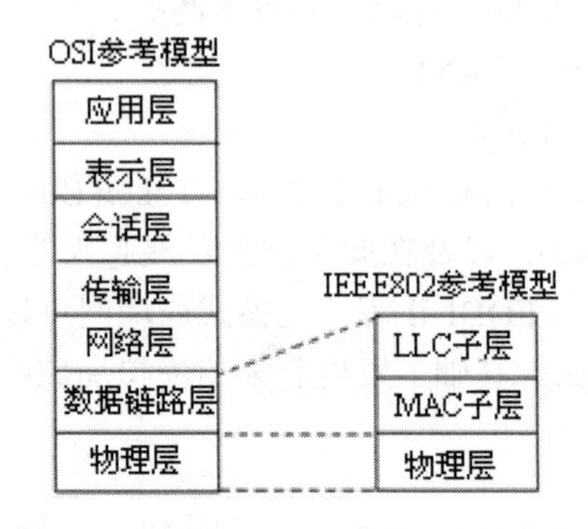

图 4-2　IEEE 802 参考模型与 OSI 参考模型的对应关系

MAC 子层主要制定用于管理和分配信道的协议规范，换句话说，就是用来决定广播信道中信道分配的协议属于 MAC 子层。MAC 子层是与传输介质有关的一个数据链路层的功能子层。它的主要功能是进行合理的信道分配，解决信道竞争问题，并具有管理多链路的功能。MAC 子层为不同的物理介质定义了介质访问控制标准。目前，IEEE 802 已制定的介质访问控制标准有著名的带冲突检测的载波监听多路访问(CSMA/CD)、令牌环(Token Ring)和令牌总线(Token Bus)等。介质访问控制方法决定了局域网的主要性能，它对局域网的响应时间、吞吐量和网络利用率都有十分重要的影响。

3) LLC 子层

逻辑链路控制(LLC)子层也是数据链路层的一个功能子层。它构成了数据链路层的上半部，与网络层的 MAC 子层相邻。

LLC 子层在 MAC 子层的支持下向网络层提供服务。可运行于所有 802 局域网协议之上的数据链路层协议被称为逻辑链路控制 LLC。LLC 子层与传输介质无关，它独立于介质访问控制方法，隐藏了各种 802 网络之间的差别，向网络层提供一个统一的格式和接口。LLC 子层的作用是在 MAC 子层提供的介质访问控制和物理层提供的比特服务的基础上，将不可靠的信道处理为可靠的信道，确保数据帧的正确传输。LLC 子层的具体功能包括：数据帧的组装与拆卸、帧的发送、差错控制、数据流控制和发送顺序控制等功能并为网络层提供两种类型的服务，即面向连接的服务和无连接服务。

2. IEEE 802 局域网标准

1980 年 2 月 IEEE 成立了专门负责制定局域网标准的 IEEE 802 委员会。该委员会开发了一系列局域网和城域网标准，最广泛使用的是以太网(Ethernet)家族、令牌环、无线局域网、虚拟网等。IEEE 802 委员会于 1984 年公布了 5 项标准 IEEE 802.1～IEEE 802.5，随着局域网技术的迅速发展，新的局域网标准不断被推出，最新的千兆以太网技术目前也已标准化。

IEEE 802 标准仅包含 OSI 参考模型的物理层和数据链路层协议，其他较高层次的协议目前还没制定，一般会参考使用 OSI 和其他的相应标准(如 TCP/IP)。IEEE 802 已增加到十几个分委员会，各分委员会的结构关系及其制定的局域网标准如图 4-3 和表 4-1 所示。

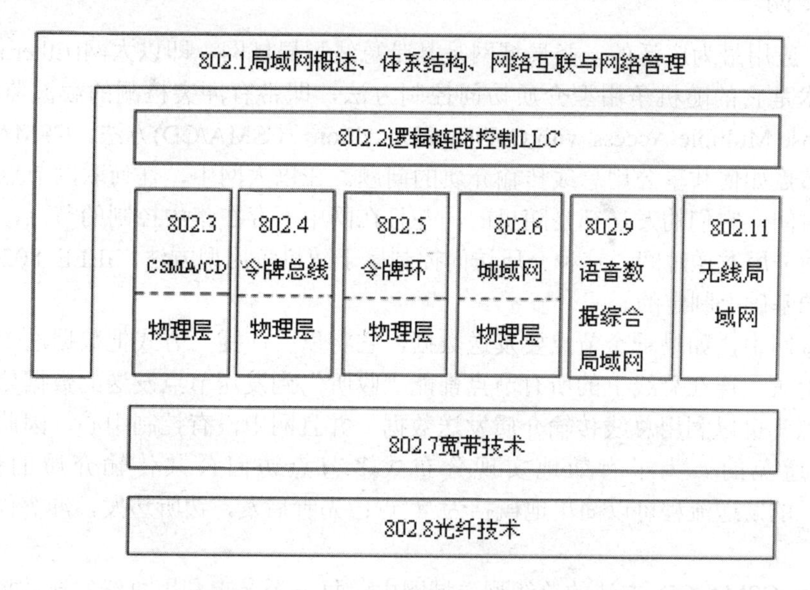

图 4-3　IEEE 802 结构关系与局域网标准图

表 4-1　IEEE 802 分委员会命名

IEEE 802 分委员会名	制定的局域网标准
IEEE 802.1	局域网概述、体系结构、网络管理和网络互联
IEEE 802.2	逻辑链路控制 LLC
IEEE 802.3	CSMA/CD 访问方法和物理层规范
IEEE 802.4	Token Passing Bus(令牌总线)
IEEE 802.5	Token Ring(令牌环)访问方法和物理层规范
IEEE 802.6	城域网访问方法和物理层规范
IEEE 802.7	宽带技术咨询和物理层课题与建议实施
IEEE 802.8	光纤技术咨询和物理层课题
IEEE 802.9	综合声音/数据服务的访问方法和物理层规范
IEEE 802.10	安全与加密访问方法和物理层规范
IEEE 802.11	无线局域网访问方法和物理层规范
IEEE 802.12	快速局域网访问方法和物理层规范

4.1.3　介质访问控制方式

在共享介质局域网中，为了实现对多节点使用共享介质发送和接收数据的控制，经过多年的研究，人们提出了很多种介质访问控制方法。目前，被普遍采用并形成国际标准的介质访问控制方法有：带有冲突检测的载波监听多路访问方法、令牌环方法和令牌总线

方法。

1. 以太网

目前，应用最为广泛的一类局域网是基带总线型局域网，即以太网(Ethernet)。以太网的核心技术是它的随机争用型介质访问控制方法，即带有冲突检测的载波监听多路访问(Carrier Sense Multiple Access with Collision Detedtion，CSMA/CD)方法。CSMA/CD 方法用来解决多节点如何共享公用总线传输介质的问题。在以太网中，任何联网节点都没有可预约的发送时间，它们的发送都是随机的，并且在网中不存在集中控制的节点，网中节点都必须平等地争用发送时间，这种介质访问控制属于随机争用型方法。IEEE 802.3 标准就是在以太网的基础上制定的。

在以太网中，如果一个节点要发送数据，它将以“广播”方式把数据送到公共传输介质的总线上去，连在总线上的所有节点都能“收听”到发送节点发送的数据信号。由于网中所有节点都可以利用总线传输介质发送数据，并且网中没有控制中心，因此冲突的发生将是不可避免的。为了有效地实现分布式多节点访问公共传输介质的控制策略，CSMA/CD 的发送流程可以简单地概括为 4 点：先听后发，边听边发，冲突停止，随机延迟后重发。

在采用 CSMA/CD 方法的总线型局域网中，每一个节点利用总线发送数据时，首先要侦听总线的忙、闲状态。如果总线上已经有数据信号传输，则为总线忙；如果总线上没有数据传输，则为总线空闲。如果一个节点准备好发送的数据帧，并此时总线空闲，它就可以启动发送。但同时也存在这种可能，那就是几乎在相同的时刻，有两个或两个以上的节点发送了数据，那么就会产生冲突，因此节点在发送数据的同时应该进行冲突检测。采用 CSMA/CD 方法的总线型局域网的工作过程如图 4-4 所示。

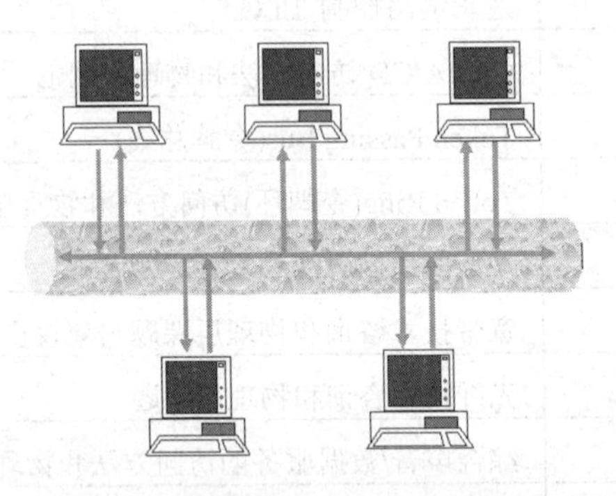

图 4-4　采用 CSMA/CD 方法的总线型局域网的工作过程

所谓冲突检测，是指发送节点在发送数据的同时，将其发送信号的波形与从总线上接收到的波形进行比较。如果总线上同时出现两个或两个以上的发送信号，它们叠加后的信号波形将不等于任何节点发送的信号波形。当发送节点发现自己发送的信号波形与从总线上接收到的信号波形不一致时，表示总线上有多个节点同时在发送数据，冲突已经产生。如果在发送数据过程中没有检测出冲突，节点在发送完后进入正常的结束状态；如果在发送数据的过程中检测出冲突，为了解决信道争用冲突，节点必须停止发送数据，随机延迟后重发。在以太网中，任何一个节点如果想发送数据的话，都要争取总线的使用权，因此节点从准备发送数据到成功发送数据的发送等待时间是不确定的。CSMA/CD 方法可以有效地控制多节点对共享总线传输介质的访问，方法简单且容易实现。

2. 令牌总线网

IEEE 802.4 标准定义了总线拓扑的令牌总线介质访问控制方法与相应的物理层规范。Token Bus 是一种在总线拓扑中利用“令牌”作为控制节点访问公共传输介质的确定型介质访问控制方法。在采用 Token Bus 方法的局域网中，任何一个节点只有在取得令牌后才能使用共享总线去发送数据。令牌是一种特殊结构的控制帧，用来控制节点对总线的访问权。如图 4-5 所示，给出了正常的稳定操作时的令牌总线的工作过程。

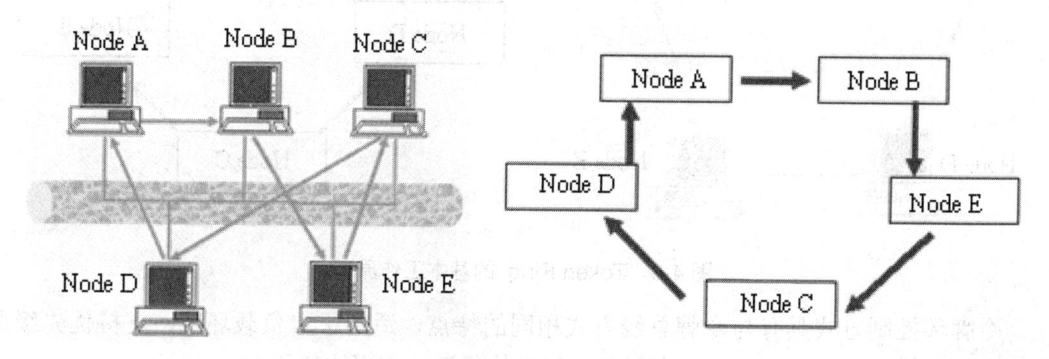

图 4-5 令牌总线的基本工作原理

所谓稳态操作，是指网络已完成初始化之后，各节点正常传递令牌与数据，并且没有节点要加入或撤出，没有发生令牌丢失或网络故障的工作状态。此时，每个节点有本站地址，并且知道上一站地址与下一站地址。令牌传递规定由高地址向低地址传送，然后返回最高地址，从而在一个物理总线形成一个逻辑环。在环中，令牌传递顺序与节点在总线上的位置无关。因此，令牌总线网在物理上是总线网，而在逻辑上是环形网。令牌帧含有一个目的地址，接收到令牌帧的节点可以在令牌持有最大时间内发送一个或多个数据帧；但在发生以下情况时，令牌持有节点必须交出令牌。

(1) 该节点没有数据帧等待发送。

(2) 该节点已发送完所有待发送的数据帧。

(3) 令牌持有最大时间到。

与 CSMA/CD 方法相比，Token Bus 方法比较复杂，需要完成大量的环路维护工作，而且必须有一个或多个节点完成环路初始化、节点加入或撤出以及环恢复的操作。

3. 令牌环网

令牌环介质访问控制技术最早开始于 1969 年贝尔研究室的 Newhall 环网，最有影响的令牌环网是 IBM Token Ring。IEEE 802.5 标准就是在 IBM Token Ring 协议基础上发展形成的。

在令牌环中，节点通过环接口连接成物理环型。令牌是一种特殊的 MAC 帧，令牌帧中有一个标志令牌忙/闲的标志位。当环正常工作时，令牌总是沿着物理环单向逐站传送，传送顺序与节点在环中的顺序相同。如图 4-6 所示，给出了令牌环的基本工作过程。如果节点 A 有数据要发送，它必须等待空闲令牌的到来。当节点 A 获得空闲令牌之后，它就将令牌标志位由“闲”置为“忙”，然后传送数据帧。节点 B、C、D 将依次接收到数据帧，比较目的地址，从而确定是否接收该数据帧，一旦接收，就要在帧中标明该帧已被正确接收和复制。当节点 A 重新收到自己发出的，并已被目的节点正确接收的数据帧时，它将回收已发送的数据帧，并将令牌改成空闲令牌，传送到下一个节点。

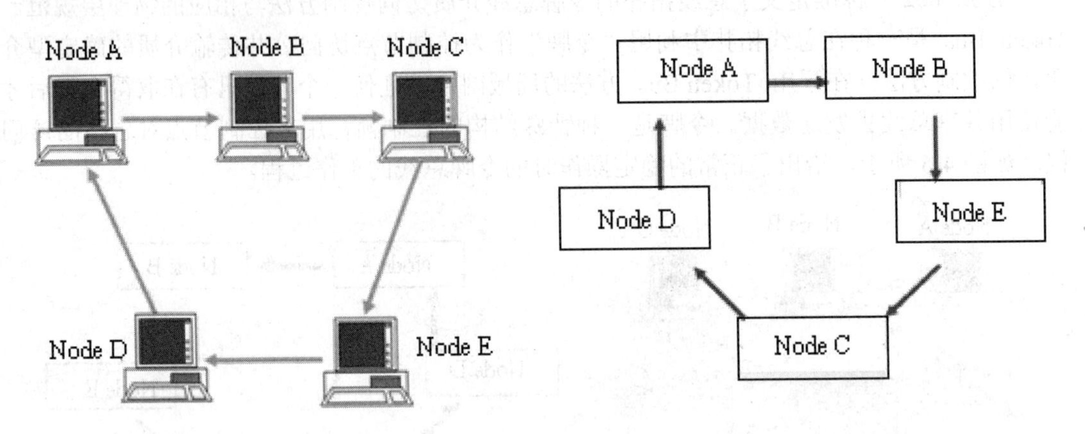

图 4-6　Token Ring 的基本工作原理

令牌环控制方式具有与令牌总线方式相同的特点，适用于重负载环境，支持优先级服务。令牌环控制方式的缺点主要表现在：环维护复杂，实现比较困难。

4.2　局域网组网

下面以 Ethernet 为例，进一步讨论局域网的物理结构设计及局域网组网方法。以太网最早是由 Xerox (施乐)公司创建的，在 1980 年由 DEC、Intel 和 Xerox 三家公司联合开发为一个标准。以太网是应用最为广泛的局域网，包括标准以太网(10 Mbps)、快速以太网(100Mbps)、千兆以太网(1000Mbps)和 10Gbps 以太网，它们都符合 IEEE 802.3 系列标准规范。

4.2.1　IEEE 802.3 物理层标准

IEEE 802.3 标准为了能支持多种传输介质，在物理层为每种传输介质确定了相应的物理层标准，这些标准主要有以下几个。

- 10Base-5(粗缆)。
- 10Base-2(细缆)。
- 10Base-T(非屏蔽双绞线)。

IEEE 802.3u(Fast Ethernet)标准为了能支持多种传输介质，在物理层也为每种传输介质确定了相应的物理层标准。这些标准主要有以下几个。

- 100Base-TX(五类非屏蔽双绞线)。
- 100Base-T4(三类非屏蔽双绞线)。
- 100Base-FX(光缆)。

IEEE 802.3 与 IEEE 802.3u 的物理层标准与介质访问控制子层及逻辑链路控制子层的

关系如图 4-7 所示。从图 4-7 中可以看出，以太网在 LLC 子层采用 IEEE 802.2 标准，在 MAC 子层采用 CSMA/CD 方法，而在物理层可以任意选取以上 6 类标准中的一种或多种的组合，这就构成了局域网以太网的物理结构。

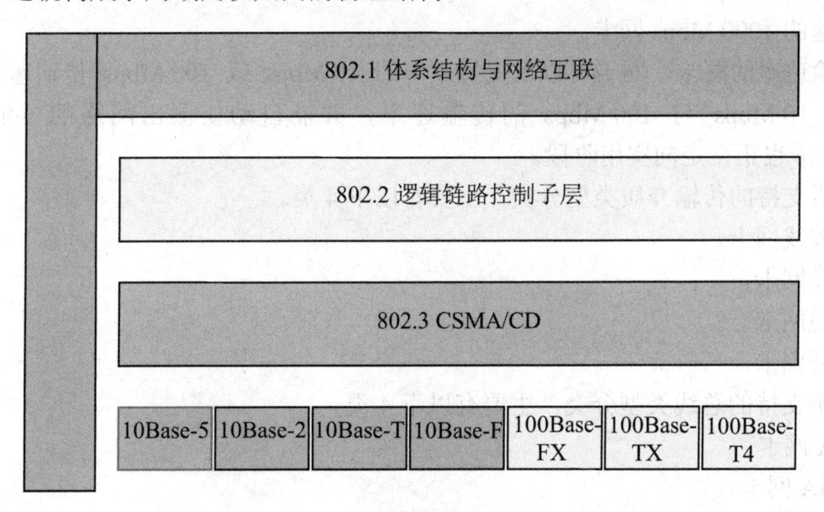

图 4-7 IEEE 802.3 物理层标准与 LLC、MAC 之间的关系

10Base-5 是 IEEE 802.3 物理层标准中最基本的一个。它采用的传输介质是阻抗为 50 Ω的基带同轴电缆。粗缆的最大长度为 500 m，数据传输速率为 10 Mbps。网卡与收发器采用标准的 15 针 AUI 连接器，收发器与网卡之间用收发器电缆(或称 AUI 电缆)连接。

10Base-2 是 IEEE 802.3 补充的第一个物理层标准。它采用的传输介质是阻抗为 50Ω的基带细同轴电缆。细缆的最大长度是185m，数据传输速率为10Mbps。网卡上提供 BNC 连接插头，细同轴电缆通过 BNC-T 型连接器与网卡连接。

10Base-T 是 IEEE 802.3 于 1990 年补充的另一个物理层标准。10Base-T 采用以集线器为中心的星型拓扑结构，使用标准的 RJ-45 接插件与三类或五类非屏蔽双绞线连接网卡和集线器，站点与集线器之间的双绞线长度最大为 100m。

100Base-TX 支持五类非屏蔽双绞线与第一类屏蔽双绞线。

100Base-T4 支持三类非屏蔽双绞线。

100Base-FX 支持二芯的多模光纤或单模光纤。

4.2.2 Ethernet 网络接口适配器

Ethernet 网络接口适配器又称为 Ethernet 网卡，是构成网络的基本部件。Ethernet 网卡一方面连接局域网中的计算机，另一方面连接局域网中的传输介质。典型的 Ethernet 网卡结构如图 4-8 所示。根据所支持的物理层标准及与主机接口的不同，Ethernet 网卡可以相应分成不同的类型。

按照网卡支持的计算机种类分类，网卡分为以下两类。

- 标准 Ethernet 网卡(用于台式计算机联网)。
- 便携式网卡(用于便携式计算机联网)。

按照网卡支持的传输速率分类，主要有以下 3 类。

- 普通的 10 Mbps 网卡。
- 高速的 100 Mbps 网卡。
- (10/100) Mbps 自适应网卡。
- 高速的 1000 Mbps 网卡。

根据传输速率的要求，网卡可以仅支持单一的 10 Mbps 或 100 Mbps 传输速率，也可以同时支持 10 Mbps 与 100 Mbps 的传输速率，并能自动侦测出网络的传输速率。1000 Mbps 网卡也正在走向实用阶段。

按网卡所支持的传输介质类型分类，主要有以下 4 类。

- 双绞线网卡。
- 粗缆网卡。
- 细缆网卡。
- 光纤网卡。

按网卡所支持的总线类型分类，主要有以下 4 类。

- ISA 网卡。
- EISA 网卡。
- MCA 网卡。
- PCI 网卡。

按网卡与主机之间的数据传送方式，可以分为以下 3 类。

- 可编程 I/O 传送方式：网卡驱动程序使用 CPU 的输入/输出指令对网卡上的 I/O 端口寻址，在端口和内存之间传送数据。其特点是由 CPU 承担全部工作。
- 共享内存方式：网卡驱动程序使用 CPU 的 MOV 指令直接对主机和网卡的存储器寻址，在网卡和主机存储器之间传送数据。其特点是 CPU 调用网卡驱动程序完成数据传送。
- DMA 方式：使用 DMA 来控制数据传送，直接与存储器成批地传送和交换数据。其特点是无须 CPU 的干预。

图 4-8 网卡结构示意图

4.2.3 同轴电缆以太网组网方法

1. 粗缆 Ethernet 方式

组建一个粗缆 Ethernet 需要以下基本硬件设备：带有 AUI 接口的 Ethernet 网卡、粗缆的外部收发器、收发器电缆以及粗同轴电缆。

在典型的粗缆以太网中，常使用提供 AUI 接口的两个端口相同的介质中继器。如果不使用中继器，最大粗缆长度不超过 500 m，如图 4-9 所示。如果使用中继器，一个以太网最多只允许使用 4 个中继器，连接 5 条最大长度为 500 m 的粗缆段，那么中继器连接后的粗缆最大长度不能超过 2500 m。在每个以太网中，最多只能连入 100 个节点，两个相邻收发器之间的最小距离为 2.5 m，收发器电缆的最大长度为 50 m。

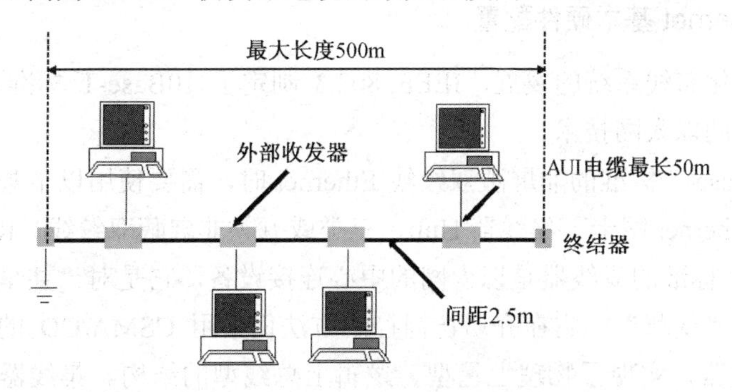

图 4-9　10Base-5 组网示意图

2. 细缆 Ethernet 方式

组建一个细缆 Ethernet 需要以下基本硬件设备：带有 BNC 接口的 Ethernet 网卡、BNC-T 型连接器以及细同轴电缆。

在细缆以太网中，如果不使用中继器，最大细缆长度不超过 185 m，如图 4-10 所示。如果实际需要的细缆长度超过 185m，可以使用支持 BNC 接口的中继器。在细缆以太网中，也是最多只允许使用 4 个中继器，连接 5 条细缆段，因此细缆网段的最大长度为 925m。两个相邻 BNC 连接器之间的距离应是 0.5m 的整数倍，并且最小距离为 0.5m。

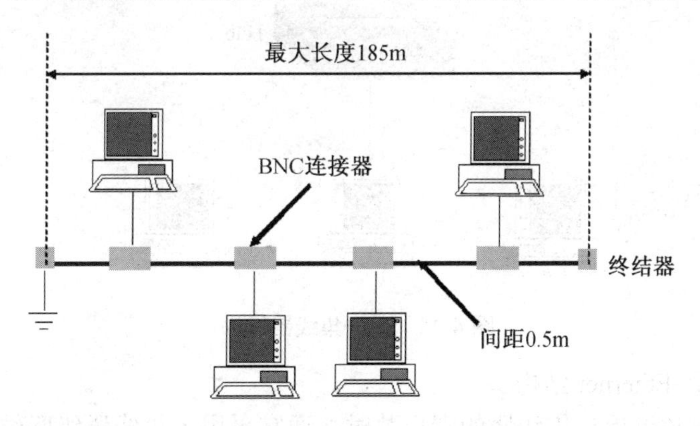

图 4-10　10Base-2 组网示意图

3. 粗/细缆混用 Ethernet 方式

在组建粗/细缆混合结构的 Ethernet 时，除了需要使用与构成粗缆、细缆 Ethernet 相同的基本硬件外，还必须使用粗缆与细缆之间的连接器件。粗/细缆混合结构的电缆段最大长度为 500 m，如果粗缆长度为 L(m)、细缆长度为 t(m)，则 L、t 之间的关系为：

$$L+3.28t\leqslant 500$$

粗/细缆混合 Ethernet 结构的优点是造价合理，粗缆段用于室外，细缆段用于室内；缺点是结构复杂，维护困难。

4.2.4 符合 10Base-T 标准的 Ethernet 组网方法

1. 双绞线 Ethernet 基本硬件配置

为了适应结构化布线系统的发展，IEEE 802.3 制定了 10Base-T 标准。10Base-T 成为目前应用最为广泛的以太网技术。

组建符合 10Base-T 标准的非屏蔽双绞线 Ethernet 时，需要使用以下基本硬件设备：带有 RJ-45 接口的 Ethernet 网卡、集线器 Hub、三类或五类非屏蔽双绞线、RJ-45 连接头。

符合 10Base-T 标准的集线器是以太网的中心连接设备，它是对“共享介质”的总线型局域网结构的一种“变革”。它在介质访问控制方法仍采用 CSMA/CD 的前提下，利用非屏蔽双绞线与集线器，实现了物理上星型、逻辑上总线型的结构。集线器将接收到的数据转发到每一个端口，这样每个端口的速率为 10 Mbps。

2. 使用双绞线的 Ethernet 结构

1) 单一集线器结构

使用单一集线器的 Ethernet 结构简单，所有节点通过非屏蔽双绞线与集线器连接，构成物理星型拓扑。节点到集线器的非屏蔽双绞线最大长度为 100m。单一集线器结构适宜于小型工作组规模的局域网，典型的单一集线器一般支持 8～24 个 RJ-45 端口和一个 BNC、AUI 或光纤连接端口，其结构如图 4-11 所示。

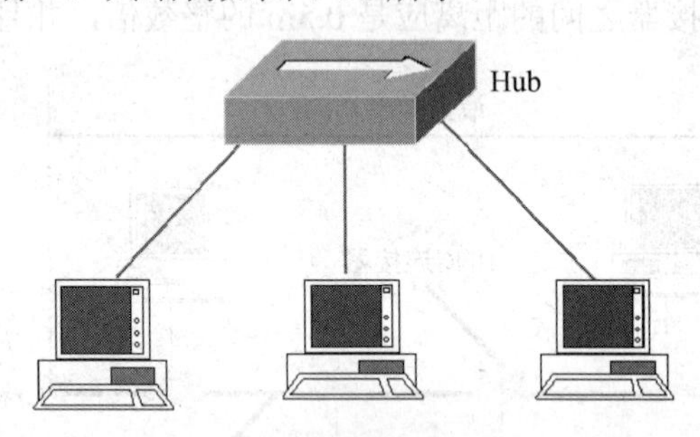

图 4-11 单一集线器结构

2) 集线器级联 Ethernet 结构

当联网节点数超过单一集线器的端口数时，通常采用多集线器级联结构。多集线器级联有两类方法：使用双绞线，通过集线器的 RJ-45 端口实现级联；使用同轴电缆或光纤，通过集线器提供的向上连接端口实现级联，如图 4-12 所示。

3) 可叠加式集线器 Ethernet 结构

可叠加式集线器适用于中、小型企业网环境。可叠加式集线器由一个基础集线器与多个扩展集线器组成。基础集线器是一种具有网络管理功能的独立集线器。通过在基础集线器上堆叠多个扩展集线器，一方面可以增加 Ethernet 的节点数，另一方面可以实现对网络中节点的管理功能。典型的使用可叠加式集线器的以太网结构如图 4-13 所示。

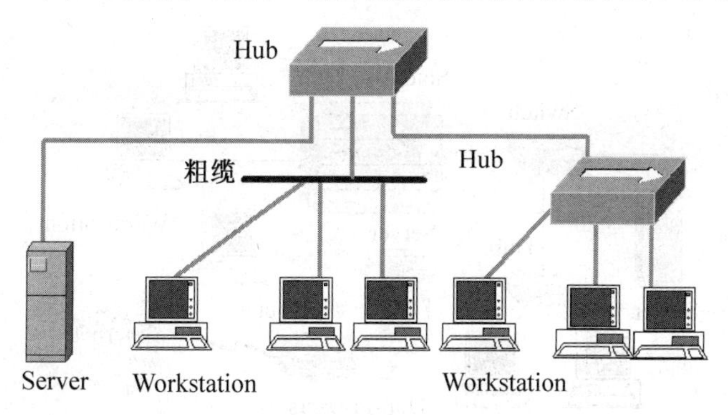

图 4-12　多集线器级联结构

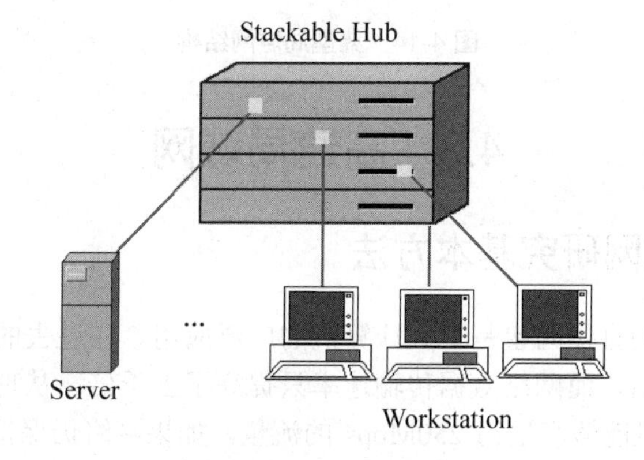

图 4-13　可叠加式集线器结构

4.2.5　符合 100Base-T 标准的 Ethernet 组网方法

符合 100Base-T 标准的 100 Mbps Ethernet 组网方法与 10Base-T 的 Ethernet 组网方法基本相同。构成 100Mbps Ethernet 需要使用的基本硬件设备包括：100Base-T 网卡、100Base-T Hub 以及双绞线或光缆。

在组建 100Base-T 标准的 Fast Ethernet 时需要注意以下两个问题。

(1) 符合 100Base-T 标准的 Fast Ethernet 一般是作为局域网的主干网。

(2) 很多公司开发出了 100Base-T 标准的 Fast Ethernet 交换机，交换机的端口有 3 种类型，即支持 100Mbps 端口、支持 10Mbps 端口以及(10/100)Mbps 自适应端口，因此它的组网方法与交换以太网的组网方法是相同的。

4.2.6　交换以太网组网方法

交换式局域网的核心是局域网交换机，交换式 Ethernet 的交换机可以分为以下几类：简单的 10 Mbps Ethernet 交换机、(10/100)Mbps Ethernet 交换机以及大型 Ethernet 交换机。

Ethernet 局域网交换机是一种箱式结构，机箱中可以插入各种模块，如 10Mbps 快速 Ethernet 模块、100Mbps Ethernet 模块、路由器模块、网桥模块、中继器模块、ATM 模块

以及 FDDI 模块，可以构成一个大型局域网的主干网，其结构如图 4-14 所示。

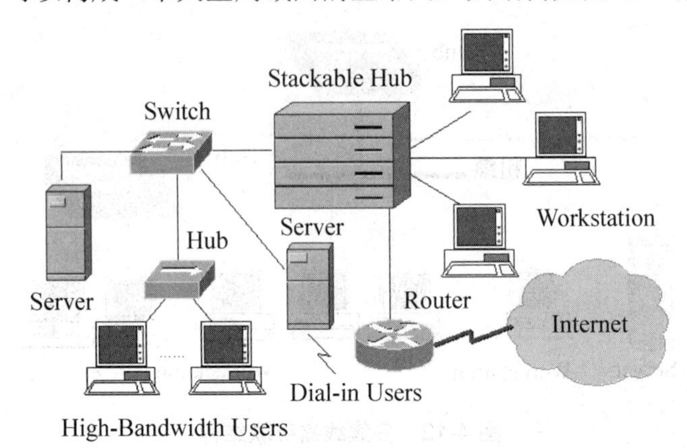

图 4-14 典型局域网结构

4.3 高速局域网

4.3.1 高速局域网研究基本方法

推动局域网发展的直接因素是个人计算机的广泛应用。在过去的几年里，计算机的处理速度提高了上百万倍，而网络数据传输速率只提高了上千倍。从理论上来说，一台微通道或 EISA 总线的微机能够产生约 250Mbps 的流量，如果网络仍保持 10Mbps 的数据传输速率，显然不能适应要求。同时，各种新的应用不断推出，个人计算机也已经从初期简单的文本处理、信息管理应用发展到分布式计算、多媒体应用，用户对局域网的带宽与性能有了更高的要求。所有这些因素都促使人们研究高速网络技术，希望通过提高局域网的带宽，改善局域网的性能来适应各种新的应用环境的要求。

传统的局域网技术是建立在“共享介质”基础上的，网中所有节点共享公共通信传输介质，典型的介质访问控制方法是 CSMA/CD、令牌总线和令牌环。在网络技术的讨论中，人们经常将数据传输速率称为信道带宽。例如，以太网的数据传输速率为 10Mbps(即带宽为 10Mbps)，网中有 N 个节点，那么每个节点平均能够分配到的带宽为 10Mbps/N。因此，当局域网规模不断扩大，节点数 N 不断增加时，每个节点平均能够分配到的带宽将越来越少。为了克服网络规模与网络性能之间的矛盾，人们提出如下解决方法。

1. 提高以太网的数据传输速率

将以太网的数据传输速率从10Mbps 提高到100Mbps，甚至 1Gbps，这直接导致了快速以太网(Fast Ethernet)的研究与产品的开发。在这个方案中，无论局域网的数据传输速率提高到 100Mbps，还是 1Gbps，它的介质访问控制方法仍然采用 CSMA/CD。

2. 将一个大型的局域网划分成多个用网桥或路由器互连的子网

网桥和路由器可以隔离子网间的数据流，使每个子网都成为一个独立的小型以太网。通过减少每个子网内部的节点数 N 的方法，使每个子网的性能得到改善，而每个子网的介质访问控制方法仍然采用 CSMA/CD。这直接导致了局域网互联技术的发展。

3. 将“共享介质”方式改为“交换”方式

这种方法直接促进了交换局域网技术的发展。交换局域网的核心设备是局域网交换机。局域网的交换机可以在它的多个端口之间建立多个并发连接。共享介质局域网与交换局域网在工作原理上的区别如图 4-15 所示。

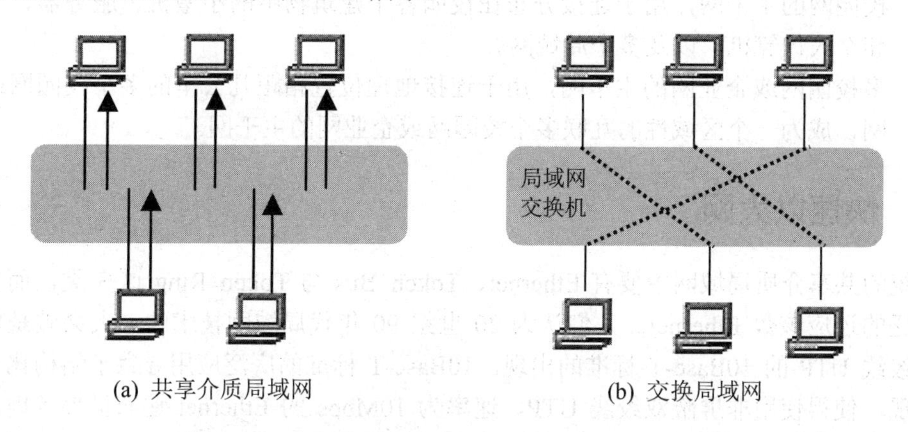

图 4-15　共享介质局域网与交换局域网工作原理比较

4.3.2　光纤分布式数据接口

光纤分布式数据接口(FDDI)是一种以光纤作为传输介质的高速主干网，它可以用来互联局域网和计算机，如图 4-16 所示。FDDI 主要有以下 5 个技术特点。

- 使用基于 IEEE 802.5 的令牌环网介质访问控制方法。
- 使用 IEEE 802.2 协议，与符合 IEEE 802 标准的局域网兼容。
- 数据传输速率为 100Mbps，联网的节点数小于或等于 1000。
- 可以使用双环结构，提高容错能力。
- 可以使用多模或单模光纤。

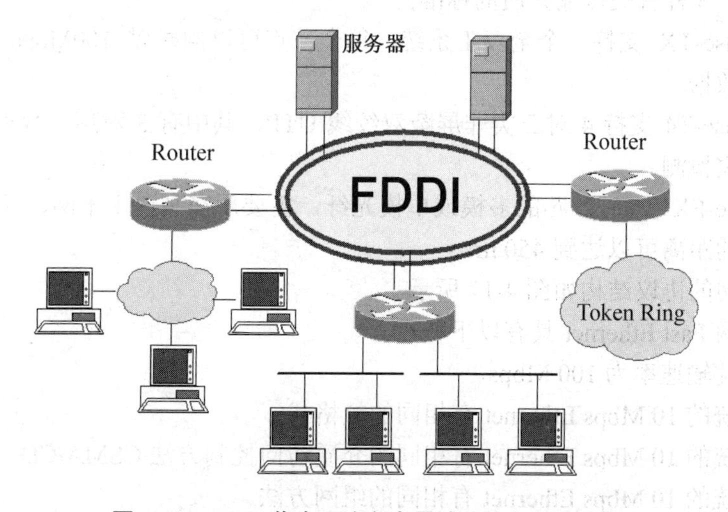

图 4-16　FDDI 作为互连多个局域网的主干网结构

FDDI主要用于以下4种应用环境。

- 计算机机房网，称为后端网络，用于计算机机房中大中型计算机与高速外设之间的连接，以及对可靠性、传输速度与系统容错要求较高的环境。
- 办公室或建筑物群的主干网，称为前端网络，用于连接大量的小型机、工作站、服务器、个人计算机与各种外设。
- 校园网的主干网，用于连接分布在校园各个建筑物中的小型机、服务器、工作站和个人计算机，以及多个局域网。
- 多校园网或企业网的主干网，用于连接地理位置相距几公里的多个校园网或企业网，成为一个区域性的互联多个校园网或企业网的主干网。

4.3.3 快速以太网

传统的共享介质局域网主要有Ethernet、Token Bus与Token Ring这3类，而目前应用最广泛的还应该数Ethernet。人们认为20世纪90年代局域网技术的一大突破是使用非屏蔽双绞线UTP的10Base-T标准的出现。10Base-T标准的广泛应用导致了结构化布线技术的出现，使得使用非屏蔽双绞线UTP、速率为10Mbps的Ethernet遍布世界各地。随着局域网应用的深入，用户对局域网带宽提出了更高的要求。人们只有两种选择：要么重新设计一种网络体系结构与介质访问控制方法，以取代传统的局域网；要么保持传统的局域网体系结构与介质访问控制方法不变，设法提高局域网的传输速率。对于目前已大量存在的以太网来说，要保护用户已有的投资，又要增加网络带宽，快速以太网(Fast Ethernet)是符合后一种要求的新一代高速局域网。

在1995年9月，IEEE 802委员会正式批准了Fast Ethernet的标准IEEE 802.3u。IEEE 802.3u标准在LLC子层使用IEEE 802.2标准，在MAC子层使用CSMA/CD方法，只是在物理层作了一些调整，定义了新的物理层标准100Base-T。100Base-T标准采用了介质无关接口(MII)，它将MAC子层与物理层分隔开来，使得物理层在实现100Mbps速率时所使用的传输介质和信号编码方式的变化不会影响MAC子层。100Base-T可以支持多种传输介质，目前制定了3种有关传输介质的标准。

- 100Base-TX支持一个全双工系统，每个节点可以同时以100Mbps的速率发送与接收数据。
- 100Base-T4支持4对三类非屏蔽双绞线UTP，其中有3对用于数据传输，1对用于冲突检测。
- 10Base-FX支持2芯的多模或单模光纤，主要用在高速主干网，从节点到集线器Hub的距离可以达到450 m。

快速以太网的协议结构如图4-17所示。

快速以太网Fast Ethernet具有以下特点。

- 数据传输速率为100 Mbps。
- 与传统的10 Mbps Ethernet有相同的帧格式。
- 与传统的10 Mbps Ethernet有相同的介质访问控制方法CSMA/CD。
- 与传统的10 Mbps Ethernet有相同的组网方法。

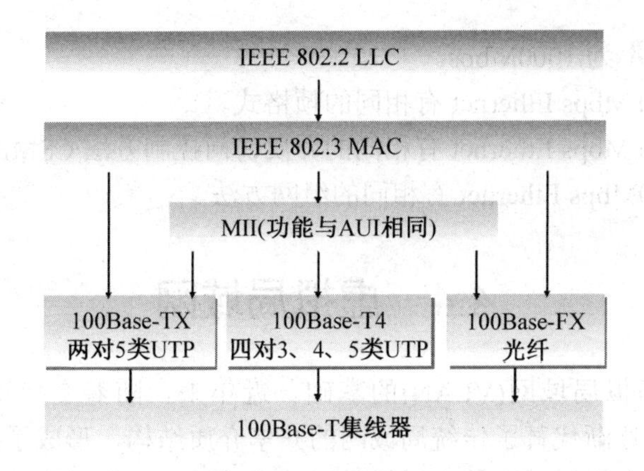

图 4-17　快速以太网的协议结构

4.3.4　千兆位以太网

尽管快速以太网 Fast Ethernet 具有高可靠性、易扩展性、成本低等优点，并且成为高速局域网方案中的首选技术，但在桌面电视会议、三维图形与高清晰度图像的应用中，人们不得不寻求更高带宽的局域网。千兆位以太网就是在这种背景下产生的。

制定 Gigabit Ethernet 标准的工作是从 1995 年开始的。1995 年 11 月 IEEE 802.3 委员会成立了高速网研究组；1996 年 8 月成立了 802.3z 工作组，主要研究使用光纤与短距离屏蔽双绞线的 Gigabit Ethernet 物理层标准；1997 年年初成立了 802.3ab 工作组，主要研究使用长距离光纤与非屏蔽双绞线的 Gigabit Ethernet 物理层标准。

1000Base-T 可以支持多种传输介质，目前制定了 4 种有关传输介质的标准。

- 1000Base-SX：波长为 850 ns 的多模光纤，光纤长度可以达到 300～550 m。
- 1000Base-LX：波长为 1300 ns 的单模光纤，光纤长度可以达到 3000 m。
- 1000Base-CX：屏蔽双绞线，双绞线长度可以达到 25 m。
- 1000Base-T：五类非屏蔽双绞线，双绞线长度可以达到 100 m。

快速以太网的协议结构如图 4-18 所示。

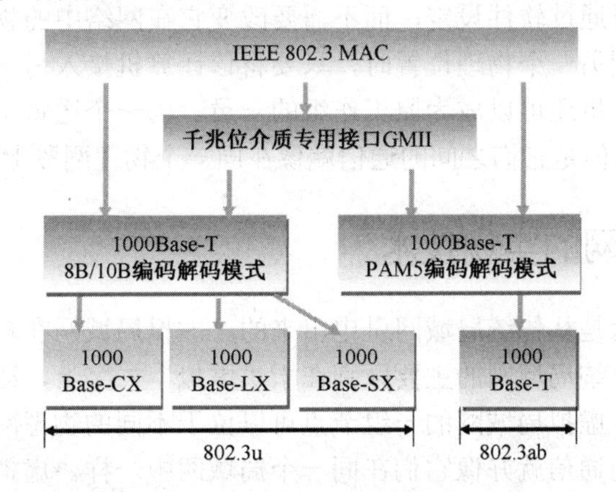

图 4-18　千兆位以太网的协议结构

千兆位以太网 Gigabit Ethernet 的特点如下。

- 数据传输速率为 1000Mbps。
- 与传统的 10 Mbps Ethernet 有相同的帧格式。
- 与传统的 10 Mbps Ethernet 有相同的介质访问控制方法 CSMA/CD。
- 与传统的 10Mbps Ethernet 有相同的组网方法。

4.4 虚拟局域网

交换局域网是虚拟局域网(VLAN)的基础。近年来，随着交换局域网技术的飞速发展，交换局域网结构逐渐代替了传统局域网的共享介质结构，形成了新一代的局域网，并且交换技术的发展为虚拟局域网的实现提供了技术基础。虚拟网络技术打破了地理环境的制约，在不改动网络物理连接的情况下可以任意将工作站在工作组或子网之间移动，工作站组成逻辑工作组或虚拟子网，提高信息系统的运作性能，均衡网络数据流量，合理利用硬件及信息资源。同时，利用虚拟网络技术，大大减轻了网络管理和维护工作的负担，降低网络维护费用。

4.4.1 虚拟局域网的基本概念

虚拟网络建立在交换技术基础之上，将网络上的节点按工作性质与需要划分成若干个“逻辑工作组”，那么一个逻辑工作组就是一个虚拟网络。

在传统的局域网中，通常一个网段可以是一个逻辑工作组。工作组与工作组之间通过交换机(或路由器)等互联设备交换数据。逻辑工作组的组成受到了站点所在网段物理位置的限制。逻辑工作组或物理位置的变动都需要重新进行物理连接。

虚拟局域网 VLAN 建立在局域网交换机之上，它以软件方式实现逻辑工作组的划分与管理，逻辑工作组的站点组成不受物理位置的限制。同一逻辑工作组的成员可以不必连接在同一个物理网段上。只要以太网交换机是互联的，它们既可以连接在同一个局域网交换机上，也可以连接在不同的局域网交换机上。当一个站点从一个逻辑工作组转移到另一个逻辑工作组时，只需要通过软件设定，而不需要改变它在网络中的物理位置；当一个站点从一个物理位置移动到另一个物理位置时，只要将该计算机接入另一台交换机，通过交换机软件设置，这台计算机还可以成为原工作组的一员。同一个逻辑工作组的站点可以分布在不同的物理网段上，但是它们之间的通信就像在同一个物理网段上一样。

4.4.2 虚拟局域网的实现技术

虚拟局域网的概念是从传统局域网引申出来的。虚拟局域网在功能和操作上与传统局域网基本相同，它与传统局域网的主要区别在于“虚拟”二字上，即虚拟局域网的组网方法与传统局域网不同。虚拟局域网的一组节点可以位于不同的物理网段上，但是并不受物理位置的约束，相互间通信就好像它们在同一个局域网中一样。虚拟局域网可以跟踪节点位置的变化，当节点物理位置改变时，无须人工重新配置。因此，虚拟局域网的组网方法十分灵活。图 4-19 所示为典型的虚拟局域网物理结构与逻辑结构示意图。

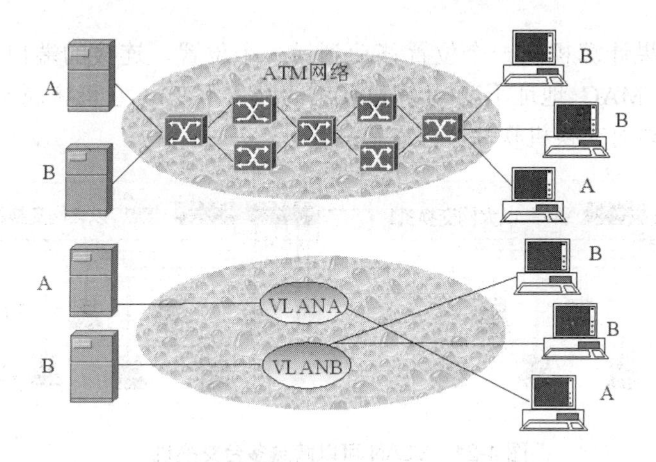

图 4-19　典型的 VLAN 物理结构与逻辑结构示意图

VLAN 的划分可以只根据功能、部门或应用而不需考虑用户的物理位置。以太网交换机的每个端口都可以分配给一个 VLAN。分配给同一个 VLAN 的端口共享广播域(一个站点发送希望所有站点接收的广播信息，同一 VLAN 中的所有站点都可以听到)，分配给不同的 VLAN 的端口不共享广播域，这将全面提高网络的性能。

1. 静态 VLAN

静态 VLAN 就是静态地将以太网交换机上的一些端口划分给一个 VLAN。这些端口一直保持这种配置关系直到人工再次改变它们。在如图 4-20 所示的 VLAN 配置中，以太网交换机端口 1、2、10 和 12 组成 VLAN1，端口 3、5 组成 VLAN2。

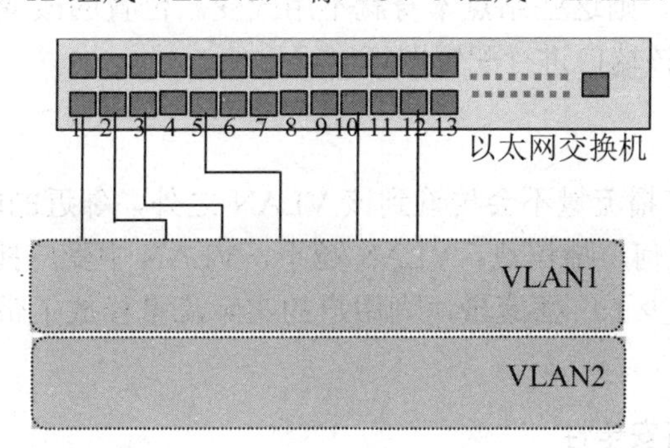

图 4-20　在单一交换机上配置 VLAN

虚拟局域网既可以在单台交换机中实现，也可以跨越多个交换机。如图 4-21 所示，VLAN 的配置跨越两台交换机。以太网交换机 1 的端口 1、3、5、7 和以太网交换机 2 的端口 3、5、7 组成 VLAN2，以太网交换机 1 的端口 2、4、6 和以太网交换机 2 的端口 1、2、4、6 组成 VLAN1。

2. 动态 VLAN

所谓动态 VLAN 是指交换机上的 VLAN 端口是动态分配的。通常，动态分配的原则以 MAC 地址、逻辑地址或数据包的协议类型为基础。

如果以 MAC 地址为基础分配 VLAN，网络管理员可以进行配置以指定哪些 MAC 地址的计算机属于某一个 VLAN，不管这些计算机连接到哪个交换机的端口，都属于设定的

VLAN。这样，如果计算机从一个位置移动到另一个位置，连接的端口从一个换到另一个，只要计算机的 MAC 地址不变(计算机使用的网卡不变)，它仍将属于原 VLAN 的成员，无须网络管理员对交换机软件进行重新配置。

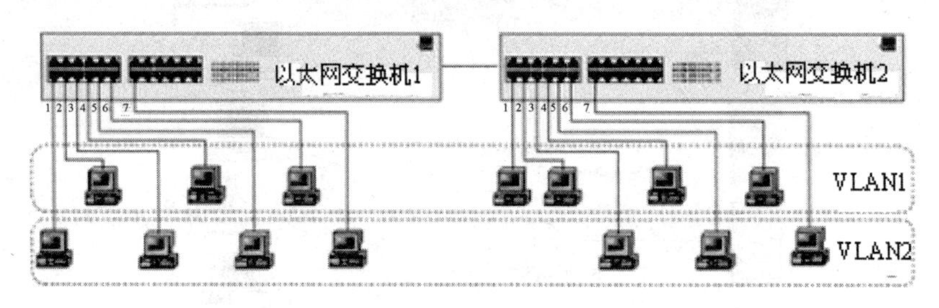

图 4-21　VLAN 可以跨越多台交换机

4.4.3　虚拟局域网的优点

1. 减少网络管理开销

部门重组和人员流动是网络管理员最头疼的事情之一，也是网络管理的最大开销之一。在有些情况下，部门重组和人员流动不但需要重新布线，而且需要重新配置网络设备。

VLAN 技术为控制这些改变和减少网络设备的重新配置提供了一个行之有效的方法。当 VLAN 的站点从一个位置移动到另一个位置时，只要它们还在同一个 VLAN 中并且仍可以连接到交换机端口，则这些站点本身就不用改变。位置的改变只要简单地将站点插到另一个交换机端口并对该端口进行配置即可。

2. 控制广播活动

一个 VLAN 中的广播流量不会传输到该 VLAN 之外，邻近的端口和 VLAN 也不会收到其他 VLAN 产生的任何广播信息。VLAN 越小，VLAN 中受广播活动影响的用户越少。这种配置方式大大地减少了广播流量，为用户的实际流量释放了带宽，弥补了局域网易受广播风暴影响的弱点。

3. 提供较好的网络安全性

在网络应用中，经常有机密和重要的数据在局域网传递。机密数据通过对存取加以限制来实现其安全性。传统的共享式以太网一个很严重的安全问题即它很容易被穿透。因为网上任一节点都需要侦听共享信道上的所有信息，所以，通过插接到集线器的一个活动端口，用户就可以获得该段内所有流动的信息。网络规模越大，安全性就越差。

提高安全性的一个经济实惠和易于管理的技术就是利用 VLAN 将局域网分成多个广播域。因为 VLAN 上的信息流(不论是单播信息流还是广播信息流)都不会流入另一个 VLAN，因此，通过适当地配置 VLAN 以及 VLAN 与外界的连接，就可以提高网络的安全性。

例如，将单位各部门的网线分别接在不同的交换机上，然后将交换机划分成不同的工作组，并设置财务部的交换机组仅接收管理部的交换机组所送过来的数据。如此一来，就算有人盗取了财务部某人的账号，也必须使用财务部或是管理部的计算机，才能访问财务部的数据。

4. 利用现有的集线器以节省开支

目前，网络中的很多集线器已被以太网交换机所取代。但这些集线器在许多现存的网络中仍具有实用价值。网络管理员可以将现存的集线器连接到以太网交换机以节省开支。

连接到一个交换机端口上的集线器只能分配给同一个 VLAN，如图 4-22 所示。共享一个集线器的所有站点被分配给相同的 VLAN 组。如果需要将 VLAN 组中的一台计算机连接到其他 VLAN 组，必须将计算机重新连接到相应的集线器上。

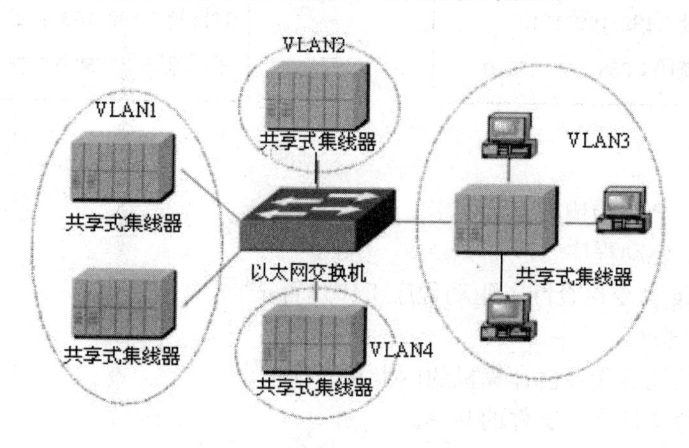

图 4-22　集线器与交换机的连接

4.5　本 章 小 结

局域网是将较小地理区域的各种数据通信设备连接在一起的通信网络。局域网的出现，使计算机网络的功能得到充分发挥，局域网是目前应用最为广泛的一类网络。本章主要介绍了各种局域网的类型以及局域网的组网标准。随着用户对网络高带宽的要求，出现了各种类型的高速局域网，本章也相应介绍了这方面的内容，同时还详细介绍了目前比较流行的虚拟局域网技术。

4.6　小型案例实训

本案例主要介绍双机互连以及组建对等网络的方法。

1. 实验目的

(1) 了解对等网络的功能。
(2) 掌握组建对等网络的方法。
(3) 掌握对等网络的测试方法。
(4) 掌握在对等网络中设置共享的方法。

2. 实验设备

(1) 带有 RJ-45 水晶头的双绞线若干根。
(2) 10Mbps 交换机或集线器 1 台。
(3) 10Mbps 网卡两块。
(4) 装有 Windows 98 的计算机 1 台。
(5) 对等网的标识及 IP 地址。

计算机标识：A	计算机标识：B
IP地址：192.168.1.1	IP地址：192.168.1.2
子网掩码：255.255.255.0	子网掩码：255.255.255.0

3. 实验内容

(1) 在计算机 PCI 插槽中安装网卡。
(2) 安装网卡驱动程序。
(3) 使用 Ping 命令检查网卡驱动程序工作是否正常。
(4) 配置 IP 地址。
(5) 使用双绞线连接各自计算机的网卡和交换机。
(6) 分别设置文件夹、文件的共享。

4. 实验步骤

(1) 分别在两台计算上安装网卡。
(2) 分别在两台计算机上安装网卡的驱动程序。
(3) 分别配置计算机的 IP 地址。
(4) 分别输入计算机的标识名称。
(5) 用 Ping 命令测试本机网卡驱动程序是否工作正常。
(6) 用双绞线连接交换机与计算机上的网卡端口。
(7) 用 Ping 命令测试局域网是否工作正常。
(8) 分别设置文件、文件夹的共享，并在不同的主机上进行访问。
(9) 分别设置不同的工作组，并在不同的计算机上进行查看。

4.7 思考与练习

1. 什么是局域网？局域网有哪些特点？
2. 局域网有哪些分类？
3. 局域网的层次结构有何特点，与 OSI 参考模型有何不同？
4. MAC 与 LLC 层各自完成数据链路层的哪些功能？
5. 常用的介质访问控制方法有哪些？
6. 简述载波监听多路访问/冲突检测法(CSMA/CD)的工作原理。

7. 简述令牌环访问控制(Token-Ring)的工作原理。
8. 简述令牌总线访问控制(Token-Bus)的工作原理。
9. 试说明共享介质局域网存在的问题。
10. 以太网有哪几种组网方式？各有什么特点？
11. 为什么需要虚拟局域网？其工作原理是什么？
12. 虚拟局域网的实现有哪几种方式？各种方式的工作原理是什么？
13. 虚拟局域网主要有哪些优点？

第 5 章　广域网与网络互联

本章要点

- ☑ 广域网技术概述
- ☑ 网络互联技术
- ☑ 网络互联设备

5.1　广域网技术

局域网技术的主要限制是规模。局域网规模的限制主要体现在系统的地理范围和互连的计算机的数量两个方面。广域网技术克服了局域网这两方面的限制。

广域网的重要组成部分是通信子网。由于广域网常用于互连相距很远的局域网，所以在许多广域网中，一般由公用网络系统充当通信子网，如公用电话交换网(Public Switch Telephone Network，PSTN)、数字数据网(Digital Data Network，DDN)、分组交换数据网(X.25)、帧中继(Frame Relay)、综合业务数据网(ISDN)、异步传输模式(Asynchronous Transfer Mode，ATM)等。公用通信网络系统包括传输线路和交换节点两个部分。这些公用通信网一般工作在 OSI 参考模型的低 3 层，即物理层、数据链路层和网络层。

5.1.1　广域网的概念

广域网是将地理位置上相距较远的多个计算机系统，通过通信线路按照网络协议连接起来，实现计算机之间相互通信的计算机系统的集合。

广域网由交换机、路由器、网关、调制解调器等多种数据交换设备、数据传输设备构成，具有技术复杂性强、管理复杂等特点。广域网还具有类型多样化、连接多样化、结构多样化、提供的服务多样化等特点。

5.1.2　广域网的类型

广域网的连接方式主要是通过公共网络来实现的。公共网络的类型包括：传统的电话网络、租用专线、分组交换数字网络等。如果以建立广域网的方法对广域网进行分类，广域网可以被划分为：线路交换网、专用线路网和分组交换网等。

1. 线路交换网

线路交换网是面向连接的网络，在数据需要发送时，发送设备必须建立并保持一个连接，直到数据被发送；线路交换网只在每个通话过程中建立一个专用信道；线路交换网有模拟线路和数字线路两种交换服务。典型的线路交换网是电话拨号网和 ISDN。

2. 专用线路网

专用线路网是两个点之间的一个安全永久的信道。专用线路网不需要经过任何建立或拨号进行连接，它是无连接的点到点连接的网络。典型的专用线路网采用专用模拟线路、T1 线路、T2 线路。其中，T1、T2 线路是调制数字电话的线路，是目前最流行的专用线路类型。专用线路网模型如图 5-1 所示。

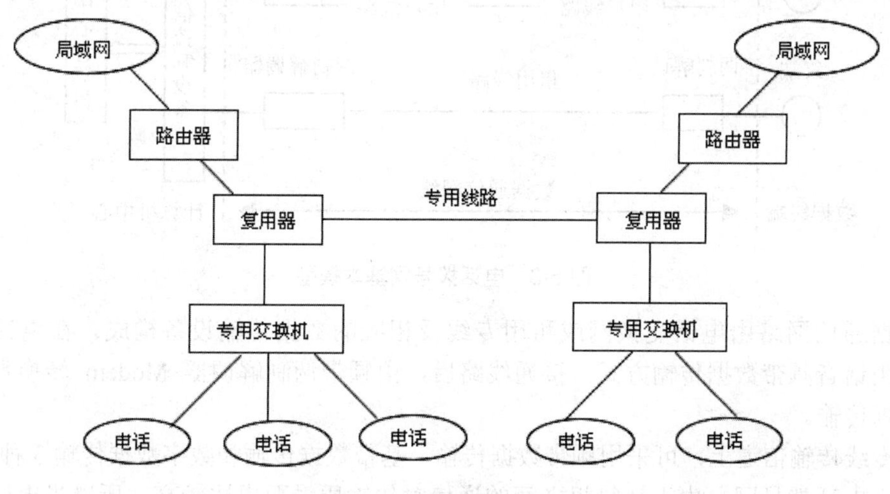

图 5-1　专用线路网模型

3. 公共分组交换网

公用分组交换数据网(Packet Switched Data Network，PSDN)，是一种以分组(Packet)为基本数据单元进行数据交换的通信网络。它采用分组交换(包交换)传输技术，是一种包交换的公共数据网。典型的分组交换网，如 X.25 网、帧中继网等。分组交换网模型如图 5-2 所示。

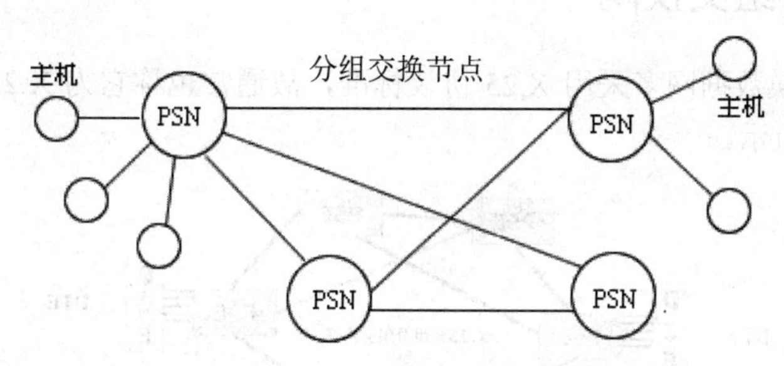

图 5-2　分组交换网模型

公用分组交换数据网诞生于 20 世纪 70 年代，是最早被广泛应用的广域网技术。著名的 ARPAnet 就是使用分组交换技术组建的。通过公用分组交换数据网不仅可以将相距很远的局域网互联起来，也可以实现单机接入网络。

5.1.3　电话拨号网

电话拨号网是利用公用电话系统(Public Switched Telephone Network，PSTN)实现终端

与计算机、终端与终端之间或计算机与计算机之间通信的网络。电话拨号网是一种数据通信系统，它是由计算中心子系统、数据通信网络和数据终端 3 部分组成，其基本模型如图 5-3 所示。

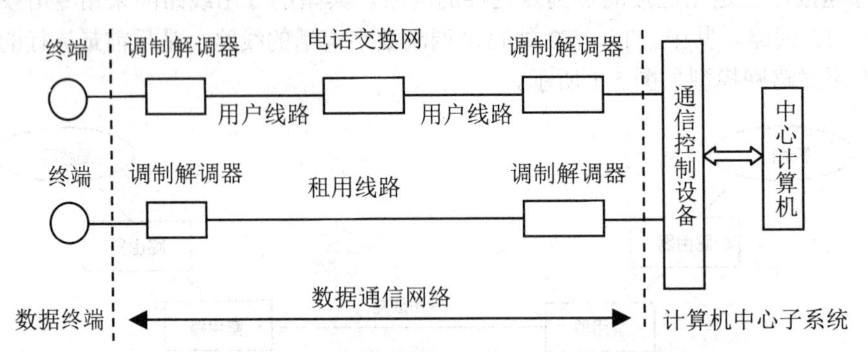

图 5-3 电话拨号网基本模型

数据通信网络由电话交换网或租用专线及相应的数据传输设备构成。在电话交换网上，采用话音频带数据传输方式。接通线路后，由频带调制解调器 Modem 转换数据信号完成数据传输。

在专线传输信道上，可采用频带数据传输、基带数据传输和数字数据传输 3 种方式。

对于电话拨号网，由于计算机之间的通信对传输质量要求比较高，所以当电话网的通信信道难以适应传输质量要求时，可以利用分组数据网作为传输通路。

电话拨号连接是通过电话线以拨号方式接入网络的广域网连接方法。拨号连接方法主要用于个人计算机接入 Internet 或本地局域网，也可以通过路由器提供的按需拨号功能，实现局域网的远程互联。但由于拨号连接的传输速率比较低，因此后者应用并不广泛。

5.1.4 X.25 分组交换网

早期的分组交换数据网多采用 X.25 协议标准，故通常也称它为 X.25 网。X.25 网络的连接方式如图 5-4 所示。

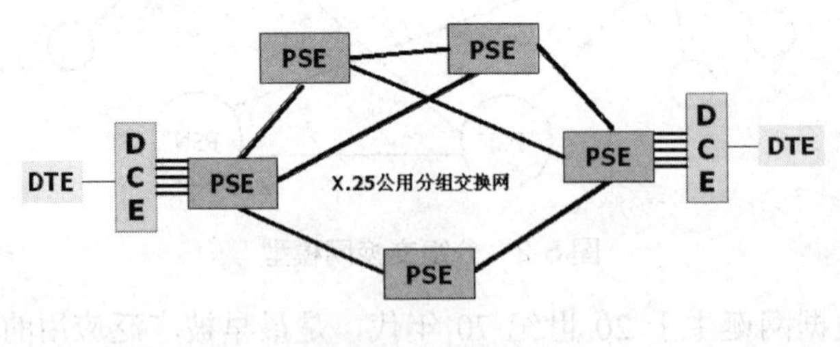

图 5-4 X.25 网络

1. X.25 层次结构

X.25 由 3 层组成，对应于 OSI 互连参考模型的低 3 层，如图 5-5 所示。

(1) 物理层定义数据终端设备(DTE)(如计算机、智能终端、前端通信处理机等)与数据电路终端设备(DCE)(如网络节点、分组交换机等)之间建立物理连接和维持物理连接所必需的机械、电气、功能和规程。

(2) 链路访问层定义数据链路控制过程，即控制链路的操作过程和纠正通信线路的差错。采用 HDLC 的子集 LAP—B 作为该层的标准。

(3) 分组层定义 DTE 与 DCE 之间数据交换的分组格式和控制过程，包括多条逻辑信道到一条物理连接的复用、分组流量控制和差错控制等。

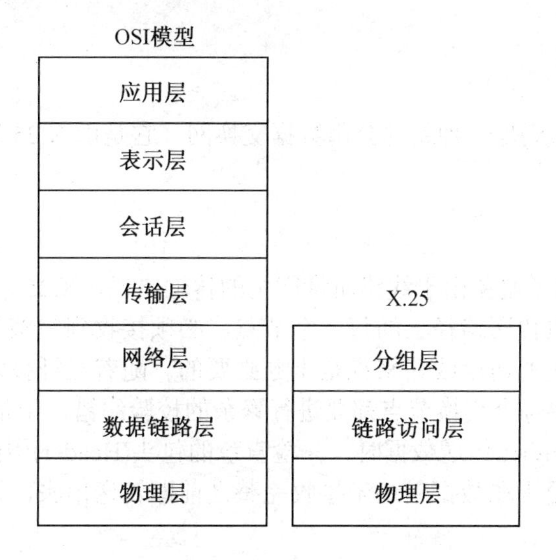

图 5-5　X.25 与 OSI 模型

2. X.25 的组成

X.25 分组交换网由分组交换机、通信传输线路和用户接入设备组成。

1) 分组交换机

分组交换机(PSE)是分组交换网中最关键的设备，分为中间节点交换机和本地交换机。通常，分组交换机具有以下主要功能。

(1) 提供各种业务支持。

(2) 进行路由选择和流量控制。

(3) 提供多种协议互连，例如 X.25、X.75 等。

(4) 提供网络管理、计费和统计等功能。

2) 通信传输线路

通信传输线路分为分组交换机间的中继传输线路和用户传输线路。中继传输线路通常使用 $n×64$ kbps 的数字信道。用户传输线路有模拟和数字两种形式，典型的模拟形式是使用电话线加调制解调器，目前普通调制解调器的最大通信速率可达 56 kbps。

3) 用户接入设备

用户终端是 X.25 分组交换网的主要用户接入设备。用户终端设备分为分组型终端(PT)和非分组型终端(NPT)。其中，非分组型终端需要使用分组组装/拆装设备(PAD)才能接入到分组交换网中。

3. X.25 提供的服务

1) 交换虚电路

交换虚电路类似于电话交换，即双方通信前要建立一条虚电路供数据传输，通信完毕后要拆除这条虚电路，供其他用户使用。

2) 永久虚电路

永久虚电路可在两个用户之间建立永久的虚电路，用户间需要通信时无须建立连接，可直接进行数据传输，如使用专线一样。

5.1.5 帧中继网

帧中继(Frame Relay)是一种新的公用数据交换网，它是由 X.25 发展起来的快速分组交换技术。

1. 帧中继网概述

在 X.25 网络中为了避免由于线路质量产生的传输错误，X.25 在传输时采用 3 层通信协议的处理方式，其包传送路径上的每一个节点，必须接收到完整的包，经差错检查无误后才送出，这对于早先的通信线路来说是十分必要的。随着光纤技术的发展，线路通信质量越来越好，没有必要每个交换节点都要进行繁杂的校验纠错，于是出现了帧中继技术。

帧中继(Frame Relay)在传送数据时，只检查包的包头(Header)中的目的位地址，就立即传送出此数据包，甚至于在数据包还未接收完整之前即转送出去。这样的方式，可大大提高传输速度。

帧中继(Frame Relay)只处理 OSI 的最低两层，省去了 X.25 的 Packet Layer 的功能，它工作在 OSI 参考模型的第二层(数据链路层)，是一个面向帧的通信协议。由于在链路层的数据单元称作帧，故称为帧方式。从设计思想上看，帧中继与 X.25 的差异在于帧中继注重快速传输，而 X.25 强调高可靠性。所以在 X.25 网内，每个转发设备都要对传输的数据进行校验，并具有出错处理机制；而帧中继省略了这个功能，从而简化了节点的处理过程，缩短了处理时间，但它需要网络的通信介质具有高的可靠性。在传输过程中如果出现问题，数据包就会在中途被遗弃，需要高层的协议来保证其传输的可靠性。

帧中继能够提供永久性虚电路(PVC)和交换虚电路(SVC)两种类型的服务。帧中继所使用的是逻辑连接，而不是物理连接，在一个物理连接上可复用多个逻辑连接(即可建立多条逻辑信道)，可实现带宽的复用和动态分配。

帧中继可以支持很高的传输速率，传输速率通常在 64 kbps～2.048 Mbps，现在已经实现了 45Mbps(DS-3)传输速率。

2. 帧中继网的应用

帧中继网是利用帧中继技术建立起来的网络系统，帧中继的性能高于 X.25，是远距离多节点数据传输用户的最佳选择。由于其优越的性能，目前得到了广泛的应用。

1) 局域网互联

由于需要互联的局域网用户，常常产生大量的突发数据，用户之间争用带宽资源。帧中继网具有对带宽进行动态分配、平衡通信、保证数据可靠传输，并具有既节省费用又可以充分利用网络资源等功能，所以，利用帧中继网进行局域网互联是帧中继最典型的一种应用。

利用帧中继网进行局域网互联，可以使局域网中的任何一个用户与任何一个主机、服务器或局域网中所需的其他资源相连接。图 5-6 所示是利用帧中继网进行局域网互联示意图。

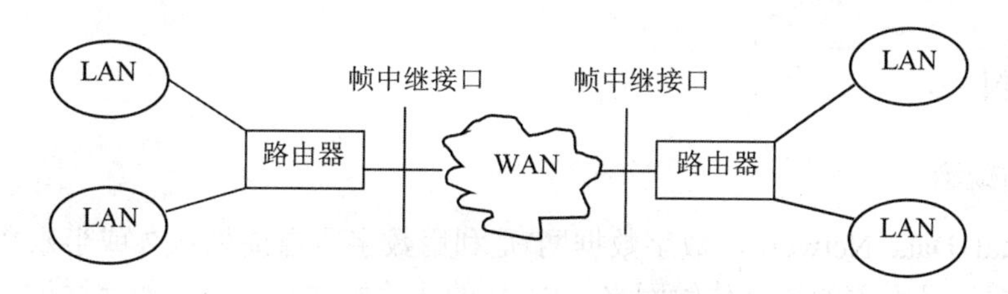

图 5-6　局域网互联示意图

2) 图像文件传送

帧中继网由于具有足够的带宽、高速率、低延时、带宽动态分配等特点，所以，它非常适于图像、图表等数据传送业务。

3) 虚拟专用网

帧中继网可以将系统中的节点根据需要划分为若干个区，每个区设置相对独立的网络管理机构，各相对独立的网管机构只对其管辖范围内的资源进行管理，每个区内的各节点共享区内资源，它们之间的数据处理和数据传送相对独立，从而构成虚拟专用网络。

4) 帧中继网与其他网络的互联

帧中继网通过一些必要的措施，能够使不同的网络之间兼容，实现不同网络之间的互联。如图 5-7 所示，就是帧中继网与 ATM 组成的 B-ISDN 互联的一个模型。

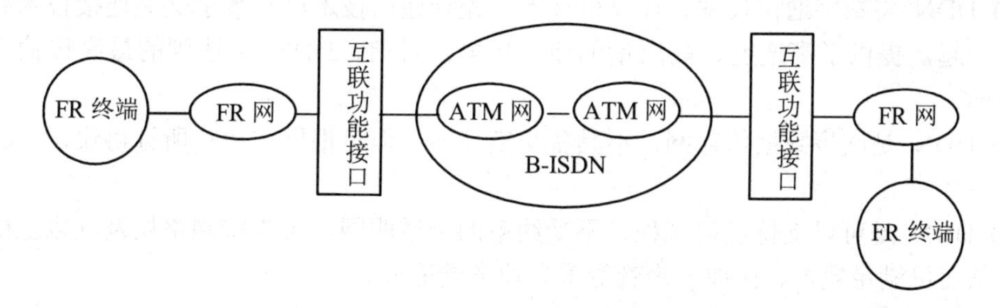

图 5-7　帧中继网与其他网络互联模型

5) 帧中继网之间的互联

通过把各帧中继网互联，能够实现把不同国家的帧中继网络、各个国家内部的帧中继网络都互连起来。帧中继网之间互联示意图如图 5-8 所示。

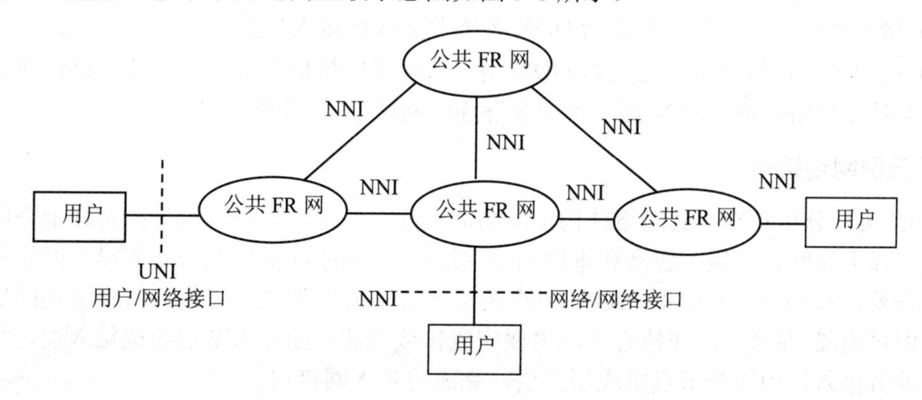

图 5-8　帧中继网之间互联

5.1.6 DDN

1. DDN 的概念

DDN(Digital Data Network，数字数据网)是利用数字通道提供永久或半永久性连接电路，以传输数据信号为主的数字传输网络。DDN 的传输媒体有光缆、数字微波、卫星信道以及用户端可用的普通电缆和双绞线。

2. DDN 的特点

(1) DDN 利用数字信道传输数据信号，数字信道与传统的模拟信道相比，具有传输质量高、速度快、带宽利用率高等一系列优点。

(2) DDN 向用户提供的是半永久性的数字连接，数据传输过程中不进行复杂的软件处理。因此，延时较短，避免了分组网中传输延时大且不固定的缺点。目前，DDN 可达到的平均延时小于 450 μs。

(3) DDN 采用交叉连接装置，可根据用户需要，在约定的时间内接通所需带宽的线路，信道容量的分配具有极大的灵活性，使用户可以开通种类繁多的信息业务，传输任何合适的信息。

(4) DDN 将数字通信技术、计算机技术、光纤通信技术以及数字交叉连接技术有机地结合在一起，提供了高速度、高质量的通信环境。目前，DDN 可达到的最高传输速率为 150 Mbps。

(5) DDN 是同步数据传输网，不具备交换功能。但可根据与用户所订协议，定时接通所需路由。

(6) DDN 是可以支持任何规程、不受约束的全透明网，可支持网络层及其以上的任何协议，从而可满足数据、图像、声音等多种业务的需要。

3. DDN 的基本组成

DDN 由数字通道、DDN 节点、网管控制和用户环路组成。在新的“中国 DDN 技术体制”中将 DDN 节点分为 2 兆节点、接入节点和用户节点 3 种类型。

(1) 2 兆节点：2 兆节点是 DDN 的骨干节点，执行网络业务的转换功能。

(2) 接入节点：接入节点主要为 DDN 各类业务提供接入功能。

(3) 用户节点：用户节点主要为 DDN 用户入网提供接口并进行必要的协议转换。它包括小容量时分复用设备；LAN 通过帧中继互连的网桥/路由器等。

4. 三级网络结构

DDN 实行分级管理，其网络结构按网络的组建、运营、管理、维护的责任地理区域，可分为一级干线网、二级干线网和本地网 3 级。各级网络应根据其网络规模、网络和业务组织的需要，参照前面介绍的 DDN 节点类型，选用适当类型的节点，组建多功能层次的网络。即可由 2 兆节点组成核心层，主要完成转接功能；由接入节点组成接入层，主要完成种类业务接入；由用户节点组成用户层，完成用户入网接口。

1) 一级干线网

一级干线网由设置在各省、自治区和直辖市的节点组成，它提供省间的长途 DDN 业务。一级干线节点设置在省会城市，根据网络组织和业务量的要求，一级干线网节点可与省内多个城市或地区的节点互连。

在一级干线网上，根据国际电路的组织和业务要求考虑设置国际出入口节点，负责对其他国家或地区之间的出入量业务。国际电路应优先使用 2048 kbps 的数字电路。

在一级干线上，选择适当位置的节点作为枢纽节点，枢纽节点的数量和设置地点由邮电部电信主管部门根据电路组织、网络规模、安全和业务等因素确定。网络各节点互连时，应遵照下列要求。

(1) 枢纽节点之间采用全网状连接。

(2) 非枢纽节点应至少保证两个方向与其他节点相连接，并至少与一个枢纽节点连接。

(3) 出入口节点之间、出入口节点到所有枢纽节点之间互连。

(4) 根据业务需要和电路情况，可在任意两个节点之间连接。

2) 二级干线网

二级干线网由设置在省内的节点组成，它提供本省内长途和出入省的 DDN 业务。根据数字通路、DDN 规模和业务需要，二级干线网上也可设置枢纽节点。当二级干线网在设置核心层网络时，应设置枢纽节点。

省内发达的地、县级城市可以组建本地网。省内没有组建本地网的地、县级城市，根据本省内网情况和具体的业务需要，设置中、小容量的接入节点或用户节点，可直接连接到一级干线网节点上，或者经二级干线网其他节点连接到一级干线网节点上。

相邻二级干线网节点之间可以酌情设置直达数字电路；经准许，二级干线网节点上也可以设置地区性国际直达数字电路。

3) 本地网

本地网是指城市范围内的网络，在省内发达城市可以组建本地网。本地网为其用户提供本地和长途 DDN 业务。根据网络规模、业务量要求，本地网可以由多层次的网络组成。本地网中的小容量节点可以直接设置在用户的室内。DDN 的结构如图 5-9 所示。

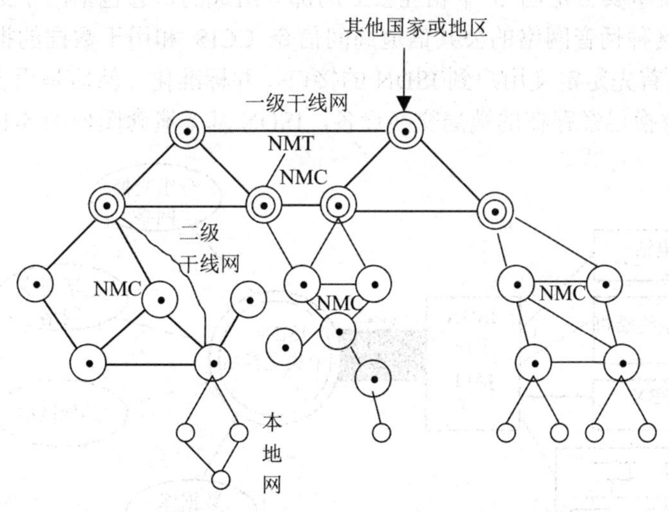

图 5-9　DDN 结构

5.1.7 ISDN

国际上的主要通信基础设施一直是电话系统，这种系统对话音的传输采用的是模拟传输，而对诸如数据传输、传真、电视传输等现代通信不能提供合适的服务。用先进的数字系统取代世界范围内的电话系统的主要部分是用户对现代通信服务的一项新要求。ISDN(Integrated Services Digital Network)的主要目标就是提供适合于声音和非声音的综合通信系统来代替模拟电话系统。

1. ISDN 的概念

ISDN 基本上是对电话系统重新设计后建成的，是遵照 CCITT 和各国的标准化组织开发的一组标准，其标准决定了用户设备与全局网络的连接，使之能方便地用数字形式处理声音、数字和图像的通信。1984 年 10 月 CCITT 推荐的 CCITT ISDN 标准中给出了 ISDN 的定义："ISDN 是由综合数字电话网发展起来的一个网络，它提供端到端的数字连接以支持广泛的服务，包括声音和非声音的。用户的访问是通过少量、多用途的用户网络标准实现的。"

ISDN 从字面上解释是 Integrated Services Digital Network 的缩写，即综合业务数字网。也可把 IS 理解为 Standard Interface for all Services (一切业务的标准接口)。把 DN 理解为 Digital End to End Connectivity(数字端到端连接)。换句话说，ISDN 是利用数字通信技术，综合各种单一独立的电子通信服务，使之成为一个完整的多功能网络服务系统。

ISDN 的发展分为两个阶段：第一代为窄带 ISDN，即 N-ISDN，简称 ISDN；第二代 ISDN 为宽带 ISDN，即 B-ISDN。

2. ISDN 结构

当前的电话系统事实上是由 3 个相互独立的部分组成的，它包括用于话音的模拟公共交换网、用于控制这种话音网络的公共信道局间信令 CCIS 和用于数据的报文分组交换网络。为实现 ISDN，首先是定义用户到 ISDN 的接口，并标准化。然后是用支持 ISDN 接口的 ISDN 交换设备替换已经存在的端局交换设备。ISDN 基本概念图如图 5-10 所示。

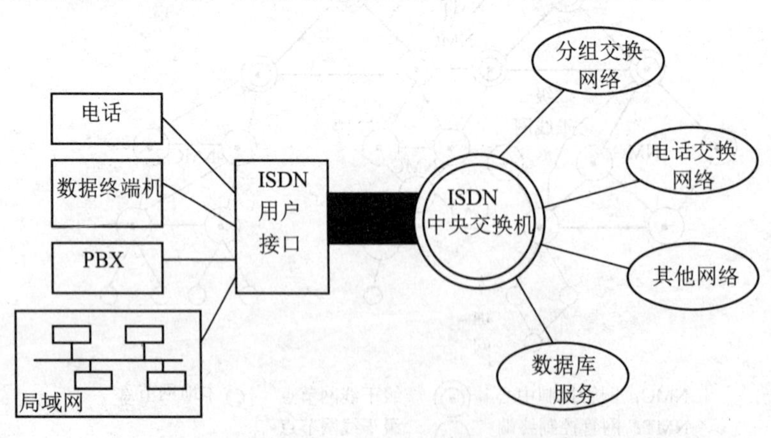

图 5-10　ISDN 基本概念图

ISDN 系统的用户设备和交换系统的接口称为数字位管道(Digital Bit Pipe)，不管这些数字位来源于数字电话、数字终端、数字传真机或其他设备，这些位流都能双向通过管道。数字位管道用位流的时分复用，支持多个独立的通道。在数字位管道的接口规范中定义了位流的确切格式以及位流的复用。已经定义的位管道标准有两个：一个是用于家庭的低带宽标准；另一个是用于企业的高频带标准，这个标准支持多个通道，如果需要，也可配置多个位管道。

1984 年，CCITT 对 ISDN 定义了交换设备和用户设备之间的两种数字管道接口：基本速率接口(Basic Rate Interface，BRI)和一次群速率接口(Primary Rate Interface，PRI)。两种接口都能同时提供声音和数据服务，能在同一个传输管道上进行线路交换和分组交换，能以不同速率和专用网互联。

BRI 包括两个 64 kbps 的 B 通道和 1 个 16 kbps 的 D 通道。管道传输速率达 144kbps。

PRI 包括 23 个 B 通道和 1 个 64kbps 的 D 通道，或 30 个 B 通道和 1 个 64kbps 的 D 通道，管道传输速率达到 T1 系统的 1.554Mbps 或 E1 系统的 2.048Mbps。

ISDN 的一个重要特征是使用公共通道信令技术，用以实现用户网络访问和信息交换。允许使用公共通道信技术来控制多个线路交换连接，公共通道信令在 D 通道上传输。

3. B-ISDN

B-ISDN 是宽带综合业务数字网。它不仅提供高速宽带业务，还支持电话网、DDN 和 ISDN。

B-ISDN 方便、有效地支持可变码速业务；提供多种质量等级服务业务和各种连接，如点对点、点对多点、多点对多点的连接等。B-ISDN 能实现语言、数据、图像等各种业务的通信。作为 B-ISDN 的用户，网络接口应支持不低于 134 Mbps 的速率，并且接口应能方便、有效地提供小于接口最大速率的任何速率的业务。B-ISDN 的功能结构如图 5-11 所示。

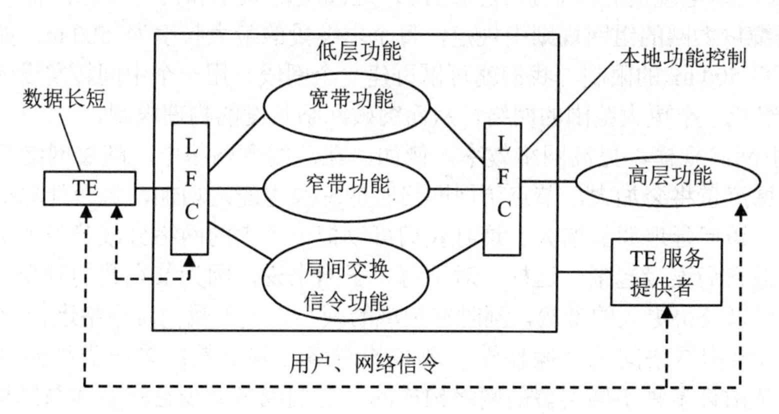

图 5-11 B-ISDN 功能结构

B-ISDN 的主要业务如下。

(1) 实时性服务。实时性服务业务信息的流向分单向和双向两种，信息传输无存储转发。其业务主要包括：宽带可视电视、电视监视、高速传真、高分辨率图像传输、实时远程教学和各种实时远程控制业务等。

(2) 多媒体传输。B-ISDN 可以通过存储单元在用户间提供多媒体化的电子邮件、报文处理等服务，这些服务利用存储转发技术，提供具有非实时性特点的业务。

(3) 多媒体检索。多媒体检索服务业务分实时性和非实时性两种。其业务是为用户提供各种信息检索服务，如检索产品目录、广告、技术资料等。通过多媒体检索服务用户可以进行网络视频点播。

5.2 网络互联技术

随着计算机网络技术的飞速发展，以及计算机网络应用的日益广泛，单一的网络环境已经无法满足社会对信息网络的需求，人们需要一种将两个或多个计算机网络连在一起的互联网环境，以便实现更大范围内的资源共享和信息交流。

5.2.1 网络互联概述

1. 网络互联的概念

网络互联是指利用网络互联设备及相应的技术措施和协议把两个以上的计算机网络连起来，实现计算机网络之间的连接，使不同网络上的用户能互相通信和交换信息。网络互联不仅有利于资源共享，还可以从整体上提高网络的可靠性。

2. 网络互联的目的

网络互联包含两个方面的内容：一是将不同的网络用互联设备连接在一起形成一个范围更大的网络，二是将一个原来很大的网络划分为几个子网或网段。网络互联的目的有以下 3 个。

(1) 延长网络电缆的长度，扩大网络用户之间资源共享和信息传输的范围。例如，在 10Base-5 粗缆以太网的组网规则中规定，每个电缆段的最大长度为 500 m，如果网络覆盖的距离超过了 500 m 的限制，我们就可以再建一个网段，用一个中间转发设备将两个网段连接起来，组成一个更大范围的网络，从而突破网络长度的物理限制。

(2) 缩小网络规模，提高网络效率。例如，在总线型网络中，随着网络节点的增加，网络中的信息流量将会加大，节点访问网络时的冲突也随之增加，每台计算机得到的有效带宽将减小，访问延迟明显增大。这时我们可以把一个大的网络分成若干个子网，并用网络互联设备把它们连接起来。这样，对于每个子网来说，因为节点数的减少，网络中的每台计算机就可以获得更大的带宽，同时冲突域的减小也便于我们对网络进行管理和维护。

(3) 提高异构网络间的互操作性。现实的网络，并不是由单一类型的网络及结构组成，它常常是由许多种不同类型的网络构成的，它们或多或少存在着体系结构、层次协议及网络服务方面的差异，这种差异可能表现在寻址方式、路由选择、最大分组长度、网络接入机制、超时控制、差错控制等诸多方面。而网络互连能够消除这些差异，使得不同的网络能够互联、互通。

3. 网络互联的分类

目前存在着局域网(LAN)和广域网(WAN)两种类型的网络，因而对应有以下 4 种网络互联。

- 局域网与局域网互联：LAN—LAN。
- 局域网与广域网互联：LAN—WAN。
- 局域网通过广域网与另外的局域网互联：LAN—WAN—LAN。
- 广域网与广域网互联：WAN—WAN。

5.2.2　网络互联的层次结构

网络协议是分层的，所以网络互联也存在着互联层次的问题。网络互联的层次可以根据网络层次的结构模型划分。

1. 物理层互联

物理层的功能是在物理信道上透明地传输位流，物理层设备的主要任务就是解决数据终端设备与数据通信设备之间的接口问题。物理层互连的设备是中继器(Repeater)和集线器(Hub)，它们在物理层间实现透明的二进制比特复制，以补偿信号衰减，以此来延长网络的长度。

2. 数据链路层互联

数据链路层的功能是在相邻两节点间无差错地传送数据帧，为网络层提供服务。数据链路层互联的设备是网桥(Bridge)。网桥在网络互联中起到数据接收、地址过滤与数据转发的作用，它用来实现多个网络系统之间的数据交换。用网桥实现数据链路层互联时，允许互联网络的数据链路层与物理层协议是相同的，也可以是不同的。

3. 网络层互联

网络层互联的设备是路由器(Router)。网络层互连主要是解决路由选择、拥塞控制、差错处理与分段技术等问题。如果网络层协议相同，则互连主要解决路由选择问题；如果网络层协议不同，则需要使用多协议路由器。用路由器实现网络互联时，允许网络互联的网络层级以下各层协议是不同的。

4. 高层互联

传输层及以上各层协议不同的网络之间的互联属于高层互联。实现高层互联的设备是网关(Gateway)。高层互联使用的网关很多是应用层网关，通常简称为应用网关。如果使用应用网关来实现两个网络高层互联，那么允许这两个网络的应用层及以下各层网络协议是不同的。

在网络互联技术中，我们常常遇到“互联”、“互通”与“互操作”这 3 个术语。从网络互联角度来看，网络的互联、互通与互操作表示了不同的内涵。互联是指两个物理网络之间至少有一条在物理上连接的线路，它为两个网络的数据交换提供了物质基础和可能性，但并不能保证两个网络一定能够进行数据交换，这取决于两个网络的通信协议是否相互兼容；互通仅仅涉及通信的两台计算机之间端到端的连接与数据交换；互操作是指网络中不同计算机系统之间具有透明地访问对方资源的能力。因此，互联、互通、互操作表示了 3 层含义。互联是基础，互通是手段，互操作则是网络互联的目的。

一般来说，互联层越高，互联设备越复杂，参加互联的网络之间差异就越大。中继器是最简单的互联设备，而网关则是最复杂的互联设备。

应该指出的是，由于术语的不统一性，有些文献将网桥、路由器、网关等都称为网关。因此，在说明网络互联时，对于网络互联设备应搞清楚是在哪一层进行网络互联。

5.3 网络互联设备

5.3.1 中继器

中继器是最简单也是最常用的网络连接设备，它的作用是将网络上一个电缆段上传输的数字信号进行放大和整形，然后再发送到另一个电缆段上，以克服信号经过较长距离传输后引起的衰减。因此，中继器就是一种数字信号放大器，它不解释也不改变接收到的数字信号，它的主要作用是扩展电缆的长度。一般情况下，中继器两端连接的既可以是相同的传输媒体，也可以是不同的传输媒体。

由于中继器主要完成物理层功能，所以它只能连接相同的局域网。换句话说，就是利用中继器互连的局域网应具有相同的协议和数据传输速率，例如，802.3 以太网到以太网的连接和 802.5 令牌环网之间的连接。用中继器连接的局域网在物理上实际是一个网络，它只是把多个独立的物理网连成一个大的物理网，扩大了局域网的物理范围，不能称为真正意义上的网络互联。

使用中继器是扩充网络距离最简单、最廉价的方法，但当负载增加时，网络性能急剧下降，所以只有当网络负载很轻和延时要求不高的条件下才能使用。另外，使用中继器时应该注意以下两个问题。

(1) 中继器主要用于网段间的延伸，用中继器连接的以太网不能形成回路。

(2) 必须遵守 MAC(介质访问控制)协议定时特性，即不能用中继器将电缆段无限制地连接起来。如粗缆以太网，由于收发器只能提供 500 m 的驱动能力，而 MAC 协议的定时特性允许粗缆以太网电缆最长为 2.5 km，所以一个以太网上最多只能有 4 个中继器，连接 5 个电缆段。

5.3.2 集线器

1. 认识集线器

集线器又称 Hub，它类似于中继器，但它的扩展能力更强，能将最大传输距离延长 1 倍。网络中电缆段不能简单地连接在一起，否则会产生严重的杂波甚至可能使网络中断，应该用集线器这一类的专用设备来连接，以消除噪声信号。

Hub 上有多个端口，能将各个电缆段连接在一起，而它则成为网络中的一个中心节点。Hub 工作于 OSI 模型的第一层(物理层)，以广播模式工作，所有的端口都共享一定的带宽。

图 5-12 所示是集线器，图 5-13 所示是用 Hub 连接的网络。

图 5-12　集线器

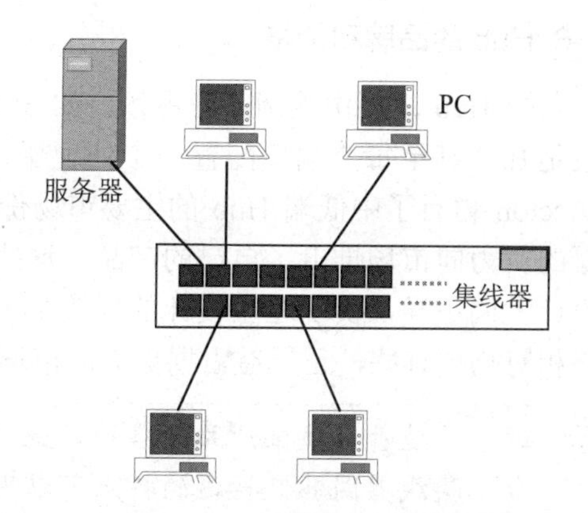

图 5-13　用集线器连接的网络

提示： 集线器实际上就是中继器的一种，其区别仅仅在于集线器能够提供更多的端口服务，所以集线器又叫多口中继器。

Hub 主要用于共享网络的组建，是解决从服务器直接到桌面最经济的方案。在交换式网络中，Hub 直接与交换机相连，将交换机端口的数据传送到桌面。使用 Hub 组网灵活，它处于网络的一个星型节点，对节点相连的工作站进行集中管理，不让出问题的工作站影响整个网络的正常运行，并且用户的加入和退出也很自由。

当传输的内容不涉及语音、图像，传输量相对较小时，选择 10 Mbps 的集线器即可。如果传输量较大，且有可能涉及多媒体应用(注意集线器不适于用来传输时间敏感性信号，如语音信号)时，应当选择 100 Mbps 或(10/100) Mbps 自适应集线器。(10/100) Mbps 自适应集线器的价格一般要比 100 Mbps 高。

2. 用户数目的扩展

当一个集线器提供的端口不够时，一般有以下两种扩展用户数目的方法。

1) 堆叠

堆叠是解决单个集线器端口不足的一种方法，但堆叠的层数不能太多。然而，市面上许多集线器以其堆叠层数比其他品牌的多作为卖点，如果遇到这种情况，要区别对待：一方面可堆叠层数越多，说明集线器的稳定性越高；另一方面可堆叠层数越多，每个用户实际可享有的带宽就越小。

2) 级联

级联是在网络中增加用户数的另一种方法，但是此项功能的使用一般是有条件的，即 Hub 必须提供可级联的端口，此端口上常标有“Uplink”或“MDI”的字样，用此端口与其他的 Hub 进行级联。如果没有提供专门的端口而必须要进行级联时，连接两个集线器的双绞线在制作时必须要进行错线(即使用交叉线连接)。

提示： 现在市场上的机柜在设计时一般都遵循 19 英寸的工业规范，它可安装大部分的 5 口、8 口、16 口和 24 口的 Hub。为了防止意外，在选购时一定要注意它是否符合 19 英寸工作规范，以便在机柜中安全、集中地进行管理。

3. Hub的品牌和价格

高档Hub主要由美国品牌占领，如3COM、Intel、Bay等，它们在设计上比较独特，一般是几个甚至每个端口配置一个处理器，当然，价格也较高。我国台湾地区的D-Link和Accton占有了中低端Hub的主要市场份额，大陆的联想、实达、TPLink等公司分别以雄厚的实力向市场推出了自己的产品。这些中低档产品均采用单处理器技术，其外围电路的设计大同小异，实现这些设计的焊接工艺手段也基本相同，价格相差不多，但大陆产品价格相对略便宜些，正日益占据更大的市场份额。

提示： 近来，随着交换机产品价格的日益下降，集线器市场逐渐萎缩，不过，在特定的场合，集线器因其低延迟的特点可以用较低的投入带来较高的效率。交换机不可能完全代替集线器。

5.3.3 网桥

网桥是数据链路层设备，具备集线器所有功能，并能够将两个相同或不同但类似的LAN(如以太网和令牌环网)连接起来，也可以将一个逻辑上单一的LAN分成多个局域网，以调节载荷。由于网桥具有寻址和路径选择功能，因此能对进入网桥数据的源/目的地址进行检测。

网桥通常用于大公司的子公司，它们都有自己独立的局域网，为了能使各个局域网相互交流，可以用网桥把各个局域网连接起来。在一个大型企业或大学里，可能有上千台计算机，如果只用一个局域网连接，局域网的负载会很重，而且也存在安全隐患，这时可以用网桥把一个大的局域网分成几个小的局域网。

1. 网桥的工作原理

网桥能够过滤通信量，并能起到控制网络流量和隔离网络错误的作用。

如图5-14所示，站点A发送数据帧给站点B，网桥侦听到这个帧，根据目标MAC地址判断两个站点在同一个网段，就阻止数据包进入其他的网段，起到过滤通信量的作用。

另外，网桥还能够根据MAC地址来转发帧，可以把网桥看作一个“低层的路由器”(路由器工作在网络层，根据网络地址如IP地址进行转发)。如图5-15所示，站点A发送数据包给站点D，网桥侦听到这个帧，根据目标MAC地址判断两个站点不在同一个网段，网桥就转发数据包进入D的整个网段，并被站点D所接收。通过将一个负载较重的网络分成若干网段，各网段间通过网桥相连，从而缓解了网络通信的繁忙程度，提高了通信效率，并且由于网桥的隔离作用，一个网段上的故障不会影响到另一个网段，从而提高了网络的可靠性。

2. 网桥分类

IEEE 802委员会制定了两种局域网网桥：一种是基于802.1标准的透明网桥(Transparent Bridge)或生成树网桥(Spanning Tree Bridge)，支持CSMA/CD和令牌总线的用户选择透明网桥，一般用于连接以太网段；另一种是基于802.5标准的源路由选择(Source Routing)网桥，令牌环的支持者选择源路由选择网桥，一般用于连接令牌环网段。这两种网桥都用于距离较近的局域网的连接，也称为本地网桥。用于连接两个或多个距离较远的局域网的网桥，称为远程网桥。

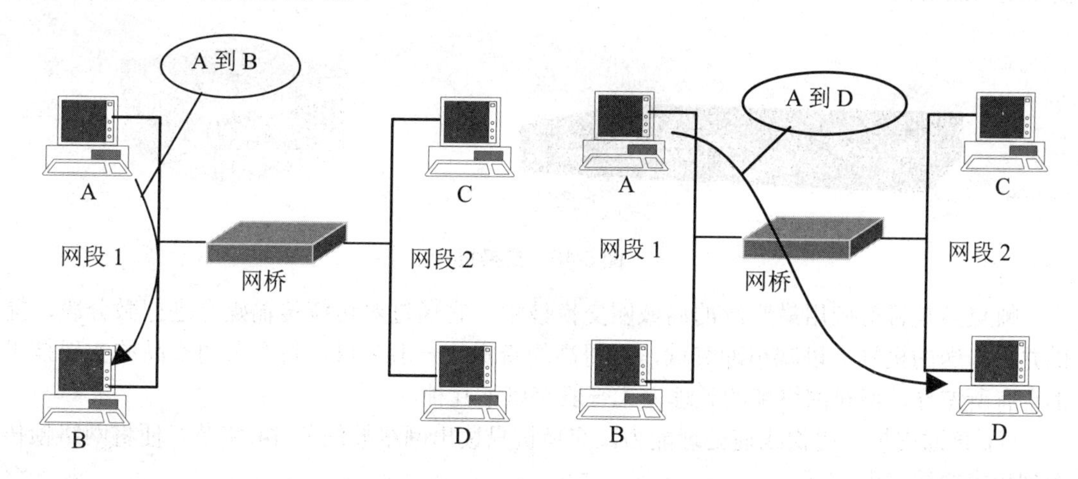

图 5-14　网桥的工作原理(一)　　图 5-15　网桥的工作原理(二)

5.3.4　交换机

1. 交换机概述

交换机的英文名称为“Switch”，它是集线器的升级换代产品。从外观上来看，它与集线器基本上没有大的区别，都是带有多个端口的长方形盒状体。交换机是按照通信两端传输信息的需要，采用人工或设备自动完成的方法，把要传输信息发送到符合要求的相应路由上的技术统称。广义的交换机就是一种在通信系统中完成信息交换功能的设备。

“交换”和“交换机”最早起源于电话通信系统(PSTN)，在一些老的影片或电视中时常看到有人在电话机旁摇几下(注意不是拨号)，并说“给我接×××”，话务接线员接到要求后把相应端的线头插在要接的端子上，即可实现通话。在这里通过话务员实现了交换功能。

在计算机网络系统中，交换概念是相对于共享工作模式的改进提出来的。集线器(Hub)是一种共享介质的网络设备，而且 Hub 本身也不能识别目的地址，而是采用广播方式向所有节点发送访问信号，即当同一局域网内的 A 主机向 B 主机传输数据时，数据包在以 Hub 为架构的网络上是以广播方式传输的，对网络上的所有节点也同时发送同一信息，然后再由每一台终端通过验证数据包头的地址信息来确定是否接收。

交换机还有一个重要的特点就是它不像集线器那样每个端口共享带宽，而是每个端口都独享交换机的一部分总带宽，这样在速率上对于每个端口来说就有了根本的保障。

如图 5-16 所示是几类网络中常用的交换机。

2. 3 种交换技术

端口交换技术最早出现在插槽式的集线器中，这类集线器的背板通常划分有多条以太网段(每条网段为一个广播域)，不用网桥或路由连接，网络之间是互不相通的。以太主模块插入后通常被分配到某个背板的网段上，端口交换用于将以太模块的端口在背板的多个

网段之间进行分配、平衡。根据支持的程度，端口交换还可细分为：模块交换、端口组交换和端口级交换。

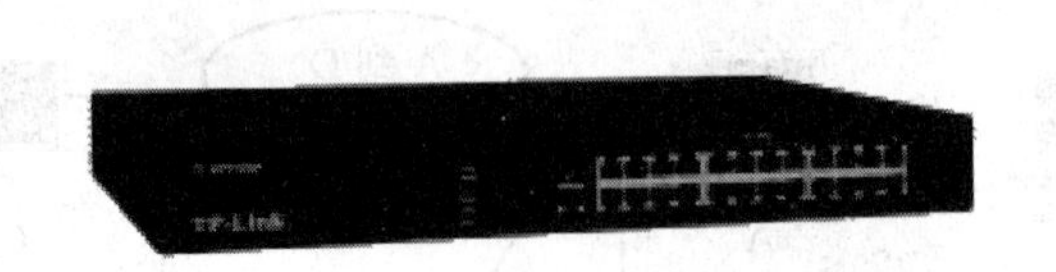

图 5-16　交换机

帧交换是目前应用最广泛的局域网交换技术，它通过对传统传输媒介进行微分段，提供并行传送的机制，以减小冲突域，获得高的带宽。一般来讲，每个公司产品的实现技术都会有所差异，但对网络帧的处理方式一般有以下几种。

(1) 直通交换：提供线速处理能力，交换机只读出网络帧的前 14 字节，便将网络帧传送到相应的端口上。

(2) 存储转发：通过对网络帧的读取进行验错和控制。

前一种方法的交换速度非常快，但缺乏对网络帧进行更高级的控制，缺乏智能性和安全性，同时也无法支持具有不同速率的端口的交换。因此，各厂商把后一种方法作为重点。

有的厂商甚至对网络帧进行分解，将帧分解成固定大小的信元，该信元的处理极易用硬件实现，并且处理速度较快。

ATM 技术代表了网络和通信技术发展的未来方向，也是解决目前网络通信中众多难题的一剂“良药”。ATM 采用固定长度 53 字节的信元交换，由于长度固定，因而便于用硬件实现。ATM 采用专用的非差别连接，并行运行，可以通过一个交换机同时建立多个节点，并且不影响每个节点之间的通信能力。ATM 还容许在源节点和目标节点之间建立多个虚拟链接，以保障足够的带宽和容错能力。ATM 采用了统计时分电路进行复用，因而能大大提高通道的利用率。ATM 的带宽可以达到 25 Mbps、155 Mbps、622 Mbps 甚至数 Gbps 的传输能力。

5.3.5　路由器

路由器是在网络层提供多个独立子网间连接服务的一种存储转发设备，用路由器连接的网络可以使用在数据链路层和物理层协议完全不同的网络互联中。路由器提供的服务比网桥更为完善。路由器可根据传输费用、转接延时、网络拥塞或信源与终点间的距离来选择最佳路径。此外，由于路由器能够隔离广播信息，从而可以将广播风暴隔离在局部的网段之内。

路由器是广域网和局域网之间进行互连的关键设备，通常的路由器都具有负载平衡、阻止广播风暴、控制网络流量以及提高系统容错能力等功能。一般来说，路由器都可支持多种协议，提供不同的物理接口，从而使不同厂家、不同规格的网络产品之间，以及不同协议的网络之间进行非常有效的网络互联。

路由器在网络层实现网络互联，它主要完成网络层的功能。路由器负责将数据分组从源端主机经最佳路径送到目的端主机。路由器必须具备两个基本功能，即路由选择和数据转发。

1. 路由选择

所谓路由选择就是通过路由选择算法确定到达目的地址(目的端的网络地址)的最佳路径。路由选择实现的方法是：路由器通过路由选择算法，建立并维护一个路由表。在路由表中包含着目的地址和下一跳路由器地址等多种路由信息。路由表中的路由信息告诉每一台路由器应该把数据包转发给谁，它的下一跳路由器地址是什么。路由器根据路由表提供的下一跳路由器地址，将数据包转发给下一跳路由器。通过一级一级地把数据包转发到下一跳路由器的方式，最终把数据包传送到目的地。

【例 5-1】 这里用一个例子来说明路由器的路由选择，如图 5-17 所示。

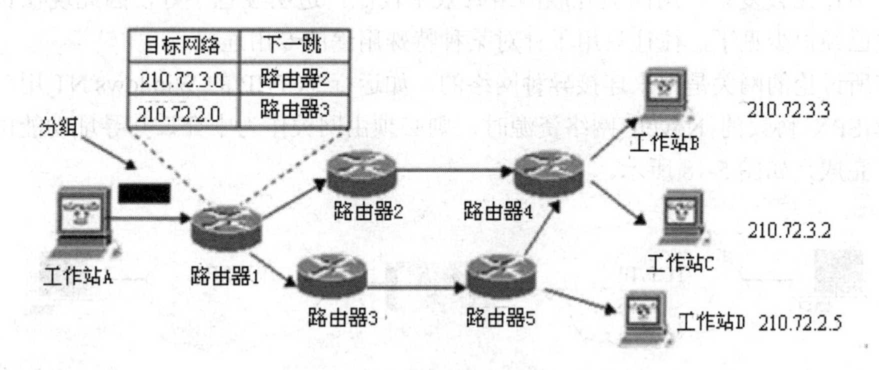

图 5-17　路由器的路由选择

(1) 工作站 A 将包含工作站 B 的地址 210.72.3.3 和数据的 IP 分组发送给路由器 1。

(2) 路由器 1 收到工作站 A 的分组后，先从报头中取出目标地址，然后根据路由表和相应的路由选择算法计算出发往工作站 B 的最佳路径：路由器 1→路由器 2→路由器 4→工作站 B；并将分组转发给路由器 2。

(3) 同样，路由器 2 根据报头信息和路由表计算出最佳路径，并将数据帧转发给路由器 4。

(4) 路由器 4 从 IP 分组中取出目的地址，发现 210.72.3.3 网络号就是该路由器所连接的子网，于是将该分组直接交给工作站 B。

(5) 如果工作站 B 收到工作站 A 的分组，一次通信过程就宣告结束。如果 IP 分组最终送不到目的地，则 IP 分组被网络丢弃，这也说明 IP 传输是非面向连接的。

2. 数据转发

数据转发通常也称作数据交换。路由器接收到来自源端主机发送的、带着目的主机网络地址的分组后，检查数据包的目的地址，再根据路由表来确定它是否知道怎样转发这个数据包，如果它不知道下一跳路由器的地址，则将数据包丢弃。如果它知道怎样转发这个数据包，路由器将改变目的物理地址为下一跳路由器的地址，并且把数据包传给下一跳路由器。下一跳路由器执行同样的交换过程，最终将数据包传送给目的端系统。

5.3.6 网关

网关是在第四层或第四层以上实现不同网络体系间互连的网络设备。网关经常作为软件安装在路由器里。网关与路由器不同，网关实现不同网络协议的转换，所以网关也称为协议转换器。例如网关可以接收一种协议的数据包(如 IPX/SPX)，然后在转发之前将它转换为另一种协议的数据包(如 TCP/IP)。而路由器只能在相同的协议之间接收和转发数据包。

值得注意的是，Windows 2000/9x 中提供了“默认网关”的概念，但是这里的网关实际上是一种路由，它提供一个网络访问另一个网络的路径，这两个网络都使用 TCP/IP，地址是被访问网络的一个 IP 地址。

由于工作比较复杂，用网关互联网络时效率较低，透明性也不好，因此现在真正意义上的网关已经很少见了，往往只用于针对某种特殊用途的专用连接。

本节所讨论的网关是用来连接异种网络的，如运行 TCP/IP 的 Windows NT 用户要访问运行 IPX/SPX 协议的 Novell 网络资源时，则必须由网关作为中介，其寻址功能由低层设备或软件完成，如图 5-18 所示。

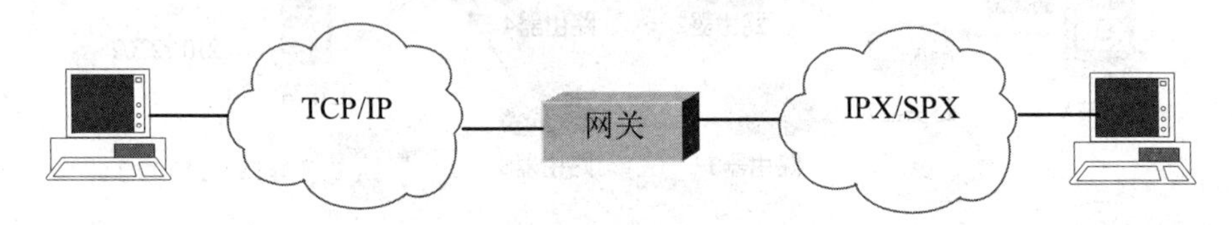

图 5-18 用网关连接网络

5.4 本章小结

本章主要学习了广域网的基本概念、广域网的类型以及网络互联技术，同时详细介绍了组建计算机网络常用的连接设备。

5.5 小型案例实训

1. 实验目的

(1) 掌握 Hawei Quidways 2008 二层交换机的启动和基本设置的操作。

(2) 掌握配置交换机的常用命令。

2. 实验内容

(1) 熟悉 Huawei Quidways 2008 交换机的启动和基本设置的操作。

(2) 熟悉交换机的开机画面。

(3) 对交换机进行基本的配置。

(4) 理解交换机的端口、编号及配置。

3. 实验环境的搭建

通过 Console 电缆把 PC 的 COM 端口和交换机的 Console 端口连接起来，如图 5-19 所示。

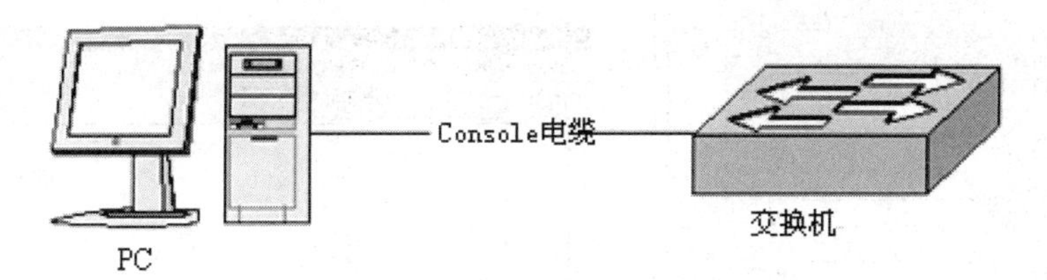

图 5-19　利用 Console 端口连接交换机

- 准备 PC 1 台，操作系统为 Windows 2000 Professional。
- 准备 Huawei Quidways 2008 交换机 1 台。
- Console 电缆 1 条。

4. 实验操作实践与步骤

1) 串口管理

用串口对交换机进行配置是在网络工程中对交换机进行配置最基本最常用的方法。用串口配置交换机是通过 Console 电缆把 PC 的 COM 端口和交换机的 Console 端口连接起来。具体步骤如下。

(1) 通过 Console 电缆把 PC 的 COM 端口和交换机的 Console 端口连接起来，并确认连接 PC 的串口是 COM1 还是 COM2，给交换机加电。

(2) 选择【开始】|【程序】|【附件】|【通讯】|【超级终端】命令，进入超级终端窗口，建立新的连接，系统弹出如图 5-20 所示的【连接描述】对话框。

(3) 在【连接描述】对话框中输入新连接的名称，单击【确定】按钮，系统弹出如图 5-21 所示的【连接到】对话框，在【连接时使用】下拉列表框中选择连接使用的串口(COM1 或 COM2)。

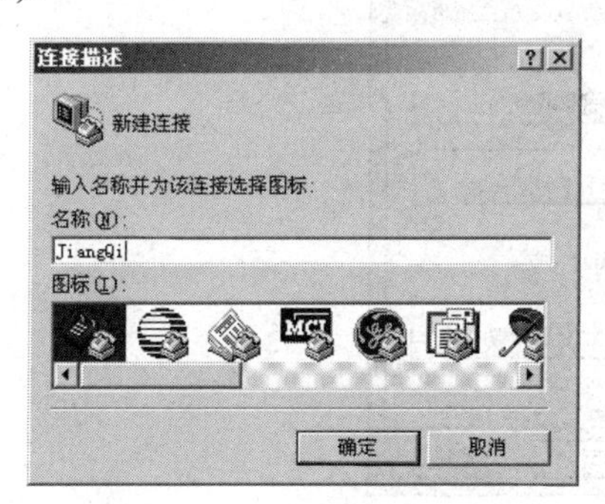

图 5-20　【连接描述】对话框

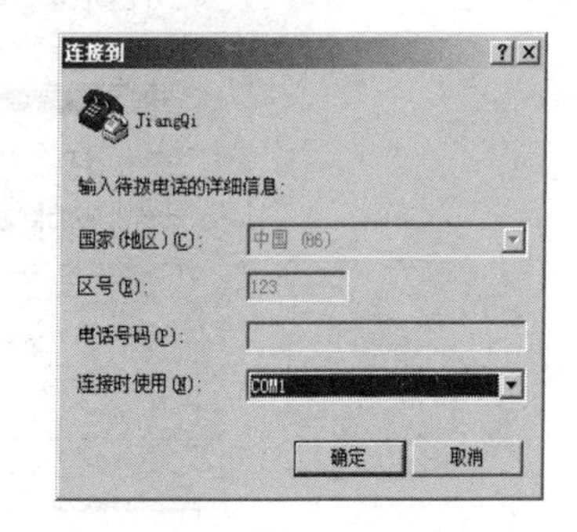

图 5-21　选择连接交换机的端口

(4) 串口选择完毕后，单击【确定】按钮，系统弹出如图 5-22 所示的连接串口参数设置对话框，设置每秒传输位数为 9600，数据位为 8，奇偶校验为无，停止位为 1，数据流控制为无。

(5) 串口参数设置完毕后，单击【确定】按钮，系统进入如图 5-23 所示的超级终端界面。

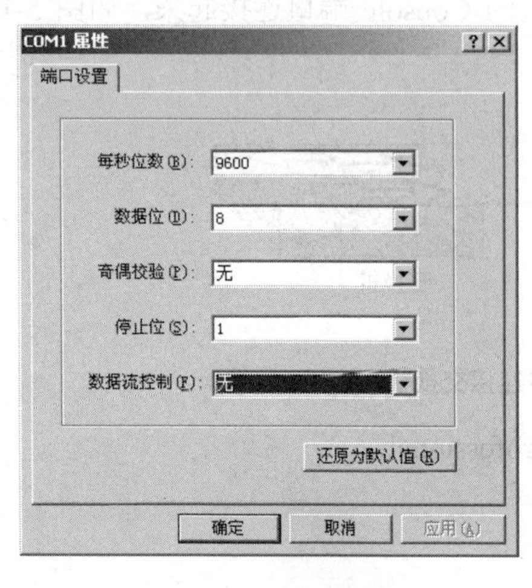

图 5-22 端口配置

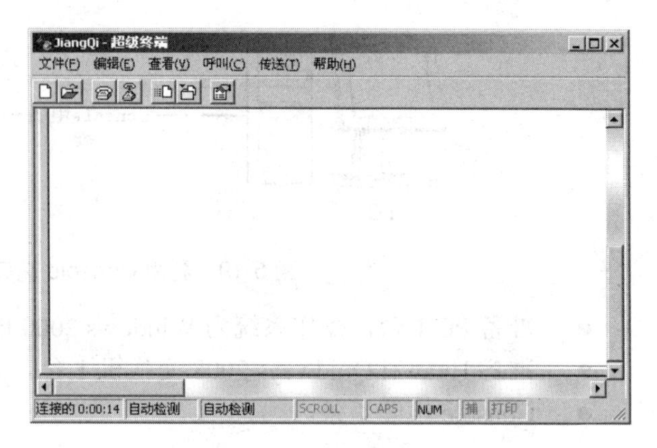

图 5-23 超级终端

在超级终端界面选择【文件】菜单中的【属性】，进入属性对话框。切换到属性对话框的【设置】选项卡(如图 5-24 所示)，在其中选择终端仿真为 VT100，选择完成后，单击【确定】按钮。

2) 交换机的启动

交换机接上电源后，将首先运行 BOOTROOM 程序，若在出现“Press Ctrl-B enter Boot Menu…”的 5 s 等待时间内不进行任何操作，系统将进入自动启动状态，否则将进入 BOOT 菜单。仔细观察交换机启动过程中出现的提示信息。

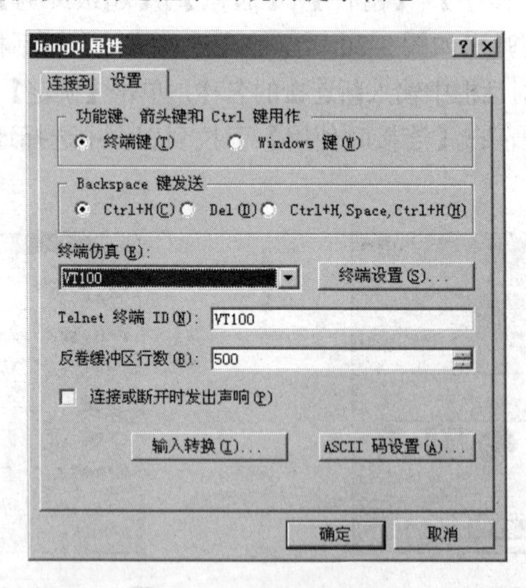

图 5-24 连接属性设置

3) 对交换机进行基本的配置

(1) 命令行视图：命令行视图如图 5-25 所示。

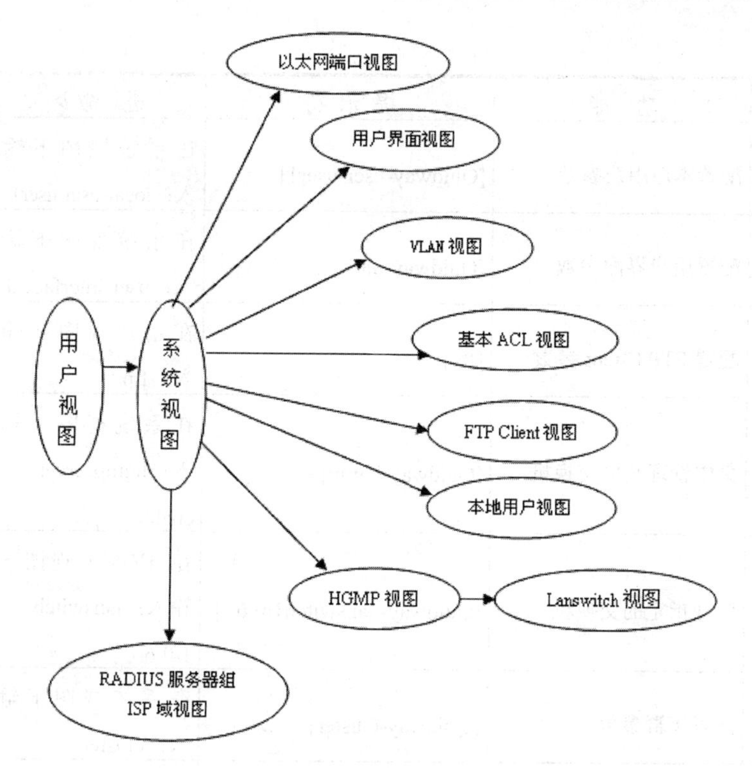

图 5-25　命令行视图

各命令视图的功能特性、进入各视图的命令等细则如表 5-1 所示。

表 5-1　各命令视图的功能

视　图	功　能	提 示 符	进入命令	退出命令
用户视图	查看交换机的简单运行状态和统计信息	<Quidway>	与交换机建立连接即进入	quit 断开与交换机连接
系统视图	配置系统参数	[Quidway]	在用户视图下输入：system-view	quit 或 return 返回用户视图
以太网端口视图	配置以太网端口参数	[Quidway-Ethernet0/1]	在系统视图下输入：interface ethernet 0/1	quit 返回系统视图
VLAN 视图	配置 VLAN 参数	[Quidway-Vlan1]	在系统视图下输入：vlan 1	quit 返回系统视图
VLAN 接口视图	配置 VLAN 和 VLAN 汇聚对应的 IP 接口参数	[Quidway-Vlan-interface1]	在系统视图下输入：interface vlan-interface 1	quit 返回系统视图

续表

视　图	功　能	提 示 符	进入命令	退出命令
本地用户视图	配置本地用户参数	[Quidway-user-user1]	在系统视图下输入：local-user user1	quit 返回系统视图
用户界面视图	配置用户界面参数	[Quidway-ui0]	在系统视图下输入：user-interface 0	quit 返回系统视图
FTP Client 视图	配置 FTP Client 参数	[ftp]	在用户视图下输入：ftp	quit 返回用户视图
HGMP 视图	集中管理其他交换机	[Quidway-hgmp]	在系统视图下输入：hgmpserver enable	quit 返回系统视图
Lanswitch 视图	管理指定的交换机	[Quidway- lanswitch1/0/6-/]	在 HGMP 视图下输入：lanswitch 1/0/6-/	quit 返回 HGMP 视图
集群视图	配置集群参数	[Quidway-cluster]	在系统视图下输入：cluster	quit 返回系统视图
基本 ACL 视图	定义基本 ACL 的子规则	[Quidway-acl- basic-1]	在系统视图下输入：acl number 1	quit 返回系统视图
RADIUS 服务器组视图	配置 Radius 协议参数	[Quidway-radius-1]	在系统视图下输入：radius scheme 1	quit 返回系统视图
ISP 域视图	配置 ISP 域的相关属性	[Quidway-isp-huawei163.net]	在系统视图下输入：domain huawei163.net	quit 返回系统视图

(2) 命令行在线帮助：命令行接口提供如下几种在线帮助。

- 完全帮助。
- 部分帮助。

通过上述各种在线帮助能够获取帮助信息，分别描述如下。

在任一视图下，输入<?>获取该视图下所有的命令及其简单描述。

```
<Quidway> ?
User view commands:
  language-mode Specify the language environment
  ping          Ping function
  quit          Exit from current command view
  super         Privilege specified user priority level
  telnet        Establish one TELNET connection
  tracert       Trace route function
```

输入一命令，后接以空格分隔的?，如果该位置为关键字，则列出全部关键字及其简单描述。

```
<Quidway> language-mode ?
chinese  Chinese environment
english  English environment
```

输入一命令，后接以空格分隔的?，如果该位置为参数，则列出有关的参数描述。

```
[Quidway] garp timer leaveall ?
INTEGER<65-32765>  Value of timer in centiseconds
                   (LeaveAllTime > (LeaveTime [On all ports]))
                   Time must be multiple of 5 centiseconds
[Quidway] garp timer leaveall 300 ?
<cr>
```

<cr>表示该位置无参数，在紧接着的下一个命令行该命令被复述，直接按 Enter 键即可执行。

输入一字符串，其后紧接?，列出以该字符串开头的所有命令。

```
<Quidway> p?
ping
```

输入一命令，后接一字符串紧接?，列出所有以该字符串开头的关键字。

```
<Quidway> display ver?
  Version
```

输入命令的某个关键字的前几个字母，按 Tab 键，如果以输入字母开头的关键字唯一，则可以显示出完整的关键字。

以上帮助信息，均可通过执行 language-mode 命令切换为中文显示。

(3) 显示特性：命令行接口提供了如下的显示特性。

为方便用户，提示信息和帮助信息可以用中英文两种语言显示。

在一次显示信息超过一屏时，提供了暂停功能，这时用户可以有 3 种选择，如表 5-2 所示。

表 5-2　暂停功能

按键或命令	功　能
暂停显示时按 Ctrl+C 快捷键	停止显示和执行命令
暂停显示时按空格键	继续显示下一屏信息
暂停显示时按 Enter 键	继续显示下一行信息

(4) 命令行历史命令：命令行接口提供类似 Doskey 功能，将用户输入的历史命令自动保存，用户可以随时调用命令行接口保存的历史命令，并重复执行。命令行接口为每个用户默认保存 10 条历史命令。操作如表 5-3 所示。

(5) 命令行错误信息：所有用户输入的命令，如果通过语法检查，则正确执行，否则向用户报告错误信息。常见错误信息如表 5-4 所示。

表 5-3 历史功能

操 作	按 键	结 果
显示历史命令	display history-command	显示用户输入的历史命令
访问上一条历史命令	向上光标键↑或快捷键 Ctrl+P	如果还有更早的历史命令，则取出上一条历史命令
访问下一条历史命令	向下光标键↓或快捷键 Ctrl+N	如果还有更晚的历史命令，则取出下一条历史命令

表 5-4 错误信息

英文错误信息	错误原因
Unrecognized command	没有查找到命令
	没有查找到关键字
	参数类型错
	参数值越界
Incomplete command	输入命令不完整
Too many parameters	输入参数太多
Ambiguous command	输入参数不明确

(6) 命令行编辑特性：命令行接口提供了基本的命令编辑功能，支持多行编辑，每条命令的最大长度为 256 个字符，如表 5-5 所示。

表 5-5 按键功能

按 键	功 能
普通按键	若编辑缓冲区未满，则插入到当前光标位置，并向右移动光标
退格键 Backspace	删除光标位置的前一个字符，光标前移
向左光标键←或 Ctrl+B 组合键	光标向左移动一个字符位置
向右光标键→或 Ctrl+F 组合键	光标向右移动一个字符位置
向上光标键↑或快捷键 Ctrl+P 向下光标键↓或快捷键 Ctrl+N	显示历史命令
Tab 键	输入不完整的关键字后按下 Tab 键，系统自动执行部分帮助：如果与之匹配的关键字唯一，则系统用此完整的关键字替代原输入并换行显示；对于命令字的参数不匹配或者匹配的关键字不唯一的情况，系统不做任何修改，重新换行显示原输入

4) 交换机端口的配置

(1) 进入以太网端口视图：要对以太网端口进行配置，首先要进入以太网端口视图。请在系统视图下进行下列配置，如表 5-6 所示。

表 5-6　进入以太网端口视图命令

操　作	命　令
进入以太网端口视图	interface{ interface_type interface_num | interface_name }

(2) 打开/关闭以太网端口：当端口的相关参数及协议配置好之后，可以使用以下命令打开端口；如果想使某端口不再转发数据，可以使用以下命令关闭端口。请在以太网端口视图下进行下列配置，如表 5-7 所示。

表 5-7　打开/关闭端口命令

操　作	命　令
关闭以太网端口	shutdown
打开以太网端口	undo shutdown

需要注意的是，S2026 以太网交换机的堆叠口不支持本操作。默认情况下，端口为打开状态。

(3) 设置以太网端口双工状态：当希望端口在发送数据包的同时能够接收数据包，可以将端口设置为全双工属性；当希望端口同一时刻只能发送数据包或接收数据包时，可以将端口设置为半双工属性；当设置端口为自协商状态时，端口的双工状态由本端口和对端端口自动协商而定。请在以太网端口视图下进行下列配置，如表 5-8 所示。

表 5-8　设置端口状态命令

操　作	命　令
设置以太网端口的双工状态	duplex { auto | full | half }
恢复以太网端口的双工状态为默认值	undo duplex

需要注意的是，10/100Base-T 以太网端口支持全双工、半双工或自协商模式，用户可以根据需要对其设置。100Base-FX 多模/单模以太网端口由系统设置为全双工模式，不允许用户对其进行配置。默认情况下，端口的双工状态为 auto(自协商)状态。

(4) 设置以太网端口速率：可以使用以下命令对以太网端口的速率进行设置，当设置端口速率为自协商状态时，端口的速率由本端口和对端端口双方自动协商而定。请在以太网端口视图下进行下列设置，如表 5-9 所示。

表 5-9　设置端口速率命令

操　作	命　令
设置以太网端口的速率	speed { 10 | 100 | auto }
恢复以太网端口的速率为默认值	undo speed

需要注意的是，10/100Base-T 以太网端口支持 10Mbps、100Mbps 或自协商工作速率，用户可以根据需要对其设置。100Base-FX 多模/单模以太网端口的工作速率由系统设

置为 100Mbps 速率，不允许用户对其进行配置。默认情况下，以太网端口的速率处于 auto(自协商)状态。

(5) 设置以太网端口的链路类型：以太网端口有 3 种链路类型，即 Access、Hybrid 和 Trunk。Access 类型的端口只能属于 1 个 VLAN，一般用于连接计算机；Trunk 类型的端口可以属于多个 VLAN，可以接收和发送多个 VLAN 的报文，一般用于连接交换机；Hybrid 类型的端口可以属于多个 VLAN，可以接收和发送多个 VLAN 的报文，可以用于连接交换机，也可以用于连接计算机。Hybrid 端口和 Trunk 端口的不同之处在于 Hybrid 端口可以允许多个 VLAN 的报文发送时不打标签，而 Trunk 端口只允许默认 VLAN 的报文发送时不打标签。

请在以太网端口视图下进行下列设置，如表 5-10 所示。

表 5-10　设置各种端口命令

操　作	命　令
设置端口为 Access 端口	port link-type access
设置端口为 Hybrid 端口	port link-type hybrid
设置端口为 Trunk 端口	port link-type trunk
恢复端口的链路类型为默认的 Access 端口	undo port link-type

需要注意的是，在一台以太网交换机上，Trunk 端口和 Hybrid 端口不能同时被设置。如果某端口被指定为镜像端口，则不能再被设置为 Trunk 端口；反之亦然。默认情况下，端口为 Access 端口。

(6) 把以太网端口加入到指定 VLAN：本配置任务是把当前以太网端口加入到指定的 VLAN 中。Access 端口只能加入到 1 个 VLAN 中，Hybrid 端口和 Trunk 端口可以加入到多个 VLAN 中。请在以太网端口视图下进行下列设置，如表 5-11 所示。

表 5-11　加入 VLAN 命令

操　作	命　令
把当前 Access 端口加入到指定 VLAN 中	port access vlan vlan_id
把当前 Hybrid 端口加入到指定 VLAN 中	port hybrid vlan vlan_id_list { tagged | untagged }
把当前 Trunk 端口加入到指定 VLAN 中	port trunk permit vlan { vlan_id_list | all }
把当前 Access 端口从指定 VLAN 中删除	undo port access vlan
把当前 Hybrid 端口从指定 VLAN 中删除	undo port hybrid vlan vlan_id_list
把当前 Trunk 端口从指定 VLAN 中删除	undo port trunk permit vlan { vlan_id_list | all }

需要注意的是，Access 端口加入的 VLAN 必须已经存在并且不能是 VLAN 1；Hybrid 端口加入的 VLAN 必须已经存在；Trunk 端口加入的 VLAN 不能是 VLAN 1。

执行了本配置，当前以太网端口就可以转发指定 VLAN 的报文。Hybrid 端口和 Trunk 端口可以加入到多个 VLAN 中，从而实现本交换机上的 VLAN 与对端交换机上相同 VLAN 的互通。Hybrid 端口还可以设置哪些 VLAN 的报文打上标签，哪些不打标签，为实现对不同 VLAN 报文执行不同处理流程打下基础。

(7) 将一组以太网端口设置为汇聚端口：该配置任务用来设置或删除以太网的汇聚端口。请在系统视图下进行下列配置，如表 5-12 所示。

表 5-12　设置和删除端口命令

操　作	命　令
设置以太网汇聚端口	link-aggregation port_num1 to port_num2 { both | ingress }
删除以太网汇聚端口	undo link-aggregation { master_port_num | all }

需要注意的是，进行汇聚的以太网端口必须同为 10 M_FULL(10Mbps 速率，全双工模式)或 100 M_FULL(100 Mbps 速率，全双工模式)，否则无法实现汇聚。

5.6　思考与练习

1. 简述广域网的结构和特点。
2. 广域网有哪几种类型？简述它们的特点。
3. 简述广域网相对于局域网的优势。
4. 试述帧中继网络的特点、组成和应用。
5. 什么是 ISDN？它给用户提供了哪几种业务？
6. 简述窄带 ISDN 和宽带 ISDN 的区别。
7. 简述 DDN 的系统结构。
8. DDN 的用户接入方式有哪些？
9. 网络互联有哪几种形式？
10. 网络互联的基本原理是什么？
11. 常用的网络互联设备有哪些？它们分别工作在 OSI 参考模型的哪一层？
12. 叙述网桥的工作原理。
13. 网桥有哪几类？
14. 叙述路由器的工作原理。
15. 路由器有哪些主要功能？
16. 叙述网关的工作原理。

第 6 章　Internet 技术与 Intranet

本章要点

- ☑ Internet 的基本概念
- ☑ Internet 的产生与发展
- ☑ 域名系统
- ☑ 接入 Internet 技术
- ☑ Internet 上提供的主要服务

6.1　Internet 概述

6.1.1　什么是 Internet

在网络技术高度发达的今天，Internet(因特网或称为国际互联网)已日益渗透到各行各业并进入百姓的日常生活中，它极大地改变了人们的工作与生活方式。Internet 作为一种计算机网络通信系统和一个庞大的技术实体极大地促进了人类社会从工业化社会向信息化社会的发展。

那么，究竟什么是 Internet？要给 Internet 下一个准确的定义是比较困难的。其一是因为它的发展十分迅速，很难界定它的范围。其二是因为它的发展基本上是自由化的，用国外的话就是：Internet 是一个没有警察，没有法律，没有国界，也没有领袖的网络空间。美国联邦网络理事会给出如下定义：Internet 是一个全球性的信息系统；它是基于 Internet 协议(IP)及其补充部分的全球的一个由地址空间逻辑连接而成的信息系统；它通过使用 TCP/IP 组及其补充部分或其他 IP 兼容协议支持通信；它公开或非公开地提供使用或访问存放于通信和相关基础结构的高级别服务。简而言之，Internet 是一种以 TCP/IP 为基础的、国际性的计算机互联网络，是世界上规模最大的计算机网络系统，我们一般称为因特网或国际互联网。

Internet 的诞生与发展是一个自然的演化过程，它是在计算机网络的基础上逐步建立起来的。可以笼统地说，Internet 是由众多的计算机网络相互连接而成的，每个子网是它的一个成员网。但是，Internet 不同于普通的计算机网络，它是建立在高度灵活的通信技术之上的一个跨越地区和国界的全球数字化信息系统。它提供了用以创建、浏览、访问、搜索、交流信息等涉及社会生活各方面的服务。Internet 的实用性主要在于它的信息资源。它的资源量非常大，大得不可思议，没有人能通晓它的全部内容，也没有人能完全拥有或控制它。

20 世纪的最后 20 年是网络技术取得巨大进展的年代，网络的出现改变了计算机的工作方式；而 Internet 的出现，又改变了网络的工作方式。对广大用户而言，Internet 不仅使他们不再被局限于分散的计算机上，而且也使他们脱离了特定网络的约束。Internet 采用 TCP/IP 作为共同的通信协议，将世界范围内许许多多的计算机网络联结在一起，成为当今最大的和最流行的国际性网络，任何人只要进入 Internet，他就可以利用其中各个网络和各种计算机上难以数计的资源，同世界各地的人们自由通信和交换信息，以及去做通过计算机能做的任何事情。因此，Internet 一经出现，在短短几年时间里，就遍及美国大陆并迅速向世界各地延伸。现在，每月甚至每天都有新的网络并入到 Internet 中。

6.1.2 Internet 的产生与发展

1969 年，美国国防部指派其高级研究计划局(Advance Research Projects Agency，ARPA)研究并设计一个能在战争期间使用的通信网络。该网络的目标是当网络的一部分受损时，数据仍然能够通过其他途径到达预定的目的地。于是，ARPA 将位于美国不同地方的几个军事及研究机构的计算机主机连接起来，建立了一个名为 ARPANET 的网络。这就是 Internet 的起源。

1980 年，ARPA 开始把 ARPANET 上运行的计算机转向采用新的 TCP/IP。1983 年，根据实际需要，ARPANET 又被分离成了两个不同的系统，一个是供军方专用的 MILNET，而另一个是服务于研究活动的民用 ARNNET。这两个子网间使用严格的网关，可彼此交换信息，这便是 Internet 的前身。

Internet 的真正发展从 NSFNET 的建立开始。1986 年，美国国家科学基金会(NSF)把在全国建立的五大超级计算机中心用通信干线连接起来，组成基于 IP 的计算机通信网络 NSFNET，并以此作为 Internet 的基础，实现同其他网络的联结。采用 Internet 的名称是在 MILNET(由 ARPANET 分离出来的)实现和 NSFNET 连接后开始的。后来，其他联邦部门的计算机网相继并入 Internet。NSFNET 最终将 Internet 向全社会开放，它至今仍是 Internet 最重要的主干。这是 Internet 发展的第二阶段。

随着 Internet 的成功，一些原来不采用 TCP/IP 的商用网络，也逐渐同 Internet 连接起来，为客户提供 Internet 服务。NSFNET 与商用通信主干网共同形成了早期的 Internet。至今，NSFNET 作为 Internet 的主干网之一，连接了全美上千万台计算机，拥有几千万用户，是 Internet 最主要的成员网。以美国 Internet 为中心的网络互联迅速向全球发展，联入的国家和地区日益增加，信息流量也不断增加，特别是许多的商业机构也介入到 Internet 中，出现了大量的 ISP(Internet Service Provider)和 ICP(Internet Content Provider)，前者辅助用户接入 Internet，后者向用户提供 Internet 服务，在丰富 Internet 服务和内容的同时，也促进了 Internet 的扩展。

从 1980 至 1986 年的 7 年间，Internet 覆盖了数以百计的单个网络，连接了近 20 000 台分布于大学、政府机构和合作实验室的计算机；1990 年达到 3000 个网络和 20 万台计算机；1995 年网络个数达到 25 000，主机数达到 680 万台，用户数达到 4000 万人，遍布世界 136 个国家和地区；1997 年 7 月，欧洲市场协会统计，上网人数 1.37 亿(其中英语国家 72 000 万，欧洲国家 3360 万，亚洲 1400 万)，并且每年仍有数万台网络服务器诞生，而用户数以每年 20%的比率增长。

目前，Internet 已经成为一个全球性的计算机网络，它是人们与世界沟通的一个重要窗口。越来越多的人们在 Internet 上工作、学习和享受各种服务，开始了自己崭新的生活。

6.1.3 Internet 在中国的发展

1993 年中国加入了 Internet 大家庭，这大大促进了我国与国际的信息交流、资源共享和科技合作，促进了我国经济文化的发展。Internet 也为国内企业提供了让世界了解自己产品、增加国际贸易的商机。到目前为止，我国共有中国公用计算机互联网(CHINANET)、中国科学技术计算机网(CSTNET)、中国教育和科研计算机网络(CERNET)和国家公用经济信息通信网 GBNET 等 4 个计算机网络接入 Internet。它们在中国的 Internet 中分别扮演不同领域的主要角色，对我国经济、文化、教育和科学的发展起着决定性的作用，同时代表中国，通过 Internet 上的信息服务向全世界展示，中国正大踏步地前进。

1. 中国公用计算机互联网

中国公用计算机互联网 CHINANET(http://www.nic.chinanet.cn.net)，是在 1995 年由前中国邮电部(现为信息产业部)投资建设的中国公用计算机网络，它是中国第一个商业化的计算机互联网。该网于 1995 年年初与 Internet 连通，1996 年 6 月正式对外服务。最初仅有北京、上海两个国际出口，北京的出口速率为 256 kbps，上海的出口速率为 64 kbps 。如今 CHINANET 已经在全国大部分城市建立骨干网、接入网，国际出口总速率已经达到 80 Mbps。

CHINANET 采用了分层网络结构，完全遵守 TCP/IP 开放网络协议标准，通过高速数据专线实现国内各结点互连，拥有国际专线，是世界 Internet 的一部分。用户可以通过电话网、综合业务数据网、数字数据网等其他公用网络，以拨号或专线的方式接入 CHINANET，并使用 CHINANET 上开放的网络浏览、电子邮件、信息服务等多种业务服务。 使用 CHINANET 几乎可以从网上与整个世界发生联系，享受 Internet 浩如烟海的信息资源。CHINANET 已成为中国规模最大，技术、业务发展最快的公用数据网之一。

2. 中国科学技术计算机网

中国科学技术计算机网 CSTNET(http://www.cnc.ac.net)，是在中关村地区教育与科研示范网 NCFC 和中国科学院计算机网络 CASNET 的基础上建设和发展起来的覆盖全国范围的大型计算机网络，是我国最早建设并获国家正式承认具有国际出口的中国 4 大互联网之一。

CSTNET 的建设始于 1989 年，1993 年投入运行，1994 年 4 月正式开通与 Internet 的 64 kbps 专线联结。值得一提的是，CSTNET 在 1994 年 5 月份完成了我国最高域名 CN 主域名服务器的设置，从而实现了和 Internet 的 TCP/IP 联结，可为 CSTNET 上的用户提供 Internet 全功能服务。

中国科技网现有包括 10 Mbps 速率在内的多条国际信道联到美国及日本，进入 Internet 国际互联网络。目前，中国科技网在全国范围内已接入农业、林业、医学、地震、气象、铁道、电力、电子、航空航天、环境保护和国家自然科学基金委员会、国家专利局、国家计委信息中心、高新技术企业，以及中国科学院分布在北京地区和全国各地区 45 个城市的科研机构，共 1000 多家科研院所、科技部门和高新技术企业，上网用户达 40 万。

3. 中国教育和科研计算机网络

20 世纪 80 年代以来，世界上几乎所有发达国家都相继建成了国家级的教育和科研计算机网络，并相互连成覆盖全球的国际性学术计算机网络。这种全球计算机信息网络的产生加快了信息传递速度，为广大教师、学生以及科研人员提供了一个全新的网络环境，从根本上促进了他们之间的信息交流、资源共享、科学计算和科研合作，成为这些国家教育和科研工作最重要的基础设施，从而促进了这些国家教育和科研事业的迅速发展。

中国教育和科研计算机网络 CERNET(http://www.edu.cn)，是 1994 年由教育部主持，由清华大学、北京大学等 10 所高校承担建设的，旨在利用先进实用的计算机技术和网络通信技术，把全国大部分高等院校联结起来，从而改善国内高校的教学和科研环境，促进高校之间信息和技术合作与交流，推动我国教育和科研事业的发展。

CERNET 完全遵守 TCP/IP 开放网络协议标准，所有 CERNET 用户都可以享用全功能的 Internet 服务，包括电子邮件(E-mail)、文件访问和共享(FTP)、电子公告牌(BBS)、电子图书馆查询服务(Digital Library)、网络新闻服务(USENET)和 WWW(万维网)资源服务等。

目前，CERNET 已建成了分级层次结构的覆盖全国 80 多个城市的网络，通过 117 Mbps 专线和 Internet 连接，联入 CERNET 的大学和科研机构已经超过 500 所，上网的学生、教师及科研人员已达 100 万人，在中国教育与科研领域产生了深远的影响。

4. 国家公用经济信息通信网

金桥工程是 1993 年 3 月 12 日国务院会议提出并部署建设的我国重要的信息化基础设施和跨世纪的重大工程。1996 年 8 月，金桥工程被正式列为国家 107 个重点工程项目之一。

国家公用经济信息通信网 GBNET 也称金桥网，是金桥工程的重要组成部分，它是由原电子工业部所属的吉通公司主持建设，为国家宏观经济调控和决策服务。金桥网在 1995 年投入运行，以光纤、卫星、微波、无线移动通信等多种传播形式，形成覆盖全国的公用网，目前已形成连接 30 个省市自治区、500 个中心城市、12 000 个大型企业、100 个重要企业集团的国家公用经济信息通信网，有力地促进了我国信息化事业的发展。

目前已完成金桥前期工程，建成连接金桥全国网络运营控制中心和 30 个省市及地区网点的中国金桥计算机信息通信网，建成数百个 VAST 卫星小站，建成 E-mail/EDI 增值服务中心和金桥 Internet 信息中心，在全国重要城市和经济发达地区建立了 16 个吉通分公司。在金桥网上组建的中国金桥信息网(CHINAGBN)是国家指定的面向社会提供商业服务的互联网之一。金桥网自 1995 年 10 月开通以来，以先进的技术、合理的运行体制为社会提供了优质的信息和通信服务。

CHINANET 和 GBNET 是商业网络，可以从事商业活动；CSTNET 和 CERNET 是教育科研网络，主要为教育和科研服务，不能进行营利性服务。

6.1.4 域名地址

IP 地址是一个具有 32 比特的二进制数，对于一般用户来说，要记住 IP 地址比较困难。为了向一般用户提供一种直观明了的主机识别符(主机名)，TCP/IP 专门设计了一种字符型的主机命名机制，给每一台主机一个由字符串组成的名字，这种主机名相对于 IP 地址来说是一种更为高级的地址形式，即域名。

1. 域名系统

域名系统是一种帮助人们在 Internet 上用名字来唯一标识自己的计算机，并保证主机名(域名)和 IP 地址一一对应的网络服务。

DNS 域名系统是一个以分级的、基于域的命名机制为核心的分布式命名数据库系统。DNS 将整个 Internet 视为一个域名空间(Name Space)，域名空间被分成若干个部分并授权相应的机构进行管理。该管理机构又有权对其所管辖的域名空间进一步划分，并再授权相应的机构进行管理。如此下去，域名空间的组织管理便形成一种树状的层次结构(如图 6-1 所示)。

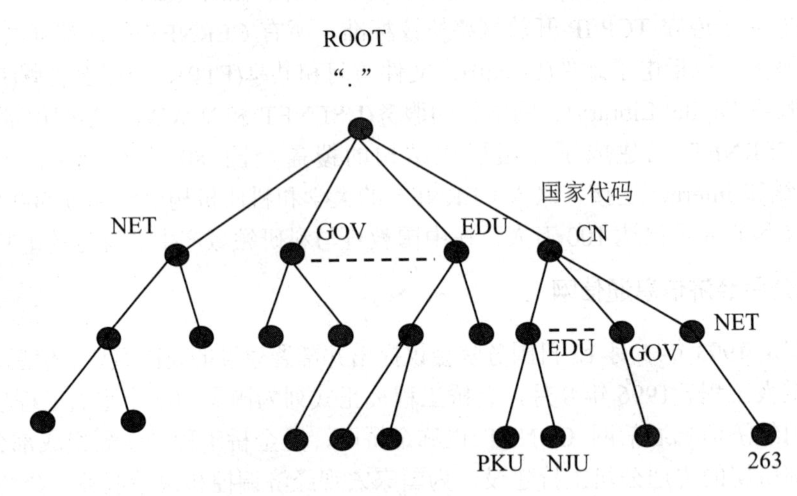

图 6-1　DNS 域名空间

2. 命名机制

一个层次型主机名由以下 3 部分组成。

(1) 最高一级域名空间的划分基于“网点名”，由若干网络组成，这些网络在地理位置或组织关系上联系非常紧密，比如商业组织 COM、教育机构 EDU、国家代码<Country Code>等。

(2) 在各个网点内，又可以分出若干个“管理组”，即第二级域名空间的划分基于“组名”。

(3) 在组名下面是各主机的“本地名”。

3. 顶级域名

在根域之下就是顶级域名。目前包括下列域名：com、edu、gov、org、mil、net、arpa 等。所有的顶级域名都由 Internet 信息中心(InterNIC)控制。顶级域名一般分为两类：组织上的和物理上的。

组织上的顶级域名如表 6-1 所示。

表 6-1　组织上的顶级域名

域名代码	意　义
COM	商业组织
EDU	教育机构
GOV	政府部门
MIL	军事部门
NET	网络支持中心
ORG	其他组织
ARPA	临时 ARPA(未用)
INT	国际组织
1997 新增加的第一级代码	
FIRM	商业公司
STORE	商品销售企业
WEB	与 WWW 相关的单位
ARTS	文化和娱乐单位
REC	消遣和娱乐单位
INFO	提供信息服务的单位
NOM	个人

物理上的顶级域名如表 6-2 所示。

表 6-2　物理上的顶级域名

地区代码	国家或地区	地区代码	国家或地区
AU	澳大利亚	JP	日本
BR	巴西	KR	韩国
CA	加拿大	MO	中国澳门
CN	中国	RU	俄罗斯
FR	法国	SG	新加坡
DE	德国	TW	中国台湾
HK	中国香港	UK	英国

4. 域名解析

主机域名不能直接用于 TCP/IP 的路由选择之中。当用户使用主机域名进行通信时，必须首先将其映射成 IP 地址，因为 Internet 通信软件在发送和接收数据时都必须使用 IP 地址。将主机域名映射为 IP 地址的过程叫作域名解析。域名解析包括正向解析(从域名到 IP 地址)以及反向解析(从 IP 地址到域名)。Internet 的域名系统 DNS 能够透明地完成此项

工作。

【例 6-1】 一台域名为 netra.nju.edu.cn 的主机访问英国某台名字为 paradisc.ulcc.uk 的主机的域名解析过程。

(1) 首先通过 nju 子域的域名服务器(在南京大学网络中心)进行查找，知道 paradisc.ulcc.uk 主机不在南京大学校园网范围内，于是通过指针找到管理 edu 子域的域名服务器(在清华大学的 CERNET 网络中心)。

(2) edu 子域的域名服务器中存放了我国所有高校的子域名字，通过查找得知，目的地主机不在 CERNET 范围内，于是再利用同样的方法找到管理 edu 子域的最高域名 cn 的域名服务器。

(3) cn 域名服务器存有所有其他国家最高级域名的服务器地址，这样就可以找到 uk 域名服务器的地址。

(4) 从 uk 域名服务器找到 ulcc 子域的域名服务器地址，然后再从 ulcc 子域的域名服务器中查找，知道 paradisc.ulcc.uk 主机的 IP 地址是 128.86.8.56。

查找过程完成后，找到的 IP 地址反向逐级送到发出查询请求的主机，接着就可以进行两个主机之间的通信了。

6.2 接入 Internet 方式

接入 Internet 的主流技术主要分为有线接入与无线接入两种。

常见的有线接入技术有电话拨号接入、ADSL 接入、局域网接入技术 Cable Modem 和光纤接入等，主要形式为一点对多点接入，带宽统计复用，以以太网模式进行业务承载。目前电话拨号接入、ADSL 接入已基本淘汰。

无线接入技术主要有 Wi-Fi、数字微波和卫星通信等，主要以本地多点分配业务、无线室内覆盖、无线宽带大范围接入等方式实现。

有线接入的终端主要以台式电脑、笔记本电脑为主，具有带宽高、稳定性好、可支持高清视频与网络游戏等大数据量业务。而无线接入的终端多为手机、掌上电脑、笔记本等，其优势在于随时随地可用、具有良好的便携性。

6.2.1 LAN 方式接入

LAN 方式接入是利用以太网技术，采用光缆+双绞线的方式对社区进行综合布线。具体实施方案是：从社区机房敷设光缆至住户单元楼，楼内布线采用五类双绞线敷设至用户家里，双绞线总长度一般不超过 100m，用户家里的电脑通过五类跳线接入墙上的五类模块就可以实现上网。社区机房的出口是通过光缆或其他介质接入城域网。LAN 方式接入如图 6-2 所示。

采用 LAN 方式接入可以充分利用小区局域网的资源优势，为居民提供 10 MB 以上的共享带宽，这比拨号上网速度快 180 多倍，并可根据用户的需求升级到 100 MB 以上。而且以太网技术成熟、成本低、结构简单、稳定性、可扩充性好；便于网络升级，同时可实现实时监控、智能化物业管理、小区/大楼/家庭保安、家庭自动化(如远程遥控家电、可视门铃等)、远程抄表等，可提供智能化、信息化的办公与家居环境，满足不同层次的人们对信息化的需求。LAN 方式接入 Internet 非常简单，只需将连接入户的双绞线接入用户 PC 的网卡接口，PC 就会获得一个临时动态分配的 IP 地址，用户就可以访问 Internet 了。当用户的 PC 机关闭时，会自动释放 IP 地址，断开 Internet 的连接。LAN 方式是目前常用的 Internet 接入方式。

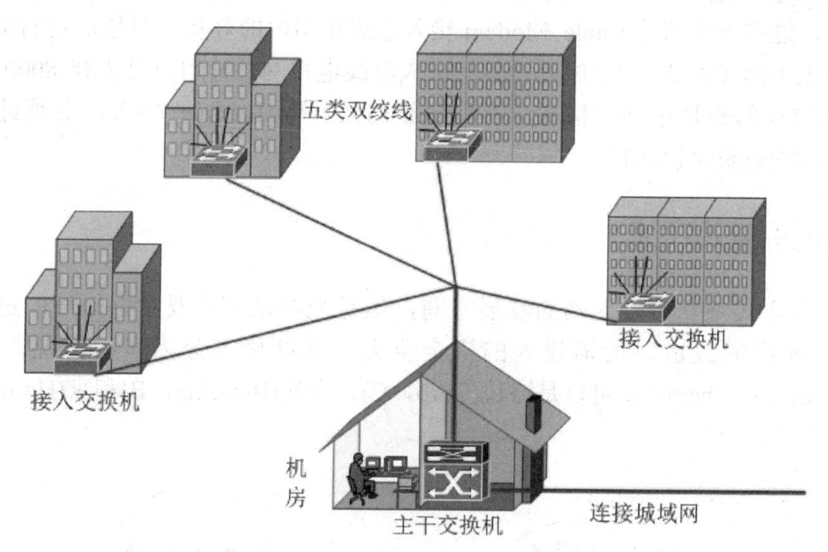

图 6-2　LAN 方式连接 Internet

6.2.2　电缆调制解调技术

有线电视系统的传输介质同轴电缆具有很大的容量，而且抗电子干扰能力强，它使用频分多路复用技术可同时传送上百个电视频道。更重要的是，由于有线电视系统的设计容量要远远高于现在使用的电视频道数目，未使用的带宽(即频道)可用来传输数据，因此，人们研究开发了用有线电视网高速传送数字信息的技术，这就是电缆调制解调器(Cable Modem)技术。

使用 Cable Modem 传输数据时，将同轴电缆的整个频带划分为 3 部分，分别用于数字信号上传、数字信号下传及电视节目(模拟信号)下传。一般同轴电缆的带宽为 5～750 MHz，数字信号上传使用的频带为 5～42 MHz，电视节目(模拟信号)下传使用的频带为 50～550 MHz，数字信号下传使用的频带则为 550～750 MHz。这样一来，数字信号和模拟信号就不会发生冲突而可以同时传输了。这也是为什么上网时还可以同时收看电视节目的原因。

Cable Modem 在上传数据和下载数据时的速率是不同的。数据下行传输时的速率可达 36 Mbps，而上传信道低速调制方式一般为 320 kbps～10 Mbps。

为了允许多个用户同时下传和上传数据，必须采用频分多路复用技术，将下传和上传的频带划分给多个用户使用。每个用户都需要一对调制解调器(一个调制解调器置于有线电视中心，另一个装在用户站点上)。这一对调制解调器必须调到相同的载波频段，与电视信号一起在电缆上多路复用。

在一个大的都市，有线电视可能有百万计的用户，不可能为每个用户分配一个独立的载波频段，由于频分多路复用方法不具备可扩展性，这就需要在采用频分多路复用技术的基础上再采用时分多路复用技术。

采用 Cable Modem 上网的缺点是由于 Cable Modem 模式采用的是相对落后的总线型网络结构，这就意味着网络用户共同分享有限带宽；另外，购买 Cable Modem 和初装费也都不算很便宜，这些都阻碍了 Cable Modem 接入方式在国内的普及。但是，它的市场潜力是很大的，毕竟中国 CATV 网已成为世界第一大有线电视网，其用户已达到 8000 多万。但现有的有线电视网都是单向广播式，有线电视网要实现 Internet 接入，必须进行双向改造，这项工程的投资是巨大的。

6.2.3 光纤接入技术

光纤接入方式是宽带接入网的发展方向，但是光纤接入需要对电信部门过去的铜缆接入网进行相应的改造，所需投入的资金巨大。光纤接入分为多种情况，可以表示成 FTTx(Fiber To Thex)，x 可以是路边(Curb，C)、大楼(Building，B)和家(Home，H)，如图 6-3 所示。

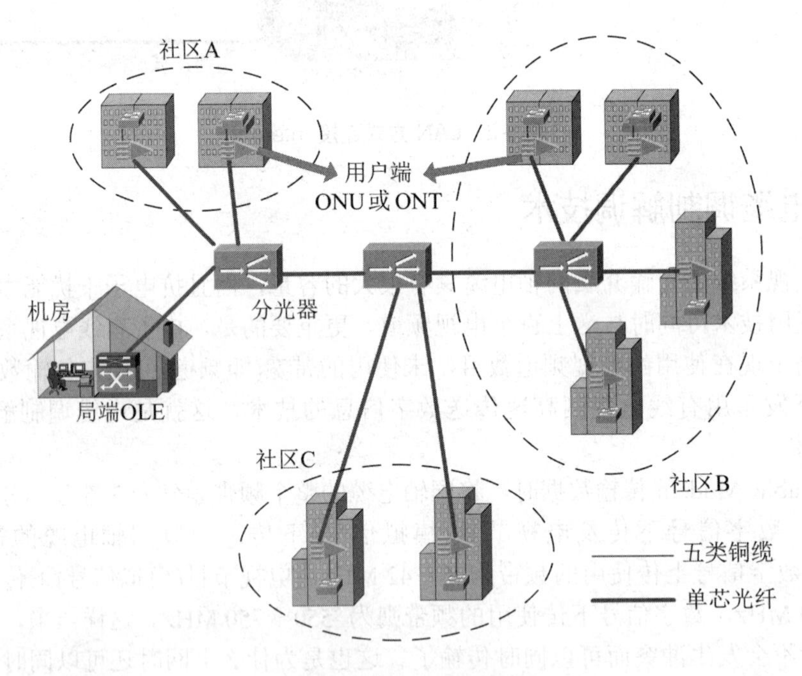

图 6-3 光纤接入 Internet

在图 6-3 中 OLT(Optical Line Terminal)称光线路终端，UNI 是用户网络接口，ONU 是用户侧光网络单元。根据 ONU 位置不同有 3 种主要的光纤接入网。

1. 光纤接入类型

1) FTTC 光纤到路边

ONU 设置在路边的分线盒处，在 ONU 网络一侧为光纤，一侧为双绞线。FTTC 是光纤与铜缆相结合的比较经济的方式，提供 2 Mbps 以下业务，典型的用户数为 128 位以下，主要为住宅或小型企业单位服务。FTTC 适合于点到点或点到多点的树型分支拓扑结构。其中的 ONU 是有源设备，因此需要为 ONU 提供电源。

2) FTTB 光纤到大楼

FTTB 将 ONU 直接放到居民住宅楼或小型企业办公楼内，再经过双绞线接到各个用户上。FTTB 是一种点到多点的结构。

3) FTTH 光纤到户

FTTH 是将 ONU 移到用户的房间内，实现了真正的光纤到用户。从本地交换机一直到用户端全部为光纤连接，不使用铜缆，也没有有源设备、等中转设备，这是今后网络接入的长远目标。

2. FFTx+LAN

以太网技术是目前具有以太网布线的小区、小型企业、校园中用户实现宽带城域网或广域网接入的首选技术。前面我们已作介绍。

6.2.4 无线接入技术

无线接入技术(Radio Interface Technologies，RIT)是指通过无线介质将用户终端与网络节点连接起来，以实现用户与网络间的信息传递。它与有线接入技术的一个重要区别在于可以向用户提供移动接入业务。无线宽带网络具有多种技术，包括无线局域网、蜂窝、蓝牙等技术。结合全 IP 技术的无线宽带网络可在高速和低速移动环境下为用户提供宽带无线接入服务，无线宽带可以实现无线蜂窝系统、无线局域网络、广播网络、电视网络等系统的无缝衔接，使人类实现在任何时间、任何地点与任何人进行任何方式通信的梦想，如图 6-4 所示。

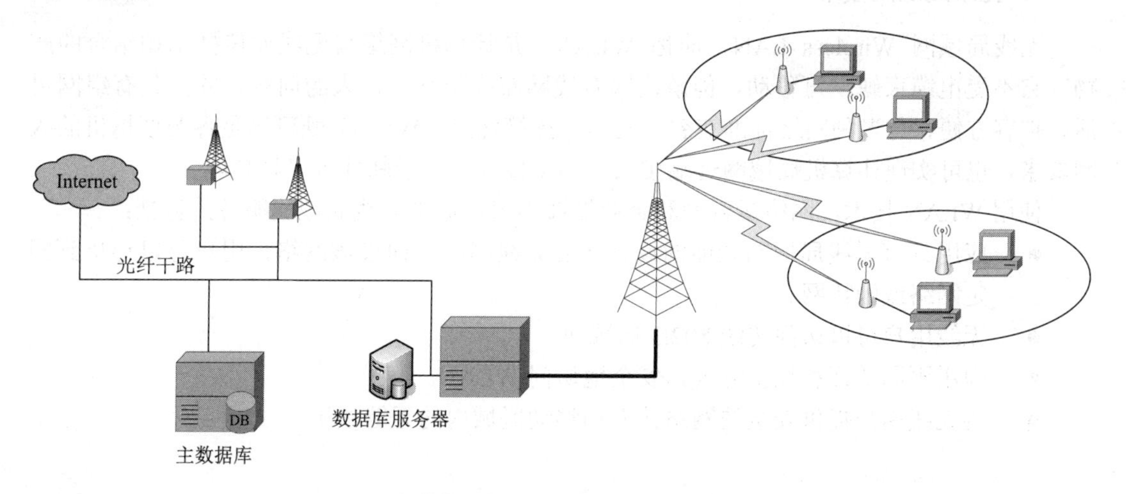

图 6-4 无线接入 Internet

1. GSM 接入技术

GSM 技术是目前个人移动通信使用最广泛的技术，使用的是窄带 TDMA，允许在一

个射频(即“蜂窝”)同时进行 8 组通话。GSM 数字网也具有较强的保密性和抗干扰性，音质清晰，通话稳定，并具备容量大、频率资源利用率高、接口开放、功能强大等优点。GSM 网络手机用户可以通过 WAP(Wireless Application Protocol，无线应用协议)上网。

2. CDMA 接入技术

CDMA 与 GSM 一样，也是属于一种比较成熟的无线通信技术，CDMA 是利用展频技术，将所要传递的信息加入一个特定的信号后，在一个比原来信号还大的宽带上传输开来。当基地接收到信号后，再将此特定信号删除还原成原来的信号。这样做的好处在于其隐密性与安全性好。与 GSM 不同，CDMA 并不给每一个通话者分配一个确定的频率，而是让每一个频道使用所能提供的全部频谱。

3. GPRS 接入技术

相对原来 GSM 的拨号方式的电路交换数据传送方式，GPRS 是分组交换技术。由于使用了“分组”的技术，用户上网可以减少断网的机会。此外，使用 GPRS 上网的方法与 WAP 并不同，用 WAP 上网就如在家中上网，先“拨号连接”，而上网后便不能同时使用该电话线，但 GPRS 就较为优越，下载资料和通话是可以同时进行的。从技术上来说，声音的传送(即通话)继续使用 GSM，而数据的传送便可使用 GPRS，这样，就把移动电话的应用提升到一个更高的层次。而且发展 GPRS 技术也十分“经济”，因为只需沿用现有的 GSM 网络来发展即可。GPRS 的用途十分广泛，包括通过手机发送及接收电子邮件，在互联网上浏览等。使用了 GPRS 后，数据实现分组发送和接收，意味着用户总是在线且按流量计费，迅速降低了服务成本。目前的 GSM 移动通信网的传输速度为每秒 9.6 KB，GPRS 手机在推出时已达到 56 Kbps 的传输速度，现在更是达到了 115 Kbps。

目前我国 GPRS(中国移动)和 CDMA(中国联通)都利用这一技术实现上网功能。

4. 无线局域网技术

无线局域网 Wireless LAN，简称 WLAN，是计算机网络与无线通信技术相结合的产物。它不受电缆束缚，可移动，能解决因有线网布线困难等带来的问题，并且具有组网灵活、扩容方便、与多种网络标准兼容、应用广泛等优点。WLAN 既可满足各类便携机的入网要求，也可实现计算机局域网远端接入、图文传真、电子邮件等多种功能。

使用 WLAN 技术，网络运营商和企业能够为用户提供无线局域网服务，包括：

- 应用具有无线局域网功能的设备建立无线网络，通过该网络，用户可以连接到固定网络或因特网。
- 无线用户可以访问传统 802.3 局域网。
- 使用不同认证和加密方式，安全地访问 WLAN。
- 为无线用户提供安全的网络接入和移动区域内的无缝漫游。

6.3 Internet 的服务

一旦进入 Internet 世界，你一定会为它所包含的丰富的信息资源和拥有的多种多样的信息交流手段而惊讶！从早期的远程登录访问 Telnet、FTP 文件传输服务、电子邮件 E-mail、网络新闻服务 USENET 和电子公告牌 BBS，到目前最流行的 WWW 服务，Internet 提供了形式多样、功能各异的信息服务。下面具体介绍这些服务中的部分功能。

6.3.1　Internet 主要的信息服务

1. WWW 服务

WWW，即万维网(World Wide Web，WWW)，可以缩写为 W3 或 Web，又称“全球信息网”、“环球信息网”、“环球网”等。它并不是独立于 Internet 的另一个网络，而是基于“超文本(Hypertext)”技术将许多信息资源连接成一个信息网，由节点和超链接组成的、方便用户在 Internet 上搜索和浏览信息的超媒体信息查询服务系统，是互联网的一部分。WWW 中的节点的连接关系是相互交叉的，一个结点可以以各种方式与另外的节点相连接。超媒体的优点是用户可以通过传递一个超链接，得到与当前结点相关的其他节点的信息。

“超媒体”(Hypermedia)是一个与超文本类似的概念，在超媒体中，超链接的两端可以是文本节点，也可以是图像、语音等各种媒体的数据。WWW 通过超文本传输协议(HTTP)向用户提供多媒体信息，所提供信息的基本单位是网页，每一网页可以包含文字、图像、动画、声音、3D(三维)世界等多种信息。

WWW 是通过 WWW 服务器(也叫作 Web 站点)来提供服务的。网页可存放在全球任何地方的 WWW 服务器上(例如，北京大学 WWW 服务器 http://www.pku.edu.cn)，当用户上网时，就可以使用浏览器(如微软公司的 Internet Explorer、网景公司的 Netscape)访问全球任何地方的 WWW 服务器上的信息。

2. 文件传输 FTP 服务

文件传输服务 FTP 允许 Internet 上的用户将一台计算机上的文件和程序传送到另一台计算机上，允许从远程主机上得到想要的程序和文件，就像一个跨地区跨国家的全球范围内的复制命令。这与后面将要提到的远程登录(Telnet)有些类似(Telnet 允许用户在远程主机上登录并使用其资源)，它是一种实时的联机服务，工作时首先要登录到对方的计算机上。与远程登录不同的是，文件传输服务在用户登录后仅可进行与文件检索和文件传输有关的操作，如改变当前工作目录、列文件目录、设置传输参数、传送文件等。通过 FTP 可以获取远方的文件，同时也可以将文件从自己的计算机复制到别人的计算机中。

尽管有时也可以用电子邮件来传送文件，但邮件更适合于短的文本，而那些大的程序和数据文件就要用 Internet 的“文件传输”功能来发送和接收。这些文件可以是一幅美丽的图画、一首好听的歌、一本昂贵的字典或是免费软件等各种各样的文件，它们都“藏”在遍布世界各地的“FTP 服务器”上。正是 FTP 的存在，才使得国际网络的丰富资源得以交流和共享。

3. 电子邮件 E-mail 服务

电子邮件简称 E-mail，简单地说就是通过 Internet 发送和接收信件，它是 Internet 最基本、最重要的服务功能，其业务量约占 Internet 总服务量的 30%。

利用 Internet 传送电子邮件和寄普通邮件一样，首先要知道对方的邮箱地址即 E-mail 地址，在发出邮件的同时，还要通报自己的邮箱号。对方的 E-mail 地址在发送之前需要指定，而自己的邮箱号则无须专门指定，因为只要是网络上的合法用户，必定有一个属于自己的邮箱号。当在自己的户头上发送电子邮件时，邮箱号会自动附在电子邮件上一并发出。我们还可以把一封信件同时发给多个收件人，电子邮件系统会自动将信件通过网络一站一站送到目的地。若发出的收件人电子邮箱地址有误，系统会将原信退回，并通知不能送达的原因。

要接收电子邮件，必须有一个信箱，即一块磁盘空间，用以保存已收到但还未来得及阅读的信件，供以后阅读和处理。同普通邮政信箱一样，E-mail 的信箱也是私有的，任何人都可以向信箱中发信，但只有你有“钥匙”(即口令)才能打开它。

电子邮件的作用远远不只用来写信，你还可以将一条信息发送给多个收件人，传送包括文本、声音、影像和图形在内的多种信息。

6.3.2 Internet 的其他服务

1. 远程登录 Telnet 服务

远程登录实际上可以看成是 Internet 的一种特殊通信方式，是指在另一个网络通信协议 Telnet 的支持下，用户的计算机通过 Internet 网络暂时成为远程计算机终端的过程；是指远距离操纵别的机器，实现自己的需要。我们可以通过自己的计算机进入到位于地球任一地方的连在网上的某台计算机系统中，就像使用自己的计算机一样使用该计算机系统(该计算机系统叫作“远程计算机”或“远程计算机系统”)。也就是说键盘、屏幕是你的，而真正运行的计算机是别人的，而且这台计算机可能远在地球的另一端。

但是用户要登录到远程计算机上，必须首先成为该系统的合法用户，并拥有要使用那台计算机的相应用户名及口令，这样才可以远程登录。一旦登录成功，用户便可以使用远程计算机提供的共享资源。

世界上的许多大学图书馆都通过 Telnet 对外提供联机检索服务。一些研究机构将它们的数据库对外开放，并提供各种菜单式的用户接口和全文检索接口，供用户通过 Telnet 查阅。用户还可以在自己的计算机上发出命令运行其他计算机上的软件。当然不可能在别人的计算机上为所欲为，因为别人的计算机可以限制你使用的权限。

2. 信息讨论和公布服务

由于 Internet 上有许多的用户，他们需要相互联系、交换信息和发表观点以及发布信息，电子公告板系统(BBS)、邮件列表(Mailing List)和网络新闻(USENET)等为那些对共同主题感兴趣的人们相互讨论、交换信息提供了场所。

网络新闻(USENET)是 Internet 出现最早、生命力最强的应用服务之一。网络新闻是可以自由参加和退出的专题讨论组，参加者以电子邮件的形式提交个人的意见和建议。值得注意的是，这里所谓的“新闻”并不是通常意义上的大众传播媒体提供的各种新闻，而是在网络上开展的对各种问题的研究、讨论和交流。如果你希望向 Internet 上的行家请教，但你和他们又素不相识，那么网络新闻则是最好的可选途径。

电子公告栏 BBS(Bulletin Board System)是 Internet 上一种休闲信息服务系统，用户可以通过它发布通知和消息，进行各种信息交流。BBS 通常是由某个单位或个人提供的，用户可以根据自己的兴趣访问任何 BBS。和网络新闻不同，Internet 上的电子公告栏相对独立，不同的 BBS 站点的服务内容差别很大，这是因为建立网站的目的和对象都不同。不同的 BBS 彼此之间并没有特别的联系，但有些 BBS 之间也相互交换信息。

3. 娱乐与会话服务

Internet 不仅可以让你同世界上的 Internet 用户进行实时通话，而且还可以参与各种游戏，如与远在数千里以外的不认识的人对弈，或者参加联网大战等。

6.4 Intranet 网络

6.4.1 Intranet 概述

1. Intranet 的定义

Intranet 按字面直译就是“内部网”的意思，为了与互联网 Internet 对应，通常将之译成“内联网”，表示这是一组在特定机构范围内使用的互联网络。这个机构的范围，大可到一个跨国企业集团，小可到一个部门或小组，它们的地理分布不一定集中或只限定在特定的区域内。所谓“内部”，只是就机构职能而言的一个逻辑概念。

由于采用的是 Internet 上早已成熟的标准技术，Intranet 使得机构内涉及多种平台的网络应用开发不必再拘泥于传统的客户/服务器技术，从而使开发工作变得十分简单。而且，用户端只需要配置一个一般用户都熟悉的浏览器软件，这样就使开发投资和培训费用也大大降低了。

Intranet 技术一问世就受到了各类机构组织和企业的极大欢迎，近年来推广速度与 Internet 相比有过之而无不及。现在全球几乎 80%的 Web 服务器都与 Intranet 应用有关，可以说 Intranet 已成为当前机构和企业计算机网络的新热点。

2. Intranet 的结构

Intranet 通常是指一组沿用 Intranet 协议的、采用客户/服务器结构的内部网络。服务器端是一组 Web 服务器，用以存放 Intranet 上共享的 HTML 标准格式信息以及应用；客户端则为配置浏览器的工作站，用户通过浏览器以 HTTP 协议提出存取请求，Web 服务器则将结果返回到客户端。

Intranet 通常包含多个 Web 服务器，一个大型国际企业集团的 Intranet 常常会有多达数百个 Web 服务器及数千个客户工作站。这些服务器有的与机构组织的全局信息及应用有关，有的仅与某个具体部门有关，这种分布组织方式不仅有利于降低系统的复杂程度，也便于开发和维护管理。由于 Intranet 采用标准的 Intranet 协议，某些内部使用的信息必要时能随时方便地发布到公共的 Intranet 上去。

考虑到安全性，可以使用防火墙将 Intranet 与 Internet 隔离开来。这样，既可提供对公共 Internet 的访问，又可防止机构内部机密的泄露。

6.4.2 Intranet 的特点

1. 开放性和可扩展性

由于 Intranet 采用了 TCP/IP、FTP、HTML、Java 等一系列标准，因而具有良好的开放性，可以支持不同计算机、不同操作系统、不同数据库、不同网络的互联。在这些相异的平台上，各类应用可以相互移植、相互操作，使它们有机地集成为一个整体。在此基础上，应用的规模也可以增量式扩展，先从关键的、小的应用着手，在小范围内实施取得效益和经验后，再加以推广和扩展。

2. 通用性

Intarnet 的通用性表现在它的多媒体集成和多应用集成两个方面。在 Intranet 上，用户可以利用图、文、声、像等各类信息，实现机构组织所需的各种业务管理和信息交流。Intranet 从客户终端、应用逻辑和信息存储 3 个层次上支持多媒体集成。在客户端，Web 浏览器允许在一个程序里展现文本、声音、图像、视频等多媒体信息；在应用逻辑层，Java 提供交互的、三维的虚拟现实界面；在信息存储层，面向对象数据库为多媒体的存储和管理提供了有效的手段。

利用 TCP/IP、Web、Java 和分布式面向对象等开放性技术，Intranet 能支持不同应用在不同平台上的集成，这些应用可运行在同一机构组织的不同部门，也可运行在不同机构组织之间。

3. 简易性和经济性

Intranet 的经济性主要体现在其网络基础设施的费用投入较少。由于采用开放的协议和技术标准，大部分机构组织的现存平台，包括网络和计算机，均可直接加以利用。

Intranet 的简易性和经济性不仅表现在开发和使用上，也表现在管理和维护上。由于 Intranet 采用瘦客户机方式，其客户端不存在程序代码，所以维护更新和管理可以方便地在服务器上进行。另外，由于 Intranet 开发和维护技术要求简单，可以让更多部门甚至个人参与开发，从而降低了 IT 人员的负荷和数量。

4. 安全性

Intranet 的安全性是区别于 Internet 的最大特征之一。Intranet 的实现基于 Internet 技术，两个地理位置不同的部门或子机构也可利用 Internet 相互连接。由于 Intranet 通常主要供机构内部人员使用，所以在与 Internet 互联时，必须加密数据，设置防火墙，控制职员随意接入 Internet，以防止内部数据泄密、被篡改和黑客入侵。

5. Intranet 存在的问题

虽然 Intranet 具有传统 MIS 系统和 LAN 无可比拟的优点，但由于 Intranet 的发展仍处于初级阶段，不少方面尚未成熟，还存在不少问题，主要表现在以下几个方面。

(1) 规划不足的问题。由于 Intranet 的简易性和经济性，诱使各类机构和企业在无缜密规划的情况下纷纷仓促上马，以致造成失控状态。为避免混乱，Intranet 实施前应该根据本机构的特点和现状进行统一规划，并制定详细的实施步骤。

(2) 安全风险问题。只要有接入 Internet 的可能，Intranet 的风险总是存在的。但是，如果能谨慎地设计安全系统，并充分利用如防火墙、公有密钥和私有密钥等成熟的安全性技术，风险是可以大大降低的。

(3) 信息管理的重视问题。Intranet 的优点之一是其信息可以让机构内的所有成员共享，但由此也引发了越权访问、信息泄露及垃圾数据上网的问题。为此，必须加强对信息管理的重视。

(4) 开发方法和策略缺少问题。目前尚无成熟的方法和策略用于 Intranet 的规划、设计和实施，大多开发工作只能借助于旧有的方法和策略，这样不利用于系统开发的质量和效益。

6.4.3 Intranet 的应用

在短短几年里，Intranet 的应用发生了两次跨时代的飞跃，从第一代的信息共享与通信应用，发展到第二代的数据库与工作流应用，进入以业务流程为中心的第三代 Intranet 应用。

1. 信息共享与通信

第一代 Intranet 将 Internet 的应用搬到机构组织内部，实现信息共享和快捷通信。信息共享将机构内部的信息网转换成了全球性的信息网，实现了高效、无纸的信息传输。信息共享应用不仅将大量的文件、手册转换成了电子形式，从而减少了印刷、分发成本和传播周期，而且也营造了开放的企业文化。通过 Intranet，领导可以直接与员工交流，及时了解和掌握企业运作和市场营销情况。

通常，信息共享应用是一组采用 HTML 编制的静态 Web 页面，其中包含丰富的多媒体信息，页面之间通过超链接实现透明的浏览和切换。这些信息可以根据用户的身份和需要动态地产生或定制。与传统的媒体相比，Intranet 的信息共享应用不仅范围广、价格便宜、更新及时，更重要的是媒体丰富和按需点播。

初期 Intranet 应用的另一个内容是通信。通信应用可分为共同工作和独立工作两种方式。共同工作方式不管参与者是否在同一地点，他们必须在同一时间一起工作，这类应用的目的在于增强合作和交流的效率。常见的共同工作通信方式有：日程安排、电话会议、视频会议、电子系统、白板系统及交谈系统。独立工作方式则不关心参与者在何时何地进行工作，这类应用的旷日持久是取消必须同时参与的会议。常见的独立工作通信方式有：电子邮件、讨论组、支持小组工作的文档编辑工具等。

2. 数据库与工作流应用

随着 Intranet 应用的深入，静态的信息共享已不能满足用户需求，于是开始尝试将传统的 MIS 系统向 Intranet 上搬迁，这就是以数据库应用和工作流为主的第二代 Intranet 应用。

这一代 Intranet 应用的技术特点是 Web 和数据库的结合。在传统的 MIS 系统中，数据库的存取一般需要专门的用户端软件，检索所得的结果难以为大多数用户所接受。通过通

用网关接口(Common Gateway Interface，CGI)将WWW与数据库结合起来后使无论存取本身和结果都变得更加容易。WWW提供的友善、统一和易用的界面，使更多的用户乐意去访问数据库。由于用户使用的是统一的WWW浏览器界面，而不是各种各样的用户端软件，所以数据库的管理和支持人员可以集中精力在数据库建设上，而不用过多关心对用户端的支持。这样，对于一个机构来说，原来不同部门之间不同应用与数据库的互联、转换、培训和使用等问题也就迎刃而解了。

3. 以业务流程为中心的应用

Intranet技术虽然给机构的信息化建设带来了巨大的活力，但仍然不能使现代企事业摆脱这样的尴尬：一方面单位对IT的投资越来越大，另一方面预期的效益总不能兑现。导致IT技术不能发挥其潜在效能的主要原因是，传统MIS系统仅仅使人工作业自动化，并未改变原有的工作和管理方式。简单地对现有流程自动化，无论采用何种技术，都只会加剧混乱的程度。

解决这个问题的唯一途径是将新的管理理念和先进的Intranet技术有机结合起来，对现有业务流程进行重新分析、重组、优化和管理，以顾客为中心将流程中的每一项工作综合成一个整体，使之顺畅化和高效化，以协调内部业务关系和活动，提高对外界变化的反应能力，改善服务质量，降低经营和管理成本。这就是第三代以业务流程为中心的Intranet应用。

所谓业务流程，是指与顾客共同创造价值的相互衔接的一系列活动，也称为价值流。业务流程几乎包含了企事业单位的所有运行操作，按内容可分为客户关系管理、供应链、知识及决策管理等。业务流程具有时间、成本、柔性、客户满意度等可测量和分析的指标，因此，单位的业绩可由业务流程的指标来体现。无论是分析流程还是重新设计，均可对流程的指标进行测量和评价。这些指标的定义、测量、收集和分析是控制业务流程的关键技术。

以业务流程为中心的第三代Intranet应用集成了多种先进的IT技术，包括基于Web的多层客户/服务器技术、数据库(DB)、计算机电话集成技术(CTI)、分布对象技术(DOT)、安全和保密技术等。

6.5 本章小结

Internet是一个全球性的计算机互联网络，也是一个巨大的信息资源库，它的广泛应用和普及正改变着人们的工作和生活方式。本章主要介绍了Internet的产生与发展，以及Internet提供的主要服务，并详细说明了终端用户接入Internet的几种方法，最后简单介绍了Intranet的基本结构与特点。

6.6 小型案例实训

本案例主要介绍家庭无线局域网接入Internet的方法和设置。

1. 实验目的

掌握利用无线局域网接入 Internet 的方法和设置。

2. 实验设备

- 两台计算机、无线路由器、双绞线。
- 宽带账号。

3. 实验内容

(1) 无线路由器的安装。
(2) 无线路由器的设置。
(3) 建立无线连接。

4. 实验步骤

(1) 要组建局域网的各台计算机必须具备无线网卡硬件设备。尤其是对于台式机，需要另购无线 USB 或 PCI 插槽式网卡。另外还需要拥有一台无线路由器。如果具备这两个硬件条件，那么就可以创建无线局域网了，如图 6-5 所示。

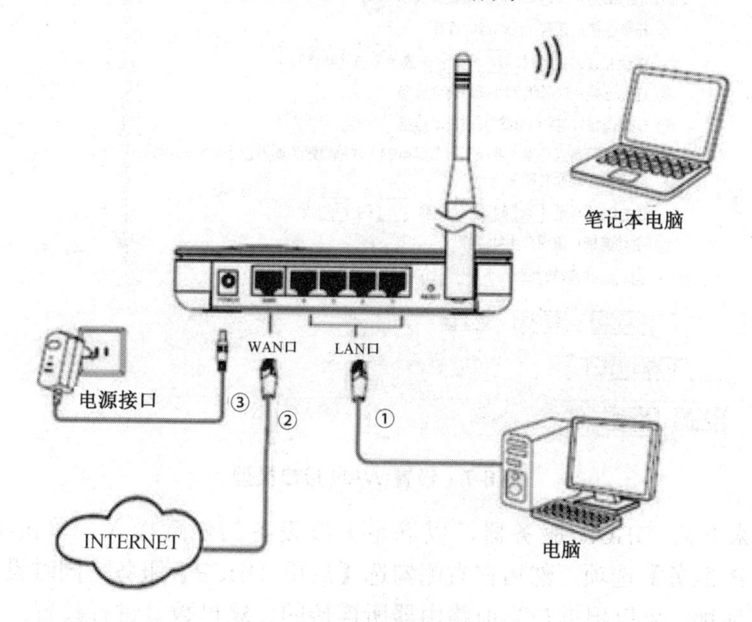

图 6-5　家庭无线网络图

(2) 将其中一台计算机通过网线与无线路由器相连，然后根据路由器背面的登录地址和账号信息(如图 6-6 所示)，在浏览器地址栏中输入登录地址 http://192.168.1.1，接着输入用户名和密码，登录进入路由器管理界面。

(3) 在路由器管理界面，首先根据电信运营商所提供的上网方式进行设置。切换至【WAN 接口】选项卡，根据电信服务商所提供的连接类型来选择 WAN 口连接类型，本例以 PPPoE 为例进行讲解。根据电信服务商提供的上网账号、口令进行如图 6-7 所示的设置。

图 6-6　路由器登录用户和密码

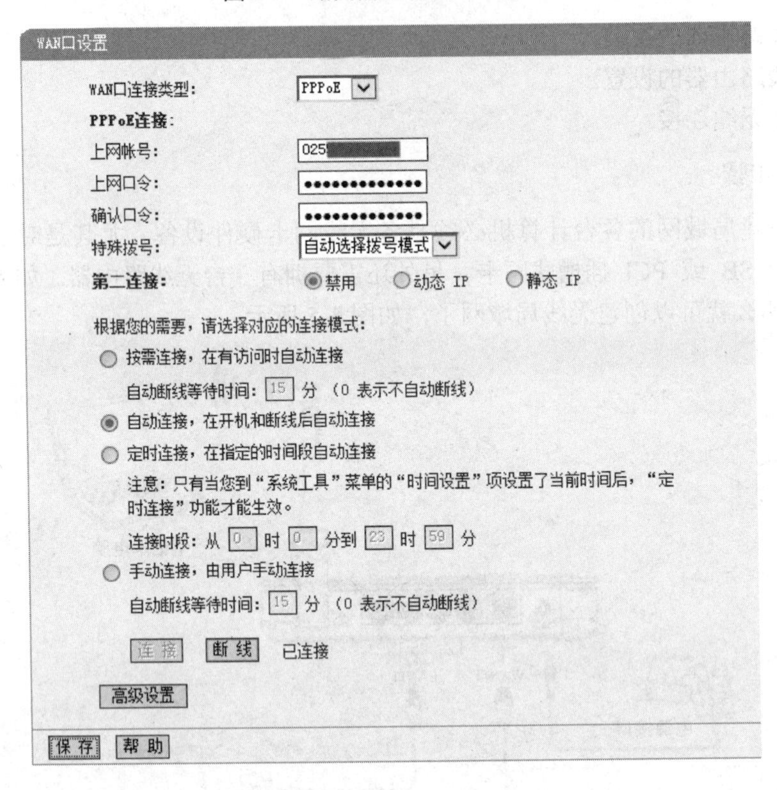

图 6-7　设置 WAN 接口类型

(4) 接下来开启 DHCP 服务器，以满足无线设备的任意接入。单击【DHCP 服务器】|【DHCP 服务】选项，然后在右侧勾选【启用 DHCP】服务，同时设置地址池的开始地址和结束地址，可以根据与当前路由器所连接的计算机数量进行设置，例如所设置的参数范围为 192.168.0.3～192.168.0.19。最后单击【确定】按钮。

(5) 开启无线共享热点：切换至【无线设置】选项卡，然后设置 SSID 号，同时选中【开启无线功能】复选框，最后单击【确定】按钮完成设置，如图 6-8 所示。当然，用户还可以对无线共享安全方面进行更为详细的设置，比如设置登录无线路由热点的密码等，具体方法大家可自行研究。

(6) 接下来就可以打开电脑中的无线开关了。如果此时存在无线路由器所发出的无线热点，则计算机端就会搜索到该信号，并可以进行连接，如图 6-9 所示。连接成功后，就可以上网了。

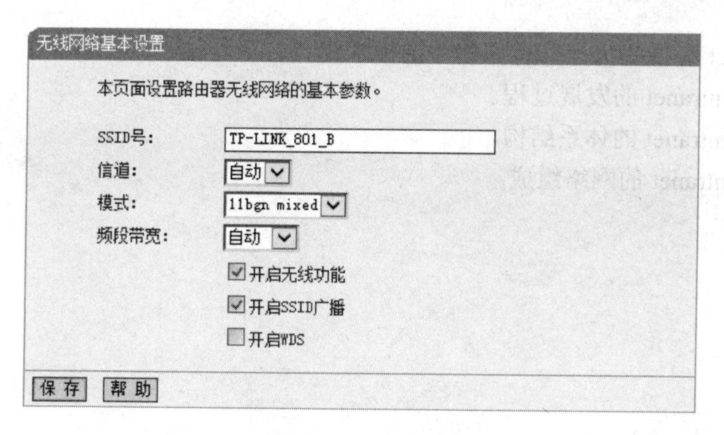

图 6-8 无线网络基本设置

图 6-9 选择无线连接

6.7 思考与练习

1. 简述 Internet 的发展历程及发展趋势，试述你对 Internet 的认识和评价。
2. Internet 的功能体现在哪些方面？
3. 设置域名的原因是什么？
4. 国际顶级域名有哪些？分为几类？我国的域名体系结构是怎样的？
5. 简述域名解析的过程。
6. Internet 接入方式有哪些？最常用的有哪几种？
7. 光纤接入有哪些方式？
8. 无线接入有哪些方式？
9. 什么是 Intranet？它有哪些特点？
10. Intranet 有哪些基本功能？Intranet 主要提供哪些应用服务？

11. Intranet 有哪些优点？有哪些关键技术要点？
12. 简述 Intranet 的发展过程。
13. 简述 Intranet 的体系结构。
14. 简述 Intranet 的网络组成。

第 7 章　Internet 应用

本章要点

- ☑ WWW 服务
- ☑ 搜索引擎
- ☑ 电子邮件
- ☑ FTP 文件传输服务
- ☑ 电子商务与电子政务
- ☑ 其他 Internet 应用

Internet 和人们的生活密切相关，应用也越来越广泛。Internet 上除了有丰富的网页供用户浏览外，还向用户提供电子邮件、文件传输、电子新闻等服务，此外还有大量的程序、文字、图片、音乐等多种不同功能、不同格式的文件供用户索取。本章主要讲述常见的 Internet 应用和简单的使用方法。

7.1　浏览 WWW

7.1.1　WWW 的基本概念

WWW 是 World Wide Web(环球信息网)的缩写，也可以简称为 Web，中文名字为“万维网”。它起源于 1989 年 3 月，是由欧洲量子物理实验室(CERN)所发展出来的主从结构分布式超媒体系统。通过万维网，人们只要使用很简单的方法，就可以很迅速方便地取得丰富的信息资源。

1. 网页

网页(Webpage)是一个包含有文字、图形、超链接以及其他信息元素的文件，可通过 Internet 传输。用户可以使用浏览器来浏览网页，使用 FrontPage、Dreamweaver 等工具编辑和制作网页。由于网页就像一张含有信息的纸片，所以有时人们更形象地称网页为“信息片”。

2. 超链接

超链接(Hyperlink)是不同信息片即网页之间的连接关系，Hyperlink 有时也简称为 Link。超链接通常使用一个以文字、图形等表示的关键字，与其他网页相联系。当用户选择这些关键字的时候，就可以跳转到它们所指向的网页。因此，Hyperlink 同时也代表了信息访问的路径。所以我们通常将它译为“超链接”，而不是“超连接”。后者有物理上结合在一起的意思。

3. 浏览器

浏览器(Browser)是一种用于搜索、查找、查看和管理网络上的信息的带图形交互界面

的应用软件。常用的浏览器软件很多，其中比较著名的有微软公司开发的 Internet Explorer 和 Google 公司开发的 Google Chrome 等。

4. 网站

网站(Website)是一个包含多个由超链接连在一起的网页的集合。它包含的网页可以是几个也可以是上千个。由于在 Internet 上网站是通过一个地址进行定位的，它就像网络信息中的一个结点，所以有时我们称之为“站点”。

5. 主页

主页(Homepage)是某个站点的起始网页，包含必要的内容和索引信息。用户通过 Internet 对某个网站进行信息查询时，首先访问到的起始信息页通常就是站点的主页。

6. Web 服务器

Web 服务器(Web Server)是在 Web 站点上运行的程序，负责处理浏览器的请求。当用户使用浏览器访问 Web 站点上的网页时，浏览器就会建立一个 Web 连接，而服务器接收该连接后，就会向浏览器发送所要求的文件内容，然后关闭连接。

7. 统一资源定位符

Internet 具有庞大的网络资源，当用户通过 WWW 访问这些资源的时候，必须能够唯一标识它们，这是通过 WWW 的统一资源定位符(Uniform Resource Locator)实现的。

统一资源定位符又称 URL，是 WWW 的一种混合语，它表示要访问的主机地址、获取服务所用的协议以及所要浏览文件的路径和名字。

7.1.2 网页设计与常用工具

1. 网页设计原则

设计网页如同编写其他计算机程序一样，需要一定的专业知识和基本技能，而且必须对设计环境有明确了解。在设计网页之前，首先要搞好内容的设计与结构安排，包括网页的选题、内容采集整理、图片的处理、页面的排版设置、背景及整套网页色调的选择等。总体来说，要了解以下几个设计原则。

(1) 正确分析网页用户的需要。这一点十分关键，不了解网页用户的需求，设计出来的网络文档就毫无用处。满足用户的需求，是最优先考虑的问题。

(2) 网页下载的时间不宜过长。常常遇到这样的情况，用户想浏览一个他感兴趣的网页却因为该网页下载时间过长而放弃。这就提醒我们在设计网页时，一定要注意网页文件的大小，一般在 60 KB 以内为宜。

(3) 网页的设计要做到在不同的环境下都能浏览。在设计网页时要注意测试不同浏览器和分辨率，基本要求是在 Internet Explorer 11 和 Google Chrome32 中都能有较好的效果，在分辨率为 1024×768、800×600 时都能正常显示。

(4) 注意网页中的图像文件的使用。选择适当的图像文件可以丰富网页内容，增加网页的吸引力。但使用时要注意两个问题：图像的文件大小一定要尽可能小，应使用 GIF 文件和 JPEG 文件，尽量不使用 BMP 文件；每个图像都要有相应的替代文字说明，以便用户在关闭图像显示功能时能够了解图像代表的内容。

(5) 考虑不支持某些功能的浏览器。随着网页设计技术的不断进步，在网页中经常会使用一些特殊技术，如 JavaScript、VBScript、ActiveX 等，而且经常利用框架来分割窗口。这些技术使得网页的功能更加丰富，网页看起来也更加美观。但是不可排除一些用户使用过时的浏览器浏览这些网页。这就需要我们为这些特殊的功能部分添加替代性文字，避免误将程序代码显示出来。

2. 网页制作常用的工具

下面简单介绍几个网页制作的工具。

1) 网页编辑软件

常见的网页制作工具有 Dreamweaver(界面如图 7-1 所示)和 FrontPage(界面如图 7-2 所示)等。它们提供了可视化界面，通过拖曳鼠标就能在页面上显示需要的对话框、表格，相应的 HTML 代码会由工具自动生成，设计人员可在 HTML 代码中插入各种音频、图像、视频之类的对象。

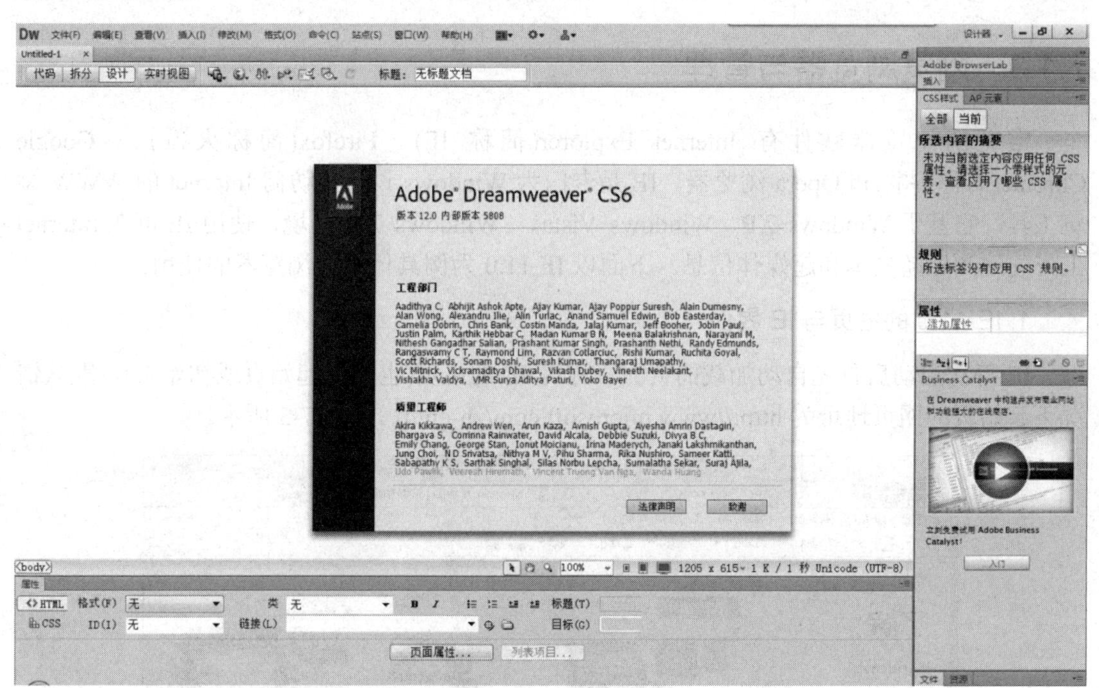

图 7-1　Dreamweaver CS6 界面

2) 网站发行工具

Web Publish 精灵可以帮助我们将制作好的网页上传到网站中。当然也可以使用 CuteFTP 等上传工具，作为网页上传管理的软件。如果用户将自己的网站建立在本地主机上，需要使用 IIS 构建 WWW 服务器和 FTP 服务器。

3) 图像制作工具

用户可以使用 Flash 来制作动画及交互式按钮，或用 Photoshop 来处理图像等。

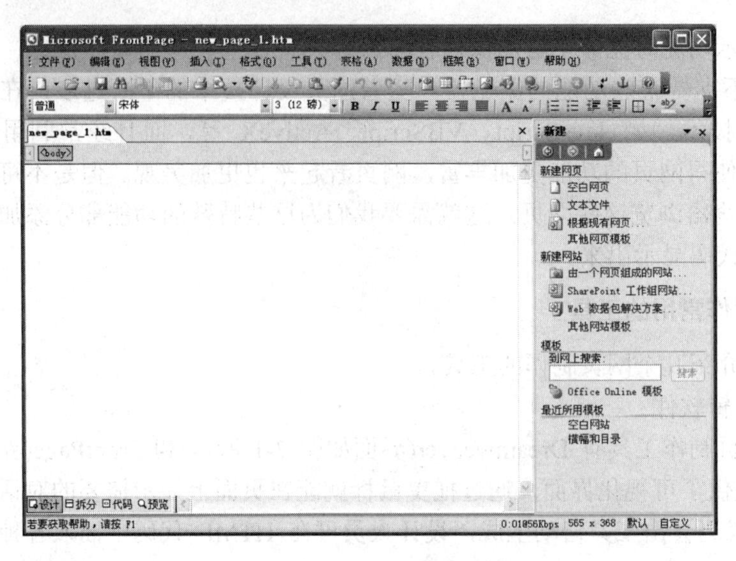

图 7-2　FrontPage 2003 界面

7.1.3　网页浏览器与管理

常见的浏览器软件有 Internet Explorer(简称 IE)、Firefox(简称火狐)、 Google Chrome(简称谷歌)和 Opera 浏览器。IE 是专门为 Windows 设计的访问 Internet 的 WWW 浏览工具，它基于 Windows XP、Windows Vista、 Windows 7 等环境，使用 IE 可在 Internet 上方便地浏览超文本和超媒体信息。下面以 IE 11.0 为例具体讲述浏览器的使用。

1. IE 11.0 的主页与 IE 界面

IE 每次启动后首先自动加载的页面，称为 IE 的主页(也称为起始页或初始页)，默认情况下起始页的网页地址为 http://www.microsoft.com/zh-cn/d，如图 7-3 所示。

图 7-3　IE 起始页

IE 窗口自上而下分别是地址栏、菜单栏、工具栏、工作区和状态栏。

2. 设置 IE 浏览环境

1) IE 主页的设置

主页可以由用户自己设置。在菜单栏中选择【工具】|【Internet 选项】命令，将会出现【Internet 选项】对话框，如图 7-4 所示。

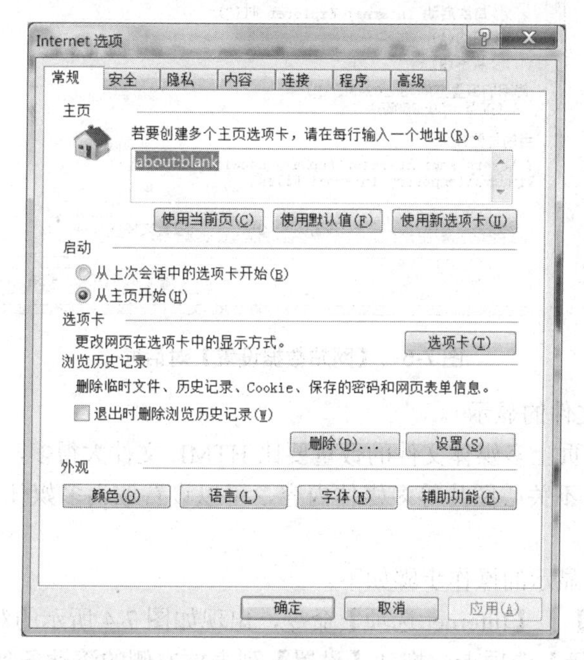

图 7-4　【Internet 选项】对话框

切换到【常规】选项卡，在【主页】选项组中设置初始页，可有以下 4 种选择。

- 【使用当前页】：将 IE 当前浏览的网页作为主页。
- 【使用默认值】：将中文 MSN 主页 http://china.msn.com/作为主页。
- 【使用新选项卡】：将没有任何内容的空白页作为主页。
- 【地址】：直接在文本框中输入你所希望作为主页的地址。

在漫游 Internet 的过程中，你可以在任何时候设置主页。无论何时单击工具栏中的【主页】按钮，都会进入用户设置的主页画面。

2) 增大 Internet 临时文件占用空间

在浏览过程中 IE 自动将下载的网页内容暂时保存在一个临时文件夹中，在用户重新访问临时文件夹中的网页时，IE 会自动打开保存的文件(不用从服务器下载)，从而加快了浏览速度。对于临时文件夹，用户可以进行移动、查看、更新、删除等设置。通过增大临时文件占用的磁盘空间，可提高浏览网页的速度。

在如图 7-4 所示【Internet 选项】的对话框的【浏览历史记录】选项组中单击【设置】按钮，将会出现如图 7-5 所示的【网站数据设置】对话框。在【使用的磁盘空间】微调框中，可以调整临时文件占用的存储空间。需要说明的是，临时文件占用空间的大小要根据用户计算机的磁盘总容量来设置。如果太大，尽管能提高浏览网页的速度，但由于磁盘剩余的空间太小，也会影响用户的使用。

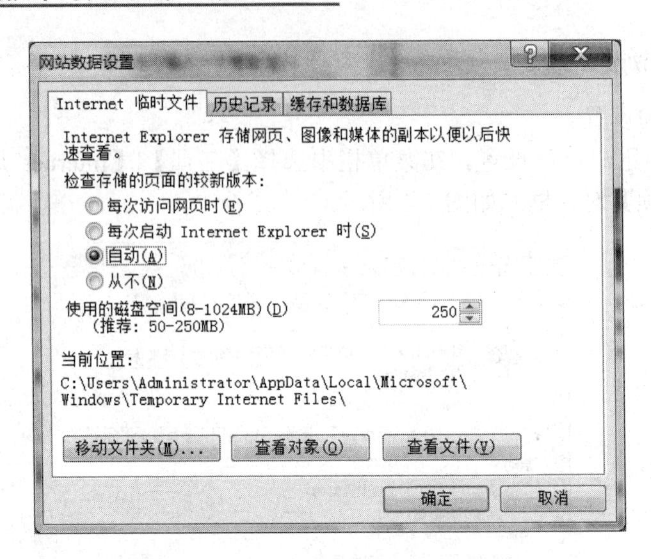

图 7-5 【网站数据设置】对话框

3) 取消多媒体文件的显示

一般情况下，网页上多媒体文件的数量要比 HTML 文件大得多，如果用户只想查看网页中的文字信息，而不关心图片等多媒体内容，可以设置取消多媒体文件显示，以加快网页的下载速度。

取消多媒体文件显示的操作步骤如下。

(1) 选择【工具】|【Internet 选项】命令，出现如图 7-4 所示的对话框。

(2) 切换到【高级】选项卡，拖动【设置】列表框右侧的滚动条到【多媒体】区域。

(3) 在该区域中，单击某项可任意取消(无"√")或恢复(有"√")它的显示。

(4) 单击【确定】按钮，完成设置。

在浏览过程中，如果想要查看某项被取消显示的多媒体文件，可以重新进行设置，也可以直接在网页上右击选中的图标，在弹出的快捷菜单中选择【显示图片】命令等，就可以在网页上显示指定的图片或动画。

4) 管理收藏夹

当收藏夹中的内容过多而难以管理时，通常的做法是将收藏夹中的网页组织到文件夹中。

3. 浏览 Web 页

1) 浏览指定地址的网页

用户在浏览网页时，往往需要寻找自己需要的网页。地址栏是输入和显示网页地址的地方。如果用户在上网之前已经了解了一些网址，那么可以直接在浏览器的地址栏中输入已知的网址来访问该网页。

2) 通过超链接浏览 Web 页面

当光标在网页上移动时，时常会发现其显示为手形指针，称此时光标所指向的网页元素为超链接，同时在状态栏中可以看到该链接所对应的地址。

通过超链接浏览 Web 页面有以下 3 种方法。

- 移动光标至超链接，然后单击左键。
- 用键盘上的 Tab 键在超链接之间切换，然后按 Enter 键。

- 移动光标至超链接，然后右击，在弹出的快捷菜单中，选择【打开】命令即可。

打开超链接有以下两种方式。

- 在同一窗口中打开一个新页面，原来的页面地址被 IE 自动记录并保存。
- 在新打开的 IE 窗口中显示新页面内容，原来的 IE 窗口和页面依然存在，用户可以在这两个窗口之间任意切换、打开或关闭。

3) 通过历史记录浏览网页

在 IE 浏览器的历史栏中，保存着用户近期浏览过的网站的地址。如果要访问的网站是近期曾经浏览过的，可以在历史记录栏中快速选择地址。

在工具栏上单击【历史】按钮，在浏览器中将会出现历史记录栏，其中包含了在最近几天或几星期内访问过的 Web 页和站点的链接。

在历史记录栏中，可单击【查看】按钮选择日期、站点、访问次数或今天的访问次序，单击文件夹以显示各个 Web 页，然后单击 Web 页图标打开相应的 Web 页面。

4) 通过收藏夹浏览网页

对于经常要访问的网站，可以将它们保存在浏览器的收藏夹中，这样，可以通过收藏夹直接进入相应的网站。

在工具栏上单击【收藏夹】按钮，将会出现收藏夹栏。在收藏夹栏中单击网页的标题，即可浏览相应网页。

7.1.4 保存网页的内容

1. 在计算机上保存 Web 页

(1) 在菜单栏中选择【文件】|【另存为】命令，将出现如图 7-6 所示的【保存网页】对话框。

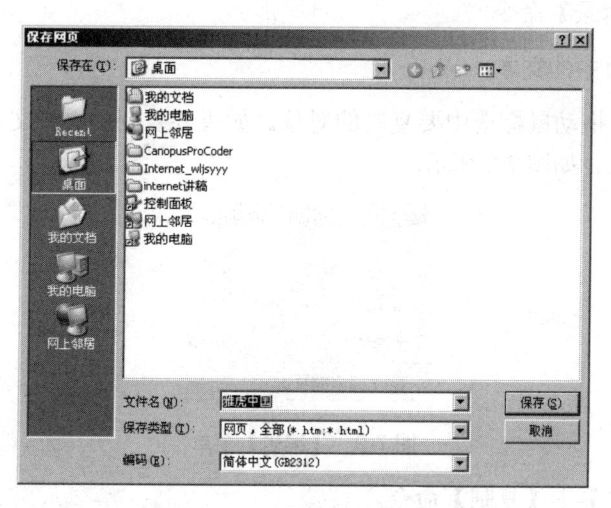

图 7-6 【保存网页】对话框

(2) 在【保存在】下拉列表框中选择保存 Web 页的位置。

(3) 在【文件名】下拉列表框中输入 Web 页的名称。

(4) 在【保存类型】下拉列表框中选择保存 Web 页的类型。

(5) 单击【保存】按钮。

2. 保存 Web 页中的图片

(1) 在图片上右击，将会出现如图 7-7 所示的快捷菜单。

(2) 在该快捷菜单中选择【图片另存为】命令，将会出现如图 7-8 所示的【保存图片】对话框。

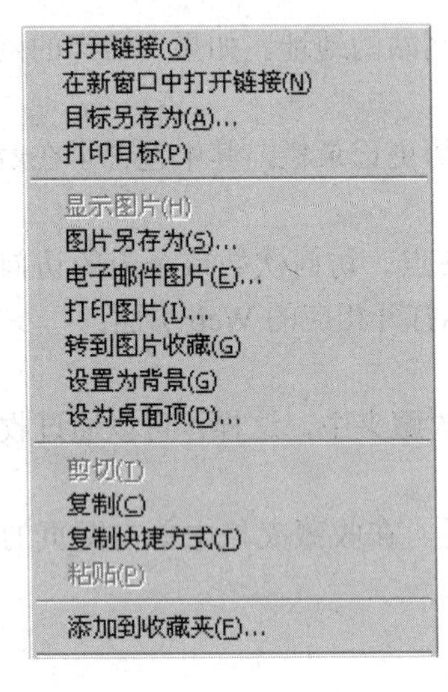

图 7-7 右键快捷菜单

图 7-8 【保存图片】对话框

(3) 在对话框中选择保存的位置并输入文件名。

(4) 单击【保存】按钮。

另外，还可以将网页上某张漂亮的图片设置为墙纸，方法是在如图 7-7 所示的快捷菜单中选择【设置为背景】命令。

3. 复制 Web 页中的文本

(1) 在网页中，拖动鼠标选中要复制的对象。如果要复制整页的文本内容，可选择【编辑】|【全选】命令，如图 7-9 所示。

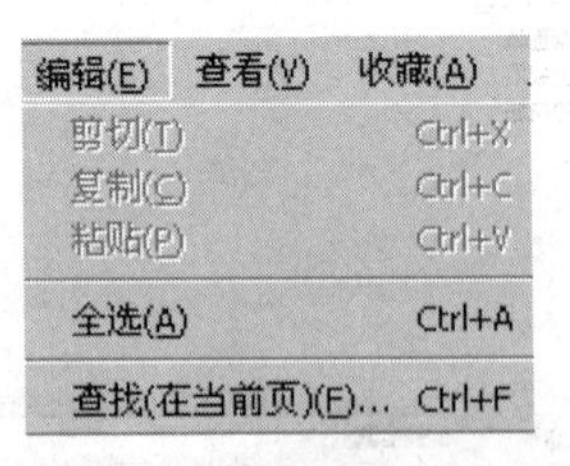

图 7-9 【编辑】菜单

(2) 选择【编辑】|【复制】命令。

(3) 在目标文档中定位插入点。

(4) 在目标文档中选择【编辑】|【粘贴】命令即可。

7.2　信息查询与搜索引擎

Internet 在不断扩大，网络信息千变万化，如何迅速、准确地获取自己需要的信息就显得越来越重要。下面就来介绍搜索信息的方法。

7.2.1　利用 IE 搜索信息

在 Web 中查找含有相关信息的站点的方法很多，IE 11.0 本身就提供了一些默认的搜索工具。在 IE 11.0 的工作界面中，使用 IE 搜索信息的步骤如下。

(1) 单击工具栏中的 Research 按钮，即可访问多个搜索提供商，同时在 IE 的窗口中弹出如图 7-10 所示的【信息检索】窗格。

图 7-10　搜索信息

(2) 在【搜索】文本框中输入要搜索的信息，然后单击【搜索】按钮即可开始搜索。

7.2.2　搜索引擎

除了利用 IE 默认的搜索工具外，用户还可以利用搜索引擎查询信息。搜索引擎实际上是一个网站，就是在 Internet 上进行信息搜索的专门站点。它可以对主页进行分类、搜索和检索。

1. 搜索引擎提供的服务

搜索引擎向用户提供的信息查询服务方式一般有两种。

1) 目录检索服务

目录检索服务是将各种各样的信息按大类、子类、子类的子类……进行检索，直到找到相关信息的网址，即按树形结构组成供用户搜索的类目和子类目，直到找到感兴趣

的内容。

2) 关键字检索服务

关键字检索服务是搜索引擎向用户提供一个可以输入待查询的关键字的查询框界面，用户按一定规则输入关键字后，单击紧靠查询框后的【搜索】按钮，搜索引擎即开始在其索引数据库中查找相关信息，最后将结果返回用户。

2. 如何使用搜索引擎

1) 使用通配符

输入查询关键字时，可以使用 and、or、not 和通配符*(有些搜索引擎可能不全部支持)。

- “计算机 and 软件”将返回包含“计算机”也包含“软件”的网页。
- “计算机 or 软件”将返回包含“计算机”或者包含“软件”的网页。
- “计算机 not 软件”将返回包含“计算机”但不包含“软件”的网页。
- “计算机 and(软件 or 硬件)”实际查询的关键词是“计算机”和“软件”或者“计算机”和“硬件”。
- “计算机<in>title”搜索在网页标题中出现“计算机”的网页。
- “计算机*”除了搜索“计算机”外，还根据搜索引擎的分词技术，去搜索“计算机应用”、“计算机网络”等。

2) 查询步骤

一般来讲，在 Internet 上搜索信息的基本步骤如下。

- 确定查询关键字/词。
- 使用搜索引擎进行粗略的搜索。
- 从搜索到的网址中挑选一些具有代表性的网址，如权威杂志、报纸、企业或者评论，进入这些网址并浏览其网页。
- 通过追踪网页中的超链接，逐步发现更多的网址和更多的信息。

3. 常见的搜索引擎

- 搜狐搜索：http://dir/sohu.com/。
- 新浪搜索：http://search.sina.com.cn/。
- 网易搜索：http://search.163.com/。
- 雅虎中文：http://cn.yahoo.com/。
- 百度搜索及其支持的搜索引擎：http://www.baidu.com/。
- 中文 Google：http://www.Google.com/intl/zh-CN/。

7.3 电子邮件

7.3.1 电子邮件基础知识

电子邮件(E-mail)是目前 Internet 上使用最频繁的服务之一，它为 Internet 用户之间发送和接收信息提供了一种快捷、廉价的通信手段，特别是在国际之间的交流方面发挥着重要的作用。

1. 电子邮件的定义

电子邮件简称 E-mail，它是利用计算机网络与其他用户进行联系的一种快速、简便、高效、价廉的现代化通信手段。电子邮件与传统邮件大同小异，只要通信双方都有电子邮件地址，便可以以电子传播为媒介，交互邮件。可见电子邮件是以电子方式发送传递的邮件。

2. 电子邮件协议

Internet 上的电子邮件系统采用客户机/服务器模式，信件的传输通过相应的软件来实现，这些软件要遵循有关的邮件传输协议。传送电子邮件时使用的协议有 SMTP(Simple Mail Transport Protocol)和 POP(Post Office Protocol)，其中 SMTP 用于电子邮件发送服务；POP 用于电子邮件接收服务。当然，还有其他的通信协议，在功能上它们与上述协议是相同的。

3. 电子邮件地址

用户在 Internet 上收发电子邮件，必须拥有一个电子信箱(Mailbox)，每个电子信箱有一个唯一的地址，通常称为电子邮件地址(E-mail Address)。E-mail 地址由两部分组成，以符号“@”分隔，“@”前面的部分是用户名，“@”后面的部分为邮件服务器的域名。如 E-mail 地址“qzh_0605@163.com”中，“qzh_0605”是用户名，“163.com”为网易的邮件服务器的域名。

4. 电子邮件工具

用户不仅要有电子邮件地址，还要有一个负责收发电子邮件的应用程序。电子邮件应用程序很多，常见的有 Foxmail、Outlook Express、Outlook 等。

7.3.2　免费电子信箱

1. 国内免费的电子信箱

目前许多网站都提供免费的电子邮件服务，用户可以在这些网站上申请免费的电子信箱，并通过这些网站收发自己的电子邮件。常见的提供免费电子信箱的网站有以下一些。

- 首都在线：www.263.net。
- 新浪网：www.sina.com.cn。
- 163 电子邮局：www.163.net。
- 网易：www.163.com。
- 搜狐：www.sohu.com。
- 中文雅虎：www.yahoo.com.cn。

2. 免费电子信箱申请的步骤

申请免费电子信箱的方法大同小异，一般有以下几步。

(1) 登录电子信箱提供者的首页。

(2) 在注册页面中选择电子信箱用户名。

(3) 确定使用密码。

(4) 输入用户个人信息。

(5) 确认所申请的免费电子信箱。

3. 免费电子信箱的申请

下面以 www.126.com 网站为例，介绍免费电子信箱申请的具体操作步骤。

(1) 首先在浏览器的地址栏中输入“www.126.com”，然后按 Enter 键，将会打开如图 7-11 所示的 126 免费邮箱的首页。

图 7-11　126 免费邮箱首页

(2) 单击页面中的【注册】按钮，这时会打开一个新页面，在【用户名】文本框中输入希望的用户名，长度为 5～20 位，可以是数字、字母、小数点、下划线，但必须以字母开头。

(3) 设置用户邮箱密码。最后输入验证码进行确认，验证码仅防止恶意注册。注册确认界面如图 7-12 所示。

(4) 单击【立即注册】按钮，完成免费电子信箱的申请，如图 7-13 所示。

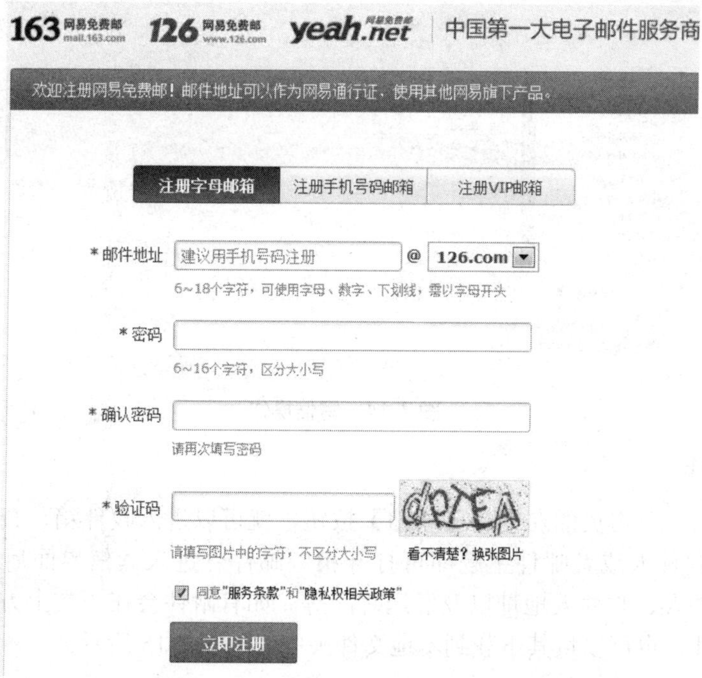

图 7-12　注册确认界面

图 7-13　完成免费电子信箱的申请

7.3.3　收发电子邮件

完成免费电子信箱的申请后，就可以利用 E-mail 和远方的朋友进行信息交流了。下面介绍如何使用免费信箱发送和接收邮件。

1. 写信操作

登录邮箱后，单击页面左侧的【写信】按钮，就可以开始写邮件了，如图 7-14 所示。

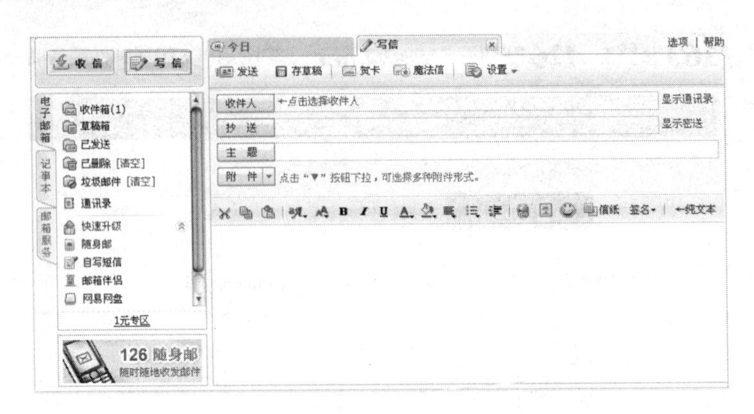

图 7-14　写信操作

2. 收信操作

登录邮箱后，单击页面左侧的【收信】按钮，就可以进入收件箱，查看收到的邮件。直接单击邮件发件人或者邮件主题即可打开相应邮件。进入读信界面后，出现该信的正文、主题、发件人、收件人地址以及发送时间等。如有附件会在正文上方出现，可以在浏览器中打开附件，也可以将其下载到本地文件夹中，如图 7-15 所示。

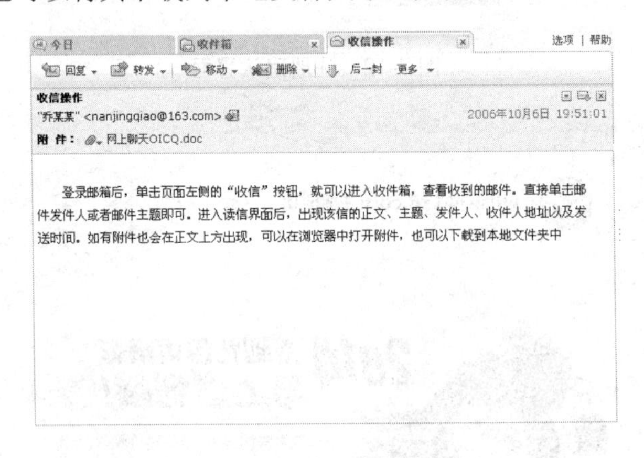

图 7-15　收信操作

3. 删除邮件

选中要删除的邮件，单击页面上方的【删除】按钮，即可将邮件删除到【已删除】文件夹中。若要删除【已删除】文件夹中的邮件，应打开【已删除】文件夹，选择要彻底删除的邮件，单击【彻底删除】按钮；单击【清空】按钮将彻底删除【已删除】文件夹中的全部邮件。若要将收件箱中的邮件直接删除，而不通过删除到【已删除】文件夹的中间过程，则选择需要删除的邮件，直接单击页面上方删除列表中的【直接删除】选项即可。

7.4　文件传输 FTP

文件传输是 Internet 上的重要应用，也是获取信息的重要手段。用户计算机通过向远程服务器上传文件和从服务器向本机下载文件，实现信息的共享和交流。

7.4.1　FTP 简介

FTP 是文件传输协议(File Transfer Protocol)的缩写，它通过 FTP 程序(服务器程序和客户端程序)在 Internet 上实现远程文件的传输。

FTP 实际上就是将各种类型的文件都放在 FTP 服务器中，用户计算机上要安装一个客户端 FTP 服务程序，通过这个程序实现对 FTP 服务器的访问。当通过 FTP 客户端程序登录 FTP 服务器时，要求正确回答用户名和口令，才能取得访问权。

1. FTP

FTP 是 Internet 上一套传输文件的通信标准，规定了文件传输的行为规范和接口交换信息的集合，而 FTP 程序则是该协议的一个具体表现，使用者可以通过它来下载或上传文件。FTP 的任务是通过网络将文件从一台计算机传送到另一台计算机，这就像在操作系统下在本机磁盘之间复制文件一样，所不同的是它在网络中进行，并且需要 FTP 程序。

FTP 属于应用层的协议。FTP 可以在 Internet 网上不同类型的计算机之间传输文件，是 Internet 上使用最早、应用最广的服务。直到今天，它仍然是最重要和最基本的应用之一。

2. 匿名 FTP

在 Internet 上要连接 FTP 服务器，大多要经过一个登录(Login)的过程，要求输入用户在该主机上登记的账号和密码。为了方便用户，大部分主机都提供了一种称为匿名(anonymous)FTP 的服务，用户不需要主机的账号和密码即可进入 FTP 服务器，任意浏览和下载文件。要使用匿名 FTP 只要以 anonymous 或 guest 作为登录的账号，输入用户的电子邮件地址作为密码即可进入服务器。

使用匿名账号进入服务器时，通常只能浏览及下载文件，不能上传文件或修改服务器上的文件。但也有的服务器会提供一些目录供用户上传文件。

3. FTP 提供的软件

1) 免费软件

对于完全免费的软件，用户可以自由下载使用，无须支付任何费用。但作者对该软件仍拥有版权，用户不能随意修改，且禁止将此软件作商业应用，或将其特有的算法用于其他商业程序中。

2) 捐赠软件

捐赠软件属于作者的馈赠，用户可以随意使用，而且可以修改软件。有的捐赠软件还提供软件的源码，以便于修改和增加功能。

3) 共享软件

共享软件供用户试用的软件，通常会有一定的使用限制，有的限制使用期限，通常为 30～90 天。用户向软件拥有者注册并交纳一定费用，就可以得到其正版软件。

4) 公用软件

公用软件一般不具有版权，任何人都可以自由使用或修改它。

近年来由于 HTTP 下载的广泛应用，上述的几类软件也在 HTTP 下载网站上大量

出现。

7.4.2 文件传输软件

当用户需要使用文件传输服务时，需要利用文件传输客户端软件登录到 FTP 服务器上。目前，好的文件传输客户端软件可以自动完成匿名登录、文件传输、断点续传等功能。

1. GetRight

GetRight 是由 Head Light Software 公司开发的文件下载工具，它既支持 FTP 形式的断点续传，又支持 HTTP 形式的断点续传，并带有进程管理器。

GetRight 支持 4 种启动文件下载的方法。

- 剪贴板启动文件下载。
- 鼠标拖拉启动文件下载。
- 指定 URL 详细地址启动文件下载。
- 命令行启动文件下载。

2. CuteFTP

CuteFTP 是一款常用的 FTP 客户端软件，它运行在用户本地主机上，其基本功能是连接用户主机与远程 FTP 服务器，进行远程登录，并能够对用户本地主机与远程 FTP 服务器的文件和目录进行管理，以及在两者之间互传文件。

另外，FTP 客户程序还可以管理多个 FTP 文件服务器的 IP 地址或域名，选择不同的登录方式与文件传输方式，支持断点续传。与网络蚂蚁和网际快车等下载工具相比，CuteFTP 除同样能下载文件外，还能进行整个目录的下载，更主要的是能够将文件或目录上传到远程 FTP 服务器上并进行管理，因此是进行远程管理维护的有力工具。

7.4.3 使用 IE 上传和下载文件

Internet Explorer 是 Windows 自带的一个 WWW 浏览器，通常大多数人是从网上来获取网络蚂蚁(Netants)、网际快车(FlashGet)、CuteFTP 等专用工具软件，所以网络下载的第一步一般要用 Internet Explorer 浏览器来完成。

1. 在浏览器中使用 HTTP 协议下载文件

使用浏览器下载文件比较简单，不需要作特别的设置，只要能正常浏览网页就行，可以按照以下操作步骤进行。

(1) 在 IE 浏览器中打开提供下载链接的网页。

(2) 单击需要下载的文件超链接，将会出现如图 7-16 所示的【文件下载】对话框。

(3) 单击【保存】按钮，将会出现如图 7-17 所示的【另存为】对话框。在该对话框中，选择要保存下载文件的位置，输入要保存的文件名并选择保存类型。

(4) 单击【保存】按钮，将会出现如图 7-18 所示的【文件下载】对话框。在该对话框中显示了下载剩余时间和传输速度等信息。

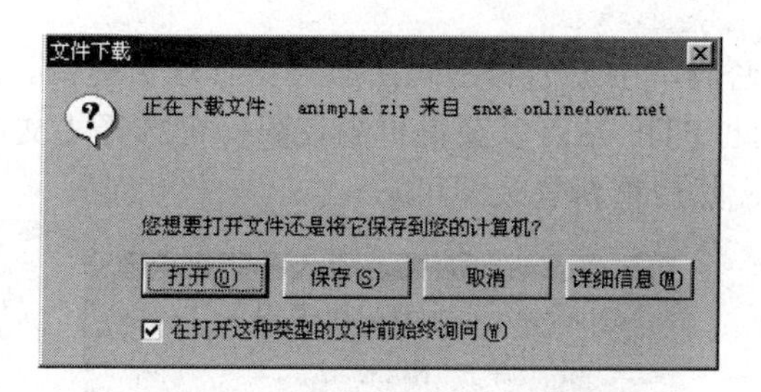

图 7-16　【文件下载】对话框

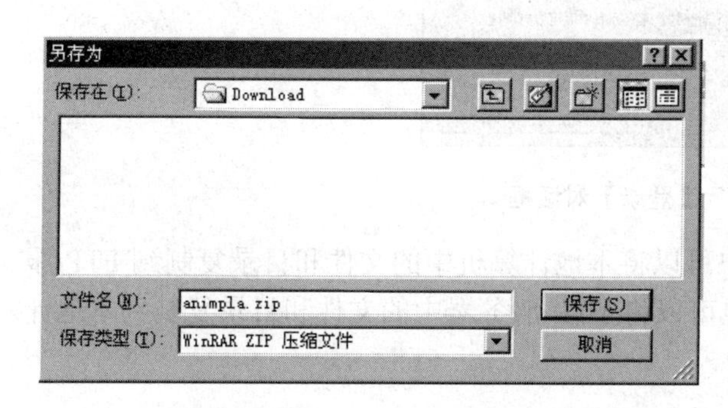

图 7-17　【另存为】对话框

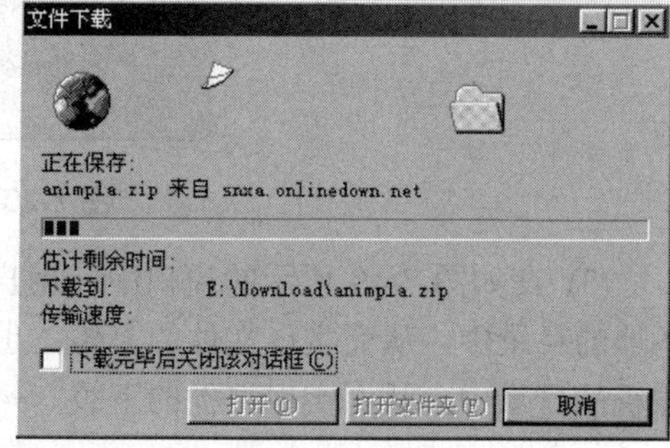

图 7-18　【文件下载】对话框

2. 在浏览器中使用 FTP 协议下载文件

Internet Explorer 不仅是一个 WWW 浏览器，还是一个 FTP 客户程序，通过它可以直接登录到 FTP 服务器并下载文件。在 Internet Explorer 中访问 FTP 服务器，可以按照以下操作步骤进行。

(1) 在 IE 浏览器的地址栏中输入 FTP 服务器地址，如输入“ftp://ftp.microsoft.com”，并按 Enter 键，将会登录到相应的 FTP 服务器，如图 7-19 所示。

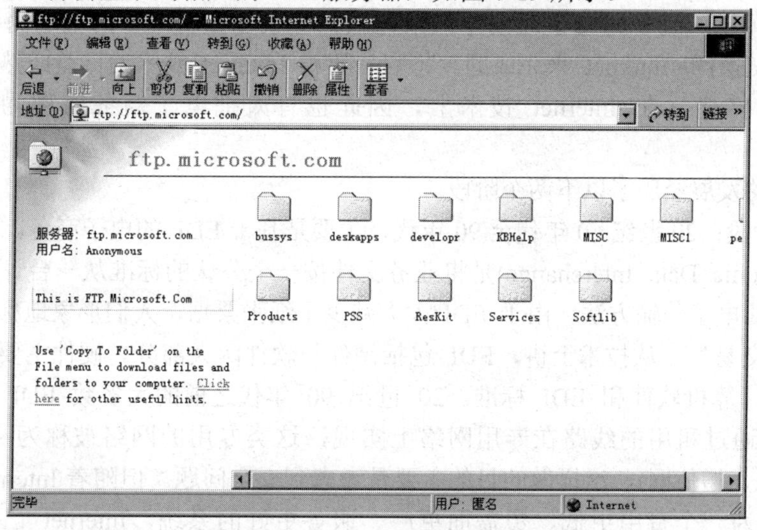

图 7-19　登录 FTP 服务器

(2) 如果该服务器不支持匿名登录，将会出现如图 7-20 所示的【登录】对话框。该对

话框提示输入用户名和密码，用户名和密码由服务器管理员提供。如果匿名登录后想换名以其他用户身份登录到此 FTP 站点以获得更高权限，可选择【文件】|【登录】命令，将会弹出【登录】对话框，然后重新登录即可。

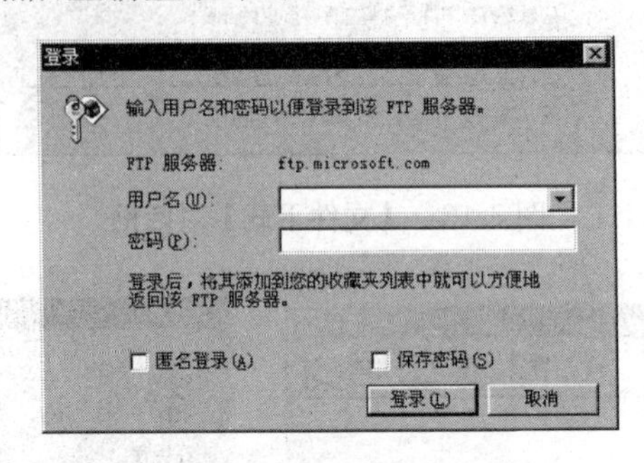

图 7-20 【登录】对话框

(3) 在如图 7-19 所示的窗口中，用户可以将本地计算机中的文件和目录复制到 FTP 服务器的目录中，从而实现文件的上传；也可以将 FTP 服务器中的文件和目录复制到本地计算机的目录中，从而实现文件的下载。

7.5 电子商务与电子政务

7.5.1 电子商务概述

1. 电子商务的起源和发展

电子商务源于英文 Electronic Commerce，简写为 EC，是指利用简单、快捷、低成本的电子通信方式，买卖双方不见面地进行各种商贸活动。

电子商务可以通过多种电子通信方式来完成。一般现在所讨论的电子商务主要是以 EDI(电子数据交换)和 Internet 来完成的。特别是随着 Internet 技术的日益成熟和发展，电子商务的发展将建立在 Internet 技术上，因此也有人把电子商务简称为 IC(Internet Commerce)。

电子商务的发展经历了以下两个阶段。

(1) 第一阶段：20 世纪 60 年代至 90 年代，主要是基于 EDI 的电子商务。

EDI(Electronic Data Interchange)是将业务文件按一个公认的标准从一台计算机传输到另一台计算机的电子传输方法。由于 EDI 大大减少了纸张票据，人们形象地称为“无纸贸易”或“无纸交易”。从技术上讲，EDI 包括硬件与软件两大部分。硬件主要是计算机网络；软件包括计算机软件和 EDI 标准。20 世纪 90 年代之前的大多数 EDI 都不是通过 Internet，而是通过租用的线路在专用网络上实现，这类专用的网络被称为 VAN(Value-Added Network，增值网)，这样做的目的主要是考虑到安全问题。但随着 Internet 安全性的日益提高，作为一个费用更低、覆盖面更广、服务更好的系统，Internet 已表现出替代 VAN 而成为 EDI 的硬件载体的趋势。

(2) 第二阶段：20 世纪 90 年代以来至今，主要是基于 Internet 的电子商务。

由于使用 VAN 的费用很高，通常仅大型企业才会使用，因此限制了基于 EDI 的电子商务应用范围的扩大。到 20 世纪 90 年代中期，Internet 迅速走向普及化，逐步地从大学、科研机构走向企业和百姓家庭，其功能也已从信息共享演变为一种大众化的信息传播工具。从 1991 年起，商业贸易活动正式进入 Internet，使电子商务成为 Internet 应用的最大热点。

基于 Internet 的电子商务与基于 EDI 的电子商务相比具有以下一些明显的优势。

- 费用低廉。Internet 是国际性的开放性网络，使用费用很便宜，一般来说，其费用不到 VAN 的 1/4，这一优势使得许多企业尤其是中小企业对其非常感兴趣。
- 覆盖面广。Internet 几乎遍及全球的各个角落，用户通过普通电话线就可以方便地与贸易伙伴传递商业信息和文件。
- 功能更全面：Internet 可以全面支持不同类型的用户，实现不同层次的商务目标，如发布电子商情、在线洽谈、建立虚拟商场或网上银行等。
- 使用更灵活。基于 Internet 的电子商务可以不受特殊数据交换协议的限制，任何商业文件或单证都可以直接通过填写与现行的纸面单证格式一致的屏幕单证来完成，不需要再进行翻译，一般人都能看懂或直接使用。

2. 电子商务的应用

1) 电子商务的应用功能

(1) 售前服务：Internet 是一种新媒体，具有“即时互动、跨越时空和多媒体展示”等特性，它互动性好，而且广告资料更新快，与传统媒体相比广告费用低廉。企业可借助网页和电子邮件在全球范围内作广告宣传；客户也可利用网上检索工具迅速地找到所需要的商品信息。

(2) 售中服务：主要是帮助企业完成与客户之间的咨询洽谈、网上订购、网上支付等商务过程，特别是对于那些销售无形产品的公司来说，Internet 上的售中服务能为网上的客户提供直接试用产品的机会，如音像制品的试听、试看以及软件的试用等。

(3) 售后服务：网上售后服务的内容主要包括帮助客户解决产品使用中的问题，排除技术故障，提供技术支持，传递产品改进或升级的信息以吸引客户对产品与服务的反馈信息。电子商务能十分方便地在网上收集用户对销售服务的反馈意见。网上售后服务不仅响应快、质量高、费用低，而且能减低服务人员的工作强度。

2) 电子商务应用的 3 种类型

(1) 企业内部电子商务：即企业内部之间，通过企业内部网的方式处理与交换商贸信息。

(2) 企业间的电子商务(简称为 B2B 模式)：即企业与企业(Business-Business)之间，通过 Internet 或专用网方式进行电子商务活动。

(3) 企业与消费者之间的电子商务(简称为 B2C 模式)：即企业通过 Internet 为消费者提供一个新型的购物环境——网上商店，消费者通过网络在网上购物、在网上支付。

由于 B2C 这种模式节省了客户和企业双方的时间和空间，大大提高了交易效率，节省了不必要的开支，因此网上购物已成为电子商务应用的一个重要方面，也是一般消费者比较关心的话题。

7.5.2 电子商务基本框架与实现

从技术角度来看，电子商务的应用系统由3部分组成。

- 企业内部网。
- 企业内部网与Internet的连接。
- 电子商务应用系统。

1. 企业内部网

企业内部网(Intranet)由Web服务器、电子邮件服务器、数据库服务器以及电子商务服务器和客户端的PC机组成。所有这些服务器和PC机都通过先进的网络设备集线器或交换器连接在一起。

Web服务器最直接的功能是可以向企业内部提供一个WWW站点，借此可以完成企业内部日常的信息访问；电子邮件服务器为企业内部提供电子邮件的发送和接收；电子商务服务器和数据库服务器通过Web服务器对企业内部和外部提供电子商务处理服务；客户端PC机上要安装有Internet浏览器，如Internet Explorer，借此访问Web服务器。

在企业内部网中，每种服务器的数量随企业的情况不同而不同。例如，如果企业内访问网络的用户比较多，可以放置一台企业Web服务器和几台部门级Web服务器；如果企业的电子商务种类比较多或者电子商务业务量比较大，可以放置几台电子商务服务器。

2. 企业内部网与Internet连接

为了实现企业与企业之间、企业与用户之间的连接，企业内部网必须与Internet进行连接，但连接后会产生安全性问题。所以在企业内部网与Internet连接时，必须采用一些安全措施或具有安全功能的设备，这就是所谓的防火墙。

为了进一步提高安全性，企业往往还会在防火墙外建立独立的Web服务器和邮件服务器供企业外部访问用，同时在防火墙与企业内部网之间，一般会有一台代理服务器。代理服务器的功能有两个：一是安全功能，即通过代理服务器，可以屏蔽企业内部网内的服务器或PC，当一台PC访问Internet时，它先访问代理服务器，然后代理服务器再访问Internet；二是缓冲功能，代理服务器可以保存经常访问的Internet上的信息，当PC访问Internet时，如果被访问的信息存放在代理服务器中，那么代理服务器就把信息直接送到PC上，省去对Internet的再一次访问，可以节省费用。

3. 电子商务应用系统

在建立了完善的企业内部网和实现了与Internet之间的安全连接后，企业已经为建立一个好的电子商务系统打下良好基础，在这个基础上，再增加电子商务应用系统，就可以进行电子商务了。一般来讲，电子商务应用系统主要以应用软件形式实现，它运行在已经建立的企业内部网之上。电子商务应用系统分为两部分，一部分是完成企业内部的业务处理和向企业外部用户提供服务，比如用户可以通过Internet查看产品目录、产品资料等；另一部分是极其安全的电子支付系统，电子支付系统使得用户可以通过Internet在网上购物、支付等，真正实现电子商务。

7.5.3 电子政务

电子政务是政府机构运用现代网络通信技术与计算机技术，将政府的管理和服务职能通过精简、优化、整合、重组后在 Internet 中实现的一种方式。电子政务可以打破时间、空间以及条块分割的制约，加强对政府业务的有效监管，提高政府的运作效率，并为社会公众提供高效、优质、廉洁的一体化管理与服务。

电子政务概念的内涵经历了一个发展变化过程。20 世纪 80 年代前后，出现办公自动化的概念，其核心是要利用计算机技术处理办公室的内部事务。随着管理信息系统的出现，需要对传统的政府管理和公共服务进行改造，于是运用信息加工和信息处理技术来改善政府的决策和满足管理者的需求，即政府信息化。20 世纪 90 年代后，随着互联网技术的发展以及在政府公共管理中的应用，出现了电子政府的提法，其含义是指在政府内部办公自动化的基础上，利用计算机技术、通信技术和网络技术建立网络的政府信息系统，并通过不同的信息服务设施和网络、计算机及电话等工具，为企业、社会以及公民个人提供政府信息和其他公共服务，改变政府管理方式。可见，电子政务与政府信息化、政府办公自动化有着密切的联系。电子政务是实现政府信息化的一种主要手段，是政府全局性、全过程、综合业务的自动化，而办公自动化则侧重于政府内部事务处理的自动化。

7.6 其他 Internet 应用

7.6.1 即时通信

通过即时通信(Instant Messaging，IM)功能，用户可以知道亲友是否正在线上，并与他们即时通信。即时通信比传送电子邮件所需时间更短，而且比拨打电话更方便，是网络时代最方便的通信方式。

QQ 是由深圳腾讯计算机系统有限公司开发的基于 Internet 的即时寻呼软件，用户可用 QQ 与好友进行交流，其信息能即时发送和回复。此外，QQ 还具有聊天室、传输文件、语音邮件、手机短信服务等功能。QQ 不仅仅是虚拟的网络寻呼机，还可与移动电话的短消息系统互联，是一个特别适合在网上与网友即时交流的通信工具。

1. QQ 的安装

目前 QQ 有简体中文版、繁体中文版和英文版 3 种版本，可以在多个操作系统下使用。用户可到腾讯网站(http://im.qq.com)上下载 QQ 的安装程序。下面介绍 QQ 的安装步骤。

(1) 开始安装。在出现的【软件许可协议】界面中选中【我已阅读并同意】选项，如图 7-21 所示，然后继续单击【下一步】按钮进行安装。

(2) 在打开的对话框中单击【下一步】按钮，在默认目录下安装 QQ 或单击【浏览】按钮选择 QQ 安装目录，如图 7-22 所示。

(3) 继续单击【安装】按钮，完成 QQ 的安装。

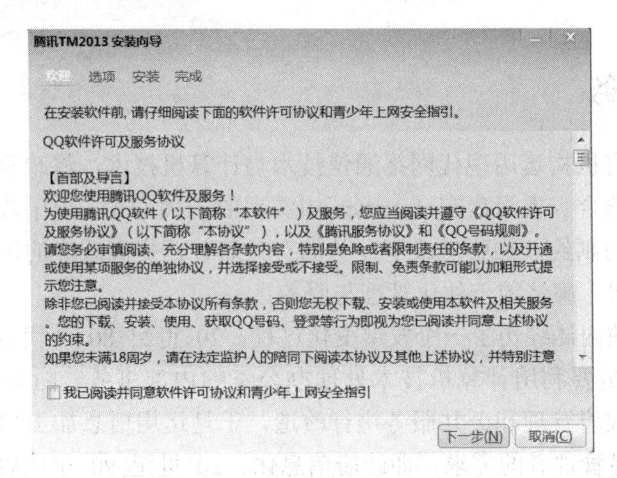

图 7-21　软件许可协议

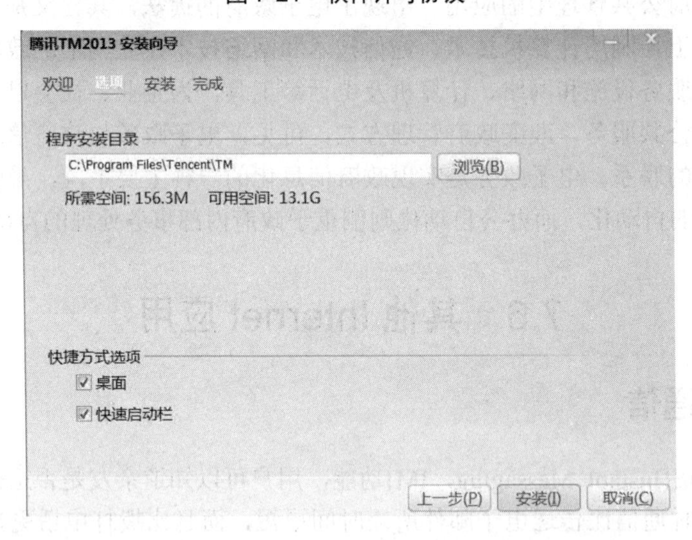

图 7-22　选择安装目录

2. 申请 QQ 号码

在登录界面中单击注册账号超链接，在弹出的新页面中用户可直接申请免费 QQ 号码，可选择 QQ 账号、手机账号、邮箱账号等方式中的一个，填写基本信息后单击【立即注册】按钮即可获得免费的 QQ 号码。申请免费 QQ 号码如图 7-23 所示。

3. 登录 QQ

首次登录 QQ 时，为了保障用户的信息安全，可选择相应的登录模式。运行 QQ，输入 QQ 号码和密码即可登录 QQ。用户也可以选择手机号码、电子邮箱等多种方式登录 QQ，如图 7-24 所示。

4. 查找添加好友

新号码首次登录时，好友名单是空的，要和其他人联系，必须先添加好友。QQ 为用户提供了多种查找好友的方式：基本查找、精确查找和群用户查找。

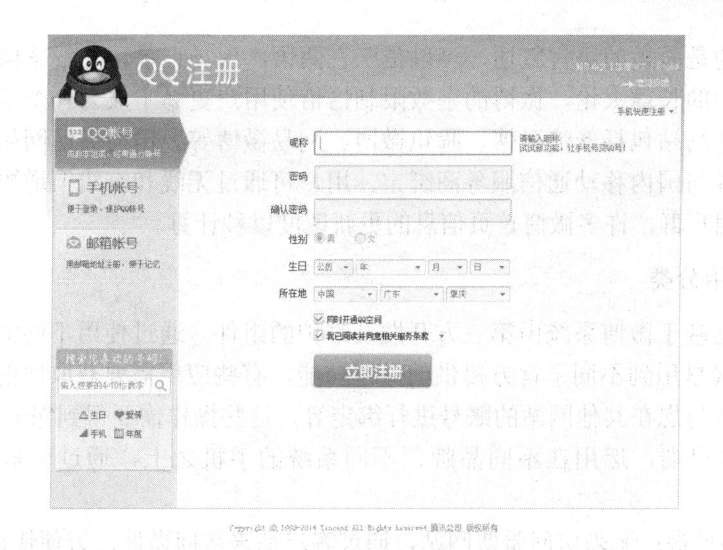

图 7-23　申请免费的 QQ 号码

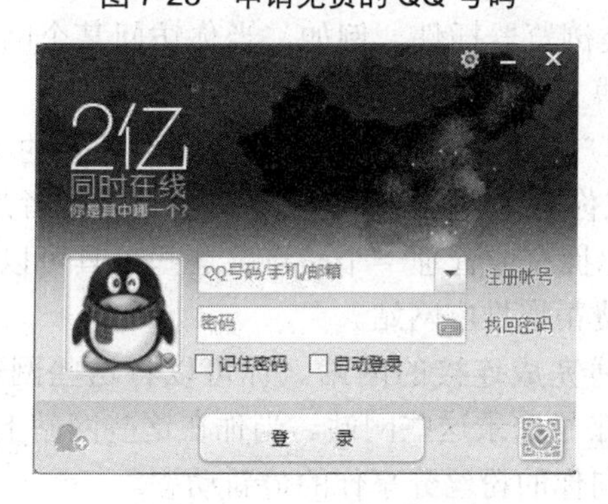

图 7-24　QQ 登录界面

7.6.2　微博

微博是微型博客的简称，是新兴的一类开放互联网社交服务，用户可随时在微博网站上写上一两句话，告诉你的好友你正在做什么事情或是有什么感想。这是一种新型的交流方式，与电子邮件和网上聊天等沟通交流方式都不相同。看到你的微博的人不一定要答复，他们只需看一下就行了。如果感兴趣，可以在你的原话上进行简单回复。

1. 微博的特点

微博最大的特点就是集成化和开放化，你可以通过你的手机、IM 软件(GTalk、MSN、QQ、Skype)和外部 API 接口等途径向你的微博发布消息。微博的另一个特点还在于这个“微”字，一般发布的消息只能是只言片语，像 Twitter 这样的微博平台，每次只能发送 140 个字符。

国际上最知名的微博网站是 Twitter，美国总统奥巴马、美国白宫、FBI、Google、HTC、DELL、福布斯、通用汽车等很多国际知名个人和组织都在 Twitter 上进行营销和与用户交互。

微博记录的是简短的语言叙述，可以是三言两语，现场记录，发发感慨，晒晒心情。相比传统博客中的长篇大论，微博的字数限制恰恰使用户更易于成为一个多产的博客发布者。国内的微博网站包括新浪微博、腾讯微博、网易微博等。国内微博网站的主要优势在于支持中文，并与国内移动通信服务商绑定。用户可通过无线和有线渠道更新个人微博。凭借着庞大的用户群，许多微博首页信息的更新速度以秒计算。

2. 微博应用分类

微博应用是基于微博系统由第三方开发及维护的组件。通过使用不同的微博应用，你可以以各种方式享用到不同于官方提供的微博功能。有些应用需要获取您的信息，或者是将你的微博账号与您在其他网站的账号进行绑定等，这些操作需要得到您的授权。

(1) 手机客户端：运用在不同品牌、不同系统的手机之上，通过手机随时随地访问微博。

(2) 电脑客户端：无须访问微博网站，通过客户端来访问微博，方便快捷。

(3) 聊天机器人：在聊天工具(如 MSN、Gtalk)上通过与机器人账号互动收发微博。

(4) 浏览器工具：各类浏览器插件。例如，当你访问某个网页时，可通过浏览器上的插件迅速将网页分享到微博上。

(5) 游戏：基于微博用户关系的游戏。例如，你可以跟你的粉丝一起玩三国杀。

(6) 博客插件：可以在你的博客上显示你的微博信息，或者是你的粉丝列表等。

(7) 站长工具：如果你拥有或管理一个站点，这些工具可以帮助你的网站与微博系统完成互动，让微博系统免费帮您推广网站。

(8) 连接网站：与微博完成连接的网站。你可以将这些网站上的账号与微博账号绑定，也可以直接使用微博账号登录这些网站。当你在这些网站上发文时，连接网站将帮你自动生成一条微博，即时向你的粉丝分享你的最新动态。

7.6.3 网络电话

随着 Internet 的日益壮大，基于 IP 技术的各种应用迅速发展，其中 IP Phone 就是近几年兴起的极具挑战性的实用技术。IP Phone 可以在 Internet 上实现实时的语音传输服务，与传统的电话业务相比，它具有巨大的优势和广阔的市场前景，并得到了工业界的广泛关注。IP Phone 不仅可以提供 PC-to-PC 的实时语音通信，而且可以提供 PC-to-Phone、Phone-to-Phone 的实时语音通信，并在此基础上可以实现语音、视频、数据合一的实时多媒体通信。

1. IP Phone 的优点

与传统电话相比，IP Phone 的优点具体表现在以下几个方面。

(1) 能够更加高效地利用网络资源。IP Phone 采用了先进的数字信号处理技术，可以将原先 64 kbps 的话音信号压缩成 8 kbps 或更低的数据流，能够在同一条线路上传输比采用模拟技术更多的呼叫。并且 IP Phone 采用的是分组交换技术，可以实现信道的统计复用，使得网络资源的利用效率更高，大大降低了运营商的成本。

(2) 可以提供更为廉价的服务。现在所有的 ISP 都可以提供 IP Phone 服务，并且价格低廉，比传统的电话低 40%～70%。

(3) 与数据业务有更大的兼容性。现在的 IP Phone 不仅包括传统的话音业务，还包括其他一些多媒体实时通信业务。

2. IP Phone 的缺点

目前，IP Phone 正处于发展时期，还有一些问题有待完善，具体表现在以下几个方面。

(1) 话音质量得不到保证。当网络拥塞时，延迟过大，话音不清楚。

(2) 互通性较差。目前关于 IP Phone 的国际标准还不完善，不同厂家的产品还不能互通。

(3) 网络容量小。

今后随着 QoS 的 IPv6、帧中继、ATM 网络的普及，以及国际标准的制定，这类问题会逐步得到解决。

通常 Phone-to-Phone 的网络电话由电信服务商提供，对于普通用户而言，可利用网络电话软件，实现 PC-to-PC、PC-to-Phone 的实时语音通信。一般情况下，PC-to-PC 的语音通信只付使用互联网的费用，而 PC-to-Phone 的语音通信除了互联网的费用外，还要另付服务费，但总费用比长途特别是国际长途电话费要低得多。

7.6.4 微信

微信是腾讯公司于 2011 年年初推出的一款通过网络快速发送语音短信、视频、图片和文字，支持多人群聊的手机聊天软件，是一款非常具有时效性的跨平台的手机交友软件。用户可以通过微信与好友进行形式上更加丰富的类似于短信、彩信等方式的联系。微信软件本身完全免费，使用任何功能都不会收取费用，微信时产生的上网流量费由网络运营商收取。因为是通过网络传送，因此微信不存在距离的限制，即使是在国外的好友，也可以使用微信对讲。

1. 微信的使用

微信的使用方法其实非常简单。它与所有的即时聊天软件一样，需要注册与登入。但相对于其他即时聊天软件，微信的注册和登入更加的方便。

先来介绍微信的注册。如果你拥有 QQ 账号，就不需要注册而可直接使用 QQ 账号登入微信。如果你不想使用 QQ 账号登入，可以用手机号码进行快捷注册。只要选择好自己所在的国家，然后填写手机号码与登入密码就可以了，非常方便，10 秒钟就能搞定。注册成功之后，你就将拥有一个微信账号，下次除了使用 QQ 账号、手机号码登入之外，你还可以使用微信账号登入。

2. 微信的交友方式

(1) 查看附近的人。微信将会根据用户的地理位置找到附近(距离为 100～1000m)同样开启这项功能的人，使用户轻松找到身边正在使用微信的其他用户。

(2) 摇一摇。摇一摇是微信最独特也是最强大的交友方式，支持通过摇一摇手机找到同时也在摇手机的朋友。只要是在同一时间摇动手机的微信用户，不论你在地球的哪一个角落，都可以通过这个功能认识彼此。

(3) 漂流瓶。微信支持扔漂流瓶匿名交友。相信大家对于漂流瓶都不会陌生，就是将自己想说的话写在纸上，然后放入瓶子，将它扔进水里，等待有缘人拾取。微信还支持将语音放进漂流瓶。

7.6.5 网上学习与娱乐

网上有很多教育资源，能为我们提供很多的学习机会。我们可以在英语网站学习外语，可以订阅网上的免费电子刊物，可以进入科学网站了解科学知识，可到相应的学习辅导网站跟名师学习及与网友交流学习心得，还可以报名参加网上学校，进行系统的学习等。

1. 网上学英语

1) 参加英语教学网站同步学习

用户可以根据自己的需要，选择适合自己英语水平的英语网站参加比较系统、课程式的学习。例如，在专门的英语学习网站中，沪江英语(http://hjenglish.com)就是一个比较好的站点，如图7-25所示。该网站中的英语素材新颖、广泛、生动、实用，可使用户进入一个丰富多彩的英语世界，有助于在轻松的环境中学好英语。

图7-25 空中英语教室

2) 访问国外媒体网站

我们还可以访问国外的一些媒体网站，训练英语阅读和听力。

例如，可以到以下流行的英语学习网站练习英语阅读，或在线收看、收听实时新闻报道。

- 英语教练，网址为http://YingYu234.com。
- 英孚教育，网址为http://www.ef.com.cn。

- 今日美国，网址为 http://www.usatoday.com。
- BBC(英国播公司)，网址为 http://www.bbc.co.uk。

3) 订阅免费英语杂志

除了上网在线学习英语外，还可以订阅免费英语杂志。这些英语杂志通常是网上热心者创办的面向英语学习者的免费杂志，可以通过电子邮件软件下载后阅读。

例如，我们可以到下面的网站，登记注册后，申请订阅免费英语杂志，通过电子邮件收到语法、阅读等有关资料，从中挑选适合自己阅读的内容。

http://www.rockyenglish.com

另外，我们还可以在网上通过 BBS 和英语学习爱好者交流经验，共同提高英语水平。

2. 网上远程教学

参加网络学校的远程教学，在学习方式上比较方便、灵活，坐在家中就可以上自己喜欢的学校。学生可以在网上接受实时互动的课堂教学，包括在线讨论和答疑辅导，还可以通过点播课件在任何时间上课。目前国内的网校主要有中小学教学辅导网校、进行学历教育的网络大学和进行职业培训的网校，用户可以根据自己的需要来选择合适的网上学校。

1) 中小学教学辅导网校

中小学教学辅导网校通常依托全国著名的重点中小学创办，比如，适合中小学生的网校有北京的四中网校、北大百年学习网等。

2) 网络大学

网络大学是以互联网为教学工具的现代远程教育。学生只要具备主动学习的愿望和基本的上网知识，就可以不受地域和时间的限制，在工作之余随心所欲地安排学习。在选择网络大学的时候应该详细了解其授课方式、师资力量，最好选择一所有传统大学支持的网络大学。

3) 网上职业教育培训

在网上还有一些职业教育培训和行业考试辅导等的相关网站，这样的网校也有不少，如中华会计网校等。

3. 网上休闲娱乐

休闲娱乐是现代生活的一个重要方面，网络作为一个新的世界，也包含了各种各样的休闲娱乐资源，让我们在学习工作之余，享受网络带来的新体验。

1) 网上游戏

网上游戏是一项非常受欢迎的网上娱乐项目，它与传统游戏的唯一区别就是游戏对阵的人们不用面对面。网上游戏的优势在于它是在线的人与人的对阵，而不管对阵的双方身处何地。网上游戏大战时，允许他人观看，还可以聊天等。

网上游戏的站点很多，有专门的在线游戏站点，也有门户网站的游戏频道，提供的游戏种类也五花八门，既可以与网友在线游戏，也可以将游戏下载后在单机上运行。

2) 网上影视

目前一些网站专门提供影视资源，这些影视网站的内容从影评到精彩回放，从网上购票到现场直播，可以说相当完备，是影视爱好者的休闲好去处。但如果要看在线影视，需要安装播放软件(如 Real Player 和 Windows Media Player)。另外，大多数门户网站如网

易、搜狐、新浪等，也都有自己的影视栏目，内容相当丰富多彩，合乎大多数都市青年的口味。

3) 网上读书

在网上能找到很多可以阅读或下载书籍的地方。在多数门户网站中都有读书栏目，如搜狐读书频道(book.news.sohu.com)，不仅提供各类电子书在线阅读，还有书讯、书评等，另外还有一些专门的读书网站。

通常读书网站的内容以文学作品为主，但也有不少政治、经济、军事、宗教、科技等方面的书籍。

7.7 本章小结

Internet 和人们的生活密切相关，应用也越来越广泛。本章详细介绍了常见的 Internet 应用和简单使用方法，主要包括浏览 WWW、信息查询与搜索引擎、电子邮件、文件传输、电子商务与电子政务等。

7.8 小型案例实训

7.8.1 WWW 浏览

1. 实训目的

了解 Web 的工作原理、IE 浏览器的启动、IE 浏览器的设置、收藏夹的操作。

2. 实训设备

能够访问 Internet 的 PC。

3. 实训内容

1) Web 的工作原理

Web 使用的是超文本传输协议(Hypertext Transfer Protocol，HTTP)。现在浏览器软件比较多，除微软的 IE 浏览器外，常见的还有 Firefox、Chrome 等。

2) IE 浏览器的启动

- 在桌面上双击 IE 浏览器图标(常用)。
- 在任务栏中单击 IE 浏览器启动按钮。
- 选择【开始】|【程序】| Internet Explorer 命令。
- 在【开始】按钮处右击，在弹出的快捷菜单中选择【打开】命令，在打开的窗口中双击【程序】图标，在打开的程序窗口中双击 Internet Explorer 图标。

3) IE 浏览器的设置

在菜单栏中选择【工具】|【Internet 选项】命令，进入如图 7-26 所示的【Internet 选项】对话框。在【常规】选项卡中，有【主页】、【启动】、【选项卡】、【浏览历史记录】、【外观】5 个选项组。

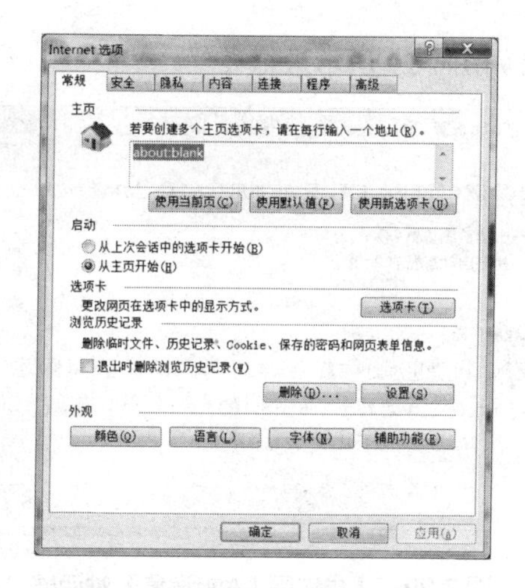

图 7-26　【Internet 选项】对话框

在【主页】选项组中可以更改默认主页。在【地址】栏中可以输入任何网址。

另外有 3 个按钮：【使用当前页】——设置当前正在浏览的网页为默认主页；【使用默认值】——设置微软中国主页为默认主页；【使用新选项卡】设置新打开的标签页为空白页。

在【浏览历史记录】选项组中，可以删除以前上网的临时文件，设置临时文件的位置、目录大小等；还可以设置历史文件夹中已访问页的链接保存情况，或删除已访问页的链接。在【外观】选项组中可以设置浏览区的前景/背景色、字体、使用的语言以及其他辅助功能。

【内容】选项卡如图 7-27 所示。其中家庭安全选项可以帮助家长对儿童使用计算机的方式进行协助管理，例如可以限制儿童使用计算机的时段，可以玩的游戏等。

【连接】选项卡如图 7-28 所示。通过各个选项可以设置不同的 Internet 连接方式。

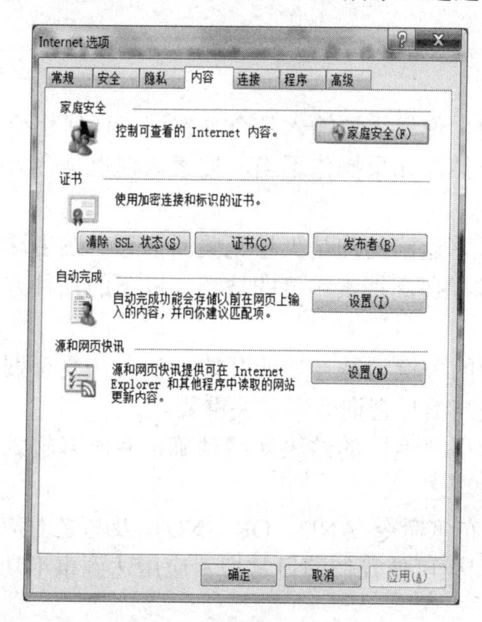

图 7-27　【内容】选项卡

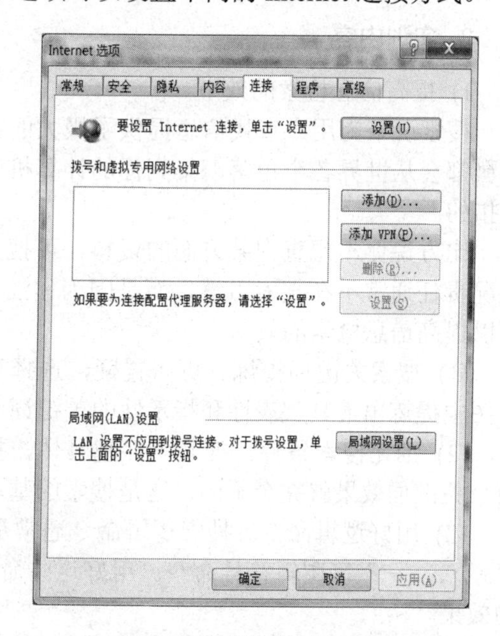

图 7-28　【连接】选项卡

对于局域网，则可参考如图 7-29 所示进行设置。

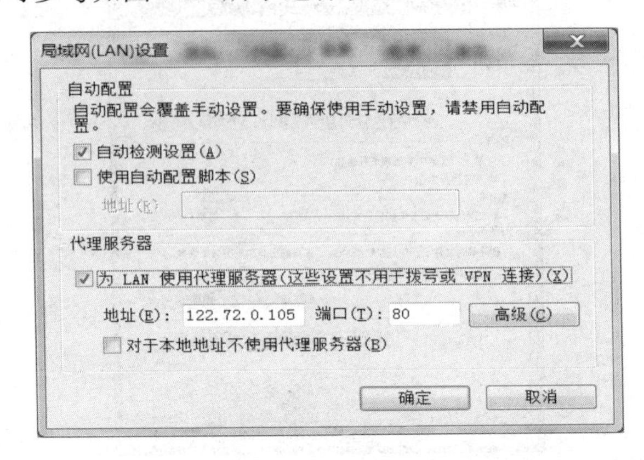

图 7-29 【局域网(LAN)设置】对话框

4. 讨论

(1) 如何使用、保存和管理收藏夹，并进行收藏夹的导入和导出？

(2) 上网助手或者 360 软件是如何清除上网记录的？

7.8.2 搜索引擎

1. 实训目的

了解搜索引擎的使用方法，学会高级搜索。

2. 实训设备

已连接上 Internet 的 PC。

3. 实训内容

1) 提高信息检索的效率

搜索引擎为用户查找信息提供了极大的方便，你只需要输入几个关键词，任何想要的资料都会从世界各个角落汇集到你的计算机中。然而如果操作不当，搜索效率也是会大打折扣的。

比方说你本想查询某方面的资料，可搜索引擎返回的却是大量无关的信息。发生这种情况责任通常不在搜索引擎，而是因为你没有掌握提高搜索精度的技巧。以下的几种方法可以提高信息检索的效率。

(1) 搜索关键词提炼。毋庸置疑，选择正确的关键词是一切的开始。学会从复杂搜索意图中提炼出最具代表性和指示性的关键词对提高信息查询效率至关重要。

(2) 细化搜索条件。搜索条件越具体，搜索引擎返回的结果就越精确，有时多输入一两个关键词效果就完全不同，这是搜索的基本技巧之一。

(3) 用好逻辑命令。搜索逻辑命令通常是指布尔命令 AND、OR、NOT 及与之对应的“+”、“-”等逻辑符号命令。用好这些命令同样可使我们的日常搜索应用达到事半功倍的效果。

(4) 精确匹配搜索。精确匹配搜索也是缩小搜索结果范围的有力工具，此外它还可用来完成某些其他方式无法完成的搜索任务。

(5) 特殊搜索命令。除一般搜索功能外，搜索引擎都提供一些特殊的搜索命令，以满足高级用户的特殊需求。比如查询指向某网站的外部链接和某网站内所有相关网页的功能等。这些命令虽不常用，但当有这方面的搜索需求时，它们就大派用场了。例如把关键字放在双引号中，代表完全匹配搜索也就是说搜索结果反馈的页面包含双引号中出现的所有的词，连顺序也必须完全匹配。

(6) 附加搜索功能。搜索引擎都提供一些方便用户搜索的定制功能。常见的有相关关键词搜索、限制地区搜索等。

2) 百度搜索入门

百度搜索简单方便。你只需要在搜索框内输入需要查询的内容，按 Enter 键，或者单击搜索框右侧的百度搜索按钮，就可以得到最符合查询需求的网页内容。

搜索时，输入多个词语(不同词之间用一个空格隔开)，可以获得更精确的搜索结果。例如，想了解上海人民公园的相关信息，在搜索框中输入“上海 人民公园”获得的搜索效果会比输入“人民公园”要好。

网页搜索特色功能介绍如下。

- 百度快照。
- 拼音提示。
- 错别字提示。
- 英汉互译词典。
- 计算器和度量衡转换。
- 专业文档搜索。
- 股票、列车时刻表和飞机航班查询。
- 高级搜索语法。
- 把搜索范围限定在特定站点中——site。
- 把搜索范围限定在 url 链接中——inurl。
- 精确匹配——双引号和书名号。
- 中文书名查询。
- 要求搜索结果中不含特定查询词。
- 高级搜索、地区搜索和个性设置。

4. 讨论与练习

(1) 查询关于计算机网络方面的 PPT 讲演稿。

(2) 查询软件总路线方面的文档资料。

(3) 练习其他搜索引擎的使用。

7.8.3 上传与下载

1. 实训目的

了解 FTP 的功能和使用方法。

2. 实训设备

已安装 Windows 7 操作系统的 PC。

3. 实训内容

1) FTP 基础知识

FTP 是 File Transfer Protocol(文件传输协议)的缩写，用来在两台计算机之间互相传送文件。相比于 HTTP，FTP 协议要复杂得多，这是因为 FTP 协议要用到两个 TCP 连接：一个是命令链路，用来在 FTP 客户端与服务器之间传递命令；另一个是数据链路，用来上传或下载数据。

FTP 协议有两种工作方式：PORT 方式和 PASV 方式，中文意思为主动式和被动式。PORT(主动)方式的连接过程是：客户端向服务器的 FTP 端口(默认是 21)发送连接请求，服务器接受连接，建立一条命令链路。当需要传送数据时，客户端在命令链路上用 PORT 命令告诉服务器“我打开了××××端口，你过来连接我”。于是服务器从 20 端口向客户端的××××端口发送连接请求，建立一条数据链路来传送数据。

PASV(被动)方式的连接过程是：客户端向服务器的 FTP 端口发送连接请求，服务器接受连接，建立一条命令链路。当需要传送数据时，服务器在命令链路上用 PASV 命令告诉客户端“我打开了××××端口，你过来连接我”。于是客户端向服务器的××××端口发送连接请求，建立一条数据链路来传送数据。

2) FTP 服务器端的注意事项

服务器如果安装了防火墙，请记住要在防火墙上打开 FTP 端口。所有 FTP 服务器软件都支持 PORT 方式。至于 PASV 方式，大部分 FTP 服务器软件都支持。支持 PASV 方式的 FTP 服务器软件，也可以设置为只工作在 PORT 方式上。

为了使 PASV 方式能正常工作，需要在 FTP 服务器软件上为 PASV 方式指定可用的端口范围(设置方法)。此外，还要在服务器的防火墙上打开这些端口。当客户端以 PASV 方式连接服务器的时候，服务器就会在这个端口范围内挑选一个端口出来，给客户端连接。

3) FTP 客户端的注意事项

请注意：选择用 PASV 方式还是 PORT 方式登录 FTP 服务器，选择权在 FTP 客户端，而不是在 FTP 服器。

4) 常见的 FTP 客户端软件 PORT 方式与 PASV 方式的切换方法

大部分 FTP 客户端默认使用 PASV 方式，IE 默认使用 PORT 方式。在大部分 FTP 客户端的设置里，常见的字眼是“PASV”或“被动模式”，极少见到“PORT”或“主动模式”等字眼。因为 FTP 的登录方式只有两种——PORT 和 PASV，取消 PASV 方式，就意味着使用 PORT 方式。

切换至 PASV 方式的方法如下。

在 IE 浏览器中，选择【工具】|【Internet 选项】|【高级】|【使用被动 FTP】命令。

在 CuteFTP 中，一般会自动进行选择，不需用户进行切换。

5) 请尽量不要用 IE 作为 FTP 客户端

IE 在登录 FTP 的时候，看不到登录信息。在登录出错的时候，无法找到错误的原因。在测试自己的 FTP 网站的时候，强烈建议不要使用 IE。

4. FTP 软件的操作步骤

下面以 CuteFTP 9.0 为例，说明 FTP 软件的使用。

(1) 运行 CuteFTP 9.0，主界面如图 7-30 所示。

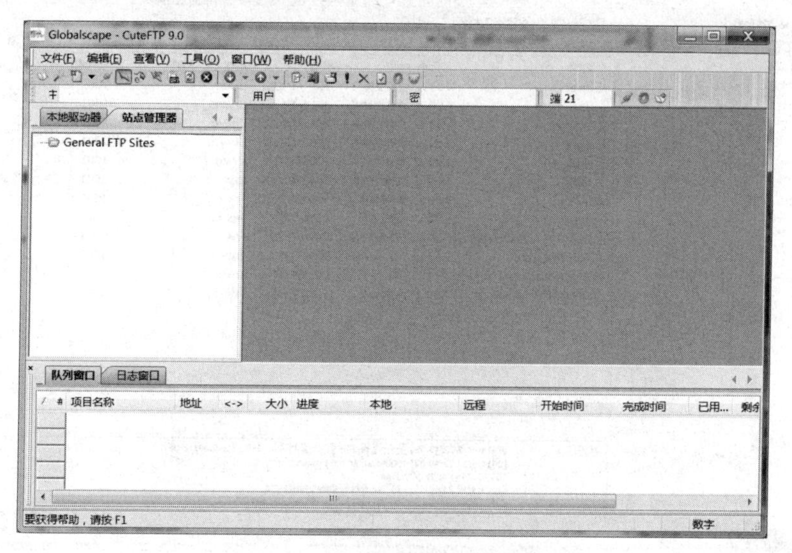

图 7-30　CuteFTP 主界面

(2) 单击菜单【文件】|【新建】|【FTP 站点】，在弹出的对话框中输入站点信息，如图 7-31 所示。

- 【标签】：单位名称。
- 【主机地址】：单位的国际域名。
- 【用户名】：单位 FTP 用户名。
- 【密码】：单位 FTP 密码。
- 【登录类型】：普通。

填写完成后单击【连接】按钮。

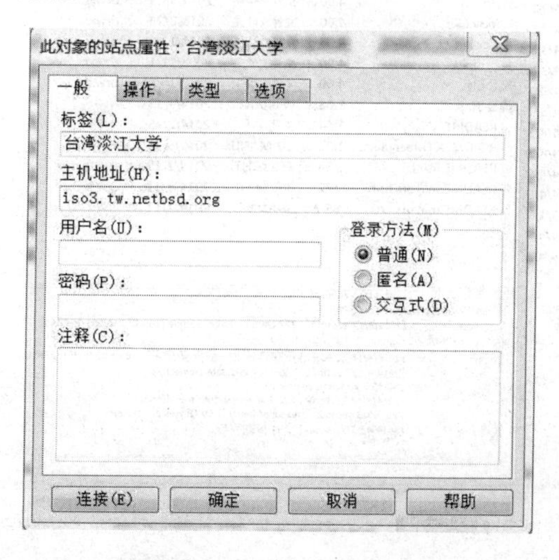

图 7-31　站点属性对话框

(3) 在图 7-31 中，单击【连接】按钮后，就正式连接上了，结果如图 7-32 所示。

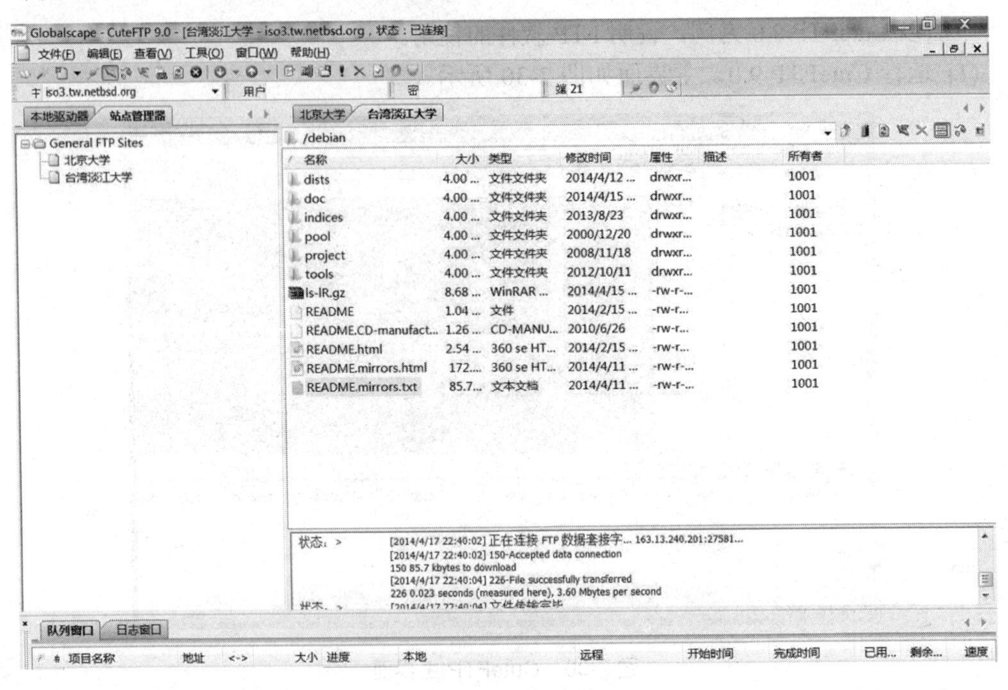

图 7-32　CuteFTP 工作界面

(4) 文件的上传与下载，在右边的 FTP 文件列表中选择需要下载的文件，然后在左边本地驱动器列表框中指定文件保存的位置，最后将右边框的 FTP 拖动到左边框的本地文件夹中，即可完成了文件的下载，如图 7-33 所示，相反文件上传则是将文件从本地驱动器拖动到 FTP 文件列表框中。

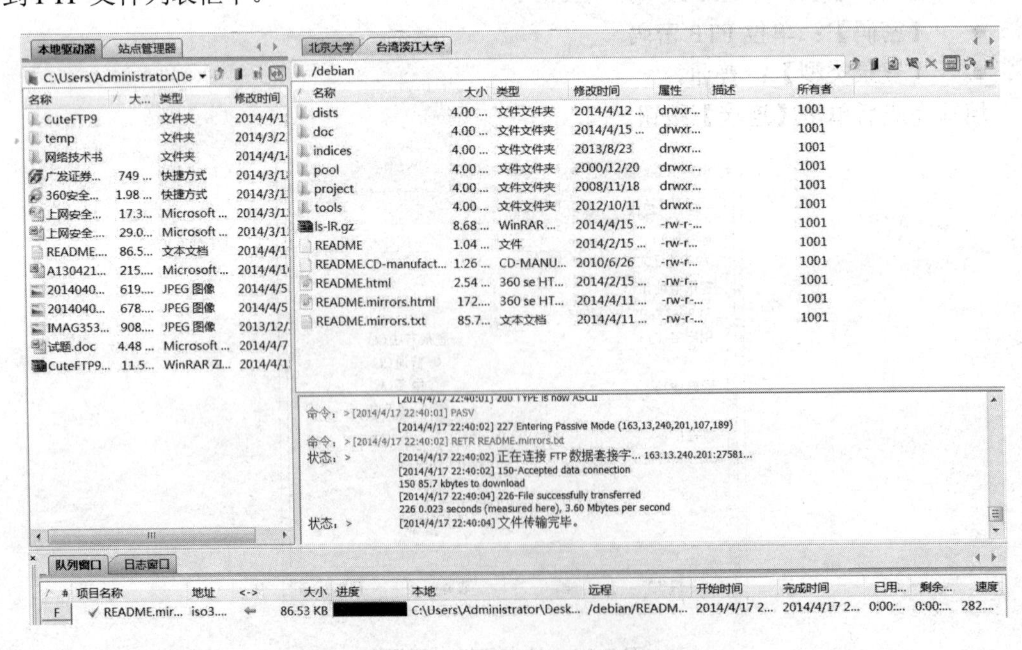

图 7-33　CuteFTP 工作界面

(5) 文件传输完后就可以断开 FTP 的连接。只需单击 CuteFTP 窗口工具栏中的【断开】按钮即可，如图7-34所示。

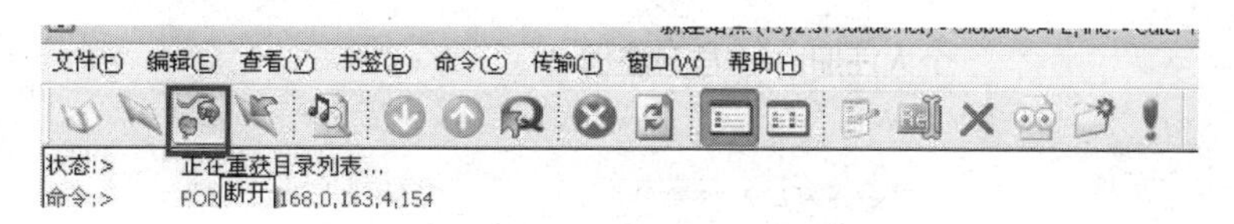

图7-34 断开FTP连接

5. 讨论

(1) 通过本实验的学习，掌握FTP服务器的设置方法和使用技巧。
(2) 使用FTP工具与FTP命令有何差异？各自的缺点是什么？
(3) 如何组建自己的FTP网站？

7.8.4 微博使用

1. 实训目的

学习微博的使用方法，学会发表微博。

2. 实训设备

已连接上Internet的PC或手机。

3. 实训内容

开通微博(下面以新浪微博为例)。

(1) 在新浪微博首页(http://weibo.com)注册微博，如图7-35所示。

图7-35 注册微博

(2) 注册微博时可选择用邮箱注册或用手机注册，然后设置相关资料，如昵称、所在地、手机、性别等，以手机注册为例，如图7-36所示。

(3) 将微博地址发给你的朋友，让他们成为你的粉丝，让他们“关注”你。这样你发的每条微博将同时出现在他们的微博首页里。

(4) “关注”你的朋友，成为他的粉丝，这样他们发的每条微博将出现在你的微博首页里，如图7-37所示。

(5) 发布微博或图片。在微博首页上方的发布框中编辑想发送的内容，单击“发布”即可，还支持添加表情、图片、长微博等，如图 7-38 所示。

个人注册 | 官方注册

＊所在地：中国大陆

＊手机号码：0086 请输入您的手机号码

没有手机？用邮箱注册

＊设置密码：

＊昵称：

＊生日：请选择 年 月 日

＊性别：○男 ○女

＊所在地：广东 肇庆

＊激活码：免费获取短信激活码

立即注册

微博服务使用协议

微博个人信息保护政策

全国人大常委会关于加强网络信息保护的决定

图 7-36　设置个人信息

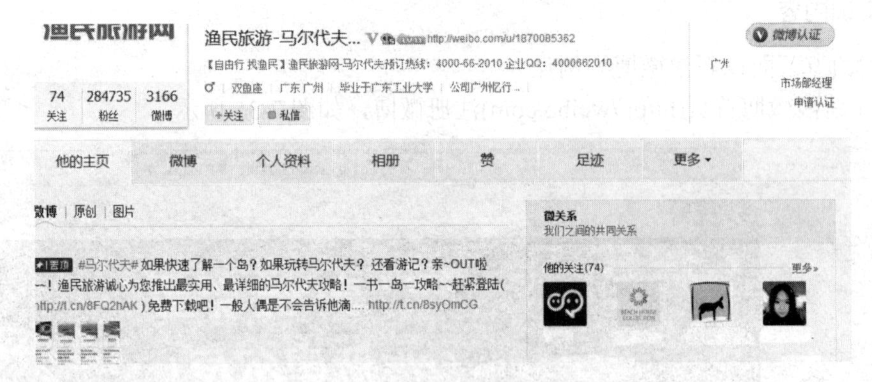

图 7-37　添加关注

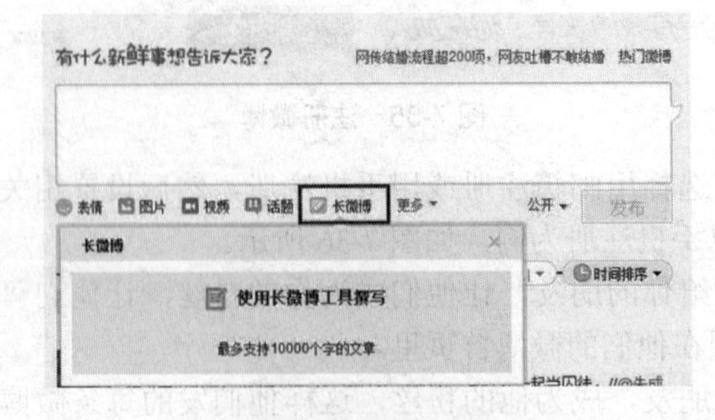

图 7-38　发送微博

(6) 高级应用，下载安装微博手机客户端，就可以随时用手机发微博、看微博了。

7.9　思考与练习

1. Internet 提供哪些基本服务？
2. 什么是超文本、超链接？
3. WWW 的含义是什么？在 Internet 中如何使用 WWW 服务？
4. 什么是搜索引擎？目前主要的搜索引擎有哪些？
5. 什么是电子邮件？举例说明 E-mail 的地址格式。
6. FTP 服务包括哪几种类型？
7. 请说出可供下载的软件种类。
8. 电子商务的概念是什么？电子商务经历了哪几个发展阶段？
9. 从技术角度看，电子商务的应用系统由哪几个部分组成？
10. QQ 的基本功能有哪些？
11. 什么是微博？什么是微信？两者有什么区别？

第 8 章　网络操作系统

本章要点

- ☑ 网络操作系统概述
- ☑ Windows 系列操作系统
- ☑ UNIX 操作系统
- ☑ Linux 操作系统

8.1　网络操作系统概述

计算机系统由硬件和软件两部分构成。软件又可分成系统软件和应用软件。系统软件是为解决用户使用计算机而编制的程序和数据，如操作系统、编译程序、汇编程序等；应用软件是为解决某个特定问题而编制的程序。在所有软件中，操作系统是紧挨着硬件的第一层软件，其他软件则是建立在操作系统之上。

因此，操作系统在计算机系统中占据着非常重要的地位，它不仅是硬件与所有其他软件之间的接口，而且是整个计算机系统的控制和管理中心。操作系统已成为现代计算机系统中一个必不可少的关键组成部分。

8.1.1　网络操作系统的基本概念

网络操作系统(Network Operating System，NOS)也是程序的组合，是在网络环境下，用户与网络资源之间的接口，用以实现对网络资源的管理和控制。对网络系统来说，所有网络功能几乎都是通过其网络操作系统体现的，网络操作系统代表着整个网络的水平。随着计算机网络的不断发展，特别是计算机网络互联、异质网络互联技术及其应用的发展，网络操作系统朝着支持多种通信协议、多种网络传输协议和多种网络适配器的方向发展。

网络操作系统是使联网计算机能够方便而有效地共享网络资源，为网络用户提供所需的各种服务的软件与协议的集合。因此，网络操作系统的基本任务就是：屏蔽本地资源与网络资源的差异性，为用户提供各种基本网络服务功能，完成网络共享系统资源的管理，并提供网络系统的安全性服务。

而计算机网络系统是通过通信媒体将多个独立的计算机连接起来的系统，每台连接起来的计算机各自拥有独立的操作系统。网络操作系统是建立在这些独立的操作系统之上，为网络用户提供使用网络系统资源的桥梁。在多个用户争用系统资源时，网络操作系统进行资源管理，它依靠各个独立的计算机操作系统对所属资源进行管理，协调和管理网络用户进程或程序与联机操作系统进行的交互作用。

8.1.2　网络操作系统的类型

网络操作系统一般可以分为两类：面向任务型与通用型。面向任务型网络操作系统是为某一种特殊网络应用要求设计的；通用型网络操作系统能提供基本的网络服务功能，支持用户在各个领域应用的需求。

通用型网络操作系统又可以分为两类：变形系统与基础级系统。变形系统是在原有的单机操作系统基础上，通过增加网络服务功能构成的；而基础级系统则是以计算机硬件为基础，根据网络服务的特殊要求，直接利用计算机硬件与少量软件资源专门设计的网络操作系统。

纵观近十多年网络操作系统的发展，网络操作系统经历了从对等结构向非对等结构演变的过程，如图 8-1 所示。

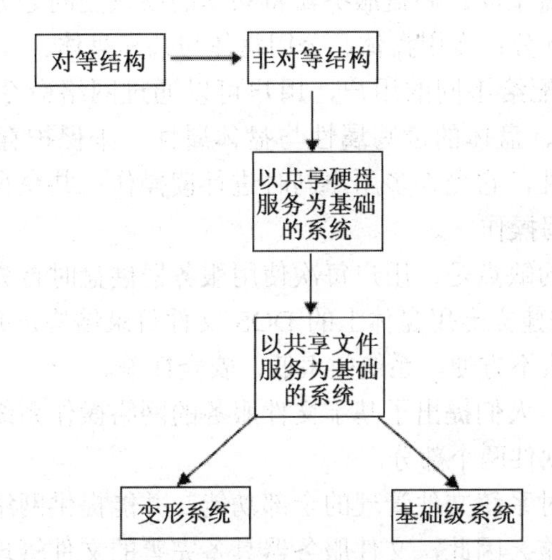

图 8-1　网络操作系统的演变过程

1. 对等结构网络操作系统

在对等结构网络操作系统中，所有的联网节点地位平等，安装在每个联网节点的操作系统软件相同，联网计算机的资源在原则上都可以相互共享。每台联网计算机都以前后台方式工作，前台为本地用户提供服务；后台为其他结点的网络用户提供服务。

对等结构的网络操作系统可以提供共享硬盘、共享打印机、电子邮件、共享屏幕与共享 CPU 服务。

对等结构网络操作系统的优点是：结构相对简单，网络中任何结点之间均能直接通信。其缺点是：每台联网结点既要完成工作站的功能，又要完成服务器的功能，即除了要完成本地用户的信息处理任务，还要承担较重的网络通信管理与共享资源管理任务。这都将加重联网计算机的负荷，因而信息处理能力明显降低。因此，对等结构网络操作系统支持的网络系统一般规模比较小。

2. 非对等结构网络操作系统

针对对等结构网络操作系统的缺点，人们进一步提出了非对等结构网络操作系统的设计思想，即将联网结点分为网络服务器(Network Server)和网络工作站(Network Workstation)两类。

非对等结构的局域网中，联网计算机有明确的分工。网络服务器采用高配置与高性能的计算机，以集中方式管理局域网的共享资源，并为网络工作站提供各类服务。网络工作站一般是配置较低的微型机系统，主要为本地用户访问本地资源与网络资源提供服务。

非对等结构网络操作系统软件分为两部分，一部分运行在服务器上，另一部分运行在工作站上。因为网络服务器集中管理网络资源与服务，所以网络服务器是局域网的逻辑中心。网络服务器上运行的网络操作系统的功能与性能，直接决定着网络服务功能的强弱以及系统的性能与安全性，它是网络操作系统的核心部分。

在早期的非对等结构网络操作系统中，人们通常在局域网中安装一台或几台大容量的硬盘服务器，以便为网络工作站提供服务。硬盘服务器的大容量硬盘可以作为多个网络工作站用户使用的共享硬盘空间。硬盘服务器将共享的硬盘空间划分为多个虚拟盘体，虚拟盘体一般可以分为 3 个部分：专用盘体、公用盘体与共享盘体。

专用盘体可以被分配给不同的用户，用户可以通过网络命令将专用盘体链接到工作站，用户可以通过口令、盘体的读写属性与盘体属性，来保护存放在专用盘体的用户数据；公用盘体为只读属性，它允许多用户同时进行读操作；共享盘体的属性为可读写，它允许多用户同时进行读写操作。

共享硬盘服务系统的缺点是：用户每次使用服务器硬盘时首先需要进行链接；用户需要自己使用 DOS 命令来建立专用盘体上的 DOS 文件目录结构，并且要求用户自己进行维护。因此，它使用起来很不方便，系统效率低，安全性差。

为了克服上述缺点，人们提出了基于文件服务的网络操作系统。这类网络操作系统分为文件服务器和工作站软件两个部分。

文件服务器具有分时系统文件管理的全部功能，并能提供网络用户访问文件、目录的并发控制和安全保密措施。因此，文件服务器具备完善的文件管理功能，能够对整个网络实行统一的文件管理，各工作站用户可以不参与文件管理工作。文件服务器能为网络用户提供完善的数据、文件和目录服务。

目前的网络操作系统基本都属于文件服务器系统，如 Microsoft 公司的 Windows NT Server 操作系统与 Novell 公司的 NetWare 操作系统等。这些操作系统能提供强大的网络服务功能与优越的网络性能，它们的发展为局域网的广泛应用奠定了基础。

8.1.3 网络操作系统的功能

网络操作系统除了应具有前述一般操作系统的进程管理、存储管理、文件管理和设备管理等功能之外，还应提供高效可靠的通信能力及多种网络服务功能。

1. 文件服务

文件服务(File Service)是最重要与最基本的网络服务功能。文件服务器以集中方式管理共享文件，网络工作站可以根据所规定的权限对文件进行读写以及其他各种操作，文件服务器为网络用户的文件安全与保密提供了必需的控制方法。

2. 打印服务

打印服务(Print Service)可以通过设置专门的打印服务器完成，或者由工作站或文件服务器来担任。通过网络打印服务功能，局域网中可以安装一台或几台网络打印机，这样网络上的用户就可以通过打印服务器远程共享网络打印机。打印服务实现对用户打印请求的接收、打印格式的说明、打印机的配置、打印队列的管理等功能。网络打印服务器在接收到用户的打印请求后，本着先到先服务的原则，将用户需要打印的文件排队，用排队队列管理用户的打印任务。

3. 数据库服务

随着计算机网络的迅速发展，网络数据库服务(Database Service)变得越来越重要。选择适当的网络数据库软件，依照客户机/服务器(Client/Server)工作模式，开发出客户端与服务器端的数据库应用程序，客户端就可以向数据库服务器发送查询请求，服务器进行查询后将结果传送到客户端。它优化了局域网系统的协同操作模式，从而有效地改善了局域网应用系统性能。

4. 通信服务

局域网主要提供工作站与工作站之间、工作站与网络服务器之间的通信服务(Communication Service)功能。

5. 信息服务

局域网可以通过存储转发方式或对等方式完成电子邮件服务。目前，信息服务(Message Service)已经逐步发展为文件、图像、数字视频与语音数据的传输服务。

6. 分布式服务

分布式服务(Distributed Service)将网络中分布在不同地理位置的资源，组织在一个全局性的、可复制的分布数据库中，网络中多个服务器都有该数据库的副本。用户在一个工作站上注册，便可与多个服务器连接。对于用户来说，网络系统中分布在不同位置的资源是透明的，这样就可以用简单的方法去访问一个大型互联局域网系统。

7. 网络管理服务

网络操作系统提供了丰富的网络管理服务(Network Management Service)工具，可以提供网络性能分析、网络状态监控、存储管理等多种管理服务。

8. Internet/Intranet 服务(Internet/Intranet Service)

为了适应 Internet 与 Intranet 的应用，网络操作系统一般都支持 TCP/IP 协议，提供各种 Internet 服务，支持 Java 应用开发工具，使局域网服务器容易成为 Web 服务器，全面支持 Internet 与 Intranet 访问。

8.1.4　典型的网络操作系统

目前，局域网中主要有以下几类典型的网络操作系统。

1. Windows

微软公司的 Windows 系统在个人操作系统中占有绝对优势，在网络操作系统中也具有非常强劲的力量。由于它对服务器的硬件要求较高，且稳定性能不是很好，所以一般用在中、低档服务器中，高端服务器通常采用 UNIX、Linux 或 Solairs 等非 Windows 操作系统。在局域网中，微软的网络操作系统主要有 Windows NT 4.0 Server、Windows 2000、Windows 2003、Window Vista、Windows 2008、Windows 7 以及最新的 Windows 8 等。

2. NetWare

NetWare 操作系统在局域网中已失去当年雄霸一方的气势，但是因其对网络硬件要求较低而受到一些设备比较落后的中、小型企业，特别是学校的青睐。目前常用的版本有 3.11、3.12 和 4.10 、V4.11、V5.0 等中英文版本。NetWare 服务器对无盘工作站和游戏的支持较好，常用于教学网和游戏厅。目前这种操作系统已基本淘汰。

3. UNIX

目前 UNIX 系统常用的版本有 UNIX SUR 4.0、HP-UX 11.0、SUN 的 Solaris 8.0 等，均支持网络文件系统服务，功能强大。这种网络操作系统稳定性和安全性非常好，但由于它多数是以命令方式来进行操作的，不容易掌握，特别是初级用户。正因如此，小型局域网基本不使用 UNIX 作为网络操作系统，UNIX 一般用于大型的网站或大型的企、事业局域网中。UNIX 网络操作系统历史悠久，其良好的网络管理功能已为广大网络用户所接受，拥有丰富的应用软件的支持。UNIX 本是针对小型机主机环境开发的操作系统，是一种集中式分时多用户体系结构，但因其体系结构不够合理，其市场占有率呈下降趋势。

4. Linux

Linux 是一种新型的网络操作系统，其最大的特点是开放源代码，并可得到许多免费应用程序。目前有中文版本的 Linux，如 RedHat(红帽子)、红旗 Linux 等，其安全性和稳定性较好，在国内得到了用户的充分肯定。它与 UNIX 有许多类似之处，目前这类操作系统主要用于中、高档服务器中。

总的来说，对特定计算环境的支持使得每一种操作系统都有适合于自己的工作场合。例如，Windows 7 适用于桌面计算机，Linux 目前较适用于小型网络，Windows 2008 Server 适用于中小型网络，而 UNIX 则适用于大型网络。因此，对于不同的网络应用，需要我们有目的地选择合适的网络操作系统。下面将分别对这几种典型网络操作系统进行较详细的介绍。

8.2 Windows 系列操作系统

8.2.1 Windows 系列操作系统的发展与演变

随着计算机硬件和软件系统的不断升级，微软的 Windows 操作系统也在不断升级，不仅降低了对微型机配置的要求，而且在网络性能、网络安全性与网络管理等方面都有了很大的提高，并受到了网络用户的欢迎。从最初的 Windows 1.0 和 Windows 3.2 到大家熟知的 Windows 95、Windows 97、Windows 98、Windows 2000、Windows Me、Windows XP、Windows Server、Windows Vista、Windows 7、Windows 8，各种版本不断更新。当前，最新的个人计算机版本 Windows 是 Windows 8.1；最新的服务器版本 Windows 是 Windows Server 2012 R2。

而 Windows NT Server、Windows Server 2000、Windows Server 2003、Windows Server 2008、Windows Server 2012 等已经成为很多中小型局域网的标准网络操作系统。这些操作系统都是服务器端的多用途网络操作系统，可为部门级工作组和中小型企业用户提供文件和打印、应用软件、Web 服务及其他通信服务，具有功能强大、配置容易、集中管理、安全性能高等特点。

8.2.2 Windows Server 2003 操作系统

Windows Server 2003 是 Microsoft 公司在 Windows 2000 基础上推出的新一代操作系统，最初叫作“Windows .NET Server”，后改成“Windows .NET Server 2003”，最终被改成“Windows Server 2003”，于 2003 年发布，相对于 Windows 2000 做了很多改进。

1. 体系结构

基于 Windows Server 2000 之上的 Windows Server 2003 是一个模块化的、基于组件的操作系统。这个操作系统中的所有组件对象都提供接口，以便其他对象和进程与它们交互，从而利用这些组件所提供的各种功能和服务。这些组件协同工作便能执行特定的操作系统任务。

Windows 2003 体系结构包含两个主要的层次：用户模式和内核模式。这两种模式和各种子系统如图 8-2 所示。

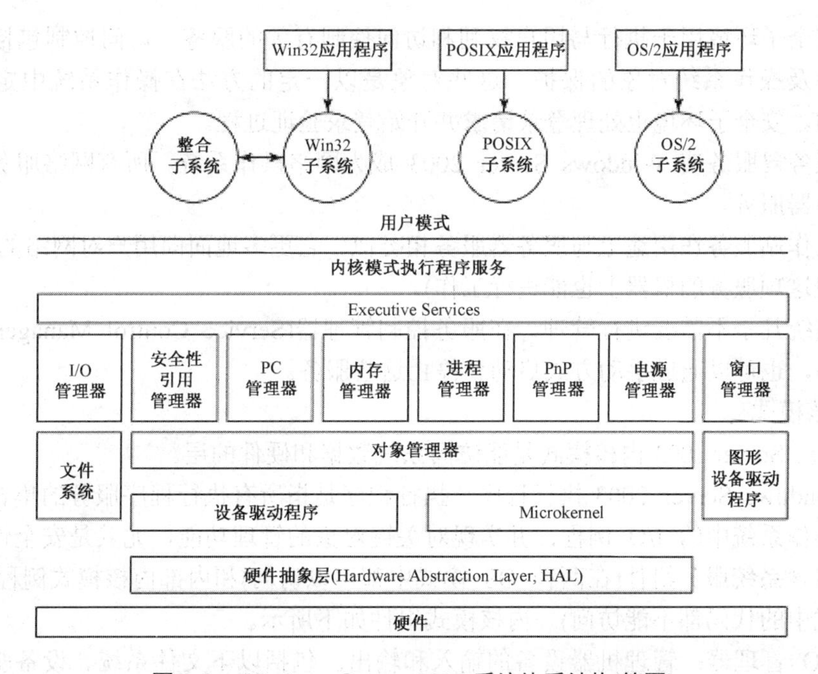

图 8-2　Windows Server 2003 系统体系结构(简图)

1) 用户模式

Windows Server 2003 用户模式层是一种典型的应用程序支持层，它由环境子系统和整合子系统组成，同时支持 Microsoft 和第三方应用软件。它是操作系统的一部分，独立的软件供应商可以在其上使用发布的 API 和面向对象的组件进行操作系统调用。所有的应用程序和服务都安装在用户模式层。

(1) 环境子系统

环境子系统的功能是运行为不同操作系统所编写的应用程序。它能够截取应用程序对特定操作系统 API 的调用，然后将它们转换成为 Windows Server 2003 可以识别的格式，转换后的 API 调用再传递到处理请求所需要的操作系统组件，最后再将调用所返回的返回码或返回信息转换回应用程序能够识别的格式。这些子系统在 Windows 2003 中并不是新功能，但与在 NT 中相比，它们在这几年中已经有了显著的改进。一些实际应用表明，应用程序在 Windows Server 2003 中比在它们当初所设计的目标操作系统中运行得更好。很多应用程序在 Windows 2003 中也更加安全。

Windows Server 2003 与 Windows 2000 一样，使用硬盘空间作为准 RAM(quasi-RAM)。应用程序并不在意内存的类型或来源，它对于应用程序是透明的。虚拟内存是系统中所有内存的组合，它既包括机器中的物理内存，又包括系统中的交换文件。交换文件用来保存那些不能保存在硬件 RAM 中的信息。

用户模式子系统中应用程序的运行优先级比在内核模式中运行的所有服务和例程都低。这也意味着它们对 CPU 的访问要比内核模式进程的优先级低。

(2) 整合子系统

整合子系统用于执行某些关键操作系统功能，包括安全子环境、服务器服务、工作站服务。

- 安全子环境用于执行与用户权利和访问控制有关的服务。访问控制包括对整个网络及操作系统对象的保护，这些对象是以一定的方法在操作系统中定义或抽象的。安全子环境也处理登录请求并开始登录验证过程。
- 服务器服务使 Windows Server 2003 成为网络操作系统。所有网络服务都源于服务器服务。
- 工作站服务在用途上与服务器服务相类似。它更多地面向用户对网络的访问(在禁用这项服务的机器上也能进行工作)。

这些系统几乎不需要进行管理。在服务控制管理器(Service Control Manager)中可以访问这些服务，也可以通过手动方式启动和停止这些服务。

2) 内核模式

Windows Server 2003 内核模式是能访问系统数据和硬件的层。

(1) Windows Server 2003 执行程序。执行程序是指所有执行程序服务的集合名词。它包含很多操作系统中的 I/O 例程，并实现对关键对象的管理功能，尤其是安全性方面。执行程序还包含系统服务组件(在两种 OS 模式中都可以访问)和内部内核模式例程(任何运行在用户模式中的代码都不能访问)。内核模式组件如下所示。

- I/O 管理器：管理机器设备的输入和输出。包括以下文件系统、设备驱动程序、高速缓存管理器。

- 安全性引用监视器：该组件可以实施计算机的安全策略。
- 进程间通信管理器(IPC)：该组件的作用使它存在于操作系统的各个角落。它的本质作用是管理客户端和服务器进程间的通信。它由本地过程调用(LPC)工具和远程过程调用(RPC)工具组成，前者用来管理同一台计算机上的客户端和服务器进程间的通信；后者用来管理不同机器上客户端和服务器之间的通信。
- 内存管理器或虚拟内存管理器(VMM)：该组件用来管理虚拟内存。它为每个进程提供一段虚拟地址空间，每个进程占有并保护它的虚拟地址空间以维护系统的完整性。它同时还控制虚拟 RAM 对硬盘的访问要求，这就是通常所说的分页技术。
- 进程管理器：该组件可以创建和终止由系统服务或应用程序产生的进程和线程。
- 即插即用管理器：该组件利用各种设备驱动程序，为与硬件相关的配置和服务提供即插即用服务及通信。
- 电源管理器：该组件控制系统中的电源管理。它利用各种电源管理 API 进行工作，管理与电源管理请求有关的事件。
- 窗口管理器和图形设备接口(GDI)：驱动程序 Win32k.sys 将两个组件服务结合在一起，并管理显示系统。
- 对象管理器：该引擎管理系统对象。它可以创建对象、删除不需要的对象。它同时可以进行资源管理，如创建对象时需要分配的内存。

除了这些服务之外，还有组成内核模式的 3 个核心组件，包括设备驱动程序组件、Microkernel 和硬件抽象层(HAL)。

(2) 设备驱动程序，该组件将驱动程序调用转换为操作硬件的实际例程。

(3) Microkernel，该组件是操作系统的核心。它管理微处理器上的线程处理、线程排队、多任务，等等。Windows Server 2003 Microkernel 具有抢先权，从本质上看，这表明线程可以被中断或重新排队。

(4) 硬件抽象层，实际上对其他设备和组件隐藏了硬件接口的详细信息。换句话说，它是位于真实硬件之上的抽象层，所有到硬件的调用都是通过 HAL 来进行的。HAL 包含处理硬件相关的 I/O 接口、硬件中断等所必需的硬件代码。该层也负责与 Intel 和 AMD 相关的支持，使一个执行程序可以在这二者中的任何一个处理器上运行。

2. Windows Server 2003 的特点及新增功能

1) Windows Server 2003 的特点

Windows Server 2003 操作系统除具有 Windows Server 2000 的功能之外，还在 Windows Server 2000 的基础上做了大量改进，其特点如下。

- 全面的 Internet 及应用软件服务。
- 具有强大的电子商务及信息管理功能。
- 增强的可靠性和可扩展性。
- 具有整体系统可靠性和规模性。
- 强大的端对端管理。
- 支持对称的多处理器结构，支持多种类型的 CPU。

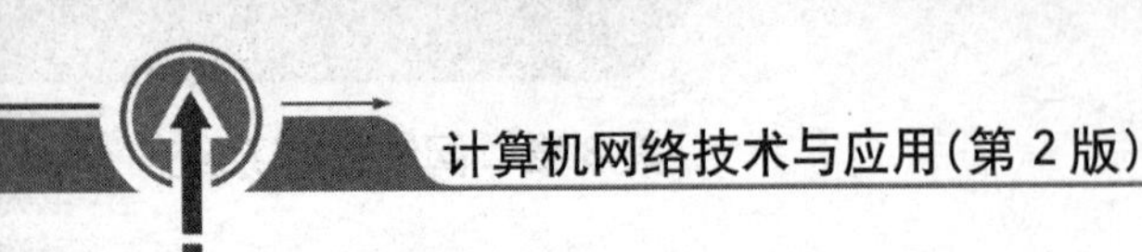

2) Windows Server 2003 的新增功能

(1) 活动目录。作为 Windows 服务器操作系统的核心部分——活动目录服务提供了管理构成企业网络环境的标识和关系的途径。

(2) 应用服务。Windows Server 2003 的先进特性为开发应用程序提供了许多便利条件，从而降低企业拥有总成本(TCO)并具有更好的性能。

(3) 集群技术。Windows Server 2003 在可用性、可扩展性及可管理性方面做了显著的改善。Windows Server 2003 的安装更简便，并增强了网络功能以提供更好的容错性以及更多系统在线时间。

(4) 文件及打印服务。Windows Server 2003 改进后的文件及打印功能，可使企业降低拥有总成本(TCO)。

(5) IIS 6.0。在 Internet Information Services (IIS) 6.0 中，微软在 Windows Server 操作系统中为满足企业用户、网络服务提供商(ISP)及独立软件开发商(ISV)的需要，重新修订了 IIS 的整体结构。

(6) 系统管理。更便于部署、配置与使用，Windows Server 2003 提供的集中的、定制的管理服务降低了企业的拥有总成本(TCO)。

(7) 网络通信方面。网络方面的改进以及新增功能扩展了 Windows 2000 Server 网络架构的多功能性、管理性和可靠性，其稳定的网络基础架构使 Windows 2000 Server 家族产品拥有更强大的功能。

(8) 安全方面。为商业用户提供了更安全的操作平台，使企业能够从现有 IT 投资中获益，并将这种优势带给企业伙伴、客户和供应商。

(9) 存储管理方面的新增功能。Windows Server 2003 提供了全新和增强的存储功能，使管理磁盘、卷、备份/恢复数据以及连接存储区域网络(SAN)更易掌握，更加值得信赖。

(10) 终端服务。Windows Server 2003 终端服务为企业客户提供了更加值得信赖的、伸缩性更强的、更易于管理的服务器操作平台。它为应用程序的部署提供了新的选择，在低带宽条件下更有效地访问数据，增强了原有终端服务的功能，增加了老式设备以及新的便携设备的价值。

(11) 媒体服务(Windows Media Services)。Microsoft Windows Media Services 是 Windows 媒体技术的服务器端组件，用于在公司内部网和互联网上分发数字媒体内容。Windows Media Services 为分布式流媒体视频及音频提供了可靠的、可伸缩的、易管理的、经济的解决方案。

8.2.3 Windows Server 2008 操作系统

Windows Server 2008 继承了 Windows Server 2003，通过加强操作系统和保护网络环境提高了安全性。通过加快 IT 系统的部署与维护，使服务器和应用程序的合并与虚拟化更加简单，并提供直观管理工具，为 IT 专业人员提供了灵活性,使 IT 专业人员对其服务器和网络基础结构的控制能力更强，从而可重点关注关键业务需求。Windows Server 2008 为任何组织的服务器和网络基础结构奠定了最好的基础。

Windows Server 2008 的新增功能如下。

- Server Core。作为服务器操作系统，可以不用安装图形驱动、DirectX、ADO、OLE 等东西，从 WS2K8 开始，这些东西都将成为安装时的可选项。另外，如果配置合理，管理员也可以远程管理无图形界面的 Server Core 安装，只需开启 TCP 3389 端口即可。
- Power Shell 命令行。这个新的命令行工具可以作为图形界面管理的补充，也可以彻底取代它。
- 虚拟化。Intel 和 AMD 都提供了对基于硬件的虚拟化的支持，从而提供虚拟硬件支持平台。WS2K8 加虚拟化的一大目标就是加强闲置资源利用，减少浪费。
- Windows 硬件错误架构(WHEA)。也就是错误规范化，确切地说是应用程序向系统汇报发现错误的协议要实现标准化了。在 WS2K8 中，所有的硬件相关错误都使用同样的界面汇报给系统，第三方软件就能轻松管理、消除错误，管理工具的发展也会更轻松。
- 随机地址空间分布(ASLR)。可以确保操作系统的任何两个并发实例每次都会载入到不同的内存地址上。
- SMB2 网络文件系统。WS2K8 采用了 SMB2，以便更好地管理体积越来越大的媒体文件。
- 核心事务管理器(KTM)。它可以大大减少甚至消除最经常导致系统注册表或者文件系统崩溃的原因：多个线程试图访问同一资源。
- 快速关机服务。可以在应用程序需要被关闭的时候随时、一直发出信号。
- 并行 Session 创建。WS2K8 加入了新的 Session 模型，可以同时发起至少 4 个 Session。
- 自修复 NTFS 文件系统。在 WS2K8 中，一个新的系统服务会在后台默默工作，检测文件系统错误，并且可以在无须关闭服务器的状态下自动将其修复。

8.2.4　活动目录

活动目录(Active Directory)是 Windows Server 2008 操作系统提供的一种新的目录服务。所谓目录服务其实就是提供了一种按层次结构组织的信息，然后按名称关联检索信息的服务方式。这种服务提供了一个存储在目录中的各种资源的统一管理视图，从而减轻了企业的管理负担。另外，它还为用户和应用程序提供了对其所包含信息的安全访问。活动目录作为用户、计算机和网络服务相关信息的中心，支持现有的行业标准 LDAP(Lightweight Directory Access Protocal，轻量目录访问协议)第 8 版，使任何兼容 LDAP 的客户端都能与之相互协作，可访问存储在活动目录中的信息，如 Linux、Novell 系统等。

目录是一个用于存储用户感兴趣的对象信息的信息库。所谓目录服务就是结构化的网络资源信息库，如计算机、用户、打印机、服务器等。它存储着本网络上各种对象的相关信息，并使用一种易于用户查找及使用的结构化的数据存储方法来组织和保存数据。在整个目录中，通过登录验证以及对目录中对象的访问控制，将安全性集成到 Active Directory 中。

目录服务可以实现如下功能。

(1) 提高管理者定义的安全性来保证信息不受入侵者的破坏。

(2) 将目录分布在一个网络中的多台计算机上，提高了整个网络系统的可靠性。

(3) 复制目录可以使得更多用户获得它并且减少使用和管理开销，提高效率。

(4) 分配一个目录于多个存储介质中使其可以存储规模非常大的对象。

Active Directory 中的站点代表网络的物理结构或拓扑。Active Directory 使用在目录中存储为站点和站点连接对象建立起最有效的复制拓扑。可以将站点定义为有一个或多个 IP 子网的一组连接良好的计算机集合。站点与域不同，站点代表网络的物理结构，而域代表组织的逻辑结构。

站点在概念上不同于 Windows Server 2008 的域，因为一个站点可以跨越多个域，而一个域也可以跨越多个站点。站点并不属于域名称空间的一部分，站点控制域信息的复制，并可以帮助确定资源位置的远近。站点反映网络的物理结构，而域通常反映组织的逻辑结构。

信任是域之间建立的关系，它可使一个域中的用户由处在另一个域中的域控制器来进行验证。Windows Server 2008 域之间的信任关系建立在 Kerberos 安全协议上。Windows Server 2008 树林中的所有信任都是可传递的、双向信任的，因此，信任关系中的两个域都是相互受信任的。

Active Directory 和 DNS 具有相同的层次结构。DNS 区域可存储在 Active Directory 中。如果要使用 Windows Server 2008 DNS 服务，主区域文件可存储在 Active Directory 中，用于复制到其他 Active Directory 域控制器中。Active Directory 客户使用 DNS 来定位域控制器。将 Windows Server 2008 服务器的基本系统安装完成之后，可以通过手动安装域名服务器(DNS)和 DCPromo(创建 DNS 和 Active Directory 的命令行工具)，也可以使用“Windows Server 2008 管理服务器”向导进行安装。

8.2.5 IIS 简介

IIS(Internet Information Server)是一个信息服务系统，主要是建立在服务器一方。服务器接收从客户机发送来的请求并处理它们的请求，而客户机的任务是提出与服务器的对话。只有实现了服务器与客户机之间信息的交流与传递，Internet/Intranet 的目标才可能实现。

Windows 2008 集成了 IIS 7.0 版，这是 Windows 2008 中最重要的 Web 技术，同时也使得它成为一个功能强大的 Internet/Intranet Web 应用服务器。

Web 服务器是 IIS 提供的非常有用的服务，用户可以使用浏览器来查看 Web 站点的网页内容。

文件传输协议(FTP)是 IIS 提供的另外一种非常有用的服务。它允许用户在任何地方传输文档和程序，用户可以将数据传输到世界上任何不知名的站点。它也允许在两个不同的操作系统之间方便地传输文件，FTP 服务器接收来自客户端发送来的文件传送请求并满足这些请求。FTP 是使用最广泛的从一台计算机向另一台计算机传送文件的工具。

除了上述两种服务以外，Windows 2008 IIS 还提供了邮件服务的功能。电子邮件是 Internet 最早提供的主要服务之一，最初许多用户都是为了能够通过 E-mail 服务来收发电子邮件才开始使用 Internet 的。电子邮件是目前 Internet 上使用最广泛、最频繁的服务。

8.3　UNIX 操作系统

8.3.1　UNIX 操作系统的发展

1969 年，贝尔实验室肯・汤姆逊在小型计算机 PDP-7 上，由早期的 Mutics 型系统开发形成 UNIX，经过不断补充修改，且与 Richie 一起用 C 语言重写了 UNIX 的大部分内核程序，于 1972 年正式推出 UNIX。它是世界上使用最广泛、流行时间最长的操作系统之一，无论微型计算机、工作站、小型机、中型机、大型机乃至巨型机，都有许多用户在使用。UNIX 已经成为注册商标，多用于中、高档计算机产品。

UNIX 操作系统经过几十年的发展，产生了许多不同的版本流派。各个流派的内核是很相像的，但外围程序等其他程序有一定的区别。现有两大主要流派，分别是以 AT&T 公司为代表的 SYSTEM V，其代表产品为 Solaris 系统；另一个是以伯克利大学为代表的 BSD。

UNIX 操作系统的典型产品有以下几种。

- 应用于 PC 上的 Xenix 系统、SCO UNIX 和 Free BSD 系统。
- 应用于工作站上的 SUN Solaris 系统、HP-UX 系统和 IBM AIX 系统。

一些大型主机和工作站的生产厂家专门为它们的机器开发了 UNIX 版本，其中包括 SUN 公司的 Solaris 系统、IBM 公司的 AIX 和惠普公司的 HP-UX。

8.3.2　UNIX 操作系统的组成和特点

1. UNIX 操作系统的组成结构

UNIX 操作系统由下列几部分组成。

- 核心程序(Kernel)：负责调度任务和管理数据存储。
- 外围程序(Shell)：接收并解释用户命令。
- 实用性程序(Utility Program)：完成各种系统维护功能。
- 应用程序(Application)：在 UNIX 操作系统上开发的实用工具程序。

UNIX 系统提供了命令语言、文本编辑程序、字处理程序、编译程序、文件打印服务、图形处理程序、记账服务、系统管理服务等设计工具，以及其他大量系统程序。UNIX 的内核和界面是可以分开的。其内核版本也有一个约定，即版本号为偶数时，表示产品为已通过测试的正式发布产品；版本号为奇数时，表示正在进行测试的测试产品。

UNIX 操作系统是一个典型的多用户、多任务、交互式的分时操作系统。从结构上看，UNIX 是一个层次式可剪裁系统，它可以分为内核和外壳两大层。但是，UNIX 核心内的层次结构不是很清晰，模块间的调用关系较为复杂，图 8-3 所示是经过简化和抽象的结构。

UNIX 的内核与外壳是分开的。Shell 是 UNIX 系统的用户接口，既是终端用户与系统交互的命令语言，又是在命令文件中执行的程序设计语言，用户可以通过 Shell 语言灵活

地使用 UNIX 中的各种程序。如今许多路由器、交换机等网络产品的内部系统所采用的命令均与 UNIX 操作系统十分相似。

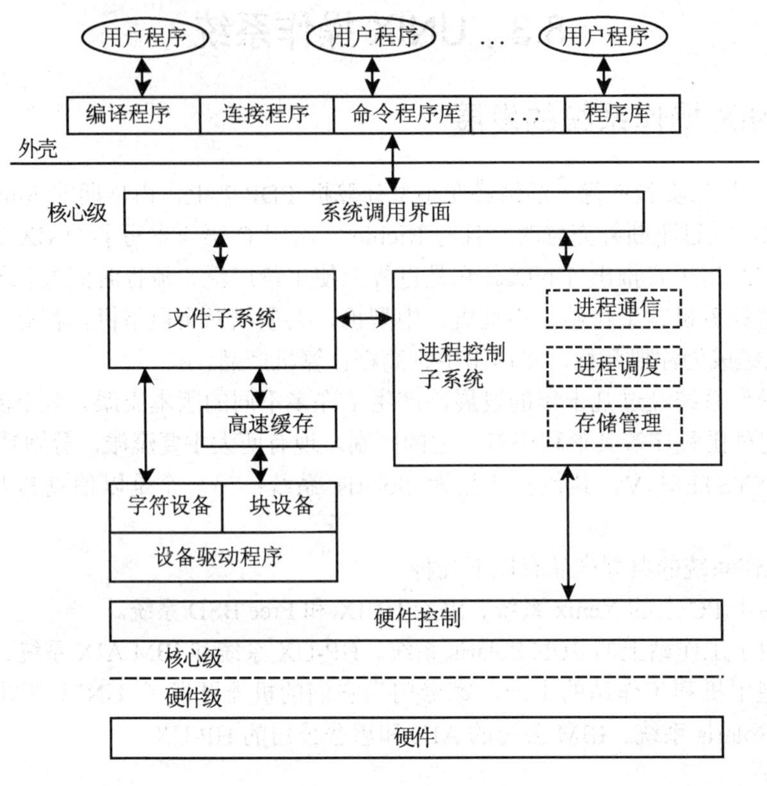

图 8-3　UNIX 系统结构

1) 核心

核心级直接工作在硬件级之上，它一方面驱动系统的硬件并与其交互作用，另一方面为 UNIX 外围软件提供有力的系统支持。具体地说，核心有如下功能：进程管理、内存管理、文件管理与设备驱动以及网络系统支持。

2) 外壳

外壳由应用程序和系统程序组成。应用程序所指的范围非常广泛，可以是用户的任何程序(如数据库应用程序)，也可以是一些套装软件(如人事工资管理程序、会计系统、UNIX 命令等)。系统程序是为系统开发提供服务与支持的程序，如编译程序、文本编辑程序及命令解释程序等。

3) 系统调用界面

在用户层与核心层之间，有一个“系统调用”的中间带，即系统调用界面，它作为两层间的接口。系统调用界面是一些预先定义好的模块，这些模块提供一条通道，让应用程序或一般用户能借此得到核心程序的服务，如外部设备的使用、程序的执行以及文件的传输等。

2. UNIX 操作系统的特点

UNIX 系统是一个支持多用户的交互式操作系统，具有以下特点。

(1) 可移植性好。UNIX 使用 C 语言编写，易于在不同计算机之间移植。

(2) 多用户和多任务。UNIX 采用时间片技术，能够同时为多个用户提供并发服务。

(3) 层次式的文件系统，文件按目录组织，目录构成一个层次结构。最上层的目录为根目录，根目录下可建子目录，使整个文件系统形成一个从根目录开始的树形目录结构。

(4) 文件、设备统一管理。UNIX 将文件、目录、外部设备都作为文件处理，简化了系统，便于用户使用。

(5) 功能强大的 Shell。Shell 具有高级程序设计语言的功能。

(6) 方便的系统调用。系统可以根据用户要求，动态创建和撤销进程；用户可在汇编语言、C 语言级使用系统调用，与核心程序通信，获得资源。

(7) 有丰富的软件工具。

(8) 支持电子邮件和网络通信，系统还提供在用户进程之间进行通信的功能。

当然，UNIX 操作系统也有一些不足，如用户接口不好，过于简单；种类繁多，且互相不兼容。

UNIX 操作系统经过不断的锤炼，已成为一个在网络功能、系统安全、系统性能等各方面都非常优秀的操作系统。其多用户、多任务、分时处理的特点影响着一大批操作系统，如 Linux 等均是在其基础上发展而来的。

3. UNIX 操作系统的工作态

UNIX 有两种工作态：核心态和用户态。UNIX 的内核工作在核心态，其他外围软件包括用户程序工作在用户态。用户态的进程可以访问它自己的指令和数据，但不能访问核心和其他进程的指令和数据。一个进程的虚拟地址空间分为用户地址空间和核心地址空间两部分，核心地址空间只能在核心态下访问，而用户地址空间在用户态和核心态下都可以访问。当用户态下的用户进程执行一个用户调用时，进程的执行态将从用户态切换为核心态，操作系统执行并根据用户请求提供服务；服务完成后，由核心态返回用户态。

8.4 Linux 操作系统

8.4.1 Linux 操作系统的发展

目前，Linux 操作系统已逐渐被国内用户所熟悉，它强大的网络功能开始受到人们的喜爱。Linux 操作系统是一个免费的软件包，它是 UNIX 在普通 PC 上的复制。Linux 操作系统支持很多种软件，其中包括大量免费软件。

最初发明设计 Linux 操作系统的是一位芬兰年轻人 Linus B.Torvalds，他对 MINIX 系统十分熟悉。开始 Linus B.Torvalds 并没有发行这套操作系统的二进制文件，只是对外发布源代码而已。如果用户想要编译源代码，还需要 MINIX 的编译程序才行。起初，Torvalds 想将这套系统命名为 freax，他的目标是使 Linux 成为一个能够基于 Intel 硬件的、在微型机上运行的、类似于 UNIX 的新的操作系统。

Linux 操作系统虽然与 UNIX 操作系统类似，但它并不是 UNIX 操作系统的变种。Torvalds 从开始编写内核代码时就仿效 UNIX，几乎所有的 UNIX 工具与外壳都可以运行

在 Linux 上。因此，熟悉 UNIX 操作系统的人就能很容易地掌握 Linux。Torvalds 将源代码放在芬兰最大的 FTP 站点上，人们认为这套系统是“Linus”的“Minix”，因此就创建了一个 Linux 子目录来存放这些源代码，结果 Linux 这个名字就被使用起来了。在以后的时间里，世界各地的很多 Linux 爱好者先后加入到 Linux 系统的开发工作中。

8.4.2 Linux 操作系统的组成和特点

1. Linux 操作系统的组成

Linux 由 3 个主要部分组成：内核、Shell 环境和文件结构。内核是运行程序和管理诸如磁盘和打印机之类硬件设备的核心程序。Shell 环境提供了操作系统与用户之间的接口，它接收来自用户的命令并将命令送到内核去执行。文件结构决定了文件在磁盘等存储设备上的组织方式。文件被组织成目录的形式，每个目录可以包含任意数量的子目录和文件。内核、Shell 环境和文件结构共同构成了 Linux 的基础。在此基础上，用户可以运行程序、管理文件，并与系统交互。

Linux 本身就是一个完整的 32 位的多用户多任务操作系统，因此不需要先安装 DOS 或其他操作系统就可以直接进行安装。当然，Linux 操作系统可以与其他操作系统共存。

2. Linux 操作系统的特点

作为操作系统，Linux 操作系统几乎满足当今 UNIX 操作系统的所有要求，因此，它具有 UNIX 操作系统的基本特征。Linux 操作系统适合作 Internet 标准服务平台，它以低价格、源代码开放、安装配置简单等特点吸引着广大用户。目前，Linux 操作系统已开始应用于 Internet 中的应用服务器，如 Web 服务器、DNS 域名服务器、Web 代理服务器等。

Linux 操作系统与 Windows NT、NetWare、UNIX 等传统网络操作系统最大的区别是：Linux 开放源代码。正是由于这点，才引起了人们的广泛注意。

与传统网络操作系统相比，Linux 操作系统主要有以下特点。

- 不限制应用程序可用内存大小。
- 具有虚拟内存的能力，可以利用硬盘来扩展内存。
- 允许在同一时间内运行多个应用程序。
- 支持多用户，在同一时间内可以有多个用户使用主机。
- 具有先进的网络能力，可以通过 TCP/IP 协议与其他计算机连接，通过网络进行分布式处理。
- 符合 UNIX 标准，可以将 Linux 上完成的程序移植到 UNIX 主机上去运行。
- 是免费软件，可以通过匿名 FTP 服务在“sunsite.ucn.edu”的“pub/Linux”目录下获得。

8.4.3 Linux 的网络功能配置

Linux 具有强大的网络功能，可以通过 TCP/IP 协议与网络连接，也可以通过调制解调器使用电话拨号以 PPP 连接上网。一旦 Linux 系统连上网络，就能充分使用网络资源。Linux 系统中提供了多种应用服务工具，可以方便地使用 Telnet、FTP、mail、news 和

WWW 等信息资源。不仅如此，Linux 网络操作系统为 Internet 丰富的应用程序提供了应有的平台，用户可以在 Linux 上搭建各种 Internet/Intranet 信息服务器。当然，要实现这些功能，首先要完成 Linux 操作系统的网络功能设置。

Linux 系统上存在着许多配置文件，用来管理和配置 Linux 系统网络。这些文件可以通过 ipconfig、route 和 netcfg 等网络配置工具来管理。Linux 还提供了测试网络状态的工具，使用 ping 命令可以检查网络接口(网卡)工作是否正常。

1. 设置网络功能

Linux 网络功能是在安装的时候一并安装的，少数情形下自行安装网络功能时要进行重编核心或安装模组工作。这里仅介绍安装过程中的网络设置。

1) 安装程序检查系统网卡

多数情况下，Linux 会自动识别网卡，如果不行，就必须选择网卡的驱动程序并指定一些必需的选项。

2) 配置 TCP/IP 网络

配置好网卡之后，首先要选择网络配置方式。

- 静态 IP 地址：必须手工设置网络的信息。
- BOOTP：网络信息通过 bootp 请求自动提供。
- DHCP：网络信息通过 dhcp 请求自动提供。

注意： BOOTP 和 DHCP 选择要求局域网上有一台已经配置好的 bootp(或 dhcp)服务器正在运行。如果选择 BOOTP 或 DHCP，网络配置将自动设置。如果选择静态 IP 地址，须自己设定网络的信息。表 8-1 是一个所需网络信息的例子。

表 8-1　网络信息实例

Field	Example
Value IP Address　IP 地址	202.198.47.188
Netmask　子网掩码	255.255.255.0
Default Gateway　默认网关	202.198.147.2
Primary Nameserver　主域名服务器	202.198.144.65
Domain Name　域名	csu.edu.cn
Hostname　主机名	Hardlab

接着会出现 Configure TCP/IP 对话框，输入相关网络信息，继续进入下一个对话框 Configure Network。该对话框会询问 Domain Name、Hostname 和其他网络信息，输入系统的 Domain Name 然后按 Enter 键，安装程序会把 Domain Name 信息带到 Hostname 域。在 Domain Name 之前输入所用的 Hostname，形成一个完全合格的 Domain Name。如果所在网络不止一个域名服务器，可将其他域名服务器的 IP 地址设置在 Secondary nameserver 和 Tertiary nameserver 域。

2. 网络配置文件

在/etc 目录下有一系列文件(如表 8-2 所示)，可以使用这些文件来配置和管理 Linux 的

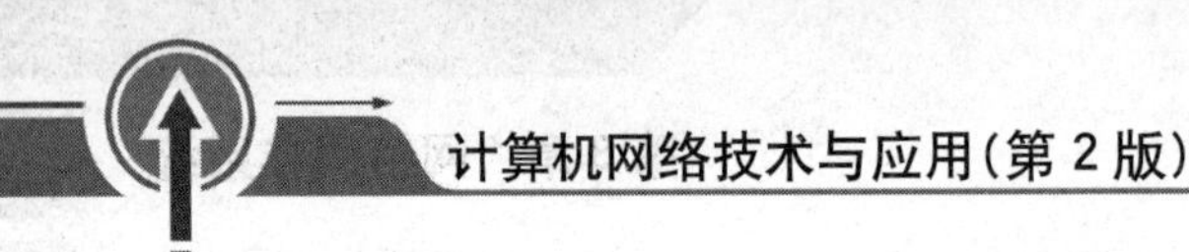

TCP/IP 网络。除了表中描述的文件外，在文件/etc/services 里还列出了系统提供的所有服务，如 FTP 和 Telnet，在文件/etc/protocols 里列出了系统支持的 TCP/IP 协议。

表 8-2　TCP/IP 配置文件

文 件	描 述
/etc/hosts	将主机名和 IP 地址关联起来
/etc/networks	将域名和网络地址关联起来
/etc/host	Conf 列出解析器选项
/etc/hosts	列出远程主机的域名和 IP 地址
/etc/resolv.conf	Conf 列出域名服务器的名称、IP 地址和域名，可使用它来定位远程主机
/etc/protocols	列出系统上可用的协议
/etc/services	列出该网络的服务，如 FTP 和 Telnet
/etc/hostname	存放系统的名称

1) 标识主机名：/etc/hosts

/etc/hosts 文件负责维护域名和 IP 地址之间的对应关系。当使用域名时，系统会在该文件中查寻对应的 IP 地址，将域名地址转换为 IP 地址。

hosts 文件中域名项的格式如下所示。

```
/etc/hosts
202.198.47.188      hardlab.csu.edu.cn      localhost
202.198.144.65      www.csu.edu.cn
202.114.96.28       freemail.263.net
202.198.58.200      bbs.tsinghua.edu.cn
```

首先是 IP 地址，后面是对应的域名，中间用空格分开，后面还可以为主机名加上别名。每一项记录的后面，可以加入注释内容，注释内容是以#符号开头的一段内容。在 hosts 文件中总可以找到 localhost 一项，它是用于标识本地主机的特殊地址，它可以使本系统上的用户之间互相进行通信。

2) 网络名称：/etc/networks

/etc/networks 文件中包含的是域名和网络的 IP 地址，而不是某个特定主机的域名。不同类型的 IP 地址其网络地址不同。此外，在该文件中还要定义 localhost 的网络地址 202.112.147.0，这个网络地址用于回放设备。

在 networks 文件中，网络域名后面接的是 IP 地址。总可以找到一项，即计算机 IP 地址的网络地址部分。networks 文件的内容项如下所示。

```
/etc/networks
loopback                202.198.47.0
myhome                  202.198.47.0
```

3) /etc/hostname

该文件中包含了系统的主机名称。要改变主机名，可以修改这个文件的内容。Netcfg

工具允许更改主机名，并将新的主机名放入/etc/hostname 文件中，可以使用 hostname 命令来显示系统的主机名而不必直接显示该文件的内容。

```
$ hostname
hardlab.csu.edu.cn
```

3. 网络配置工具

RedHat 提供了一个非常容易使用的网络配置工具：netcfg。RedHat 控制面板上标为 Network Configuration 的图标即是该配置工具。启动该工具，在打开的窗口中有 4 个面板，每个面板的顶部有一个按钮条，分别是名称(Names)、主机(Hosts)、接口(Interfaces)和路由(Routing)。所有的网络配置信息都可以在这些面板上完成。

1) Names

该面板中的 Hostname 和 Domain 分别用来配置系统域名的全称和本网络的域名。Search for hostname in additional domains 用来指定搜索域，对于 Internet 地址，系统会先在这些域中查找。Nameservers 用来指定名字服务器地址，可以在其中输入网络名字服务器的 IP 地址，搜索域和名称服务器地址信息都存放在/etc/resolv.conf 文件里。主机名存放在/etc/hostname 文件里。

2) Hosts

Hosts 面板用来添加、删除和修改主机名和相关的 IP 地址，也可以增加别名。该面板显示的是/etc/hosts 文件的内容，在该处所做的任何改变都会存放到这个文件里。

3) Interfaces

在 Interfaces 面板里列出了系统上网络接口的配置信息。使用 Add 、Edit 、Alias 和 Remove 可以管理网络接口的名称、IP 地址、优先权、启动时是否激活以及当前是否处于活动状态。

4) Routing

Routing 面板是用来指定网关系统的。可以输入默认网关或使用的多个网关。如果不使用网关，可以不添加。

除了 netcfg 以外，Linux 还有其他网络配置工具，比如 Linuxconf。用户也可以使用 ifcong 和 route 来配置网络接口。有关这方面的细节，读者可参看有关书籍。

4. 检查网络状态

设置好网络功能后，应该检查主机是否与网络连接无误，使用命令 ping 和 netstat 来检查网络状态。

1) ping 命令

首先用 ping 命令测试主机的网络功能是否启动，在命令行中输入：

```
$ ping 202.198.47.188
```

ping 后面接的是目标主机的名称，这里测试的是本地主机。ping 命令向目标主机发送请求，然后等待响应，目标主机接到请求后发回响应，信息会显示到发送方的屏幕上。在上述测试主机的过程中，如果没有问题，会显示：

```
[root@hardlab root] # ping 202.198.47.188
PING 202.198.47.188(202.198.47.188) : 56 data bytes
64 bytes from 202.198.47.188:icmp_seq=0 ttl=255 time=0.2 ms
64 bytes from 202.198.47.188:icmp_seq=1 ttl=255 time=0.1 ms
64 bytes from 202.198.47.188:icmp_seq=2 ttl=255 time=0.2 ms
64 bytes from 202.198.47.188:icmp_seq=3 ttl=255 time=0.1 ms
```

ping 命令会不断地发送请求，直到按 Ctrl+C 组合键来停止它。如果 ping 命令失败，说明网络工作不正常，可能是由于某个网络接口的问题、配置的问题或者是由于物理连接的问题。

2) netstat 命令

netstat 命令提供了有关网络连接状态的实时信息，以及网络统计数据和路由信息。使用该命令不同的选项，可以得到网络上不同的信息(如表 8-3 所示)。

表 8-3 netstat 选项

选 项	描 述
-a	显示所有的 Internet 套接字信息，包括那些正在监听的套接字
-i	显示所有网络设备的统计信息
-c	在程序中断前，显示网络连接状况，间隔为 1 秒
-n	显示远程或本地地址，如 IP 地址
-o	显示定时器状态、截止时间和网络连接的以往状态
-r	显示内核路由表
-t	只显示 TCP 套接字信息，包括那些正在监听的 TCP 套接字
-u	只显示 UDP 套接字信息
-v	显示版本信息
-w	只显示 raw 套接字信息
-x	显示 UNIX 域套接字信息

不带选项的 netstat 命令会显示系统上的所有网络连接，首先是活动的 TCP 连接，之后是活动的域套接字。域套接字包含一些进程，用来在本系统和其他系统之间建立通信。

8.5 本章小结

网络操作系统是在网络环境下，用户与网络资源之间的接口，用以实现对网络资源的管理和控制。对网络系统来说，所有网络功能几乎都是通过网络操作系统体现的，网络操作系统代表着整个网络的水平。本章着重介绍了目前比较流行的几种操作系统，即 Windows 系列、UNIX、Linux 等的结构、功能及其基本配置。掌握操作系统的应用与维护，对保障网络安全、稳定、高效地运行起着非常重要的作用。

8.6　小型案例实训一

1. 实验目的

(1) 掌握 DNS 服务器的安装。

(2) 配置 DNS 转发。

(3) 掌握区域转发技术。

2. 实验指导

DNS 服务器(Domain Name System 或者 Domain Name Service)是域名系统或者域名服务，域名系统为 Internet 上的主机分配域名地址和 IP 地址。用户使用域名地址，该系统就会自动把域名地址转换为 IP 地址。域名服务是运行域名系统的 Internet 工具。执行域名服务的服务器称为 DNS 服务器，通过 DNS 服务器来应答域名服务的查询。

3. 实验内容

1) DNS 服务器的安装

(1) 以管理员账户登录到 Windows Server 2008 系统，运行【开始】|【程序】|【管理工具】|【服务器管理器】命令，打开服务器管理器，如图 8-4 所示。

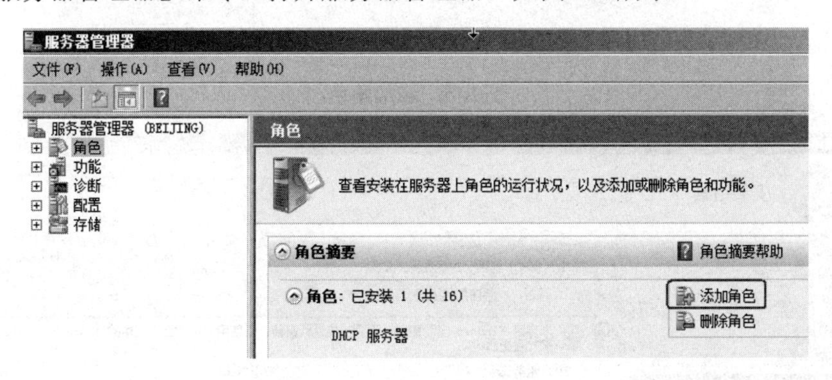

图 8-4　服务器管理器

(2) 运行【添加角色】向导，打开选择服务器角色界面，在【角色】列表框中选中【DNS 服务器】复选框，单击【下一步】按钮，如图 8-5 所示。

(3) 按提示安装，成功后，如图 8-6 所示。

2) DNS 基本配置

使用 DNS 服务，本机必须要有静态的 IP 地址。如果只是在局域网中使用，原则上可用任意的 IP 地址，最常用的是 192.168.0.1～192.168.0.254 范围内的任意值。

下面以 ABC 公司网络为例子，公司网络中有 Web 服务器、FTP 服务器、邮件服务器，为了方便公司员工访问，公司准备配置一台 DNS 服务器，如图 8-7 所示。实现 DNS 的配置的操作步骤如下。

(1) 创建正向区域。运行【开始】|【管理工具】| DNS 命令，打开 DNS 管理器。为了使 DNS 服务器能够将域名解析成 IP 地址，必须首先在 DNS 区域中添加正向查找区域。右

击【正向查找区域】选项，从弹出的快捷菜单中选择【新建区域】命令，新建区域如图 8-8 所示。

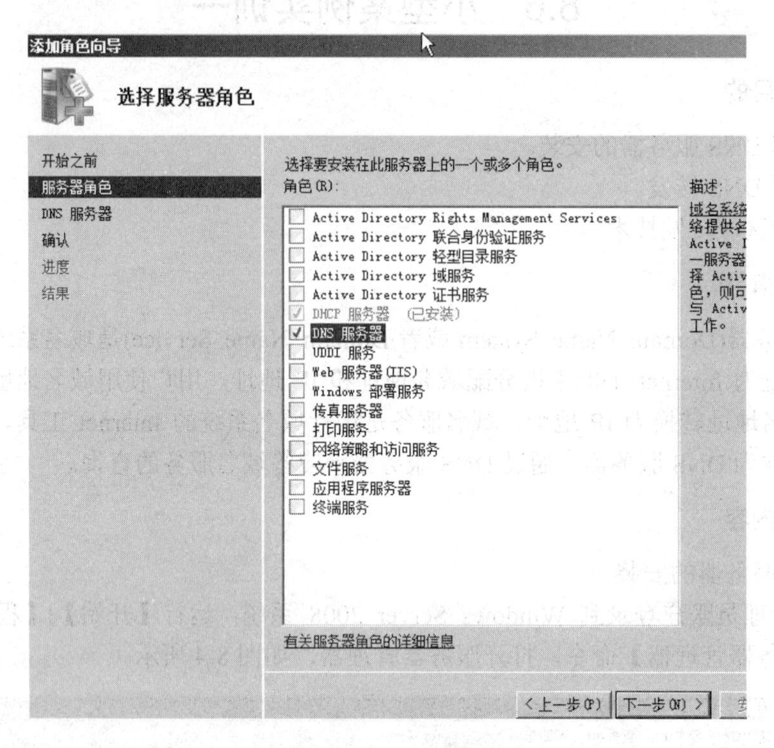

图 8-5 添加角色

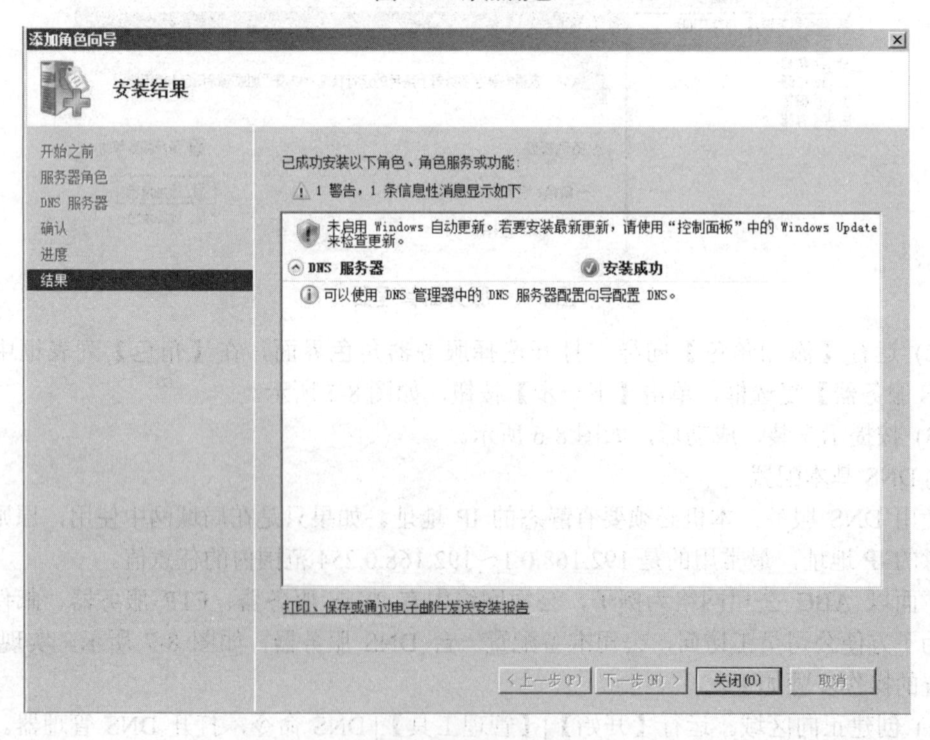

图 8-6 DNS 安装结果

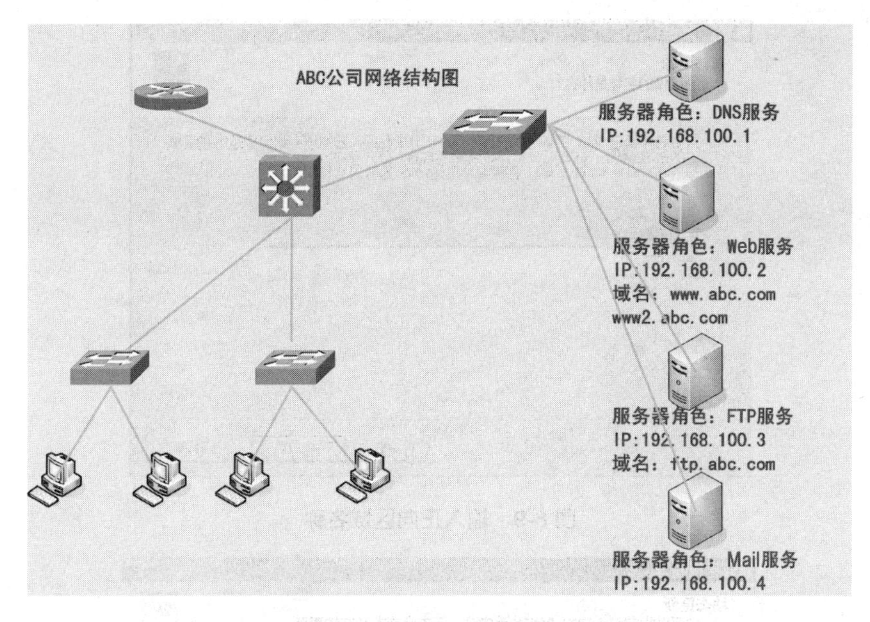

图 8-7　ABC 公司网络结构图

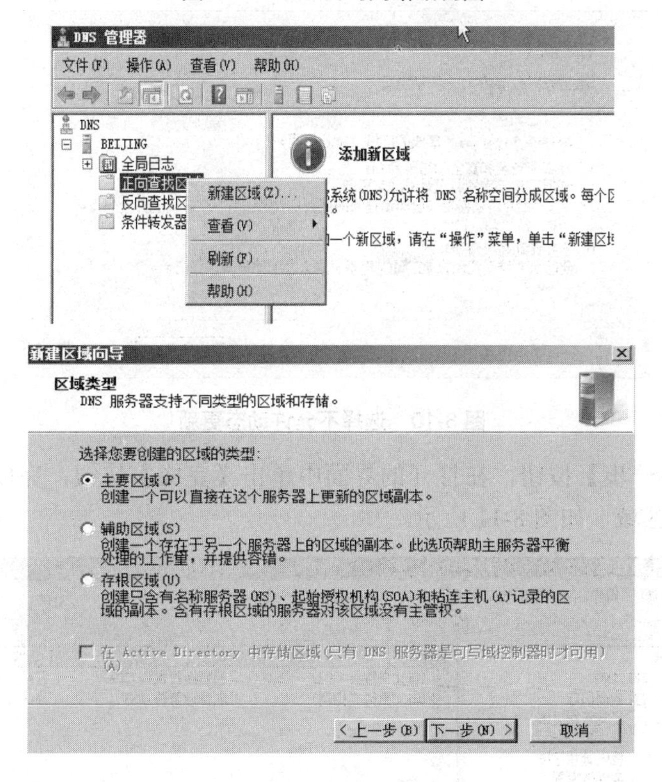

图 8-8　新建区域

(2) 创建区域名称，如图 8-9 所示。在【区域名称】文本框中输入“abc.com”，单击【下一步】按钮，从打开的界面中选择【创建新文件】选项，文件名使用默认即可。

(3) 单击【下一步】按钮，打开【动态更新】界面，选择默认的【不允许动态更新】单选按钮，如图 8-10 所示。

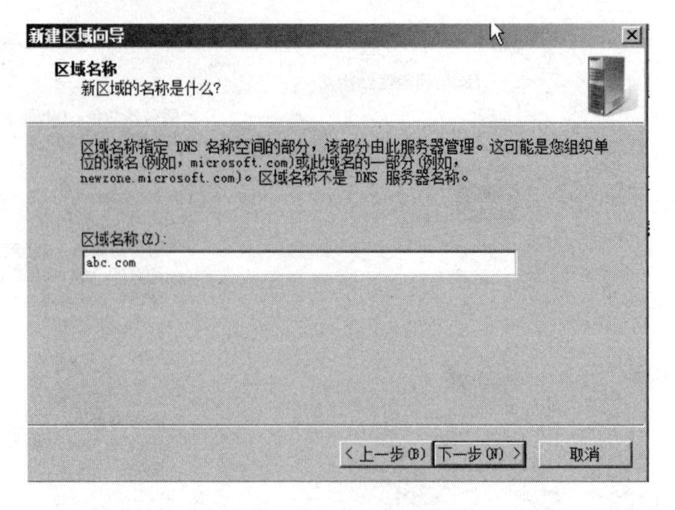

图 8-9　输入正向区域名称

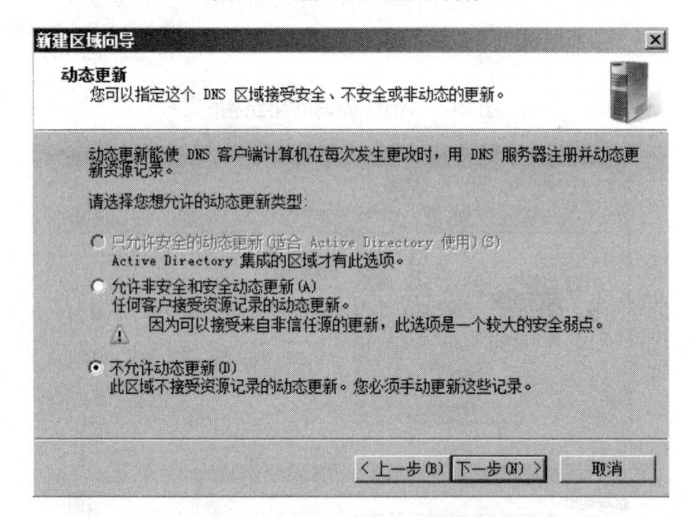

图 8-10　选择不允许动态更新

(4) 单击【下一步】按钮，在打开的界面中单击【完成】按钮，完成向导，创建完成“abc.com”正向区域，如图 8-11 所示。

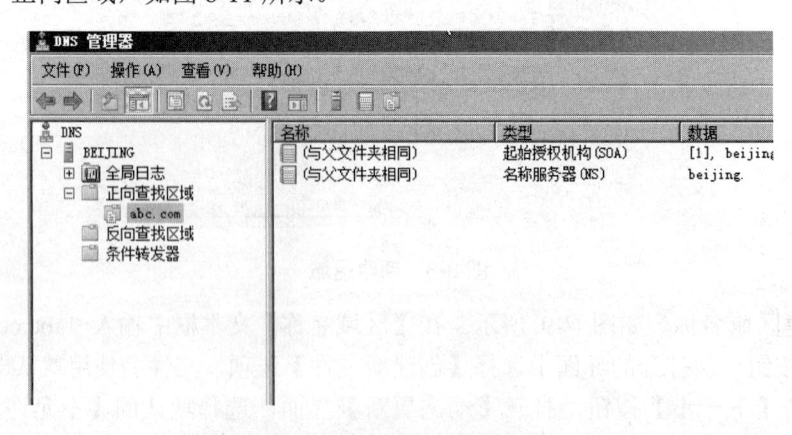

图 8-11　正向区域创建成功

(5) 创建反向区域，在 DNS 区域中添加反向查找区域。右击【反向查找区域】选项，从弹出的快捷菜单中选择 【新建区域】命令，创建反向区域，如图 8-12 所示。

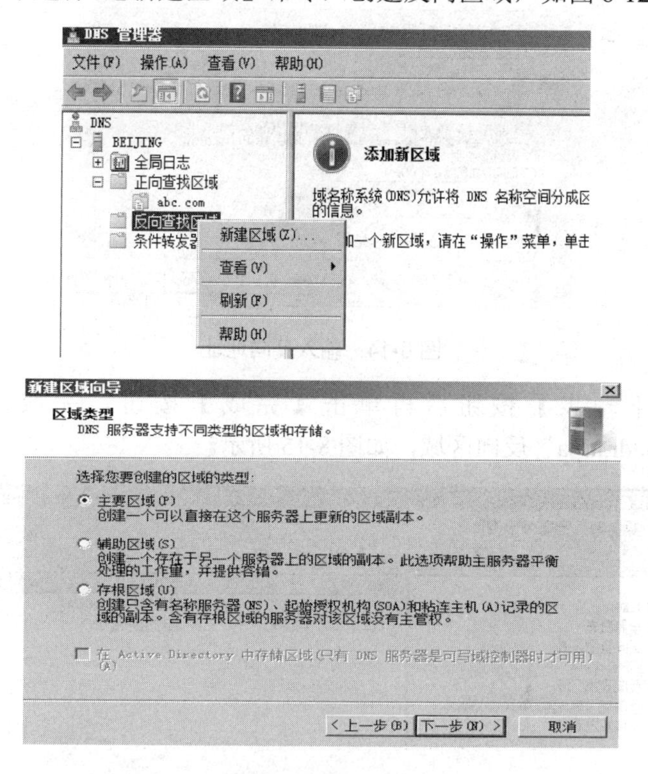

图 8-12　创建反向区域

(6) 在打开的【反向查找区域名称】界面选中【IPv4 反向查找区域】单选按钮，单击【下一步】按钮，如图 8-13 所示。

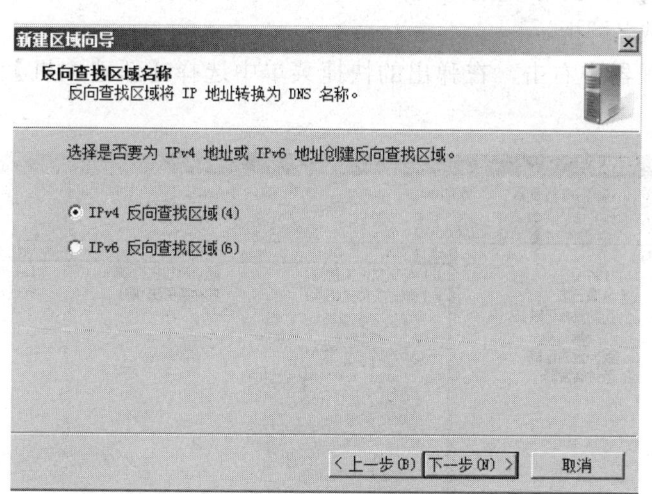

图 8-13　选择【IPv4 反向查找区域】单选按钮

(7) 输入反向地址，如图 8-14 所示。在【网络】文本框中输入反向地址，会自动生成"100.168.192.in-addr.arpa"反向区域名称，如图 8-14 所示。

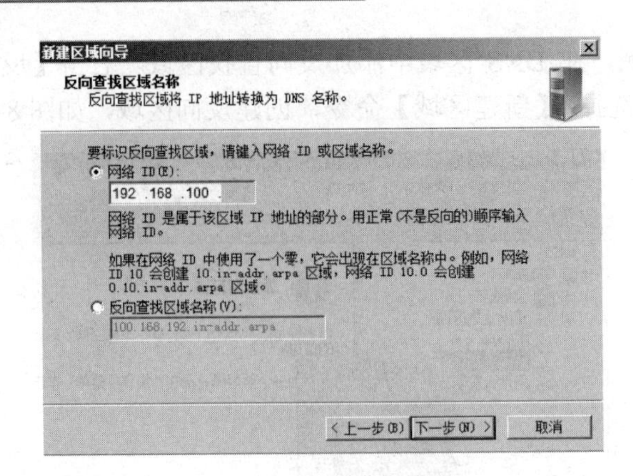

图 8-14　输入反向地址

(8) 单击【下一步】按钮后再单击【完成】按钮，完成向导，创建完成“100.168.192.in-addr.arpa”反向区域，如图 8-15 所示。

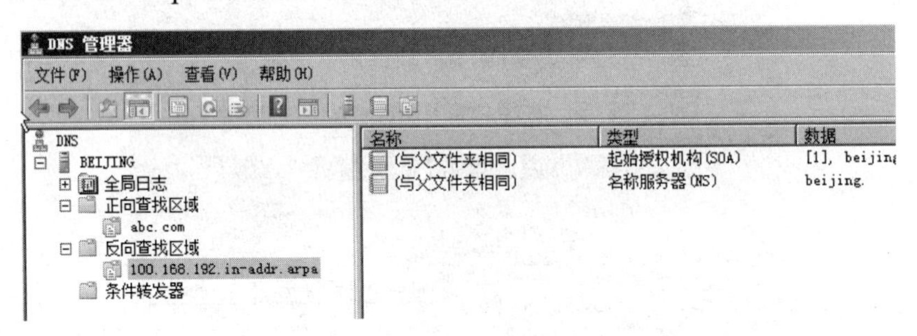

图 8-15　反向区域创建成功

(9) 创建记录。区域创建完成后，要为所属的域(abc.com)提供域名解析服务，还必须在 DNS 域中添加各种 DNS 记录，如 Web 及 FTP 等使用 DNS 域名的网站等都需要添加 DNS 记录来实现域名解析。

在 DNS 管理器中右击，在弹出的快捷菜单中选择【新建主机】命令，如图 8-16 所示。

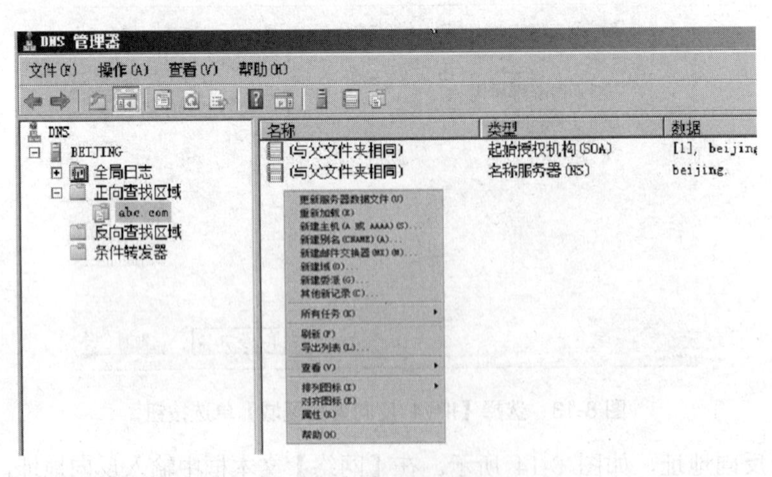

图 8-16　新建主机

(10) 建立 WWW 服务主机，在弹出的【新建主机】对话框中输入主机名称和地址，单击【添加主机】按钮完成操作，如图 8-17 所示。

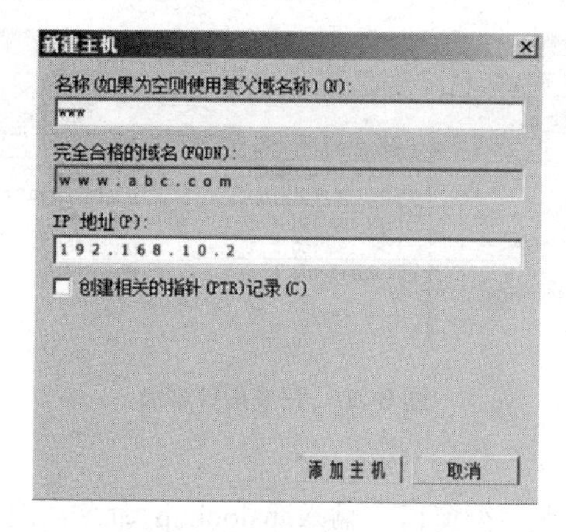

图 8-17　添加主机名称和地址

(11) 用同样的方法，建立 FTP 和邮件服务器等主机，完成后如图 8-18 所示。

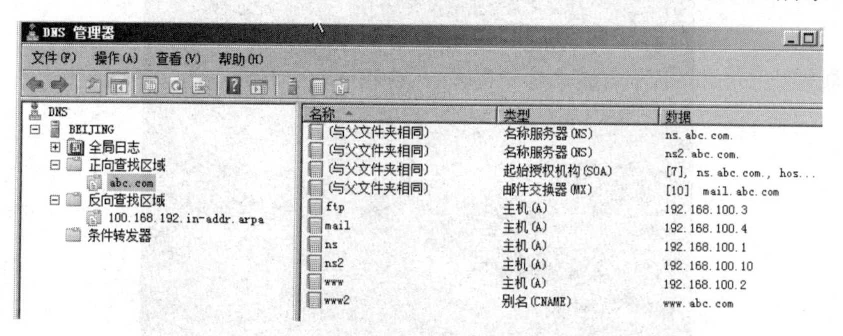

图 8-18　完成记录添加

(12) 在反向区域中创建 PTR 记录。为了让 DNS 服务器能够正常运行，要在反向查询区域中建立 DNS 服务器本身的 PTR 记录。在 DNS 服务器中选取反向查询区域，右击从弹出的快捷菜单中选择【新建指针】命令，如图 8-19 所示。

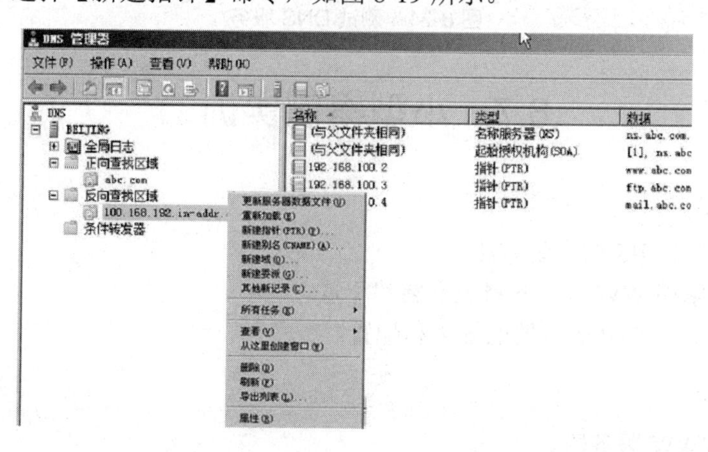

图 8-19　选择【新建指针】命令

(13) 在弹出对话框中分别添加 IP 地址及名称(在尾部加句号)，完成后效果如图 8-20 所示。

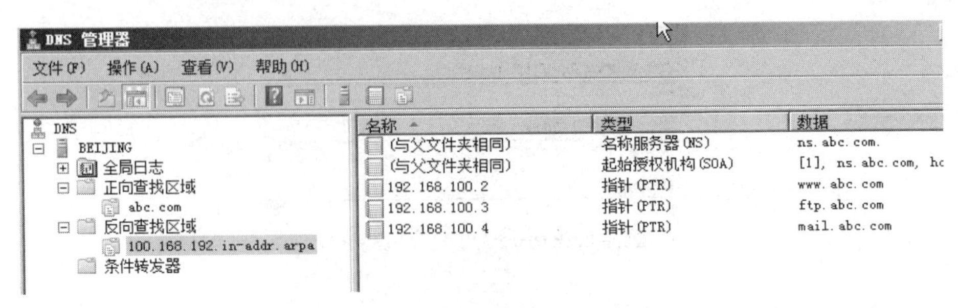

图 8-20　完成指针添加

3) 测试服务

在客户机上打开命令提示符窗口，输入 nslookup 命令，测试 DNS 服务，如图 8-21 所示。

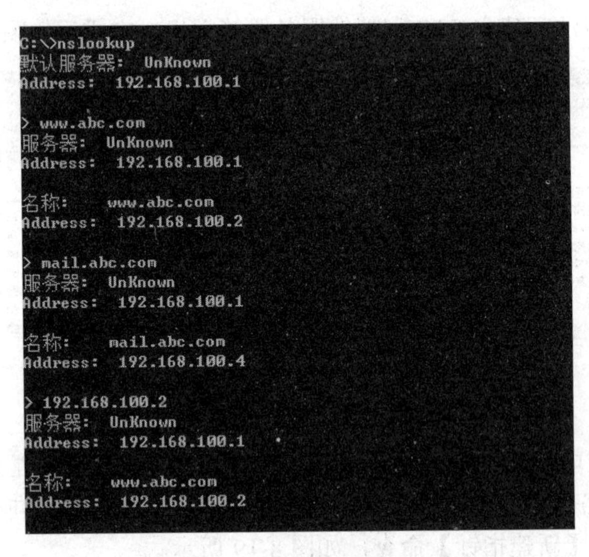

图 8-21　测试 DNS 服务

8.7　小型案例实训二

1. 实验目的

(1) 使学生掌握 IIS 的安装方法。

(2) 使学生掌握 WWW 服务器的安装和配置。

(3) 使学生掌握 FTP 服务器的安装和配置。

2. 实验内容

(1) 安装 WWW 服务器。

(2) 建立和配置 Web 站点。

(3) 安装 FTP 服务器。

(4) 建立和配置 FTP 站点。

8.7.1　配置 WWW 服务器

1. 安装 WWW 服务器

IIS 是 Microsoft 公司的 WWW 服务器软件。Microsoft Windows 2008 集成了 IIS 7.0 版本。默认下，安装 Windows Server 2008 时没有安装 IIS 功能组件，需要另行安装 IIS 组件。

(1) 单击【开始】|【程序】|【管理工具】|【服务器管理器】命令来打开【服务器管理器】窗口。选择【角色】选项，单击【添加角色】按钮，如图 8-22 所示。

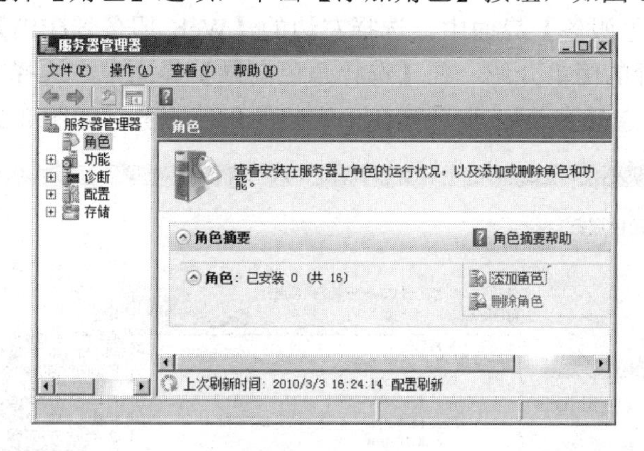

图 8-22　添加角色

(2) 在弹出的【添加角色向导】对话框中，选中左侧的【服务器角色】选项，如图 8-23 所示。

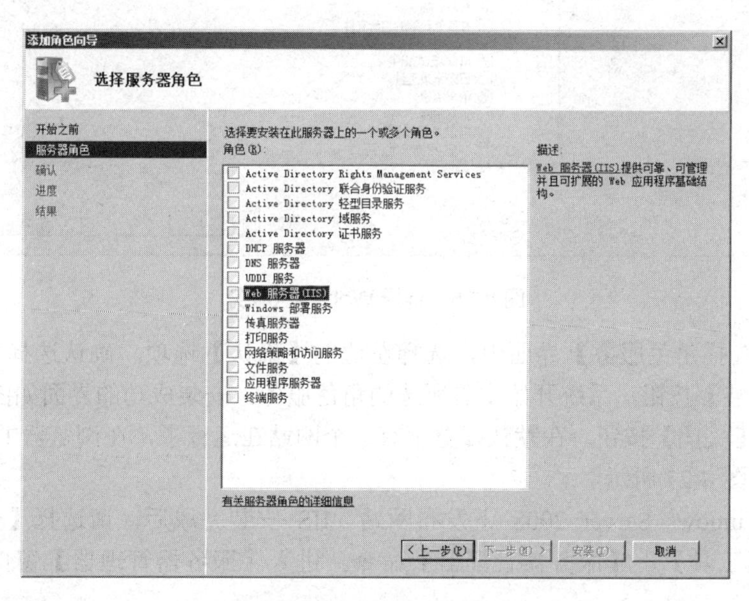

图 8-23　选择 Web 服务器角色

(3) 单击选中【Web 服务器(IIS)】前面的复选框。在弹出的对话框中单击【添加必需的功能】按钮，如图 8-24 所示。

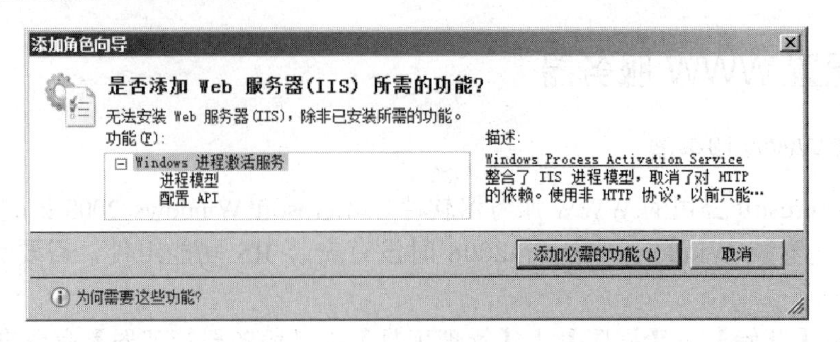

图 8-24　添加 Web 功能

(4) 在【选择角色服务】界面中，选择左边的【Web 服务器(IIS)】选项，可以看到对 Web 服务器(IIS)进行的简单介绍。在【选择角色向导】界面中，选择左边的【角色服务】选项，列表框中显示选择为 Web 服务器(IIS)安装的角色服务，如图 8-25 所示。

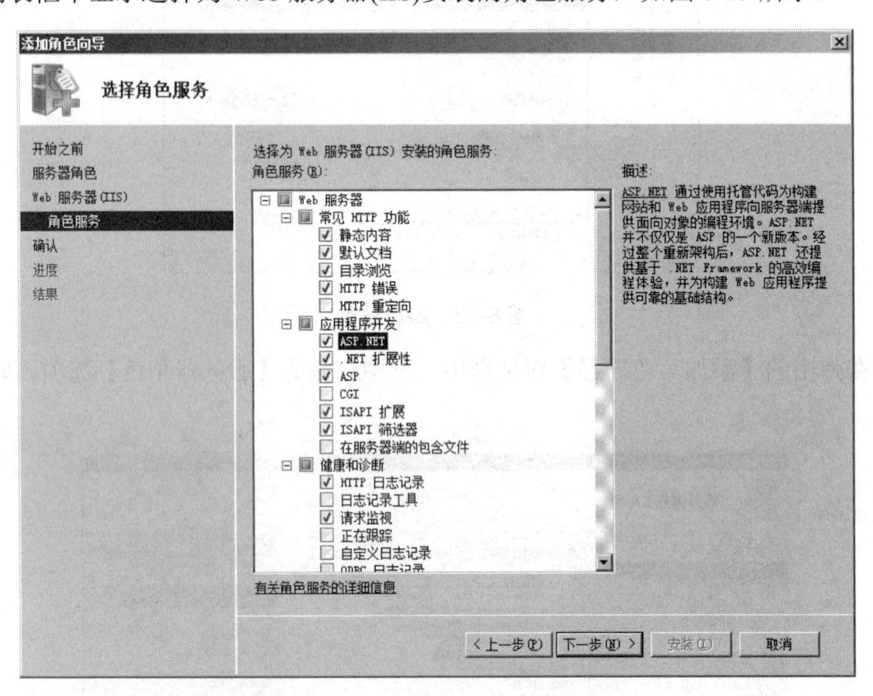

图 8-25　选择 Web 角色服务

(5) 在【选择角色服务】界面中，选择左边的【确认】选项，确认选择安装的选项。然后单击【安装】按钮，系统开始安装所选的角色服务。安装成功的界面如图 8-26 所示。

(6) 单击【关闭】按钮。在默认配置下有一个网站在运行了，在浏览器中可以打开 IIS 默认页面，如图 8-27 所示。

(7) 在 Windows Server 2008 下发布网站。IIS 安装完成后，请选择【开始】|【程序】|【管理工具】|【服务器管理器】命令，进入【服务器管理器】窗口，如图 8-28 所示。

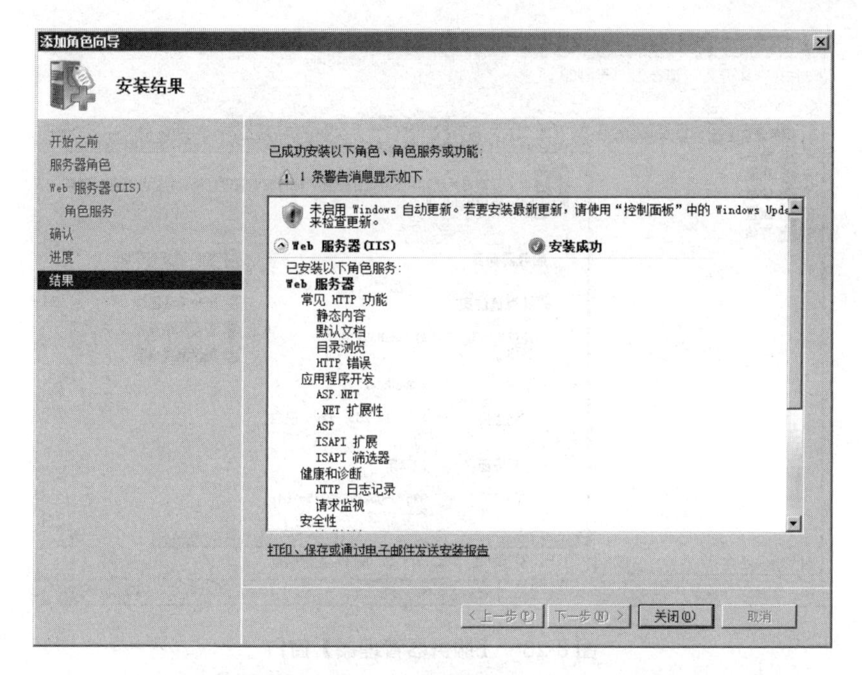

图 8-26　Web 服务安装成功

图 8-27　IIS 默认页面

(8) 在【服务器管理器】窗口中，展开左侧的【角色】|【Web 服务器(IIS)】|【Internet 信息服务(IIS)管理器】，如图 8-29 所示。

(9) 在【服务器管理器】窗口中，选择中间的【Default Web Site 主页】选项，然后双击 ASP 图标，如图 8-30 所示。

(10) IIS 中 ASP 父路径默认是没有启用的，要开启父路径，可在【启用父路径】后面的下拉列表框中选择 True 选项，如图 8-31 所示。

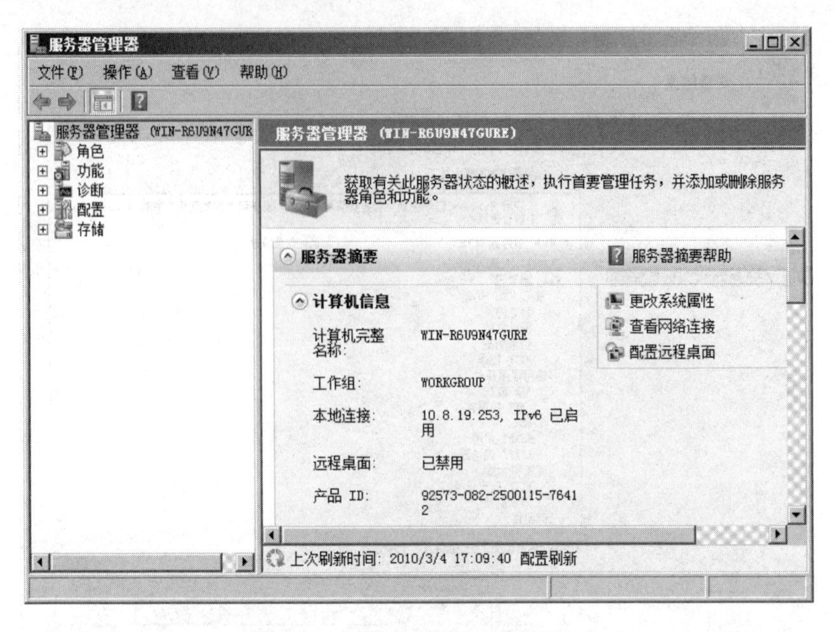

图 8-28 【服务器管理器】窗口

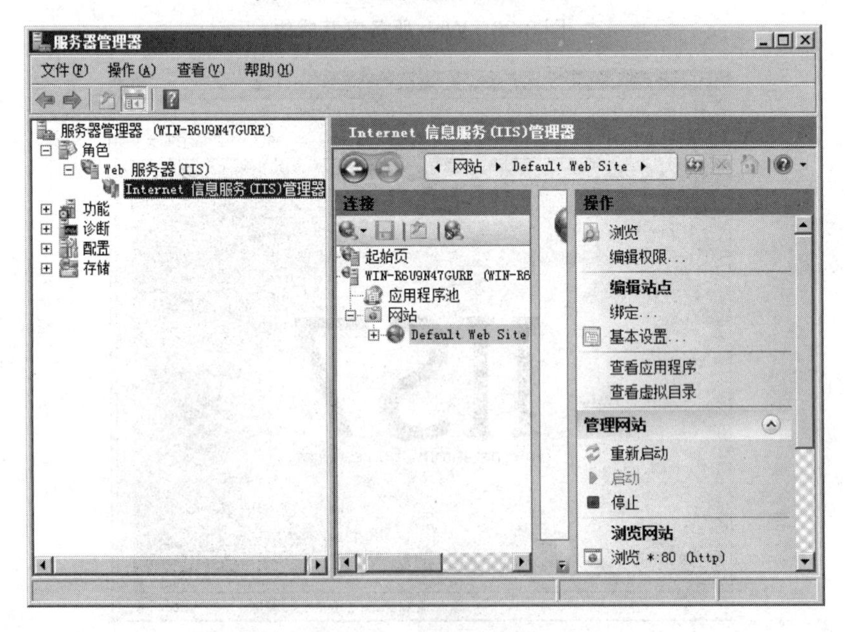

图 8-29 IIS 管理器

(11) 返回到配置“Default Web Site”站点，单击右边的【高级设置】选项，可以设置网站的物理路径，即是网站存放的目录，如图 8-32 所示。

(12) 返回到配置“Default Web Site”站点，单击右边的【绑定】选项，设置网站的端口，默认端口号为 80，然后单击【编辑】按钮，将端口“80”改为“8081”，如图 8-33 所示。

(13) 双击【默认文档】|【添加】，就可以添加网站的默认被访问的页面，如图 8-34 所示。

图 8-30　配置 ASP 程序属性

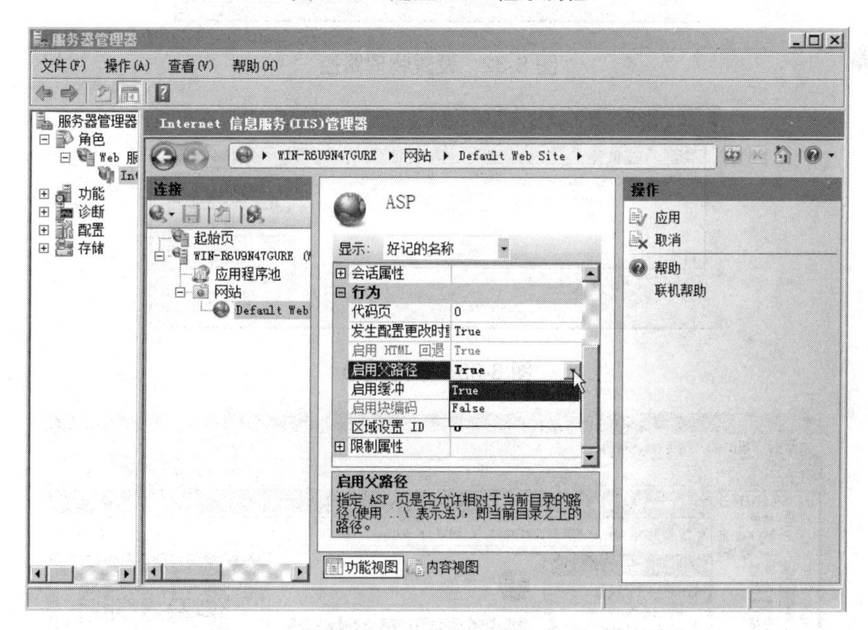

图 8-31　开启父路径

(14) 上述使用的是物理目录来发布网站。如果要发布多个网站，那么就需要添加虚拟目录，右击 Default Web Site，在出现的快捷菜单中选择【添加虚拟目录】命令，然后在出现的界面中，按图 8-35 所示设置虚拟目录，最后单击【确定】按钮，虚拟目录设置完成。

(15) 至此，Windows 2008 的 IIS 设置就基本完成了，可以在浏览器中测试发布的网站是否能访问。

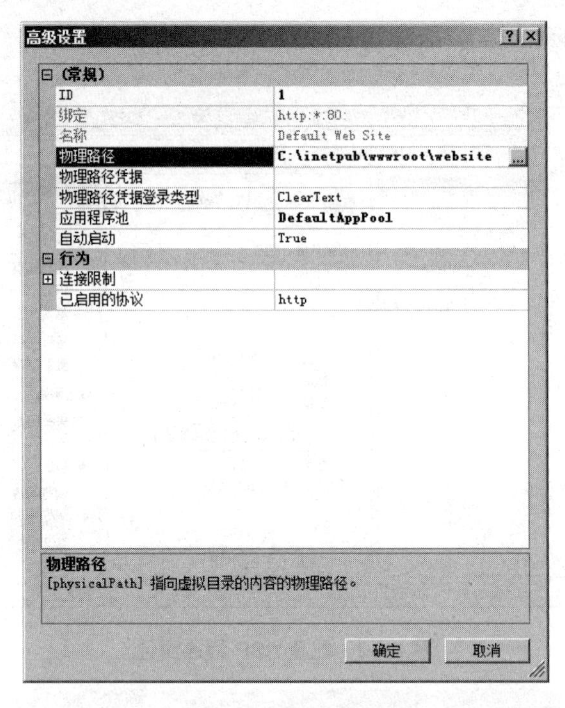

图 8-32　设置物理路径

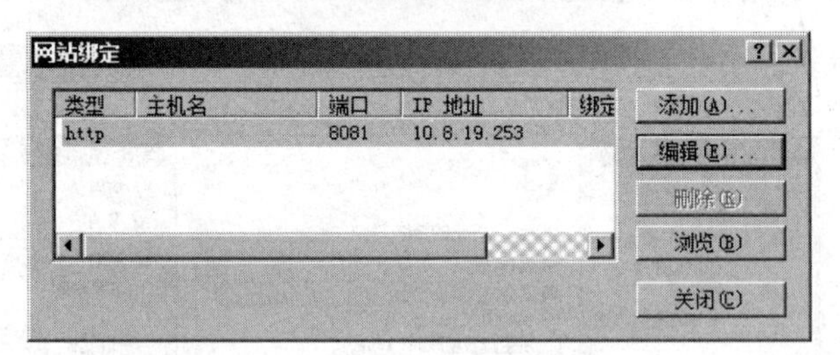

图 8-33　绑定端口

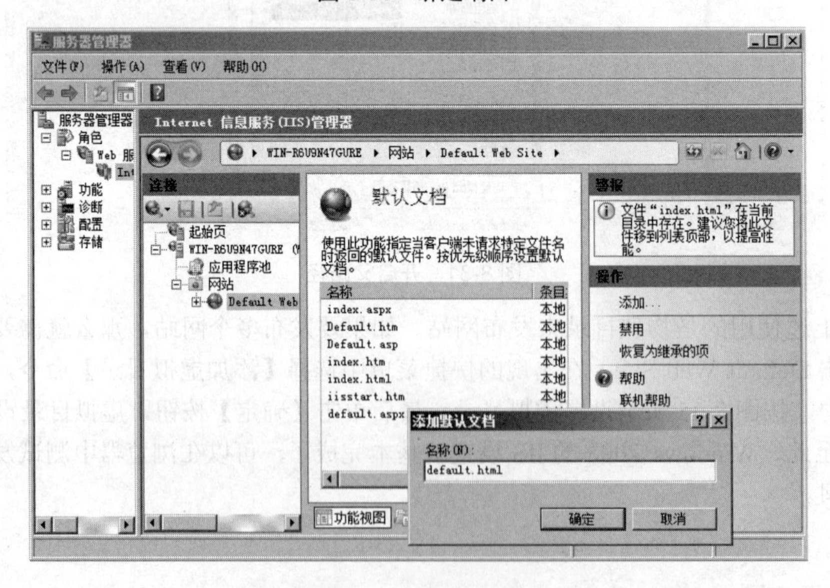

图 8-34　添加默认页面

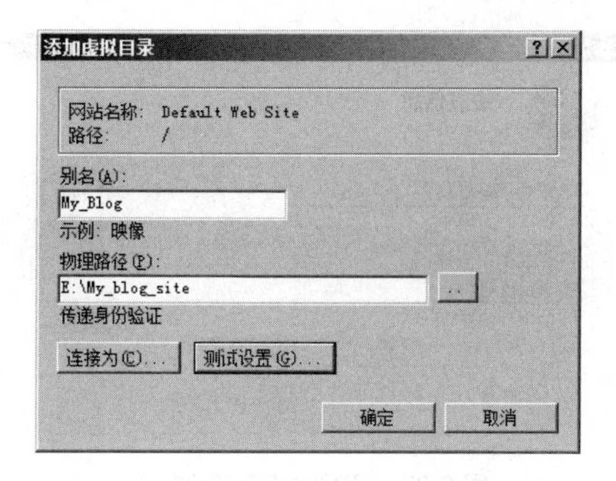

图 8-35　添加虚拟目录

8.7.2　配置 FTP 服务器

1. 安装 FTP 服务器

安装 FTP 服务器的方法与安装 WWW 服务器的方法类似，这里就不再叙述了。

2. 新建 FTP 站点

(1) 打开 IIS，选择网站，右击从弹出的快捷菜单中选择【添加 FTP 站点】命令，如图 8-36 所示。

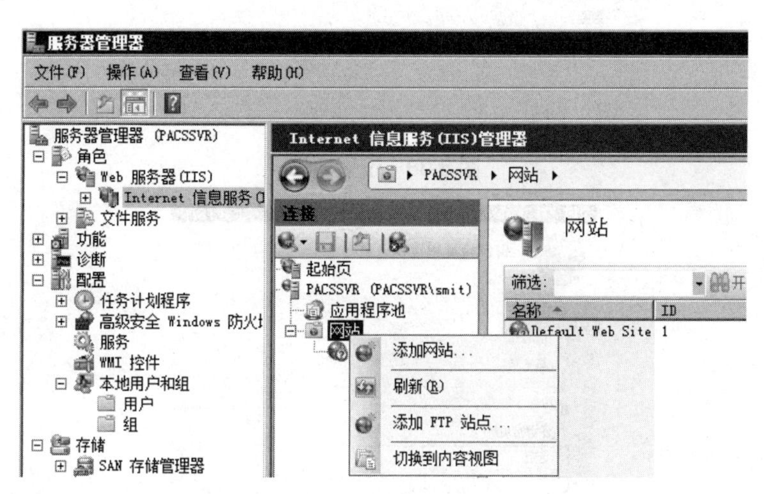

图 8-36　添加 FTP 站点

(2) 填写 FTP 站点名称和路径，如图 8-37 所示。

(3) 下一步，进行 SSL 设置，选择【无】单选按钮，如图 8-38 所示。

(4) 身份验证信息根据图 8-39 所示填写，然后建立 FTP 站点完成。

(5) 在 FTP 站点上右击，从弹出的快捷菜单中选择【添加虚拟目录】命令，如图 8-40 所示。

(6) 填写虚拟目录的名称，以及对应图像目录的实际路径，如图 8-41 所示。

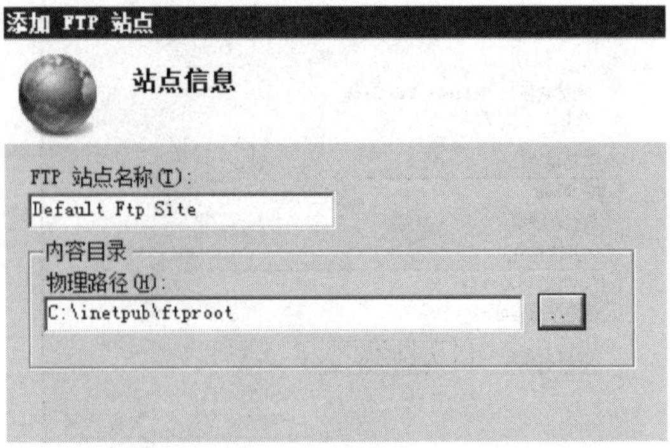

添加 FTP 站点

站点信息

FTP 站点名称(T):

Default Ftp Site

内容目录

物理路径(H):

C:\inetpub\ftproot

图 8-37　填写站点名称和路径

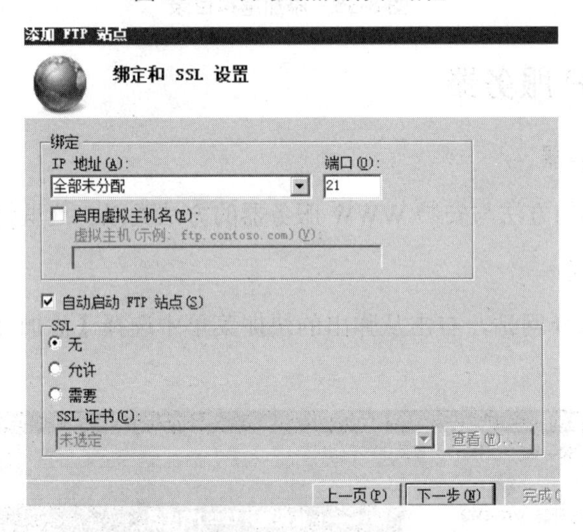

图 8-38　设置 SSL

添加 FTP 站点

身份验证和授权信息

身份验证

匿名(A)

基本(B)

授权

允许访问(C):

未选定

权限

读取(D)

写入(W)

图 8-39　身份验证

(7) 设置身份验证信息。需要事先在 Windows 本地用户中新建一个用户名为 ftpuser 密码不为空的用户，用于访问虚拟目录。完成虚拟目录的添加工作，如图 8-42 所示。

(8) 打开 FTP 站点的 FTP 身份验证功能，在其中启用基本身份验证，如图 8-43 和图 8-44 所示。

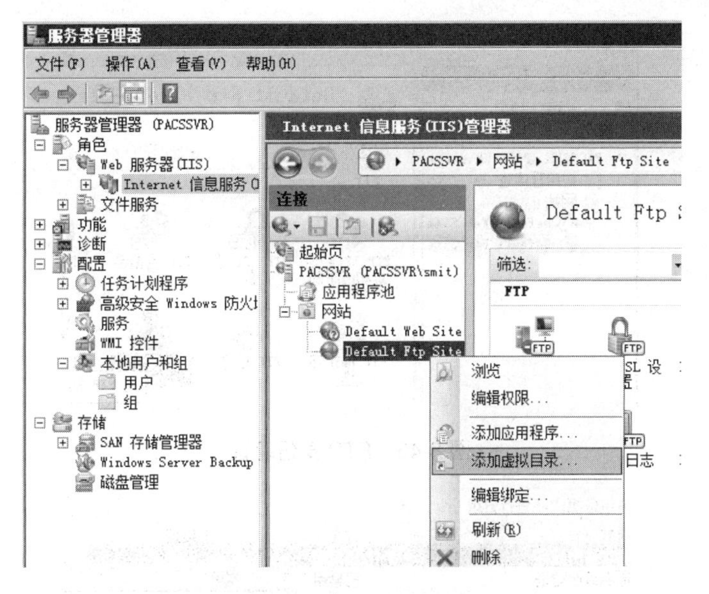

图 8-40　添加虚拟目录

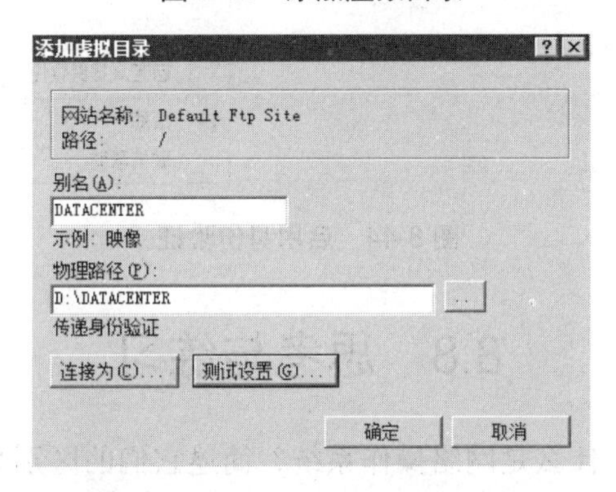

图 8-41　填写虚拟目录名称和路径

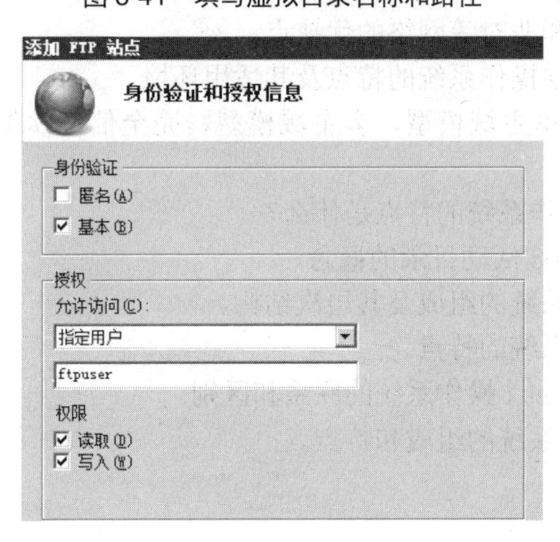

图 8-42　授权访问用户

(9) 修改虚拟目录对应的文件夹的安全属性，将 ftpuser 用户设为有对此目录完全控制的权限。完成设置，测试 FTP 读取和写入。

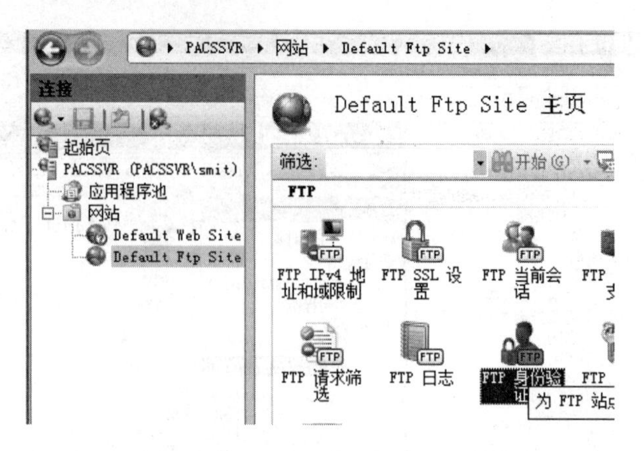

图 8-43　FTP 身份验证

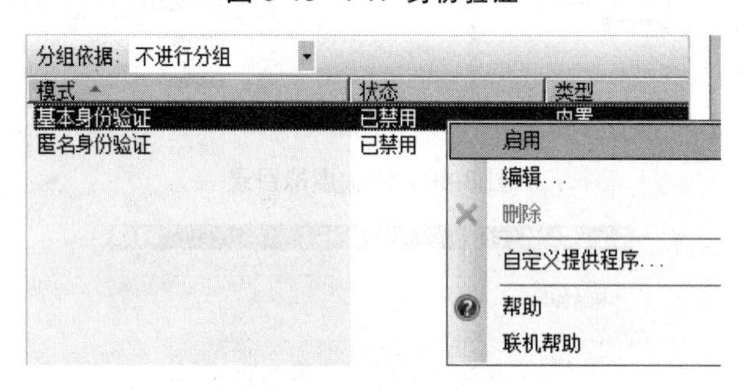

图 8-44　启用身份验证

8.8　思考与练习

1. 什么是操作系统？什么是网络操作系统？简述它们的区别和联系。

2. 网络操作系统具有哪些特征和基本功能？

3. 试比较对等网络和非对等网络的优缺点。

4. 简述几种典型网络操作系统的特点及其适用环境。

5. 试述单域模型、单主域模型、多主域模型、完全信任模型网络的结构、功能及优缺点。

6. Windows 2008 操作系统的特点是什么？

7. 简述 Windows 2008 活动目录的概念。

8. 简述 UNIX 操作系统的组成及其层次结构。

9. 简述 UNIX 操作系统的特点。

10. 简述 UNIX 和 Linux 操作系统的联系和区别。

11. 简述 Linux 操作系统的组成和特点。

第 9 章　网络管理与网络安全

本章要点

☑　网络安全概述
☑　数据加密
☑　防火墙技术
☑　防范黑客与计算机病毒
☑　计算机网络的管理与维护

随着计算机网络的发展，网络安全问题也日趋严重。当资源共享广泛用于政治、军事、经济以及社会的各个领域，网络的用户来自社会各个阶层与部门时，大量在网络中存储和传输的数据就需要得到有效的保护。这些数据在存储和传输过程中，都有可能被盗用、暴露或篡改。本章将对计算机网络安全问题的基本内容进行初步的讨论，要想更深入地了解可以进一步查阅有关的资料文献。

9.1　网络安全概述

9.1.1　计算机网络安全的定义

1. 当前网络安全状况

自 Internet 诞生之日起，网络上的入侵事件就不断发生。特别是 1988 年 11 月 1 日，康奈尔大学的一个名叫罗伯特·莫里斯的研究生在 Internet 上投放了一种恶意的计算机程序——“蠕虫”。“蠕虫”被释放后，便进行大量的“自我复制”，在很短的时间内使 Internet 上 6000 多台主机染上了该病毒，并导致这些主机无法工作，损失非常惨重。这一事件使人们深刻意识到网络安全的重要性。

目前，信息网络已经成为社会发展的重要基础设施，涉及每个国家的政府、军事、文教、电子商务等众多领域。其中，存储、传输和处理的信息有相当一部分是政府宏观调控决策、商业经济信息、银行资金转账、股票证券、能源资料数据和科研数据等重要信息，有很多甚至是敏感信息或国家机密，所以，不可避免地受到来自世界各地的人为攻击(如信息泄露、信息窃取、数据篡改、数据增删、计算机病毒等)。此外，由于计算机网络具有连接形式多样、终端分布不均匀和网络开放性、互连性等特征，致使网络易受黑客、病毒、恶意软件的攻击。事实显示，计算机犯罪案件呈逐年上升趋势，因此，网上信息的安全和保密是一个至关重要的问题。

2. 什么是网络安全

一个良好的计算机网络首先应该是一个安全的网络，特别是随着计算机网络的发展，网络中的安全问题更是值得注意的问题。

国际标准化组织(ISO)对计算机系统安全的定义是：为数据处理系统建立和采用的技术和管理的安全保护，保护计算机硬件、软件和数据不因偶然和恶意的原因遭到破坏、更改和泄露。计算机网络由计算机和通信网络两部分组成，其中计算机是通信网络的终端或信源，而通信网络是数据传输和交换的必要手段，最终将保存在计算机中的资源实现共享。因此计算机网络安全可以理解为：通过采取各种技术和管理措施，使网络系统正常运行，从而确保网络数据的可用性、完整性和保密性。其目的是确保经过网络传输和交换的数据不会发生增加、修改、丢失和泄露等问题。

9.1.2 影响网络安全的因素

随着计算机网络技术的发展和应用，网络提供了资源的共享性、系统的可靠性、工作的高效性和系统的可扩充性；同时也正是这些特点，增加了网络安全的脆弱性和复杂性，资源共享和分布增加了网络受威胁和攻击的可能性。

对网络的威胁，主要有以下 4 个方面。

- 网络硬件设备和线路的安全问题。
- 网络系统和软件的安全问题。
- 网络管理人员的安全意识问题。
- 环境的安全因素。

1. 网络硬件设备和线路的安全问题

(1) 在开放互连的网络环境中 Internet 的脆弱性、系统的易欺骗性和易被监控性，加上薄弱的认证环节以及局域网服务的缺陷和系统主机的复杂设置与控制，使得计算机网络容易遭受到威胁和攻击。

(2) 电磁泄漏：网络端口、传输线路和处理机都有可能因屏蔽不严或未屏蔽而造成电磁泄漏。目前，大多数机房屏蔽和防辐射设施都不健全，通信线路也同样容易出现信息泄漏。

(3) 搭线窃听：随着信息传递量的不断增加，传递数据的密级也在不断提高，犯罪分子为了获取大量情报，可能在监听通信线路，非法接收信息。

(4) 非法终端：有可能在现有终端上并接一个终端，或在合法用户从网上断开时，非法用户乘机接入并操纵该计算机通信接口使信息传到非法终端。

(5) 非法入侵：非法分子通过技术渗透或利用电话线侵入网络，非法使用、破坏或获取数据或系统资源。目前的网络系统大都采用口令验证机制来防止非法访问，一旦口令被窃，就无安全可言。美国国防部对计算机网络安全问题进行过测试，对 10 个月内美国军用网络 Milnet 网上的 450 台计算机受入侵的情况进行统计，其结果表明：有 2%的攻击者能攻入网络并进入节点主机，得到系统管理员的权限；有 4%的攻击者能侵入网络并进入节点主机，侵入编程环境；有 13%的攻击者可以注册侵入节点主机。在这些人中，有 95%的攻击者企图联网，遭到网络拒绝；有 13%的攻击者通过注册账号和口令侵入第 3 层；有 9%的攻击者注册入侵，取得部分权限，进入系统第 4 层；有些攻击者能进入第 5 层，存取电子邮件和通用数据库，不少入侵者还可取得诸如核战争和生物战争的有关信息；有 2%的攻击者能侵入第 6 层，进入编程环境；还有 2%的攻击者能取得系统管理员权限。

(6) 注入非法信息：通过电话线有预谋地注入非法信息，截获所传信息，再删除原有信息或注入非法信息后再发出，使接收者收到错误信息。

(7) 线路干扰：当公共转接载波设备陈旧和通信线路质量低劣时，会产生线路干扰。如调制解调器会随着传输速率的上升，错误迅速增加。

(8) 意外原因：包括人为地对网络设备进行破坏、设备偶然出现故障。如在处理非预期中断过程中，通信方式留在内存中，未被保护的信息段意外地被传到别的终端上。

(9) 病毒入侵：计算机病毒能以多种方式侵入计算机网络，并不断繁殖，然后扩散到网络上的计算机中破坏系统。轻则使系统出错，重则可使整个系统瘫痪或崩溃。

(10) 黑客攻击：黑客采用种种手段，对网络及其计算机系统进行攻击，侵占系统资源或对网络和计算机设备进行破坏，窃取或破坏数据和信息。从攻击者与计算机系统的距离来划分，攻击可分为超距攻击、远距攻击和近距攻击。超距攻击是利用 Internet 进行攻击，其攻击方式具有极大的隐蔽性，必须严加防范；特别要警惕外国情报机关利用这种攻击方式进行窃密和破坏。远距攻击是通过电话线进入计算机网络，注册登录到网络中的某一主机，进行非法存取；要注意外部人员，尤其是“黑客”和国外敌对分子进行的攻击。近距攻击，即同一单位的人利用合法身份越权存取计算机中的数据或干扰其他用户使用；要注意内部人员进行的非法攻击。

2. 网络系统和软件的安全问题

(1) 网络软件的漏洞及缺陷被利用，使网络遭到入侵和破坏。

(2) 网络软件安全功能不健全或被安装了“特洛伊木马”软件。

(3) 应加安全措施的软件可能未给予标识和保护；要害的程序可能没有安全措施，使软件被非法使用、被破坏或产生错误结果。

(4) 未对用户进行分类和标识，使数据的存取未受限制和控制，因而被非法用户窃取或非法处理。

(5) 错误地进行路由选择，为一个用户与另一个用户之间的通信选择了不合适的路径。

(6) 拒绝服务，中断或妨碍通信，延误对时间要求较高的操作。

(7) 信息重播，即把信息收录下来准备过一段时间重播。

(8) 对软件更改的要求没有充分理解，导致软件缺陷。

(9) 没有正确的安全策略和安全机制，缺乏先进的安全工具和手段。

(10) 不妥当的标定或资料，导致所修改的程序出现版本错误。如程序员没有保存程序变更的记录；没有做复制；未建立保存记录的业务。

3. 网络管理人员的安全意识问题

(1) 保密观念不强或不懂保密规则，随便泄露机密。例如，打印、复制机密文件；随便打印出系统保密字或向无关人员泄露有关机密信息。

(2) 业务不熟练，因操作失误使文件出错、误发或因未遵守操作规程而造成泄密。

(3) 因规章制度不健全造成人为泄密事故。如因网络上的规章制度不严、对机密文件管理不善、各种文件存放混乱、违章操作等造成不良后果。

(4) 素质差，缺乏责任心，没有良好的工作态度，明知故犯或有意破坏网络系统和

设备。

(5) 熟悉系统的工作人员故意改动软件或用非法手段访问系统或通过窃取他人的口令字和用户标识码来非法获取信息。

(6) 身份证被窃取，参与通信的用户身份证被别人窃取非法使用。

(7) 否认或冒充，否认参与过某一次通信或冒充别的用户获得信息或额外的权力。

(8) 负责系统操作的人员以超越权限的非法行为来获取或篡改信息。

(9) 利用硬件的故障部位和软件的错误非法访问系统或对系统各部分进行破坏。

(10) 利用系统的磁盘、磁带或纸带等记录载体或利用废弃的打印纸、复写纸来窃取系统或用户的信息。

4. 环境的安全因素

除了上述因素之外，还有环境因素威胁着网络的安全，如地震、火灾、水灾、风灾等自然灾害或掉电、停电等事故。

综上所述，影响网络安全的因素，究其原因，主要有以下几个方面。

(1) 局域网存在的缺陷和 Internet 的脆弱性。

(2) 网络软件的缺陷和 Internet 服务中的漏洞。

(3) 薄弱的网络认证环节。

(4) 没有正确的安全策略和安全机制。

(5) 缺乏先进的网络安全技术和工具。

(6) 没有对网络安全引起足够的重视，没有采取得力的措施，以致造成重大经济损失。这是最重要的一个原因。

因此，为了保证计算机网络的安全，必须高度重视网络安全问题，从法律保护和技术上采取一系列安全和保护措施。

9.1.3 Internet 网络存在的安全缺陷

Internet 会受到严重的与安全问题有关的损害。忽视这些问题的站点将面临被闯入者攻击的危险，而且可能给闯入者攻击其他网络提供基地。即使那些有着良好安全措施的站点也面临一些闯入者持久攻击所带来的问题。一些问题是由服务(以及服务所用的协议)的漏洞、弱点造成的；另一些则是由主机的配置和访问控制的实现不好或对管理员来说过于复杂等原因造成的。另外，系统管理的任务和重要性经常发生变化，致使许多管理员的工作是临时性的，而且没有很好地准备。Internet 的快速增长使这种情况进一步恶化，许多机构现在依赖于 Internet 进行通信和研究，一旦它们的站点遭受攻击，损失将会更大。

下面介绍 Internet 上的安全问题以及导致这些问题的原因。

1. 薄弱的认证环节

Internet 上的许多事故的起源是因为使用了薄弱的、静态的口令。Internet 上的口令可以通过许多方法破译。其中最常用的两种方法是把加密的口令解密和通过监视信道窃取口令。UNIX 操作系统通常把加密的口令保存在一个文件中，普通用户即可读取该文件。这个口令文件可以通过简单的复制或其他方法得到。一旦口令文件被闯入者得到，他们就可以使用解密程序进行破译。如果口令是薄弱的，比如少于 8 个字符或是英语单词，就可能被破译，然后闯入者即可使用破译的口令来获取对系统的访问权。

另外一个与认证有关的问题是由如下原因引起的：一些 TCP 或 UDP(用户数据报协议)服务只能对主机地址进行认证，而不能对指定的用户进行认证。例如，一个 NFS(Netware File System，网络文件系统)服务器不能做到只给一台主机上的某些特定用户访问权，它只能给这台主机上的所有用户访问权。在该系统中，假如一名服务器的管理员只信任某一主机的某一特定用户，并希望给该用户访问权，但是他无法控制该主机上的其他用户，也就是说他只能给所有的用户访问权(或者谁也不给)。

2. 系统的易被监视性

当用户使用 Telnet 或 FTP 连接到远程主机上的账户时，在 Internet 上传输的口令是没有加密的，那么侵入系统的一个方法就是通过监视获取携带用户名和口令的 IP 包，然后使用这些用户名和口令通过正常渠道登录到系统。如果被截获的是管理员的口令，那么获取特权级访问就变得相当容易了。当前有成百上千的系统已经被人以这种方法侵入。

大多数用户不加密邮件，而且许多人认为电子邮件是安全的，所以用它来传送敏感的内容。因此电子邮件或者 Telnet 和 FTP 的内容，可以被监视并用于了解一个站点的情况。

3. 网络系统易被欺骗性

主机的 IP 地址被假定为是可信任的，TCP 和 UDP 服务相信这个地址。问题在于，如果使用了“IP source routing”，那么攻击者的主机就可以冒充成一个被信任的主机或客户。简单地说，“IP source routing”是一个用来指定一条源地址和目的地址之间的直接路径的选项。这条路径可以包括通常不被用来向前传送数据包的主机或路由器。

下面的例子说明了如何使用“IP source routing”来把攻击者的系统假扮成某一特定服务器的可信任的客户。

(1) 攻击者要使用那个被信任的客户的 IP 地址取代自己的地址。

(2) 攻击者构造一条要攻击的服务器和其主机间的直接路径，把被信任的客户作为通向服务器路径的最后节点。

(3) 攻击者用这条路径向服务器发出客户申请。

(4) 服务器接收客户申请，就好像是接收从可信任客户直接发出的客户申请一样，然后返回响应。

(5) 可信任客户使用这条路径将数据包向前传送给攻击者的主机。许多 UNIX 主机接收到这种数据包后将继续把它们向指定地方传送。路由器也一样，但有些路由器可以进行配置以阻塞这种数据包。

一种更简单的方法是等客户系统关机后攻击者来模仿该系统。在许多组织中，经常使用 UNIX 主机作为局域网服务器，职员用个人计算机和 TCP/IP 网络软件来连接和使用它们。个人计算机一般使用 NFS 来对服务器的目录和文件进行访问(NFS 仅仅使用 IP 地址来验证客户)。一个攻击者在几小时内就可以设置好一台与合法用户使用相同名字和 IP 地址的个人计算机，然后与 UNIX 主机建立连接，就好像他是“真的”客户。这是非常容易实现的攻击手段，但一般应该是内部人员所为。

Internet 的电子邮件是最容易被欺骗的，因此没有被保护(如使用数字签名)的电子邮件

是不可信的。举一个简单的例子，考虑当 UNIX 主机发生电子邮件交换时的情形，交换过程是通过一些由 ASCII 字符命令组成的协议进行的。闯入者可以用 Telnet 直接连到系统的 SMTP 端口上，手工输入这些命令，接收的主机相信发送的主机(它说自己是谁就是谁)，那么有关邮件的来源就可以轻易地被欺骗，只需输入一个与真实地址不同的发送者地址就可做到这一点，这导致了任何没有特权的用户都可以伪造或欺骗电子邮件。

其他一些服务(如域名服务)也可以被欺骗，不过手段比电子邮件更复杂。使用这些服务时，必须考虑潜在的危险。

4. 有缺陷的局域网服务和相互信任的主机

安全地管理主机系统既困难又费时，为了降低管理要求并增强局域网的安全，一些站点使用了诸如网络信息服务(Network Information Server，NIS)和 NFS 之类的服务。这些服务允许一些数据库(如口令文件)以分布式管理，允许系统共享文件和数据，这在很大程度上减轻了过多的管理工作量。具有讽刺意味的是，这些服务具有不安全因素，可以被有经验的闯入者加以利用以获得访问权。如果一个中央服务系统遭到损害，那么其他信任该系统的系统就会很容易地遭到伤害。

一些系统出于方便用户并加强系统和设备共享的目的，允许主机们互相“信任”。如果一个系统被侵入或欺骗，那么对于闯入者来说，获取那些信任它的主机的访问权就很容易了。举个例子，一个在多个系统上拥有账户的用户，可以将这些账户设置成互相信任的，这样就不需要在进入每个系统时都输入口令。当用户使用 rlogin 登录命令连接主机时，目标系统将不再询问口令或账户名，将自动接受这个连接。这样做的好处是用户的口令和账户名不需在网络上传输，所以不会被监视和窃取；弊端在于一旦用户的一个账户被侵入，那么闯入者就可以轻易地使用 rlogin 侵入其他账户。因此，不鼓励使用“相互信任的主机”。

5. 复杂的设备和控制

对主机系统的访问控制配置通常比较复杂而且难于验证其正确性。因此，偶然的配置错误会使闯入者获取访问权。一些主要的 UNIX 经销商仍然将系统配置成具有最大访问权，如果保留这种配置，会导致未经许可的访问。

许多 Internet 上的安全事故的部分起因是由那些被闯入者所存在的弱点造成的。由于目前大多数 UNIX 系统都从伯克利软件发行中心获得了网络部分的代码，而 BSD 的源代码又可以轻易得到，所以闯入者可以通过研究其中可利用的缺陷来侵入系统。存在缺陷的部分原因是因为软件的复杂性，因而没有能力在各种环境中都进行测试。有些软件缺陷很容易被发现和修改，而另一些缺陷只能重写该软件才能更正。

6. 无法估计主机的安全性

主机系统的安全性通常无法很好地估计，随着每个站点主机数量的增加，确保每台主机的安全性都处于高水平的能力却在下降。只用管理一台系统的能力来管理如此多的系统就很容易犯错误。另一个因素是系统管理的作用经常变换并且行动迟缓，这导致一些系统的安全性比另一些要低。这些系统将成为薄弱环节，最终将破坏整个安全链。

如果发现网络软件存在缺陷，没有防火墙保护的站点就需要尽快修复这些系统的缺陷。上面曾说过，一些缺陷使得获取 UNIX 的超级用户权限变得很容易，这使得很多 UNIX 主机的站点面临着危险。在短时间内改正许多主机的缺陷是不实际的，尤其是使用了不同版本的操作系统，这样的站点将成为闯入者的目标。

网络通信的基础是协议，TCP/IP 协议是目前国际上最流行的网络协议。该协议在实现上因力求实效，而没有考虑安全因素。其主要原因是如果安全因素考虑太多，将会增大代码量，从而降低 TCP/IP 的运行效率。所以，TCP/IP 协议在设计上就是不安全的。

9.1.4　网络安全体系结构

随着计算机网络的不断发展，全球信息化已成为人类发展的大趋势。但由于计算机网络具有联结形式多样性、终端分布不均匀性和网络的开放性、互连性等特征，致使网络易受黑客、怪客、恶意软件和其他不轨行为的攻击，所以网上信息的安全和保密是一个至关重要的问题。对于军用的自动化指挥网络、C3I 系统和银行等传输敏感数据的计算机网络系统而言，其网上信息的安全和保密尤为重要。因此，上述网络必须有足够强大的安全措施，有一个完整的网络安全体系结构，否则该网络将是个无用，甚至会危及国家安全的网络。无论是在局域网还是在广域网中，都存在着自然和人为等诸多因素造成的安全脆弱性和潜在威胁。

1. 网络安全系统的功能

1) 身份识别

身份识别是安全系统应具备的最基本功能。这是验证通信双方身份的有效手段。用户向其系统请求服务时，要出示自己的身份证明，例如输入 ID 和口令。系统应具备查验用户身份的能力，对于用户的输入，能够明确判别该输入是否来自合法用户。

2) 存取权限控制

存取权限控制的基本任务是防止非法用户进入系统及防止合法用户对系统资源的非法使用。在开放系统中，对网上资源的使用应制订一些规定：一是定义哪些用户可以访问哪些资源，二是定义可以访问的用户各自具备的读、写、操作等权限。

3) 数字签名

数字签名即通过一定的机制如 RSA 公开密钥加密算法等，使信息接收方能够做出“该信息是来自某一数据源且只可能来自该数据源”的判断。

4) 保护数据完整性

保护数据完整性是指通过一定的机制，如加入消息摘要等，以发现信息是否被非法修改，避免用户或主机被伪信息所欺骗。

5) 审计追踪

审计追踪即通过记录日志、对一些有关信息的统计等手段，使系统在出现安全问题时能够追查原因。

6) 密钥管理

信息加密是保障信息安全的重要途径，以密文方式在相对安全的信道上传递信息，可以让用户比较放心地使用网络。如果密钥泄露或居心不良者通过积累大量密文而增加密文的破译机会，就会对通信安全造成威胁。因此，对密钥的产生、存储、传递和定期更换进行有效的控制并引入密钥管理机制，对增加网络的安全性和抗攻击性也是非常重要的。

2. 安全功能在 OSI 模型中的位置

1) OSI 模型定义的安全服务

网络系统的安全涉及平台的各个方面。按照网络 OSI 的 7 层模型，网络安全贯穿于整个 7 层模型中，OSI 安全体系结构定义了 7 种类型的安全服务。

(1) 对等安全实体认证服务：主要用于两个开放系统同等层中的实体建立连接或在数据传输阶段对对方实体的合法性、真实性进行确认。

(2) 访问控制服务：用以防止未授权的用户非法使用系统资源，包括用户身份认证和用户权限的确认。

(3) 数据保密服务：为防止数据被截获或被非法访问而泄密所提供的加密保护。

(4) 信息流安全服务：确保信息从发送端到接收端整个流通过程的安全。

(5) 数据完整性服务：用以防止非法实体对通信双方所交换数据的修改、插入、删除以及在数据交换过程中的数据丢失。

(6) 数据源点认证服务：用以保证数据发自真正的源点，以防假冒。

(7) 防止否认服务：防止发送端在发送数据后抵赖发送数据的事实以及发送数据的内容。

带有安全属性的 OSI 层次模型如图 9-1 所示。

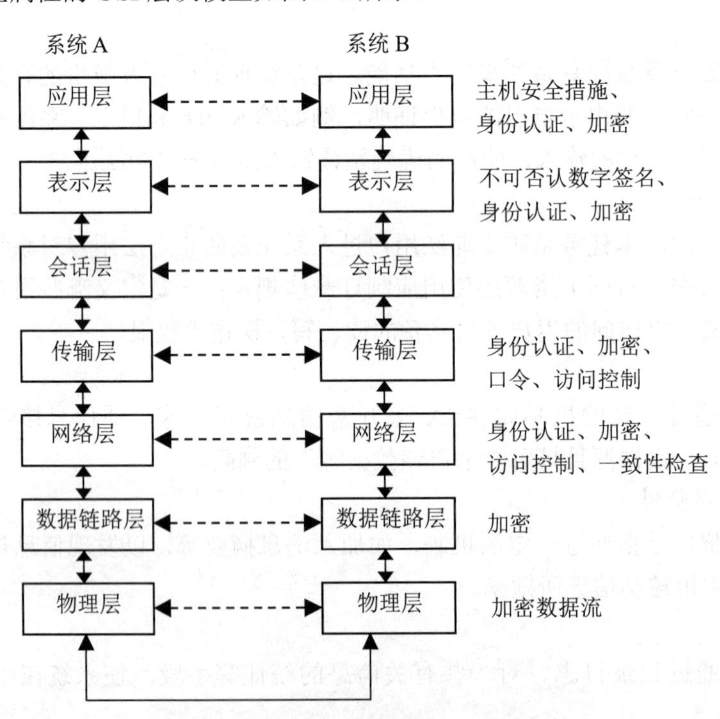

图 9-1 带有安全属性的 OSI 层次模型

2) OSI 层次模型中各层提供的安全功能和措施

(1) 物理层：物理层的信息安全主要防止物理通路的损坏、物理通路的窃听、对物理通路的攻击(干扰)等。

(2) 链路层：链路层的网络安全需要保证通过网络链路传送的数据不被窃听。主要采用划分 VLAN、加密通信等手段。

(3) 网络层：网络层的安全需要保证网络只给授权的客户使用授权的服务，保证网络路由正确，避免被拦截或监听。

(4) 操作系统：操作系统的安全要求保证客户资料、操作系统访问控制的安全，同时能够对该操作系统上的应用进行审计。

(5) 应用平台：应用平台指建立在网络系统之上的应用软件服务，如数据库服务器、电子邮件服务器、Web 服务器等。由于应用平台的系统非常复杂，通常采用多种技术(如 SSL 等)来增强应用平台的安全性。

(6) 应用系统：应用系统是为用户提供各种应用服务。应用系统的安全与系统设计和实现密切相关。应用系统使用应用平台提供的安全服务来保证基本安全，如通信内容安全，通信双方的认证、审计等手段。

3) 计算机网络安全体系层次与实现

依据普通人的经验来看，一般的网络会涉及以下几个方面：第一是网络硬件，即网络的实体；第二则是网络操作系统，即对于网络硬件的操作与控制；第三就是网络中的应用程序。有了这 3 个部分，一般认为便可构成一个网络整体。而若要实现网络的整体安全，考虑上述 3 方面的安全问题也就足够了。但事实上，这种分析和归纳是不完整和不全面的。在应用程序的背后，还隐藏着大量的数据作为对应用程序的支持，而这些数据的安全性问题也应被考虑在内。同时，还有最重要的一点，即无论是网络本身还是操作系统与应用程序，它们最终都是要由人来操作和使用的，所以还有一个重要的安全问题就是用户的安全性。

在经过系统和科学的分析之后，可以得出以下结论：在考虑网络安全问题的过程中，应该主要考虑以下 5 个方面的问题，即网络是否安全；操作系统是否安全；用户是否安全；应用程序是否安全；数据是否安全。

目前，这个 5 层次的网络系统安全体系理论已得到了国际网络安全界的广泛承认和支持，各厂商均已将这一安全体系理论应用在其产品中。下面将对每一层的安全问题做出简单的阐述和分析。

(1) 网络的安全性(Network Integrity)。网络安全性问题的核心在于网络是否得到控制，即是不是任何一个 IP 地址来源的用户都能够进入网络？如果将整个网络比作一幢办公大楼的话，对于网络层的安全考虑就如同为大楼设置守门人一样。守门人会仔细查看每一位来访者，一旦发现危险的来访者，便会将其拒之门外。

通过网络通道对网络系统进行访问的时候，每一个用户都会拥有一个独立的 IP 地址，这一 IP 地址能够大致表明用户的来源所在地和来源系统。目标网站通过对来源 IP 地址进行分析，便能够初步判断来自这一 IP 地址的数据是否安全，是否会对本网络系统造成危害，以及来自这一 IP 地址的用户是否有权使用本网络的数据。一旦发现某些数据来自不可信任的 IP 地址，系统便会自动将这些数据阻挡在系统之外。并且大多数系统能够自动记录那些曾经造成过危害的 IP 地址，使得它们的数据无法第二次造成危害。

用于解决网络层安全性问题的产品主要有防火墙产品和虚拟专用网(VPN)。防火墙的

主要目的在于判断源IP，将危险或未经授权的IP数据拒之于系统之外，而只让安全的IP数据通过。一般来说，公司的内部网络若要与外部Internet相连，则应该在二者之间配置防火墙产品，以防止公司内部数据的外泄。VPN主要解决的是数据传输的安全问题，如果公司各部在地域上跨度较大，使用专网、专线过于昂贵，则可以考虑使用VPN。其目的在于保证公司内部的敏感数据能够安全地借助公共网络进行频繁的交换。

(2) 系统的安全性(System Integrity)。在系统安全性问题中，主要考虑的问题有两个：一是病毒对于网络的威胁，二是黑客对于网络的破坏和侵入。

病毒的主要传播途径已由过去的软盘、光盘等存储介质变成了网络，多数病毒不仅能够直接感染网络上的计算机，也能够将自身在网络上进行复制。同时，电子邮件、文件传输以及网络页面中的恶意Java小程序和ActiveX控件，甚至文档文件都能够携带对网络和系统有破坏作用的病毒。这些病毒在网络上进行传播和破坏的途径和手段多种多样，使得网络环境中的防病毒工作变得更加复杂，网络防病毒工具必须能够针对网络中各个可能的病毒入口来进行防护。

对于网络黑客而言，他们的主要目的在于窃取数据和非法修改系统，其手段之一是窃取合法用户的口令，在合法身份的掩护下进行非法操作；其手段之二便是利用网络操作系统的某些合法但不为系统管理员和合法用户所熟知的操作指令。例如，在UNIX系统的默认安装过程中，会自动安装大多数系统指令。据统计，其中大概有约300个指令是大多数合法用户根本不会使用的，但这些指令往往会被黑客所利用。

要弥补这些漏洞，就需要使用专门的系统风险评估工具，来帮助系统管理员找出哪些指令是不应该安装的，哪些指令是应该缩小其用户使用权限的。在完成了这些工作之后，操作系统自身的安全性问题在一定程度上就得到了保障。

(3) 用户的安全性(User Integrity)。对于用户的安全性问题，所要考虑的问题是：是否只有那些真正被授权的用户才能够使用系统中的资源和数据？

首先要做的是应该对用户进行分组管理，并且这种分组管理应该是针对安全性问题而考虑的分组。也就是说，应该根据不同的安全级别将用户分为若干等级，每一等级的用户只能访问与其等级相对应的系统资源和数据。

其次应该考虑的是强有力的身份认证，其目的是确保用户的密码不会被他人猜测到。

在大型的应用系统之中，有时会存在多重的登录体系，用户如需进入最高层的应用，往往需要多次输入多个不同的密码。但如果管理不严，多重密码的存在也会造成安全问题上的漏洞。所以，在某些先进的登录系统中，用户只需要输入一个密码，系统就能够自动识别用户的安全级别，从而使用户进入不同的应用层次。这种单一登录体系要比多重登录体系能够提供更高的系统安全性。

(4) 应用程序的安全性(Application Integrity)。在这一层中需要回答的问题是：是否只有合法的用户才能够对特定的数据进行合法的操作？这其中涉及两个方面的问题：一是应用程序对数据的合法权限，二是应用程序对用户的合法权限。例如，在公司内部，上级部门的应用程序应该能够存取下级部门的数据，而下级部门的应用程序一般不应该允许存取上级部门的数据。同级部门的应用程序的存取权限也应有所限制，例如，同一部门不同业务的应用程序也不应该互相访问对方的数据，一方面可以避免数据的意外损坏，另一方面也是出于安全方面的考虑。

(5) 数据的安全性 Data Security。在这一层中需要回答的问题是：机密数据是否还处于机密状态？

在数据的保存过程中，机密的数据即使处于安全的空间，也要对其进行加密处理，以保证万一数据失窃，偷盗者也读不懂其中的内容。这是一种比较被动的安全手段，但往往能够收到最好的效果。

上述的 5 层安全体系并非孤立分散。如果将网络系统比作一幢办公大楼的话，其中门卫就相当于对网络层的安全性考虑，负责判断每一位来访者是否能够被允许进入办公大楼，若发现具有危险性的来访者则将其拒之门外，而不是让所有人都能够随意出入。

9.2　数据加密技术

密码技术是对存储或者传输的信息进行秘密交换以防止第三者窃取信息的技术。密码技术分为加密和解密两部分。加密是把需要加密的报文(简称明文)按照密钥参数进行变换，产生密码文件(简称密文)。解密是按照密钥把密文还原成明文的过程。密钥是一个数值，它和加密算法一起生成特别的密文。密钥本质是非常大的数，密钥尺寸用位(bit)表示。在公开密钥加密方法中，密钥尺寸越大，密文就越安全。利用密码技术，在信源和通信信道之间对报文进行加密，经过信道传输，到信宿接收时进行解密，以实现网络通信保密。加密与解密模型如图 9-2 所示。

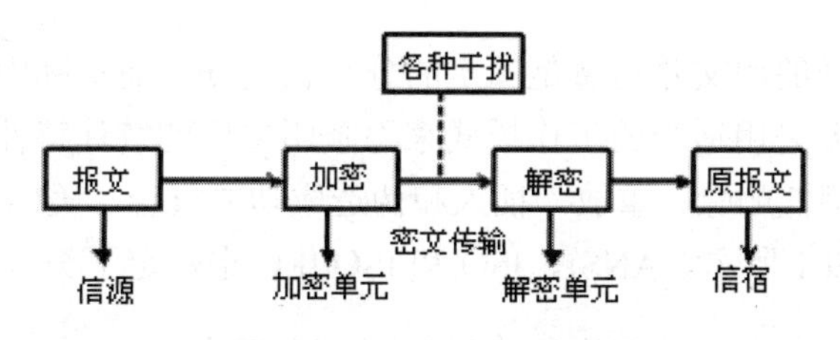

图 9-2　加密与解密模型

9.2.1　私钥密码技术

私钥密码体制是从传统的简单换位、代替密码发展而来的，也称为对称密钥密码体制。对称密钥密码体制使用相同的密钥加密和解密信息，即通信双方建立并共享一个密钥。对称密钥密码体制的工作原理为：用户 A 要传送机密信息给用户 B，则 A 和 B 必须共享一个预先由人工分配或由一个密钥分发中心分发的密钥 K，于是 A 用密钥 K 和加密算法 E 对明文 P 加密得到密文 C=EK(P)，并将密文 C 发送给用户 B；B 用同样一密钥 K 和解密算法 D 对密文解密，得到明文 P=DK(EK(P))。按加密模式来分，对称密钥密码体制可以分为流密码和分组密码两大类。

1. 流密码

流密码的工作原理是，通过有限状态机产生性能优良的伪随机序列，使用该序列加密信息流，逐比特加密得到密文序列。流密码对输入元素进行连续处理，同时产生连续单个输出元素。所以，流密码的安全强度完全取决于它所产生的伪随机序列的好坏。

流密码的优点是错误扩展小、速度快、同步容易和安全程度高。对流密码的主要攻击手段有代数方法和概率统计方法，两者的结合可以达到较好的效果。

2. 分组密码

分组密码的工作方式是将明文分成固定的块，用同一密钥算法对每一块加密，输出也是固定长度的密文，即每一个输入块生成一个输出块。分组密码是将明文消息编码表示后的数字序列 $x_1,x_2,\cdots$划分成长为 m 的组 $x=(x_0,x_1,\cdots,x_{m-1})$，各组分别在密钥 $k=(k_0,k_1,\cdots,k_{l-1})$控制下变换成等长的输出数字序列 $y=(y_0,y_1,\cdots,y_{n-1})$，其加密函数 E：$V_n\times K\rightarrow V_n$，$V_n$ 是 n 维矢量空间，K 为密钥空间。它与流密码的不同之处在于输出的每一位数字不仅与相应时刻输入的明文数字有关，还与一组长为 m 的明文数字有关。这种密码实质上是字长为 m 的数字序列的代换密码，如图 9-3 所示。

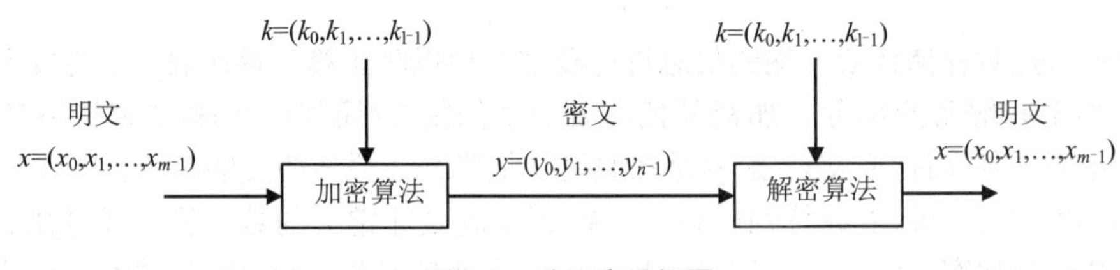

图 9-3　分组密码框图

通常取 $n=m$；若 $n>m$，则为有数据扩展的分组密码；若 $n<m$，则为有数据压缩的分组密码。

分组密码每次加密的明文数据量是固定的分组长度 n，而实际中待加密消息的数据量是不固定的，因此需要采用适当的工作模式来隐蔽明文中的统计特性、数据的格式等，以提高整体的安全性，降低删除、重放、插入和伪造成功的机会。美国 NSB 规定了 4 种基本的工作模式，如表 9-1 所示。ANSI、ISO 和 ISO/IEC 也规定了类似的工作模式。

表 9-1　分组密码的工作模式

工作模式	说　明	用　途
电码本(ECB)	每个明文组独立地以同一密钥加密	单个数据加密(如一个加密密钥)
密码反馈链接(CBC)	将前一组密文与当前明文组逐位异或后再进行分组、加密	加密、认证
密码反馈(CFB)	每次只处理 K 位数据，将上一次的密文反馈到输入端，从加密器的输出取 K 位，与当前的 K 位明文逐位异或，产生相应密文	一般传送数据的流加密认证
输出反馈(OFB)	以加密输出的 K 位随机数字直接反馈到加密器的输入	对有干扰信道传送的数据流进行加密(如卫星数传)

目前，除 DES 外，常用的分组密码还有 IDEA、SAFER K-64、GOST、RC-5、Blowfish、CRAB、LUCIFER 和 FEAL-N 等。

3. DES 和 AES

DES(Data Encryption Standard)是使用最为广泛的一种加密方案，一般认为是很难破解的私钥。它以 64 位的块来加密，即通过对 64 位的明文块加密得到 64 位的密文块。加密和解密都使用相同的密钥和算法，只是在密钥次序中有些区别。56 位的密钥表示为 64 位的数，而每个第 8 位都用于奇偶校验。DES 可用于电码本(ECB)、密码分组链接(CBC)、密码反馈(CFB)和输出反馈(OFB)等模式。但是，一般 DES 只用于 CBC 和 CFB 模式。

但是在 1997 年，全国范围的计算机网络用户首次用了 140 天攻破了 DES 密钥，而且随着处理速度的增加，破解 DES 密钥的时间变得越来越短。鉴于此，美国政府提出了一个项目，由美国国家标准技术研究所(NIST)负责，目的是找出一种加密算法，作为政府的新标准替换 DES，此算法称为高级加密算法(Advanced Encryption Standard，AES)。

从 NIST 发布的文档可以看出 AES 应满足如下条件。

(1) 算法必须是对称密码或私有密码。

(2) 算法必须是类似 DES 的块密码，而不是流密码。

(3) 算法支持密钥长度范围为 128～256 位，而且算法还应支持不同块数的数据。

(4) 算法应该用 C 或 Java 程序语言设计。

除上述需求外，AES 还必须具有高效率，而且 AES 算法必须公开，免专利权税。

9.2.2　公钥密码技术

以公开密钥作为加密密钥，而以用户专用密钥作为解密密钥，可以实现由多个用户加密的消息只能由一个用户解读；以用户专用密钥作为加密密钥，而以公开密钥作为解密密钥，可以实现由一个用户加密的消息而由多个用户解读。前者用于保密通信，后者用于数字签名。这一体制是 1976 年由 Difie 和 Hellman 以及 Merkle 分别提出的公开密钥密码(简称公钥密码)体制思想，它为解决计算机信息网络中的安全问题提供了新的理论和技术基础。

1. 公钥密码概述

公钥密码体制不同于传统的对称密钥密码体制，它要求密钥成对出现，一个为加密密钥，另一个为解密密钥，且不能从其中一个推导出另一个。公钥密码算法也称非对称密钥算法，有两个密钥：一个公共密钥和一个专用密钥。公共密钥要发布出去，专用密钥要保证绝对的安全。用公共密钥加密的信息只能用专用密钥解密，反之亦然。由于公钥算法不需要联机密钥服务器，密钥分配协议简单，从而极大地简化了密钥管理。除加密功能外，公钥系统还可以提供数字签名。公共密钥加密算法主要有 RSA、Fertezza、EIGama 等。

公钥密码体制的原理为：用户 A 和用户 B 各自拥有一对密钥(KA、KA-1)和(KB、KB-1)。私钥 KA-1、KB-1 分别由 A、B 各自秘密保管，而公钥 KA、KB 则以证书的形式对外公布。当 A 要将明文消息 P 安全地发送给 B 时，A 用 B 的公钥 KB 加密 P 得到密文 C=EKB(P)；而 B 收到密文 P 后，用私钥 KB-1 解密恢复明文 P=D KB-1(C)=D KB-1(EKB(P))。

DSS(Digital Signature Standard)、Diffie-Hellman 公钥加密方法支持彼此互不相识的两

个实体间的安全通信。公钥加密算法中使用最广泛的是 RSA。RSA 使用两个密钥，一个公共密钥，一个专用密钥。如用其中一个加密，则用另一个解密，密钥长度从 40 位到 2048 位可变，加密时也把明文分成块，块的大小可变，但不能超过密钥的长度，RSA 算法把每一块明文转化为与密钥长度相同的密文块。密钥越长，加密效果越好，但加密、解密的开销也越大，所以要在安全与性能之间折中考虑，一般 64 位是较合适的。RSA 的一个比较知名的应用是 SSL，在美国和加拿大 SSL 用 128 位 RSA 算法，由于出口限制，在其他地区包括中国通用的是 40 位版本。

公钥密码的优点就在于，尽管通信双方不认识，但只要提供密钥的 CA 可靠，就可以进行安全通信，这正是 Web 商务所要求的。

公钥密码方案较私钥密码方案处理速度慢，因此，通常把公钥密码与私钥密码技术结合起来。即用公钥密码技术在通信双方之间传送私钥密码技术中的密钥，而用私钥密码技术来对实际传输的数据加密、解密。另外，公钥密码技术也用来对私有密钥进行加密。

2. RSA 密码系统

公开密钥加密的第一个算法是由 Ralph Merkle 和 Martin Hellman 开发的背包算法，它只能用于加密。后来，Adi Shamir 将其改进，使之能用于数字签名。背包算法的安全性不好，也不完善。随后不久出现了第一个比较完善的公开密钥算法 RSA。RSA 密码系统的安全性基于大数分解的困难性。其理论基础是数论的欧拉定理，即寻求两个大素数容易，但将它们的乘积进行因式分解极其困难。

基于这一原理，用户秘密选择两个 100 位的十进制大素数 p 和 q，计算出它们的乘积 $N=pq$，并将 N 公开；再计算出 N 的欧拉函数 $\Phi(N)=(p-1)(q-1)$，定义 $\Phi(N)$为小于等于 N 且与 N 互为素数的个数；然后，用户从$[0, \Phi(N)-1]$中任选一个与 $\Phi(N)$互为素数的数 e，同时由 $d=e-1(\mathrm{mod}\ \Phi(N))$得到另一个数 d。

这样就产生一对密钥：PK=(e，N)，SK=(d，N)

若用整数 X 为明文，Y 为密文，则加密：$Y=Xe(\mathrm{mod}\ N)$；解密：$X=Yd(\mathrm{mod}\ N)$

一般要求 p 和 q 为安全素数，N 的长度大于 512 位，这主要是因为 RSA 算法的安全性依赖于因子分解大数问题。

3. Diffie-Hellman 密钥交换

密钥交换是指通信双方交换会话密钥，以加密通信双方后续连接所传输的信息。每次逻辑连接使用一把新的会话密钥，用完就丢弃。Diffie-Hellman 算法是第一个公开密钥算法，发明于 1976 年。Diffie-Hellman 算法能够用于密钥分配，但不能用于加密或解密信息。以下是 Diffie-Hellman 密钥交换协议。

设 p 为 512 位以上的大素数，g 为 p 的本原根，$g<p$，p 和 g 公开，A 与 B 通过对称密钥密码体制进行保密通信，以下是 A 与 B 通过公开密钥算法协商通信密钥的协议。

(1) A 随机选择 $x<p$，发送 $X=gx(\mathrm{mod}\ p)$给 B。

(2) B 随机选择 $y<p$，发送 $Y=gy(\mathrm{mod}\ p)$给 A。

(3) A 通过自己的 x 秘密计算 $K=(Y)x(\mathrm{mod}\ p)=(gy)x(\mathrm{mod}\ p)=gxy(\mathrm{mod}\ p)$。

(4) B 通过自己的 y 秘密计算 $K'=(X)y(\mathrm{mod}\ p)=(gx)y(\mathrm{mod}\ p)=gxy(\mathrm{mod}\ p)$。

由(3)、(4)可知，$K=K'$。线路上的搭线窃听者只能得到 g、p、X 和 Y 的值，除非能计算离散对数，恢复出 x 和 y，否则就无法得到 K，因此，K 为 A 和 B 独立计算的秘密密钥。

9.2.3　数字签名

数字签名是使用某人的私钥加密特定消息摘要散列值而得到的结果，通过这种方法把人同特定消息联系起来，类似于手书签名。

数字签名与手书签名的区别在于：手书签名是模拟的，且因人而异；而数字签名是 0 和 1 的数字串，因消息而异。

数字签名有两种：一种是对整体消息的签名，它是指经过密码变换的被签名消息整体；另一种是对压缩消息的签名，即附加在被签名消息之后或某一特定位置上的一段签名图样。若按明文、密文的对应关系划分，每一种又可分为两个子类：一类是确定性数字签名，其明文与密文一一对应，它对一特定消息的签名不变化，如 RSA、Ra-bin 等签名；另一类是随机化的或概率式数字签名，它对同一消息的签名是随机变化的，取决于签名算法中的随机参数的取值。一个明文可有多个合法的数字签名，如 ElGamal。

一个签名体制一般含有两个组成部分，即签名算法(Signature Algorithm)和验证算法(Verification Algorithm)。对 M 的签名可简记为 Sig(M)=S，而对 S 的验证简记为 Ver(S)={真，伪}={0，1}。签名算法或签名密钥是秘密的，只有签名人掌握；验证算法应当公开，以便于他人进行验证。签名体制的安全性在于：从 M 和其签名 S 难以推出 K 或伪造一个 M′，使 M′ 和 S 可被证实为真。

1991 年 8 月，美国 NIST 公布了标准签名算法 DSA，1994 年 12 月 1 日正式采用为美国联邦信息处理标准。其基本算法如下。

公开密钥：p 为 512～1024 位的素数；q 为 160 位长的素数，且为$(p-1)$的因子。

$g=h(p-1)/q \bmod q$，其中 $1<h<p-1$ 且 g 为大于 1 的整数。

$y=gx \bmod p$

秘密密钥：$0<x<q$，且为随机产生的整数。

签名过程：$0<k<q$，且为随机产生的整数。

$r=(gk(\bmod p))\bmod q$，$s=(k-1(H(m)+xr))\bmod q$

(r, s)作为对消息 m 的签名，$H(x)$为安全的 Hash(散列)函数，可选择美国推荐的 SHA 或 MD5 等安全散列算法。

验证过程：$w=s-1 \bmod q$

$U_1=(H(m)xw)\bmod q$

$U_2=(rw)\bmod q$

$v=((g\ U_1 xy\ U_2) \bmod p)\bmod q$

若 $v=r$，则对 m 的签名有效。

DSA 算法的安全性也依赖于有限域上的离散对数问题，安全强度和速度均低于 RSA 算法，其优点是不涉及专利问题。

9.3 防火墙技术

作为内部网与外部网之间的第一道屏障，防火墙是最先受到人们重视的网络安全产品之一。从理论上看，虽然防火墙处于网络安全的最底层，只负责网络间的安全认证与传输，但随着网络安全技术的整体发展和网络应用的不断深化，现代防火墙技术已经逐步走向网络层之外的其他安全层次，不仅要完成传统防火墙的过滤任务，同时还要为各种网络应用提供相应的安全服务。

9.3.1 防火墙主要技术

防火墙(Firewall)是一道介于开放的、不安全的公共网与信息、资源汇集的内部网之间的屏障，由一个或一组系统组成。狭义的防火墙指安装了防火墙软件的主机或路由器系统，广义的防火墙还包括整个网络的安全策略和安全行为。防火墙技术是任何企业最基本的安全技术，包括以下几种。

1. 包过滤技术

包过滤技术(Packet Filtering)是在网络层依据系统的过滤规则，对数据包进行选择和过滤，这种规则又称为访问控制表(ACL)。该技术通过检查数据流中每个数据包的源地址、目标地址、源端口、目的端口及协议状态或它们的组合来确定是否允许该数据包通过。这种防火墙通常安装在路由器上，如图9-4所示。

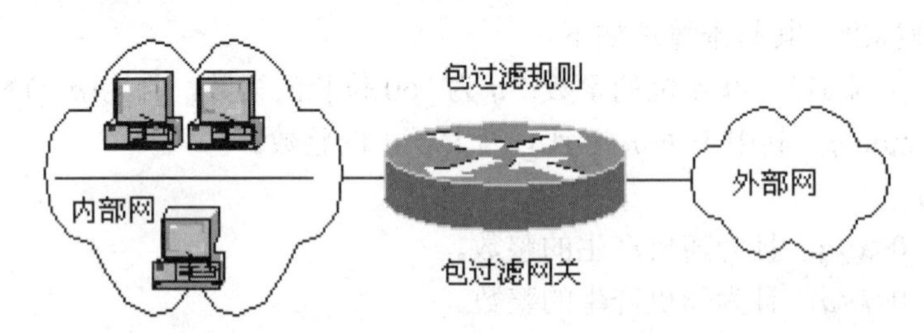

图9-4 包过滤技术

一般而言，包过滤技术包括两种基本类型：无状态检查的包过滤和有状态检查的包过滤。其区别在于后者通过记住防火墙的所有通信状态，并根据状态信息来过滤整个通信流，而不仅仅是包。另外，两者均被配置为只过滤最有用的数据域，包括协议类型、IP地址、TCP/UDP端口、分段口和源路由信息，但还是有许多方法可绕过包过滤器进入Internet，这是因为：

(1) TCP只能在第0个分段中被过滤。

(2) “特洛伊木马”可以使用NAT使包过滤器失效。

(3) 许多包过滤器允许1024以上的端口通过。

所以，“纯”包过滤器的防火墙不能完全保证内部网的安全，必须与代理服务器和网络地址翻译结合起来才能解决问题。

2. 网络地址翻译

网络地址翻译(Network Address Translation，NAT)最初的设计目的是增加在专用网络中可使用的 IP 地址数，但现在则主要用于屏蔽内部主机。NAT 通过将专用网络中的专用 IP 地址转换成在 Internet 上使用的全球唯一的公共 IP 地址，实现对黑客有效地隐藏所有与 TCP/IP 级有关的内部主机信息的功能，使外部主机无法探测到它们。

NAT 实质上是一个基本的代理：一台主机充当代理，代表内部所有主机发出请求，从而将内部主机的身份从公用网上隐藏起来。

许多防火墙都支持不同类型的网络地址翻译。按普及程度和可用性顺序，NAT 防火墙最基本的翻译模式如下。

(1) 静态翻译(Static Translation)，也称为端口转发。在这种模式中，一个指定的内部网络源有一个从不改变的固定翻译表。为使内部主机建立与外部主机的连接，需要使用静态 NAT。

(2) 动态翻译(Dynamic Translation)，也称为自动模式、隐藏模式或 IP 伪装。在这种模式中，为了隐藏内部主机的身份或扩展内部网的地址空间，一个大的 Internet 客户群共享一个或一组小的 Internet IP 地址。

(3) 负载平衡翻译(Load Balancing Translation)。在这种模式中，一个 IP 地址和端口被翻译为同等配置的多个服务器的一个集中处，这样一个公共地址可以为许多服务器服务。

(4) 网络冗余翻译(Network Redundancy Translation)。在这种模式中，多个 Internet 连接被附加在一个 NAT 防火墙上，防火墙根据负载和可用性对这些连接进行选择和使用。

由于 NAT 仅在传输层上实现，所以隐藏在 TCP/IP 通信中的有效的数据信息可以传输到高层，并且可用来寻找在高层通信中的缺点或者用来与特洛伊木马通信。

3. 应用级代理

开发代理的最初目的是对 Web 进行缓存，减少冗余访问，但现在主要用于防火墙。代理服务器通过侦听网络内部客户的服务请求，检查并验证其合法性，若合法，则将它作为一台客户机向真正的服务器发出请求并取回所需信息，最后再转发给客户。对于内部客户而言，代理服务器好像原始的公共服务器；对于公共服务器而言，代理服务器好像原始的客户一样，即代理服务器充当了双重身份，并将内部系统与外界完全隔离开来，外面只能看到代理服务器，而看不到任何内部资源。代理的工作流程如图 9-5 所示。

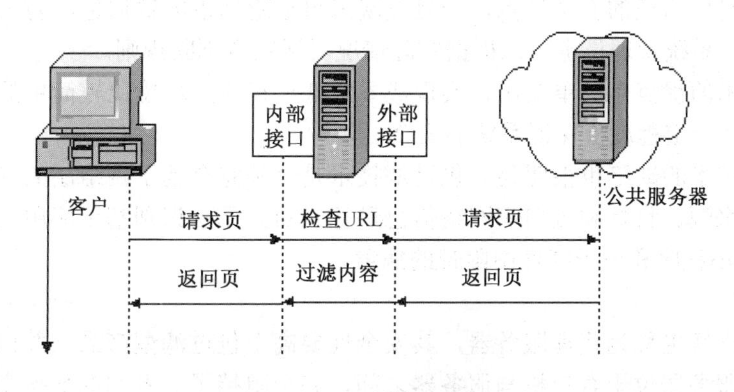

图 9-5　代理的工作流程

应用级代理中请求重新生成的过程以及代理位于内部网和外部网之间的事实提供了许多安全优点，同时也产生了不少安全隐患。

(1) 代理隐藏了私有客户，不让它们暴露给外界。如同 NAT 一样，代理服务器防止外部主机对内部机器的连接。但不便的是，客户必须使用代理才能工作，且它们不能被设置为网络透明工作。

(2) 代理能阻断危险的 URL，但因为 Web 站点可轻易地根据它的 IP 地址或整个地址号来进行简单的寻址，所以阻断 URL 也容易被消除。

(3) 代理能在危险的内容如病毒和特洛伊木马等传送给客户之前过滤掉它们，但是代理无法保护操作系统。

(4) 代理能检查返回内容的一致性，但大多数一致性检查都是在发现存在被利用的弱点后才有效。

(5) 代理能消除网络之间的传输层路由。使用代理可使 TCP/IP 包不真正在内部网和外部网之间传输，从而可以防止大多数的服务拒绝和利用软件弱点的攻击。

(6) 代理提供了单点的访问、控制和日志记录功能。代理保证所有内容都通过单一点，此点成为检查网络数据的检查点。

另外，代理服务器在执行上还有缓存频繁访问数据以消除冗余访问、平衡内部多个服务器负载的性能优化功能。但如果每个服务都要有代理，则易形成服务瓶颈。

虽然代理服务被认为是最安全的防火墙技术，但由于代理软件不能保护操作系统不受服务拒绝攻击，也不能对在服务器上运行的其他服务进行保护，所以纯代理仍有许多安全问题，并且效率低下。因此，大多数实际的安全代理的实现产品都包括包过滤功能和网络翻译，以此来形成一个完整的防火墙。

9.3.2 防火墙分类

1. 按技术分类

根据防火墙采用的技术，防火墙可分为 3 种基本类型，即包过滤型、代理型和监测型。

1) 包过滤型

包过滤型产品是防火墙的初级产品，其技术依据是网络中的分包传输技术。网络上的数据都是以“包”为单位进行传输的。防火墙通过读取数据包中的地址信息来判断这些“包”是否来自可信任的安全站点，一旦发现来自危险站点的数据包，防火墙便会将这些数据拒之门外。系统管理员也可以根据实际情况灵活制定判断规则。

包过滤技术的优点是简单实用，实现成本较低，在应用环境比较简单的情况下，能够以较小的代价在一定程度上保证系统的安全。

但包过滤技术的缺陷也很明显。包过滤技术是一种完全基于网络层的安全技术，只能根据数据包的来源、目标和端口等网络信息进行判断，无法识别基于应用层的恶意入侵，如恶意的 Java 小程序和电子邮件中附带的病毒。

2) 代理型

代理型防火墙也称为代理服务器，其安全性要高于包过滤型产品，并已经开始向应用层发展。代理服务器位于客户机与服务器之间，完全阻挡了二者间的数据交流。从结构上看，代理服务器由代理的服务器部分和代理的客户机部分组成。从客户机来看，代理服务器相当于一台真正的服务器，而从服务器来看，代理服务器又是一台真正的客户机。

另外，壁垒主机即一台软件上配置代理服务程序的计算机，也可以作为代理服务器。具有代理服务的壁垒主机在逻辑上起着一个防火墙的作用。

代理型防火墙的优点是安全性较高，可以针对应用层进行侦测和扫描，对付基于应用层的入侵和病毒都十分有效。其缺点是对系统的整体性能有较大的影响，而且代理服务器必须针对客户机可能产生的所有应用类型逐一进行设置，大大增加了系统管理的复杂性。

3) 监测型

监测型防火墙是新一代的产品，它实际已经超越了最初的防火墙定义。监测型防火墙能够对各层的数据进行主动的、实时的监测，并在对这些数据进行分析的基础上，有效地判断出各层中的非法入侵。同时，这种监测型防火墙产品一般还带有分布式探测器，这些探测器安置在各种应用服务器和其他网络的节点之中，不仅能够监测来自网络外部的攻击，而且对来自内部的恶意破坏也有极强的防范作用。因此，监测型防火墙不仅超越了传统防火墙的定义，而且在安全性上也超越了前两代产品。

2. 按结构分类

目前，防火墙按结构可分为简单型和复合型。简单型包括只使用屏蔽路由器或者作为代理服务器的双目主机结构；复合型一般包括屏蔽主机结构和屏蔽子网结构。

1) 双目主机结构

双目主机结构防火墙系统主要由一台双目主机构成，具有两个网络接口，分别连接到内部网和外部网，充当转发器，如图 9-6 所示。这样，主机可以充当与这些接口相连的路由器，能够把 IP 数据包从一个网络接口转发到另一个网络接口。但是，实现双目主机的防火墙结构禁止这种转发功能，即 IP 数据包并不是从一个网络(如因特网)发送到其他网络(如内部网)。防火墙内部的系统能与双目主机通信，同时防火墙外部的系统(如因特网)也能与双目主机通信，但二者之间不能直接通信。

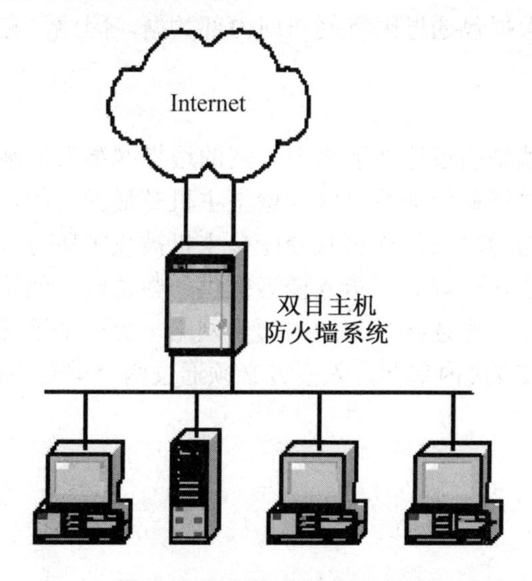

图 9-6　双目主机结构防火墙

2) 屏蔽主机结构

双目主机结构提供来自与多个网络相连的主机服务，但是必须关闭路由，否则从一块网卡到另一块网卡的通信会绕过代理服务软件。而屏蔽主机结构使用一个单独的路由来提供与内部网相连主机即壁垒主机的服务，如图 9-7 所示。在这种安全体系结构中，主要的安全措施是数据包过滤。在屏蔽路由器中，数据包过滤配置可以按下列某种方式执行。

- 允许其他的内部主机为了某些服务与因特网上的主机连接，即允许那些经过数据包过滤的服务。
- 不允许来自内部主机的所有连接，即强迫内部主机通过壁垒主机使用代理服务。

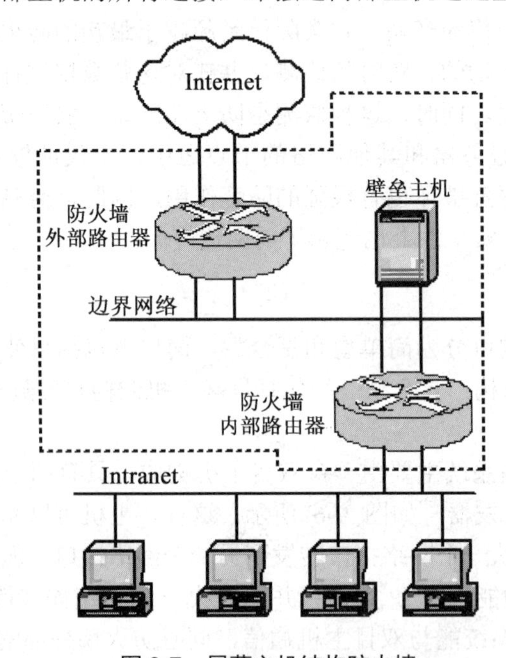

图 9-7 屏蔽主机结构防火墙

由于这种结构允许数据包通过因特网访问内部数据，因此，它的设计比双目主机结构要更冒风险。

3) 屏蔽子网结构

屏蔽子网结构防火墙是通过添加隔离内外网的边界网络为屏蔽主机结构增添另一个安全层，这个边界网络有时候称为非军事区。壁垒主机是最脆弱的、最易受攻击的部位，通过增添隔离壁垒主机的边界网络，便可减轻壁垒主机被攻破所造成的后果。因为壁垒主机不再是整个网络的关键点，所以它们给入侵者提供一些访问，而不是全部。最简单的屏蔽子网有两个屏蔽路由器，一个连接外部网与边界网络，另一个连接边界网络与内部网，如图 9-8 所示。这样，要想攻进内部网，入侵者必须通过两个屏蔽路由器。

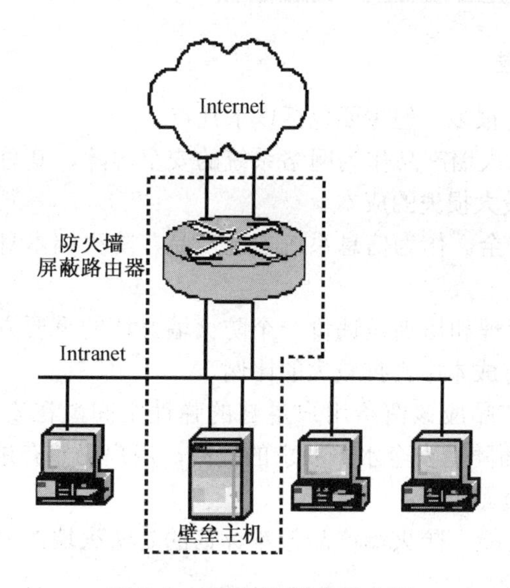

图 9-8　屏蔽子网结构防火墙

9.3.3　防火墙的功能、选择标准和趋势

1. 防火墙的主要功能

目前，防火墙是主要的网络安全设备，其主要功能有数据包过滤、应用代理服务和状态检测等。随着网络防火墙技术的发展，防火墙又增加了一些新的功能，主要包括以下几点。

(1) 综合技术。新的防火墙能够综合包过滤和代理技术的优点，克服二者各自的缺陷，加强综合安全能力。

(2) 简单的结构和管理界面。防火墙的管理系统主要负责网络地址转换、集中访问控制、认证与访问控制系统、监控系统等模块的系统配置和监控。采用基于 Web 的管理模式已经成为主流。

(3) 支持加密和 VPN。支持数据加密、解密，提供对虚拟网 VPN 的强大支持已经成为防火墙一个重要的标志性功能。

(4) 内部信息完全隐藏。隐藏内部网络的各种信息是保证安全的需要。NAT 对防火墙内部和外部的地址进行转换，使得内部的 IP 地址可以隐藏起来。

(5) 增加强制访问控制。防火墙本身就是一个网络访问控制工具。在访问控制中，有自主访问控制和强制访问控制。在防火墙中增加安全标识使其具有“强制性访问控制”能力，大大增加了安全性，将系统的安全级别提高到 B 级。

(6) 支持多种认证方式。防火墙应能够支持多种访问方式如口令、令牌、智能卡等。防火墙还应当具有 PKI(Public Key Infrastructure)体系支持能力。

(7) 网络安全监控和内容过滤。监控与入侵检测系统作为系统端口的监控进程，负责接收进入系统的所有信息，并对信息包进行分析和归类，对可能出现的入侵及时发出报警信息。

2. 选择防火墙的标准

选择防火墙的标准有很多，但主要包括以下几点。

(1) 总拥有成本。防火墙产品作为网络系统的安全屏障，其总拥有成本不应该超过受保护网络系统可能遭受最大损失的成本。

(2) 防火墙本身的安全。作为信息系统安全产品，防火墙本身应该是安全的，不给外部入侵者可乘之机。

(3) 管理与培训。管理和培训是评价一个防火墙好坏的重要方面。人员的培训和日常维护费用通常会在总拥有成本中占据较大的比例。

(4) 可扩充性。好产品应该留给用户足够的弹性空间，在安全水平要求不高的情况下，只选购基本系统，而随着安全水平要求的提高，用户仍然有进一步增加选件的余地，这样能够保护用户的投资。

(5) 防火墙的安全性能。防火墙产品最难评估的是防火墙的安全性能，即防火墙是否能够有效地阻挡外部入侵。

3. 防火墙的发展趋势

为了有效地抵御网络攻击，适应 Internet 的发展势头，防火墙表现出智能化、高速度、分布式、复合型、专业化等发展趋势。

(1) 智能化的发展。防火墙将从目前的静态防御策略向具备人工智能的智能化方向发展。

(2) 速度的发展。随着网络速度的不断提高，防火墙必须提高运算速度及包转发速度，否则会成为网络的瓶颈。

(3) 体系结构的发展。分布式并行处理的防火墙是防火墙的另一发展趋势。在这种概念下，多个物理防火墙协同工作，共同组成一个强大的、具备并行处理能力和负载均衡能力的逻辑防火墙。

(4) 功能的发展。未来网络防火墙将在现有的基础上继续完善其功能并不断增加新的功能，具体表现在保密性、过滤、服务、管理、安全等方面。

(5) 专业化的发展。单向防火墙、电子邮件防火墙、FTP 防火墙等针对特定服务的专业化防火墙将作为一种产品门类出现。

总的来说，智能化、高速度、低成本、功能更加完善、管理更加人性化的防火墙将是未来网络安全产品的主力军。

9.4 计算机病毒

计算机病毒产生和传播速度快，危害大。只有正确地认识病毒，了解它的特征、传播途径和危害才能有效地防治它。

9.4.1 计算机病毒的定义和特点

计算机病毒是指能够通过某种途径潜伏在计算机存储介质或程序里，当达到一定条件时即可激活的、对计算机资源具有破坏作用的一组程序或指令集合。这种程序能够在计算机系统中生存、复制和传播，当计算机满足一定条件时，程序就被激活运行，对计算机系统和信息进行更改和删除，使计算机遭到不同程度的破坏。因此，这种与生物学中的病毒活动方式类似的程序就被形象地称为计算机病毒。与生物病毒不同的是，计算机病毒都是人为地故意制造出来的，一旦扩散，甚至制造者自己都无法控制。

计算机病毒通常具有如下特点。

1) 破坏性

凡是利用软件手段可以触及到的计算机资源，都可能受到计算机病毒的破坏。其表现为：占用 CPU 时间和内存容量，造成系统工作效率大大降低；对数据或文件进行破坏；打乱屏幕显示等。

2) 寄生性

计算机病毒一般不会独立存在，而是寄生于其他可执行的程序中。因为如果病毒程序是独立存在的，则人们只要不去执行它，病毒程序就无法发挥作用。但一旦执行被寄生了病毒的程序，病毒程序就同时被执行。

3) 传染性

病毒具有很强的再生机制，可以在运行的过程中不断扩散。病毒程序一旦被执行，它就对系统进行监视，在发现可以传染的程序体时，就把病毒链接在这个程序上，这个被感染的程序又成为新的传染源，从而在系统中迅速地扩散。

传染性是计算机病毒区别于一般程序最主要的特点，是衡量一个程序是否为病毒的首要条件。

4) 潜伏性

病毒程序可以长时间地潜伏在合法的文件中，只有条件满足时，才会触发表现部分而出现病毒症状。这种潜伏性对系统构成了更大的威胁。它使病毒长时间地潜伏而不被发现，在潜伏期内，病毒又有更多机会向外传播。病毒的潜伏性和它的传染性是相辅相成的，潜伏性越强，传染范围越大。

5) 针对性

计算机病毒的运行需要特定的软、硬件环境。病毒是一段计算机程序，只有在特定的操作系统和硬件平台上才能运行。比如，针对 IBM PC 的病毒就不能传染到 Macintosh 机上，同样，攻击 DOS 的病毒也不能在 UNIX 系统下传播。

9.4.2　计算机病毒的发展史

1. DOS 时代

DOS 是一个安全性较差的操作系统，所以在 DOS 时代，计算机病毒无论是数量还是种类都非常多。按照传染方式，这一时代的病毒可以分为系统引导病毒、外壳型病毒和复合型病毒。

2. Windows 时代

1995 年 8 月，微软发布了 Windows 95，标志着个人电脑的操作系统全面进入了 Windows

9x 时代，而 Windows 9x 对 DOS 的弱依赖性则使得计算机病毒也进入了 Windows 时代。这个时代的最大特征便是大量 DOS 病毒的消失以及宏病毒的兴起。

3. 网络时代

可以这样说，网络病毒大多是 Windows 时代宏病毒的延续，它们往往利用强大的宏语言读取用户 E-mail 软件的地址簿，并将自身作为附件发向地址簿内的那些 E-mail 地址。由于网络的快速和便捷，网络病毒的传播是以几何级数进行的，其危害比以前的任何一种病毒都要大。

9.4.3 计算机病毒的类型

计算机病毒的种类很多，攻击的目标也不尽相同。

1. 按计算机病毒的破坏作用分类

从计算机病毒设计者的意图和病毒程序对计算机系统的破坏作用来看，可以把病毒分为良性病毒和恶性病毒。

1) 良性病毒

良性病毒是一段恶作剧式的病毒程序。在病毒发作时，往往在屏幕上显示特殊的图形或者要求用户输入特定字符串。例如，小球病毒发作时，屏幕上出现小白球无规则地跳动。这类病毒除了占用一定的系统开销外，对系统的其他方面不产生破坏性或破坏性较小。

2) 恶性病毒

恶性病毒发作时明显地破坏系统的数据，常见的有删除数据、删除执行文件和格式化磁盘，甚至擦除 BIOS 芯片。它的破坏力和危害性都是很大的。

2. 按计算机病毒攻击的目标分类

计算机病毒按其攻击的目标可以分为以下 4 种类型。

1) 系统引导病毒

系统引导病毒又称引导区型病毒。直到 20 世纪 90 年代中期，引导区型病毒仍是最流行的病毒类型，主要通过软盘在 DOS 操作系统里传播。引导区型病毒侵染软盘中的引导区，蔓延到用户硬盘，并能侵染到用户硬盘中的“主引导记录”。一旦硬盘中的引导区被病毒感染，病毒就试图侵染每一个插入计算机从事访问的软盘的引导区。系统引导病毒有小球病毒、大麻病毒(Stone)、Brain 病毒、64 病毒等。

2) 文件型病毒

文件型病毒专门感染文件扩展名为 exe、com 和 ovl 等的可执行文件，并寄生在这些文件中。只要运行这些带病毒的文件，就会将文件型病毒引入内存。当运行其他可执行程序时，如果满足感染条件，病毒就会将其感染，使之成为新的带病毒文件。

当然，还有一些专门攻击非可执行文件的病毒，如专门攻击设备驱动文件的 DIR-II 病毒和专门攻击文件扩展名为 DOC 字表文件的病毒。

3) 混合型病毒

混合型病毒既攻击引导程序也攻击可执行文件，集系统引导病毒和文件型病毒的特点于一身。混合型病毒结构复杂，传染性强，攻击力和破坏力大。

4) 宏病毒

宏病毒一般是指用 Word 中提供的 Word Basic 编程接口制作的病毒程序，它寄存在 Microsoft Office 文档上的宏代码中。它影响对文档的各种操作，如打开、存储、关闭或清除等。当打开 Office 文档时，宏病毒程序就会被执行，即宏病毒处于活动状态，当满足触发条件时，宏病毒才开始传染、表现和破坏。

9.4.4 计算机病毒的防护

计算机病毒的传播主要是通过读写文件完成的，而读写文件的操作又是无法避免的。所以，要想从根本上防止病毒的入侵具有一定的难度。但并不是说，我们对病毒无能为力。事实上，尽管病毒具有极强的危害性，但是在还没有满足其运行所需要的条件时，它是不会发作的。如果用户能够在病毒被激活之前发现并清除它，就不会造成重大的损失。因此，计算机病毒的防护应以防为主，以治为辅。

1. 计算机病毒的预防

对于计算机病毒的预防，要采取技术手段与管理手段相结合的方法。

1) 技术手段

技术手段主要包括使用计算机病毒检测程序、对程序和数据加密、检查磁盘引导扇区和目录比较等软件保护手段；安装防病毒卡和病毒过滤器等硬件保护手段。

2) 管理手段

管理手段主要包括以下几项。

(1) 注意对系统文件、重要可执行文件和数据进行写保护。

(2) 不使用来历不明的程序和数据。

(3) 尽量不用软盘进行系统引导。

(4) 不轻易打开来历不明的电子邮件。

(5) 使用新的计算机系统或软件时，要先杀毒后使用。

(6) 备份系统和硬盘参数，建立系统的应急计划等。

2. 计算机病毒的征兆

计算机病毒具有破坏性，因此只要感染了病毒，计算机系统总会表现出一些现象。当发现了这些现象时，通常应该怀疑系统被病毒入侵。下面列举一些常见现象。

(1) 屏幕上突然出现某些异常字符或特定画面。

(2) 文件长度奇怪地增加、减少或突然产生新的文件。

(3) 一些可执行文件无法运行或突然丢失。

(4) 系统无故进行磁盘读写或格式化操作。

(5) 系统出现异常的重启现象或经常死机。

(6) 可用的内存空间变小。

(7) 打印机等外部设备突然出现工作异常。

(8) 在汉字库正常的情况下，无法调用和打印汉字或汉字库无故损坏。

(9) 磁盘上突然出现坏的扇区或磁盘存储空间突然减少。

(10) 程序和数据神秘地丢失了，文件名不能辨认等。

一旦计算机系统出现了上述异常现象，必须马上使用杀毒软件对系统和磁盘进行检测和消毒，以保证系统的正常工作。

3. 计算机病毒的消除

目前病毒的破坏力越来越强，几乎所有的软、硬件故障都可能与病毒有牵连。所以，当发现计算机有异常情况时，首先应怀疑的就是病毒在作怪，而最佳的解决办法就是利用杀毒软件对计算机进行一次全面的清查。

常见的杀毒软件有 360 杀毒、瑞星、金山毒霸等。近几年来有许多家公司先后推出了病毒防火墙软件，这类软件是在杀毒软件的基础上增加了对计算运行状况进行动态监测的功能，一旦发现病毒将要运行，就立刻向用户报告，使得对病毒的防护更为主动。

9.5 计算机网络管理与维护

随着计算机网络的发展和普及，一方面对于如何保证网络安全、组织网络高效运行提出了迫切的要求；另一方面，计算机网络日益庞大，使管理更加复杂。这主要表现在如下几个方面。

(1) 网络覆盖范围越来越大，节点越来越多。

(2) 网络用户的数目不断增加。

(3) 网络共享数据量剧增。

(4) 网络通信量剧增。

(5) 网络应用软件类型不断增加。

(6) 网络对不同操作系统的兼容性要求不断提高。

这种大型、复杂、异构型的网络靠人工是无法管理的，随着计算机网络的普及和应用日益复杂，网络管理显得越来越重要。

9.5.1 网络管理的定义和目标

1. 网络管理的定义

网络管理，简称网管，简单地说就是为保证网络系统能够持续、稳定、安全、可靠和高效地运行，对网络实施的一系列方法和措施。

网络管理的任务就是收集、监控网络中各种设备和设施的工作参数、工作状态信息，将结果显示给管理员并进行处理，从而控制网络中的设备和设施的工作参数及工作状态，以实现对网络的管理。

2. 网络管理的目标

网络管理的目标可能各有不同，但主要的目标有以下几条。

(1) 减少停机时间，改进响应时间，提高设备利用率。

(2) 减少运行费用，提高效率。

(3) 减少或消除网络瓶颈。

(4) 适应新技术。

(5) 使网络更容易使用。

(6) 使网络更加安全。

9.5.2　网络管理的基本功能

在 OSI 网络管理标准中定义了网络管理的 5 个基本功能：配置管理、性能管理、故障管理、安全管理和计费管理。

1. 配置管理

配置管理(Configuration Management)包括设备管理、拓扑管理、软件管理、网络规划和资源管理。只有在有权配置整个网络时，才可能正确地管理该网络，排除出现的问题，因此这是网络管理最重要的功能之一。其中关键是设备管理，它由以下两个方面构成。

1) 布线系统的维护

做好布线系统的日常维护工作，确保底层网络连接完好，是计算机网络正常、高效运行的基础。对布线系统的测试和维护一般借助于双绞线测试仪、规程分析仪和信道测试仪等。

2) 关键设备管理

网络中的关键设备一般包括网络的主干交换机、中心路由器以及关键服务器。对这些关键网络设备的管理除了通过网络软件实时监测外，更要做好它们的备份工作。对主干交换机的备份很少有厂商能提供比较系统的解决方案，因而只有靠网络管理员在日常管理中加强对主干交换机的性能和工作状态的监测，来维护网络主干交换机的正常工作。

2. 性能管理

网络性能主要包括网络吞吐量、响应时间、线路利用率、网络可用性等参数。网络性能管理(Performance Management)是指通过监控网络的运行状态调整网络性能参数来改善网络的性能，确保网络平稳运行。它主要包括以下功能。

1) 性能数据的采集和存储

主要完成对网络设备和网络通道性能数据的采集，同时将其存储起来。

2) 性能门限的管理

性能门限的管理是为了提高网络管理的有效性，在特定的时间内为网络管理者选择监视对象、设置监视时间以及提供设置和修改性能门限的手段；同时，当性能不理想时，可通过对各种资源的调整来改善网络性能。

3) 性能数据的显示和分析

根据管理要求，定期对当前和历史数据进行显示及统计分析，形成各种关系曲线，并产生数据报告。

3. 故障管理

故障管理(Fault Management)又称失效管理，主要对来自硬件设备或路径节点的报警信

息进行监控、报告和存储，以及进行故障的诊断、定位与处理，是对系统非正常操作的操作管理。所谓故障，就是那些引起系统以非正常方式操作的事件。它可分为由损坏的部件或软件故障引起的内部故障，以及由环境影响引起的外部故障。

故障管理是网络管理中最基本的功能之一。用户都希望有一个可靠的计算机网络，网络中某个组成失效时，必须迅速查找到故障并及时给予排除。分析故障原因对于防止类似故障的再次发生相当重要。网络故障管理包括故障检测、故障隔离和故障排除 3 个方面。

4. 安全管理

安全管理(Security Management)主要是保护网络资源与设备不被非法访问，以及对加密机构中的密钥进行管理。

安全管理是网络系统的薄弱环节之一，而用户对网络安全的要求往往又相当高，因此网络安全管理就显得非常重要。网络中需要解决的安全问题有：网络数据的私有性，保护网络数据不被侵入者非法获取；授权，防止侵入者在网络上发送错误信息；访问控制，控制对网络资源的访问。

相应地，网络安全管理应包括对授权机制、访问机制、加密和加密密钥的管理，主要工作是维护防火墙和安全日志、安全指示器的监测、分区隔离、口令管理和提供各种级别的警告或报警。

5. 计费管理

计费管理(Accounting Management)主要管理各种电信业务资费标准，以及管理用户业务使用情况和费用等。计费管理为成本计算和收费提供依据，它对网络资源的使用情况进行收集、解释和处理，提出计费报告，包括计费统计、账单通知和会计处理等内容，为网络资源的使用核算成本和提供收费依据。这些资源一般包括：网络服务，负责用户数据的传输，例如数据的传输量；网络应用，例如对服务器的使用。

计费管理作为记录网络资源使用情况的一种手段，目的是控制和检测网络操作的费用和代价。其作用是：计算各用户使用网络资源的费用；规定用户使用的最大费用；当用户为了一个通信目的需要使用多个网络中的资源时，计费管理能计算出总费用。

9.5.3 网络管理模型

在网络管理中，一般采用基于管理者—代理的网络管理模型，如图 9-9 所示。该模型主要由管理者、代理和被管对象组成。其中管理者负责整个网络的管理，管理者与代理之间利用网络通信协议交换相关信息，实现网络管理。

网络管理者可以是单一的 PC、单一的工作站或按层次结构在共享的接口下与并发运行的管理模块连接的几个工作站。

代理是被管对象或设备上的管理程序，它把来自管理者的命令或信息请求转换为本设备特有的指令，监视设备的运行，完成管理者的指示，或返回它所在设备的信息。另外，代理也可以把自身系统中发生的事件主动通知给管理者。一般的代理都是返回它本身的信息，而另一种称为委托代理的，可以提供其他系统或设备的信息。

管理者将管理要求通过管理操作指令传送给被管理系统中的代理，代理则直接管理设备。但是，代理也可能因为某些原因而拒绝管理者的命令。管理者和代理之间的信息交换可以分为从管理者到代理的管理操作和从代理到管理者的事件通知两种。

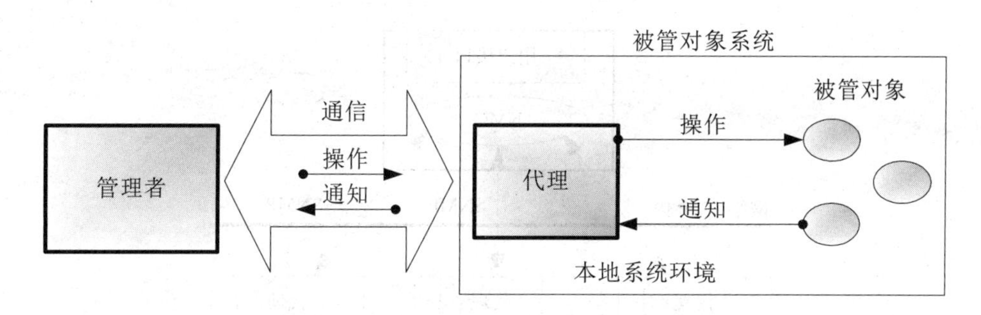

图 9-9　管理者—代理的网络管理模型

9.5.4　简单网络管理协议

简单网络管理协议(Simple Network Management Protocol，SNMP)是在应用层上进行网络设备间通信的管理，它可以监视网络状态、设定网络参数、统计与分析网络流量、发现网络故障等。因为它的使用及开发极为简单，所以得到了普遍的应用。

1. SNMP 发展历史

1988 年，互联网工程任务组(IETF)制定了 SNMP V.1。1993 年，IETF 制定了 SNMP V.2，该版本受到各网络厂商的广泛欢迎，并成为事实上的网络管理工业标准。SNMP V.2 是 SNMP V.1 的增强版。SNMP V.2 较 SNMP V.1 版本主要在系统管理接口、协作操作、信息格式、管理体系结构和安全性几个方面有较大的改善。

2. SNMP 管理模型

SNMP 主要用于 ISO/OSI 7 层模型中较低层次的管理，采用轮询监控方式。管理者按一定的时间间隔向代理请求管理信息，根据管理信息判断是否有异常事件发生。当管理对象发生紧急情况时，也可以使用称为 Trap 信息的报文主动报告。轮询监控的主要优点是对代理资源要求不高，SNMP 协议简单，易于实现；缺点是管理通信开销大。

SNMP 的基本功能包括网络性能监控、网络差错检测和网络配置。如图 9-10 所示为 SNMP V.1 的管理模型。

网络管理站(Network Management Center，NMC)是系统的核心，负责管理代理(Agent)和管理信息库(Management Information Base，MIB)，它以数据报表的形式发出和传送命令，从而达到控制代理的目的。它与任何代理之间都不存在逻辑链路关系，因而网络系统负载很低。

代理的作用是收集被管理设备的各种信息并响应网络中 SNMP 服务器的要求，把它们传输到中心的 SNMP 服务器的 MIB 数据库中。代理包括智能集线器、网桥、路由器、网关及任何合法节点的计算机。

MIB 负责存储设备的信息，它是 SNMP 分布式数据库的分支数据库。

SNMP 用于网络管理站与被管设备的网络管理代理之间交互管理信息。网络管理站通过 SNMP 向被管设备的网络管理代理发出各种请求报文，网络管理代理则接收这些请求并完成相应的操作。

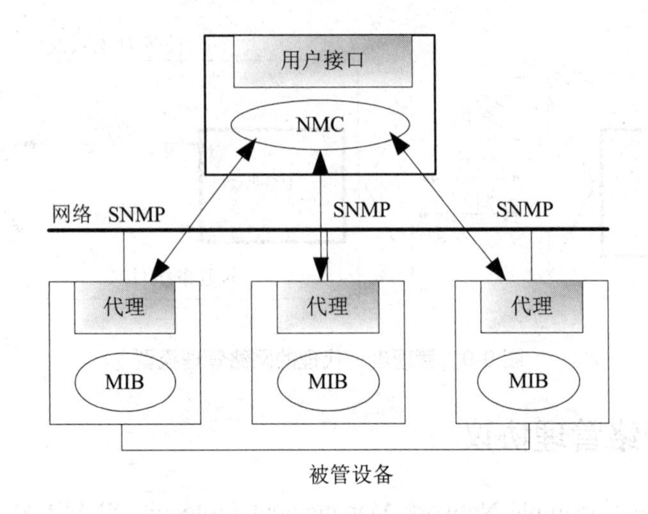

图 9-10 SNMP V.1 的管理模型

3. SNMP 体系结构的主要特点

由于 SNMP 是为因特网而设计的，而且为了提高网管系统的效率，网管系统在传输层采用了用户数据报协议(UDP)，针对因特网的飞速发展和协议的不断扩充和完善，SNMP 被设计成具有如下特点。

(1) 尽可能地降低管理代理的软件成本和资源要求。

(2) 提供较强的远程管理功能，以适应对因特网网络资源的管理。

(3) 体系结构具备可扩充性，以适应网络系统的发展。

(4) 管理协议本身具有较强的独立性，不依赖于任何厂商、任何型号和品牌的计算机、网络和网络传输协议。

4. SNMP 操作命令

SNMP 协议最重要的特性就是简洁明了，从而使系统的负载可以减至最低限度。SNMP 没有一大堆命令，而只是用存(存储数据到变量)和取(从变量中取数据)两种操作。在 SNMP 中，所有操作都可以看作由这两种操作派生出来的。正是由于这些特性，使 SNMP 的开发也非常方便，成为网络管理事实上的标准。

在 SNMP 中只定义了以下 4 种操作。

(1) 取(get)——从代理那里取得指定的 MIB 变量的值。

(2) 取下一个(get next)——从代理的表中取得下一个指定的 MIB 的值。

(3) 设置(set)——设置代理的指定 MIB 的变量的值。

(4) 报警(trap) ——当代理发生错误时立即向网络管理站报警，无须等待接收方回应。

5. SNMP 的工作原理

SNMP 代理和管理站通过标准消息通信，这些消息中的每一个都是一个单个的包。因此，SNMP 使用 UDP 作为第 4 层即传输协议。UDP 使用无连接的服务，因此 SNMP 不需要依靠在代理和管理站之间保持连接来传输消息。

SNMP 有 5 种消息类型：Get Request、Get Response、Get Next Request、Set Request 和 Trap。SNMP 管理站使用 Get Request 从拥有 SNMP 代理的网络设备中检索信息，SNMP 代理以 Get Response 消息响应 Get Request 消息。在这中间可以交换的信息很多，如系统的名字、系统自启动后正常运行的时间，系统中的网络接口数等。

Get Request 和 Get Next Request 结合起来使用可以获得一个表中的对象。Get Request 取回一个特定对象，而 Get Next Request 则是请求表中的下一个对象。

使用 Set Request 可以对一个设备中的参数进行远程配置。例如，Set Request 可以设置设备的名字，在管理上关掉一个端口或清除一个地址解析表中的项。

SNMP 陷阱是 SNMP 代理发送给工作站的非请求信息。这些消息通知服务器发生一个特定的事件。例如，SNMP 陷阱消息可以被用来通知网络管理系统某个线路刚刚失败了，一个设备的磁盘空间已经接近于其最大容量，或者一个用户刚刚登录到一个主机。

9.6　本 章 小 结

随着计算机网络的发展，网络安全问题也日趋严重。本章在介绍网络安全的基本概念、网络安全体系结构的基础上，针对数据加密、防火墙、防范黑客和防病毒等网络安全技术作了详细说明，并从网络管理与维护的角度出发，介绍网络管理模型及相关协议。

9.7　小型案例实训

本案例主要介绍 360 杀毒软件和瑞星防火墙的配置和使用。

9.7.1　360 杀毒软件的使用

1. 实训目的

(1) 掌握 360 杀毒软件的配置。

(2) 掌握 360 杀毒软件的使用方法。

2. 实训设备

安装 360 杀毒软件、能够访问 Internet 的计算机。

3. 实训内容

(1) 要安装 360 杀毒软件，首先要通过 360 杀毒官方网站下载最新版本的 360 杀毒安装程序。双击运行下载好的安装包，弹出 360 杀毒安装向导。在这一步需要设置安装路径，可以按照默认设置，也可以单击【更换目录】按钮选择安装目录，如图 9-11 所示。

(2) 接下来开始安装，安装完成之后就可以看到 360 杀毒软件的主界面，如图 9-12 所示。

图 9-11　360 杀毒安装向导

图 9-12　360 杀毒软件主界面

(3) 360 杀毒通过主界面可以直接使用快速扫描、全盘扫描、自定义扫描，其中自定义下还有以下几种扫描方式：桌面、Office 文档、我的文档、U 盘、光盘，杀毒过程如图 9-13 所示。

图 9-13　杀毒界面

(4) 360 杀毒具有自动升级功能，如果开启了该功能，360 杀毒会在有升级可用时自动下载并安装升级文件。使用其他升级方式，可单击主界面右上角的【设置】，打开设置界面后选择【升级设置】选项，根据自己的需要选择升级设置，设置完之后单击【确定】按钮，如图 9-14 所示。

(5) 要想设置 360 杀毒软件，可单击主界面右上角的【设置】选项，然后按需要进行设置，如图 9-15 所示。

图 9-14　升级设置界面

图 9-15　常规设置界面

4. 讨论

试安装几款不同类型的杀毒软件，比较它们的功能差异，并讨论如何衡量杀毒软件的优劣。

9.7.2　瑞星防火墙的使用

1. 实训目的

(1) 熟悉防火墙的基本知识。

(2) 掌握防火墙的基本使用，熟悉防火墙配置规则。

2. 实训器材

安装了瑞星防火墙、能够访问 Internet 的计算机。

3. 实训内容

防火墙是指设置在不同网络(如可信任的企业内部网和不可信任的公共网)或网络安全域之间的一系列部件的组合。它通过监测、限制、更改跨越防火墙的数据流，尽可能地对外部网络屏蔽内部网络的信息、结构和运行状况，以此来实现网络的安全保护。

在逻辑上，防火墙是一个分离器，一个限制器，也是一个分析器，它有效地监控了内部网和 Internet 之间的任何活动，保证了内部网络的安全。

1) 瑞星防火墙的使用

瑞星全功能安全软件防御功能由智能主动防御、实时监控和网络监控 3 部分组成。

(1) 智能主动防御。

智能主动防御是一种阻止恶意程序执行的技术。瑞星的智能主动防御技术提供了更开放的用户自定义规则的功能，用户可以根据自己系统的特殊情况，制定独特的防御规则，使智能主动防御可以最大限度地保护系统。智能主动防御包括系统加固、应用程序加固、应用程序控制、木马行为防御、木马入侵拦截、自我保护 6 大功能，如图 9-16 所示。

图 9-16 防御设置界面

(2) 实时监控。

实时监控包括文件监控、邮件监控，通过该功能，瑞星全功能安全软件能在你打开陌生文件、收发电子邮件时，查杀和截获病毒，全面保护你的计算机不受病毒侵害。

文件监控用于实时地监控系统中的文件操作，在操作系统对文件操作之前进行查毒，从而阻止病毒通过文件进行传播，保护系统安全。

邮件监控可以对发送和接收邮件进行监控，防止病毒通过邮件传播，感染计算机。

(3) 网络监控。

网络监控功能可以对计算机中应用程序的网络行为进行监控，防止黑客/病毒利用你的应用程序控制本地计算机的恶意行为。此外，还可以监控相应模块的网络行为，用来防止黑客/病毒利用计算机内相应的模块文件来控制本地计算机的恶意行为。网络监控包括 IP 包过滤、恶意网址拦截、ARP 欺骗防御、网络攻击拦截、出站攻击防御，如图 9-17 所示。

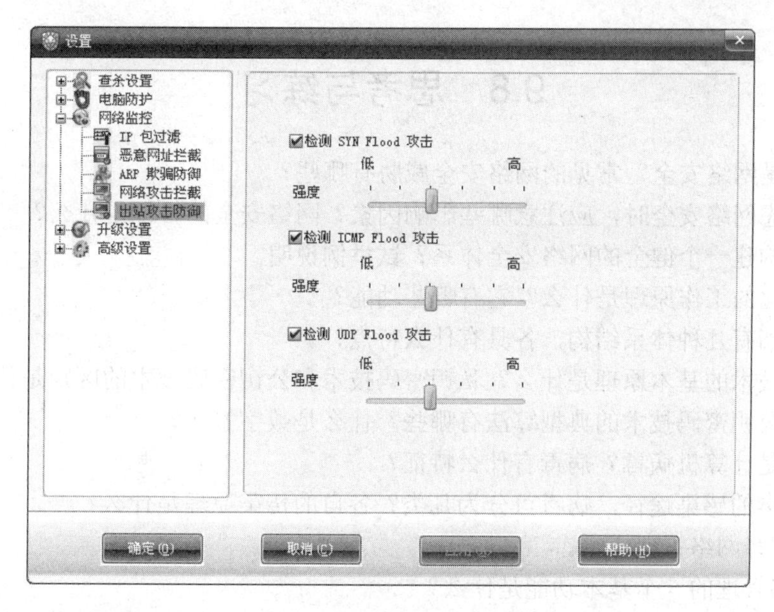

图 9-17　网络监控设置界面

2) “云安全”计划

通过互联网，将全球瑞星用户的电脑和瑞星“云安全”(Cloud Security)平台实时联系，组成覆盖互联网的木马、恶意网址监测网络，能够在最短时间内发现、截获、处理海量的最新木马病毒和恶意网址，并将解决方案瞬时送达所有用户，提前防范各种新生网络威胁。每一位瑞星的用户，都可以共享上亿瑞星用户的“云安全”成果，如图 9-18 所示。

4. 讨论

试安装几款不同类型的防火墙，比较它们的功能差异，并讨论如何衡量防火墙的优劣。

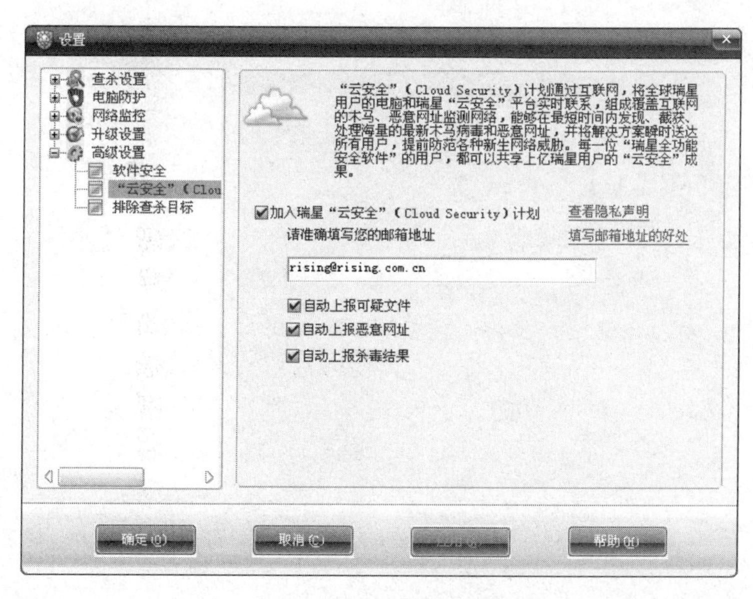

图 9-18　瑞星的“云安全”设置界面

9.8 思考与练习

1. 什么是网络安全？常见的网络安全威胁有哪些？
2. 在考虑网络安全时，应注意哪些影响因素？网络安全的目标是什么？
3. 如何构建一个健全的网络安全体系？试举例说明。
4. 防火墙的工作原理是什么？它有哪些功能？
5. 防火墙有几种体系结构，各具有什么特点？
6. 密码技术的基本原理是什么？私钥密码技术和公钥密码技术的区别是什么？
7. 常用公钥密码技术的典型算法有哪些？什么是数字签名？
8. 什么是计算机病毒？病毒有什么特征？
9. 按病毒的感染途径，病毒可分为几类？各自的传染原理是什么？
10. 试解释网络管理模型。
11. 网络管理的 5 个基本功能是什么？
12. 网络管理的常见协议有哪些？什么是 SNMP 网络管理模型？
13. 简要介绍 SNMP 的工作原理。

第 10 章　网络设计与布线

本章要点

☑ 网络规划与设计的基本原则

☑ 网络规划与设计的方法

☑ 网络布线的方法

☑ 网络测试

10.1　网络规划与设计的一般步骤与原则

网络系统的建设是一项涉及面广、管理复杂和专业技术性很强的工作，需要用一整套系统工程的方法进行规划与设计。下面针对网络规划与设计应考虑的基本原则、需求分析、网络规划方案和网络系统的总体设计进行讨论。

10.1.1　网络规划与设计的一般步骤

网络规划与设计的一般步骤包括需求分析和可行性分析、网络规划和网络系统整体设计等。需求分析和可行性分析涉及网络环境、设备配置、用户的功能要求、系统目标、技术支持和效益分析等内容。

网络规划包括对需求分析的技术论证、网络的分布、网络的基本设备和类型、网络的基本规模、网络的基本功能和服务项目的总体规划；网络系统的难点和关键性问题的分析和估计；网络的投资预算和网络技术文档的规范化编写等内容。

网络系统总体设计包括网络拓扑结构的设计、网络组网方案的确定、网络软硬件设施的选择、网络的结构化布线、网络主数据库系统的选择和形成网络总体说明书等内容。

用户在进行上述网络规划与设计时，可根据网络的规模灵活掌握。如果网络规模较大，建网采用的应用技术较多，必须统一步骤，精心设计；如果网络规模较小，且比较单一，就不一定要按固定步骤进行，可灵活掌握，简化具体工作。

10.1.2　网络规划与设计的原则

网络规划是为拟建立的网络系统提出一套完善的设想和方案；网络设计是对网络规划的进一步分析和论证，并将其具体落实的过程。两者相辅相成，缺一不可。为了使整个网络系统的建设更合理、更经济、性能更良好，一般在进行网络系统规划和设计时应遵循以下基本原则。

1. 实用性

建网的目的就是为了满足某些应用实际的需求。针对具体的部门，这种应用需求应该是明确的。只有实用的网络才能反映用户自己切身的利益。

2. 经济性

在网络规划和设计时，要充分利用原有的资源，选择性价比高和售后服务好的设施和厂商，不能超前投入大量资金。

3. 可靠性

建网的目的是实用，可靠性是保证网络实用的关键。从选用的网络设施到网络系统结构，都要以可靠运行为前提，还要留有一定的冗余，保证在故障情况下网络能正常运行。

4. 安全性

网络的安全要求越来越受到重视，尤其是在与其他网络互联时尤为重要。通过设置各种安全保护措施，实现从网络用户到数据传输各个环节的安全性。

5. 先进性

在网络规划和设计时，应在保证可靠性和经济性的基础上，尽可能地选择现阶段比较先进的技术和设备。事实上，先进性原则也可为可靠性提供保证，并为系统的兼容性和可扩充性提供最大的可能。

6. 开放性

开放性是实现异构系统可移植性和可互操作性的保证。只有建设一个开放性的网络系统，才能有更多的厂商支持，才能同其他网络互联和互操作。

7. 可扩充性

网络应具有良好的扩充能力，对设计的网络留有充分的可扩充性和升级能力，使系统能够很容易地进行处理能力、存储容量和网络规模的扩充。

8. 兼容性

在进行网络规划和设计时，还要使网络系统能够兼容不同厂家、不同年代的计算机和网络软硬件产品。

10.2 网络设计

在网络设计阶段，主要是对各种技术规范和系统性能具体化，制定出网络的总体设计方案。该方案包括网络体系结构的确定、拓扑结构的选择、网络操作系统的选择、网络硬件设备的选择等。

10.2.1 网络拓扑结构的设计

网络的拓扑结构是指网络中各节点的连接方法和形式。网络拓扑结构设计是指在给定节点位置及保证一定可靠性、时延、吞吐量的情况下，服务器、工作站和网络连接设备如何通过选择合适的通路、线路的容量以及流量的分配，使网络的成本最低。不同的网络拓扑结构采用不同的网络控制方法，所使用的网络连接设备也不一样。网络拓扑结构设计得好坏，对整个网络的性能和实用性都有影响。因此，选择合适的网络拓扑结构是很重要的。

常用的网络拓扑结构有总线型结构、星型结构、环型结构和树型结构等。这些拓扑结构都有很好的范例，但任何一种拓扑结构都有自己的优点和缺点。随着网络技术的不断发展和新技术的日益成熟，在实际网络方案中，已不再是单一的网络拓扑结构，而是根据实际应用需求，进行综合设计，在主干网拓扑结构确定后，子网进行适当组合。为了能选择一个比较理想的网络拓扑结构，应注意和考虑以下问题。

1. 主干网拓扑结构

主干网是网络系统的主干线，涉及通信线路容量和流量的分配。主干网中的每个节点位置都可能是一个子网。设计时要对可靠性、时延、吞吐量和网络费用多加考虑。

2. 本地网络拓扑结构

设计本地网络拓扑结构时主要考虑 3 个问题：集线器(交换机)的选址、客户机场地的分配和终端的布局。

3. 经济性

拓扑结构的选择直接决定了网络的安装与维护费用。因为拓扑结构的选择与传输媒介的选择、传输距离的长短及所需网络连接设备密切相关。如采用光纤媒体的环型结构的费用要比采用同轴电缆的环型结构的费用高得多，安装与维护也困难得多。即使是都采用同轴电缆，总线型结构的费用也要比环型结构的费用低。

4. 灵活性

灵活性和可扩充性也是选择网络拓扑结构时应重视的问题。随着网络用户数量的增加，网络应用的深入和扩大，网络新技术的不断涌现，特别是网络应用方式和要求的改变，要对网络结构不断加以调整。这些调整及网络的灵活性和可扩充性都与网络的拓扑结构直接相关。一般来说，总线型和星型拓扑结构要比环型拓扑结构的灵活性和可扩充性好得多。

5. 可靠性

网络拓扑结构决定了网络故障检测和故障隔离的方便性。选择网络拓扑结构时，要考虑到未来网络故障检测和排除的方便性。网络故障检测和排除是系统可靠性的重要保证，没有网络故障检测，就谈不上网络的可靠性。

选择网络拓扑结构时，还要考虑先进性和实用性的结合、网络平台的应用、与其他网络互联等因素。这些因素对网络运行速度和网络软硬件接口的复杂程度都有影响。

10.2.2　网络硬件设备的选择

网络系统中主要硬件设备的选择，直接影响到网络整体的性能，其投资占网络整体投

资的很大比例。因而，在网络系统总体设计时对网络硬件设备进行分析和选择是很重要的。网络设备的选择一般有两种含义：一种是从应用需求出发所进行的选择；另一种是从众多厂商的产品中选择性价比高的产品。在组建网络时，通常涉及的主要网络硬件设备有：服务器、工作站、集线器、路由器和交换机等。

1. 服务器的选择

服务器是网络系统的关键设备。服务器一般有 3 种类型：PC 服务器(由高档微机担任，在局域网中用得较多)、专用服务器(根据网络的数据传输、I/O 信息交换和可靠性等要求设计的专用服务器，有的还采用多 CPU、多总线结构，关键部分采用了容错技术，是目前网络中应用较多的设备)和主机型服务器(在大中型网络中应用，由具有较高速率、大容量的超级小型机、中型机或大型机担任的服务器)。按其在网络中的作用和工作方式区分，服务器又有文件服务器、数据库服务器、打印服务器和通信服务器等。

选择服务器时，应考虑的几项主要指标是：CPU 的性能、存储器的容量、传输总线的速度、SCSI 磁盘接口的效率和系统的容错功能等。

2. 工作站

工作站是客户用机，按用户的要求向服务器提出服务请求，同时完成部分(在 C/S 结构中)或全部(在文件服务器结构中)用户要求的数据处理和计算任务。因此，在选择工作站时，要根据用户的工作环境、网络工作模式和用户的工作性质等因素，考虑选择一般档次或高档的微机。

3. 网络互联设备的选择

选择网络互联设备时，也要考虑网络技术发展迅速、产品更新换代越来越快的特点。从一般的局域网到较高级的 FDDI 网和 ATM 网，网络互联设备从一般的中继器、集线器到高档的路由器、局域网的交换机、FDDI 集线器和 ATM 交换机等，选择的余地很大，同时也带来了技术上的难度。因此，在选择这些设备时，既要注意采用先进的技术，又要考虑实际情况，避免由于系统设备的不配套而使其中先进设备的优势难于发挥，甚至影响到正常运行。

在选择路由器和交换机时，可考虑的主要指标为：设备的端口类型和端口数量、支持的传输协议、连接局域网的传输速率、设备的时延和背板的带宽等。

10.2.3 网络操作系统的选择

网络操作系统是建立在一定网络体系基础上的，对整个网络系统的各种资源进行调度、分配和管理的软件。网络操作系统选择是网络设计非常重要的一环。选择一个合适的网络操作系统，既省力、省钱，又能大大提高系统效率。网络操作系统在很大程度上决定着网络的整体性能。

选择网络操作系统时通常应综合考虑网络的性能；网络的管理；网络的安全性、可靠性和灵活性；网络成本和网络的时限等因素。

目前广泛应用的网络操作系统有 UNIX 和 Windows 2008。Linux 网络操作系统由于具有简单、方便和灵活的特点，也越来越受到欢迎。不同的网络操作系统是建立在不同的网络体系基础上的，如 UNIX 网络操作系统一般要求采用 TCP/IP 网络体系，而 Windows 2008 网络操作系统的应用是基于 Windows 视窗环境。

几种操作系统各有特点。相比之下，Windows 2008 系统在管理界面、服务器监控、存储器管理、安全性和可靠性等方面很有优势，其稳定性和文件管理功能也比较好；UNIX 操作系统广泛应用于多种计算机和广域网络范围，系统的可伸缩性和可靠性较好，具有大型服务器操作系统的功能、强大的图形功能和成熟的网络应用开发环境；Linux 操作系统在灵活性和廉价等方面优势突出，它还具有简单、方便和容易实现的特点。

10.3　网络综合布线系统

10.3.1　综合布线系统概述

随着计算机技术和通信技术的发展，为了适应社会信息化和经济国际化的需要，兴起了建筑物综合布线系统(Premises Distribution System，PDS)，它是办公自动化进一步发展的结果。

1. 综合布线系统

综合布线系统是通用的信息传输系统，通常对建筑物内各种系统(如网络系统、电话系统、报警系统、电源系统、照明系统和监控系统等)所需的传输线路进行统一编制、布置和连接，形成完整、统一、高效、兼容的建筑物布线系统。因此，综合布线系统是一种理想化的信息传输线路交叉连接系统。事实上，真正从建筑物或建筑群开始建设时就规划网络方案的实例比较少，在大多数情况下，开始设计计算机网络时，电话、电力照明系统已经建设完毕。所以网络系统以单独设计，架设信息网络专用的综合布线系统居多。

2. 综合布线系统的必要性

(1) 随着全球社会信息化与经济国际化的深入发展，信息网络系统变得越来越重要，已经成为一个国家最重要的基础设施，是一个国家经济实力的重要标志。

(2) 网络布线是信息网络系统的“神经系”。据统计，70%的网络故障出现在布线系统上，因此布线系统的重要性是显而易见的。

(3) 网络系统规模越来越大，网络结构越来越复杂，网络功能越来越多，网络管理维护越来越困难，网络故障的影响也越来越大。

(4) 网络布线系统关系到网络的性能、投资、使用和维护等诸多方面，是网络信息系统不可分割的重要组成部分。

(5) 综合布线系统是智能化建筑物连接“3A”系统的基础设施。

3. 综合布线系统的特点

1) 结构清晰，便于管理和维护

传统的布线方法是：各种不同设施的布线分别进行设计和施工，如电话系统、消防系统、安全报警系统和能源管理系统等都是单独进行的。在一个自动化程度较高的大楼内，

各种线路分布如麻，而且还难以管理，布线成本高，功能不足和不适应形势发展的需要。综合布线系统就是针对这些缺点而采取的标准化措施，采用统一材料、统一设计、统一安装施工，做到结构清晰，便于集中管理和维护。

2) 材料先进统一，适应今后的发展需要

综合布线系统采用了先进的材料，如 5 类非屏蔽双绞线，传输速率在 100 Mbps 以上，完全能够满足未来 5～10 年的发展需要。

3) 灵活性强，适应各种不同的需求

综合布线系统使用起来非常灵活。一个标准的插座，既可接入电话，又可以用来连接计算机终端，实现语音/数据的交换。

4) 便于扩充，既节约费用又提高了可靠性

综合布线系统采用冗余布线和星型结构的布线方式，既提高了设备的工作能力又便于用户扩充。虽然传统布线所用线材比综合布线的线材要便宜，但在统一布线情况下，统一安排线路走向，统一施工，这样可减少用料和施工费用，也减少占用大楼的空间，而且使用的线材质量较好。

10.3.2 综合布线系统标准

1. 制定综合布线系统标准的必要性

综合布线系统是一个复杂的系统，它包括各种线缆、插接件、转接设备、适配器、检测设备及各种施工工具等多种设备、多项技术实现手段，实现起来比较复杂。综合布线系统设备厂家很多，各家产品有不同的特色、设计思想和理念。要想使各家产品互相兼容，使综合布线系统更加开放、便于使用和管理、集成度更高，就必须制定出一系列相关的标准，以规范综合布线系统设计、实施、测试等诸多环节，规范各种线缆、插接件、转接设备、适配器、检测设备以及各种施工工具。

2. 综合布线系统标准简介

为了保证综合布线系统的开放性、标准化和通信质量，在进行设计时应遵循各种国际、国内布线设计标准和规范。目前综合布线系统的标准一般是 CECS92:97 以及美国电子工业协会、美国电信工业协会的 EIA/TIA 为综合布线系统制定的一系列标准。这些标准主要有下列几种。

- EIA/TIA-568 民用建筑线缆标准。
- EIA/TIA-569 民用建筑通信通道和空间标准。
- EIA/TIA-×××民用建筑中有关通信接地标准。
- EIA/TIA-×××民用建筑通信管理标准。

这些标准支持下列计算机网络标准。

- IEE 802. 3 总线局域网络标准。
- IEE 802. 5 环型局域网络标准。
- FDDI 光纤分布式数据接口高速网络标准。
- CDDI 铜线分布式数据接口高速网络标准。

- ATM 异步传输模式。

在布线工程中，常常提到 CECS92:95 或 CECS92:97。CECS92:95《建筑与建筑群综合布线系统工程设计规范》是由中国工程建设标准化协会通信工程委员会北京分会、中国工程建设标准化协会通信工程委员会智能建筑信息系统分会、北京钢铁设计研究总院、原邮电部北京设计总院和中国石化北京石油化工工程公司共同编制而成的综合布线标准。CECS92:97 是它的修订版。

3. 综合布线标准要点

无论是 CECS92:95(CECS92:97)还是 EIA/TIA 制定的标准，其标准要点如下。

1) 目的和范围

(1) 规范一个通用语音和数据传输的电信布线标准，以支持多设备、多用户环境。

(2) 服务于商业的电信设备和为布线产品的设计提供方向。

(3) 能够对商用建筑中的结构化布线进行规划和安装，使之满足用户的多种电信要求。

(4) 为各种线缆、连接件及布线系统的设计和安装提供性能和技术标准。

(5) 布线系统的使用寿命在 10 年以上。

2) 几种布线系统的涉及范围和要点

无论是 CECS92:95(CECS92:97)还是 EIA/TIA 制定的标准，都涉及如下内容。

(1) 水平干线子系统：涉及水平跳线架、水平线缆、线缆出口、连接器和转换点等。

(2) 垂直干线子系统：涉及垂直跳线架、建筑外主干线缆和建筑内主干线缆等。

(3) 非屏蔽双绞线布线系统：根据非屏蔽双绞线系统的传输特性划分为 5 类线缆。其中，五类指 100 MHz 以下的传输特性；四类指 20 MHz 以下的传输特性；三类指 16 MHz 以下的传输特性；超五类指 155 MHz 以下的传输特性；六类指 200 MHz 以下的传输特性。

(4) 光纤布线系统分为水平干线子系统和垂直干线子系统，分别使用不同的光纤。其中，水平干线子系统为多模光纤(出入口有两条光缆)，垂直干线子系统为多模光纤或单模光纤。

综合布线系统标准是一个开放型的系统标准，按照综合布线系统标准进行布线，会为用户今后的应用提供方便，使用户投入较少的费用便能向高一级的应用范围扩展。

10.3.3　综合布线系统组成

随着 Internet 和信息高速公路的发展，各国的政府机关、大的集团公司也都在针对自己的楼宇特点，进行综合布线，以适应新的需要。作为综合的布线系统，目前被划分为 6 个子系统，它们是：工作区子系统、水平干线子系统、管理间子系统、垂直干线子系统、设备间子系统和建筑群子系统。

大楼的综合布线系统是将各种不同组成部分构成一个有机的整体，而不是像传统的布线那样自成体系，互不相干。综合布线系统的结构如图 10-1 所示。

1. 工作区子系统

工作区子系统由终端设备连接到信息插座之间的设备组成，包括：信息插座、插座盒、连接跳线和适配器。

2. 水平干线子系统

水平干线子系统由工作区用的信息插座、楼层分配线设备至信息插座的水平电缆、楼层配线设备和跳线等组成。一般情况下，水平电缆应采用 4 对双绞线电缆。在水平子系统有高速率应用的场合，应采用光缆，即光纤到桌面。

水平子系统根据整个综合布线系统的要求，应在二级交接间、交接间或设备间的配线设备上进行连接，以构成电话、数据、电视系统和监视系统，并方便地进行管理。

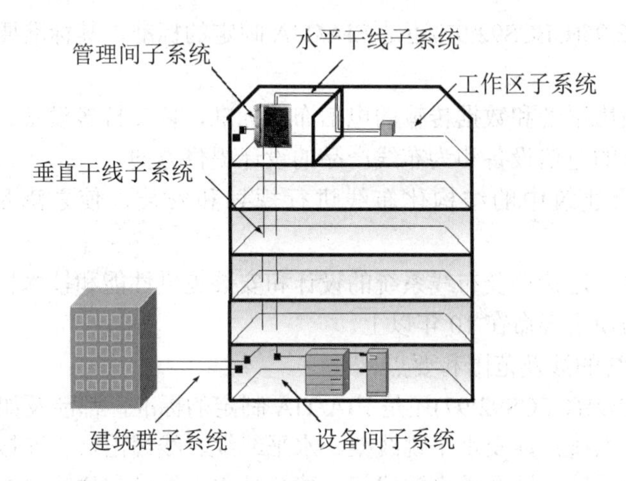

图 10-1　综合布线系统结构图

3. 管理间子系统

管理间子系统设置在楼层分配线设备的房间内。管理间子系统应由交接间的配线设备、输入/输出设备等组成，也可应用于设备间子系统中。管理间子系统应采用单点管理双交接。交接场的结构取决于工作区、综合布线系统规模和选用的硬件。在管理规模大、复杂、有二级交接间时，才设置双点管理双交接。在管理点，应根据应用环境用标记插入条来标出各个端接场。

4. 垂直干线子系统

垂直干线子系统通常是由主设备间(如计算机房、程控交换机房等)提供建筑中最重要的铜线或光纤线主干线路，是整个大楼的信息交通枢纽。一般它提供位于不同楼层的设备间和布线框间的多条连接路径，也可连接单层楼的大片地区。

5. 设备间子系统

设备间是在每一幢大楼的适当地点设置进线设备，进行网络管理以及管理人员值班的场所。设备间子系统应由综合布线系统的建筑物进线设备、电话、数据、计算机等各种主机设备及其保安配线设备等组成。

6. 建筑群子系统

建筑群子系统将一栋建筑的线缆延伸到建筑群内的其他建筑的通信设备和设施。它包括铜线、光纤，以及防止其他建筑的电缆的浪涌电压进入本建筑的保护设备。

10.4 网络测试

在网络环境中，经常会由于某种原因使网络不通，这时可以通过网络组件中的 Ping、Ipconfig/Winipcfg、Netstat 等工具进行测试。

10.4.1 Ping 命令的使用

Ping 命令是 Windows 95/98/NT 中集成的一个专用于 TCP/IP 的探测工具。只要是应用 TCP/IP 的局域网或广域网，当客户端与客户端之间无法正常进行访问或者网络出现各种不稳定的情况时，都可以利用 Ping 这个命令来确认并排除问题。

1. Ping 命令的语法格式

Ping 命令的具体语法格式为

```
Ping 目的地址[参数 1][参数 2]…
```

其中目的地址是指被测试计算机的 IP 地址或域名。主要参数如下。

- a：解析主机地址。
- n：数据，发出的测试包的个数，默认值为 4。
- l：数值，所发送缓冲区的大小。
- t：继续执行 Ping 命令，直到用户按 Ctrl+C 组合键终止。

有关 Ping 的其他参数，可通过在 MS-DOS 提示符下运行 Ping 或 Ping-? 命令来查看。

2. Ping 命令的应用技巧

使用 Ping 命令检查网络服务器和任意一台客户端上 TCP/IP 的工作情况时，只要在网络中其他任何一台计算机上 Ping 该计算机的 IP 地址即可。例如，要检查网络文件服务器 HPQW(192.192.225.225)上的 TCP/IP 工作是否正常，只要在【开始】菜单下的【运行】子项中输入“Ping 192.192.225.225”就可以了。如果 HPQW 上的 TCP/IP 工作正常，会以 DOS 屏幕方式显示如下所示的信息。

```
Pinging 192.192.225.225 with 32 bytes of data:
Reply from 192.192.225.225:bytes=32 time=1ms TTL=128
Reply from 192.192.225.225:bytes=32 time<1ms TTL=128
Reply from 192.192.225.225:bytes=32 time<1ms TTL=128
Reply from 192.192.225.225:bytes=32 time<1ms TTL=128
Ping statistice for 192.192.225.225:
Packets:Sent=4,Received =4,Lost =0(0% loss)
Approximate round trip times in milli-seconds:
Minimum=0ms,Maximum=1ms,Average=0ms
```

以上返回了 4 个测试数据包，其中 bytes=32 表示测试中发送的数据包大小是 32 字节，time<1 ms 表示与对方主机往返一次所用的时间小于 1 ms；TTL=128 表示当前测试使

用的 TTL(Time to Live)值为 128(系统默认值)。

如果网络有问题，则返回如下所示的响应失败信息。

```
Pinging 192.192.225.225 with 32 bytes of data
Request timed out.
Request timed out.
Request timed out.
Request timed out.
Ping statistice for 192.192.225.225:
Packets:Sent=4,Received =0,Lost\=4(100% loss),
Approximate round trip times in milli-seconds
Minimum=0ms,Maximum=0ms,Average=0ms
```

出现此种情况时，建议从以下几个方面来着手排查。

(1) 查看被测试计算机是否已安装了 TCP/IP。

(2) 检查被测试计算机的网卡安装是否正确且是否已经连通。

(3) 查看被测试计算机的 TCP/IP 是否与网卡有效地绑定(具体方法是通过选择【开始】|【设置】|【控制面板】|【网络】命令)。

(4) 检查 Windows NT 服务器的网络服务功能是否已启动(可通过选择【开始】|【设置】|【控制面板】|【服务】命令，在出现的对话框中找到 Server 一项，看【状态】下所显示的是否为“已启动”)。

如果通过以上 4 个步骤的检查还没有发现问题，则需要重新安装并设置 TCP/IP，如果是 TCP/IP 的问题，就可以彻底解决。

10.4.2 Ipconfig/Winipcfg 的使用

与 Ping 命令有所区别，利用 Ipconfig 和 Winipcfg 工具可以查看和修改网络中 TCP/IP 的有关配置，如 IP 地址、网关、子网掩码等。这两个工具在 Windows 95/98 中都能使用，功能基本相同，只是 Ipconfig 是以 DOS 的字符形式显示，而 Winipcfg 则以图形界面显示。此外，在 Windows NT 中只有运行于 DOS 方式下的 Ipconfig 工具。

1. Ipconfig 命令的语法格式

Ipconfig 可运行在 Windows 95/98/NT 的 DOS 提示符下，其命令格式为

```
Ipconfig[/参数1][/参数2]…
```

其中两个最实用的参数说明如下。

- all：显示与 TCP/IP 相关的所有细节，其中包括主机名、节点类型、是否启用 IP 路由、网卡的物理地址、默认网关等。
- Batch[文本文件名]：将测试的结果存入指定的文本文件名中，以便于逐项查看。

其他参数可在 DOS 提示符下输入“Ipconfig /?”命令来查看。

Ipconfig 应该说是一款网络侦察的利器，尤其当用户的网络中设置的是 DHCP(动态 IP 地址配置协议)时，利用 Ipconfig 可以让用户很方便地了解到 IP 地址的实际配置情况。如果我们在机房 01 客户端上运行 Ipconfig/all/batch kunpeng.txt 后，打开 kunpeng.txt 文件，将

显示如下所示的内容，非常详细地显示了 TCP/IP 的有关配置情况。

```
Windows 98 IP configuration
Host Name . . . . . . . . . . . :nts01
DNS Servers . . . . . . . . . . :192.192.225.225
Node Type . . . . . . . . . . . :
IP Routing Enabled . . . . . . :No
WINS Prony Enabled. . . . . . . :No
NetBIOS Resolution Uses DNS . :Yes
0 Ethernet adapter :
Description . . . . . . . . . . :Accton EN1207D-TX PCI Fast Ethe
Physical Address . . . . . . :00-00-E8-39-3A-27
DHCP Enabled . . . . . . . . . :No
IP Address . . . . . . . . . . :192.192.225.225
Subnet Mask . . . . . . . . . . :255.255.255.0
Default Gateway . . . . . . . . :192.192.225.225
Primary WINS Server . . . . . . :
Secondary WINS Server . . . . . :
Lease Obtained . . . . . . . . . :
Lease Exprires . . . . . . . . . :
```

2. Winipcfg 命令的应用技巧

Winipcfg 工具的功能与 Ipconfig 基本相同，只是 Winipcfg 在操作上更加方便，同时能够以 Windows 的 32 位图形界面方式显示。当用户需要查看任何一台机器上 TCP/IP 的配置情况时，只需在 Windows 95/98 上选择【开始】|【运行】命令，在出现的对话框中输入命令“winipcfg”，将出现测试结果。单击【详细信息】按钮，在随后出现的对话框中可以查看和改变 TCP/IP 的有关配置，当一台机器上安装有多个网卡时，可以查找到每个网卡的物理地址和有关协议的绑定情况，这在某些时候是非常有用的。如果要获取更多的信息，可单击图中的【详细信息】按钮，在出现的对话框中可以看到比较全面的信息。

10.4.3　Netstat 的使用

与上述几个网络检测软件类似，Netstat 命令也是运行于 Windows 95/98/NT 的 DOS 提示符下的工具，利用该工具可以显示有关统计信息和当前 TCP/IP 网络连接的情况，用户可以得到非常详尽的统计结果。当网络中没有安装特殊的网管软件，但要对整个网络的使用状况作详细的了解时，就可以使用 Netstat 工具了。

Netstat 命令的语法格式为

```
Netstat[-参数 1][-参数 2]…
```

其中主要参数说明如下。

- a：显示所有与该主机建立连接的端口信息。
- e：显示以太网的信息，该参数一般与 S 参数共同使用。
- n：以数字格式显示地址和端口信息。

- S：显示每个协议的统计情况，这些协议主要有TCP(Transfer Control Protocol，传输控制协议)、UDP(User Datagram Protocol，用户数据报协议)、ICMP(Internet Control Messages Protocol，网间控制报文协议)和IP(Internet Protocol，网际协议)，其中前3种协议一般平时很少用到，但在进行网络性能评析时却非常有用。

其他参数，可在DOS提示符下输入“netstat-?”命令来查看。

另外，在Windows 95/98/NT下还集成了一个名为Nbtstat的工具，此工具的功能与Netstat基本相同，可通过输入“nbtstat-?”来查看它的主要参数和使用方法。使用时，如果用户想要统计当前局域网中的详细信息，可通过输入“netstat-e-s”来查看。

10.5 本章小结

网络系统的建设是一项涉及面广、管理复杂和专业性很强的系统工程。本章主要介绍了网络规划设计的基本原则、网络规划设计的基本方法、网络布线以及网络的测试等内容。

10.6 小型案例实训

1. 实验目的

掌握宽带路由器的配置与应用。

2. 实验设备

宽带路由器。

3. 实验内容

(1) 宽带路由器的连接。

(2) 宽带路由器的接入与网络参数配置。

(3) 利用宽带路由器配置DHCP。

(4) 宽带路由器的安全配置。

4. 实验步骤

1) 宽带路由器的连接

TP-LINK R410路由器前面板(如图10-2所示)有两行指示灯，其中M1和M2是系统状态指示灯，M1灯常亮表示系统有故障，M2灯常亮则表示系统正常；Link/Act是状态指示灯，常亮表示相应端口已正常连接，闪烁表示相应端口正在进行数据传输；10/100 Mbps灯是速度指示灯，常亮表示相应端口处于100 Mbps工作模式，不亮则表示处于10 Mbps模式(如图10-2所示)。

后面板(如图10-3所示)上有5个RJ-45端口，其中WAN是广域网端口，连接到ADSL Modem或小区宽带接口，标有数字1、2、3、4的是局域网端口，可以连接计算机网卡、Hub或交换机，组成局域网。端口右边是电源插孔，接插变压器为路由器供电(注意电源规格，否则可能会损伤路由器)，左边是Reset复位按钮，必要时(如忘记登录密码)通过它可以将路由器配置恢复到出厂默认值。

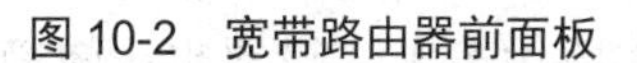
图 10-2　宽带路由器前面板

图 10-3　宽带路由器后面板

2) 宽带路由器的接入配置

(1) 登录。登录前应将计算机与宽带路由器通过网线连接，并设置在同一子网内。TP-LINK R410 路由器的默认 IP 地址是 192.168.1.1，可以将计算机的 IP 地址设为 192.168.1.x；另外默认路由器已经启动了 DHCP 服务器，设置网卡自动获得 IP 地址也可以让它分配到 192.168.1.x 中的 IP 地址。启动浏览器，输入 192.168.1.1 后按 Enter 键，并输入说明书中的用户名和密码(默认值均为 admin，登录后可自行更改)，就进入设置界面(如图 10-4 所示)。

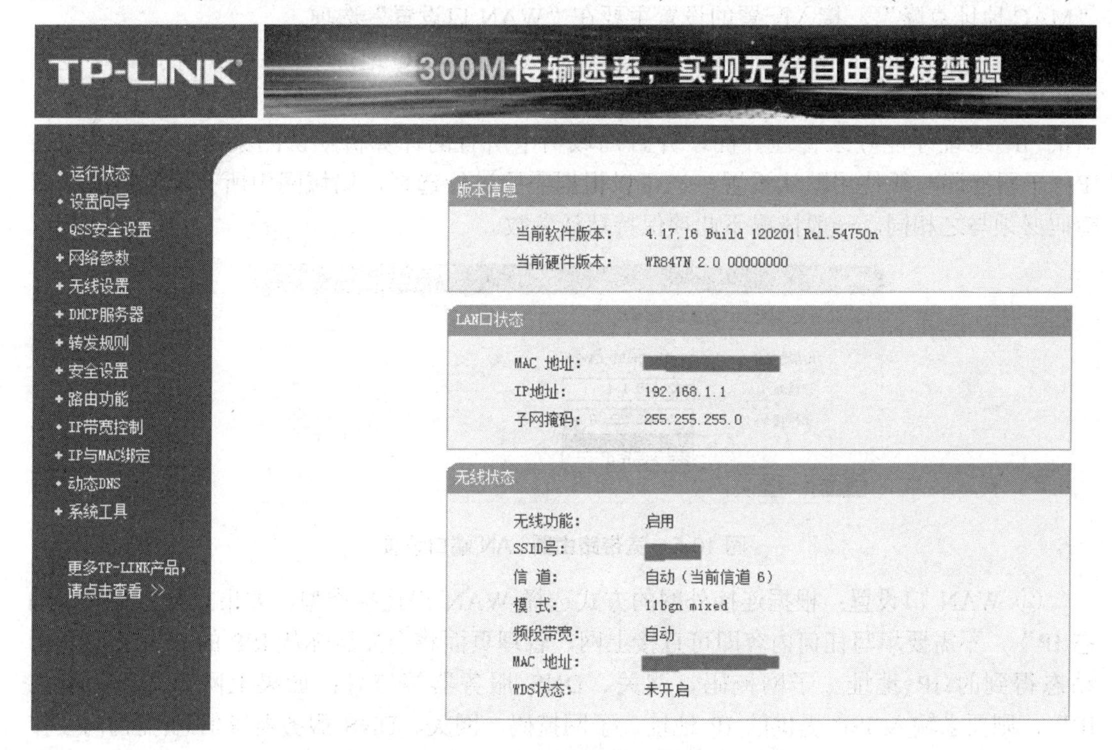

图 10-4　宽带路由器设置界面

在管理员页面左侧菜单栏中共有 8 个菜单，单击某个菜单项即可进行相应功能设置。

①【运行状态】：本页显示路由器的工作状态，供我们了解路由器的运行情况，不需要作任何设置。

②【设置向导】：只能进行简单的上网所需的基本参数设置。

③ 【网络参数】：本菜单下共有【LAN 口设置】、【WAN 口设置】和【MAC 地址克隆】3 个子项，可进行相应功能设置。

④ 【DHCP 服务器】：包括【DHCP 服务】、【客户端列表】和【静态地址分配】3 个子项。

⑤ 【转发规则】：转发规则下有【虚拟服务器】、【特殊应用程序】和【DMZ 主机】3 个子项。

⑥ 【安全设置】：此项包括【防火墙设置】、【域名过滤】、【MAC 地址过滤】、【远端 Web 管理】和 Ping 5 个子项。

⑦ 【路由功能】：该功能下只有一个子项【静态路由表】，设置也比较简单，在目的 IP 地址中输入欲访问主机的 IP 地址，子网掩码地址项中填入子网掩码(一般为 255.255.255.0)，网关中填入数据包被发往的路由器或者主机的 IP 地址并选中【启用】即可。

⑧ 【系统工具】：这是针对路由器本身的一些设置，在这里可以对路由软件进行升级，修改登录口令等。

(2) 接入与网络参数配置：网络参数配置包含“LAN 口设置”、“WAN 口设置”和“MAC 地址克隆”，接入配置的设置主要在“WAN 口设置”选项。

① LAN 口设置：MAC 地址是路由器对局域网的 MAC 地址(如图 10-5 所示)，不能更改；IP 地址是路由器对局域网的 IP 地址，可根据需要更改，但更改本 IP 地址后，必须用新的 IP 地址才能登录管理界面，并且局域网中所有的计算机默认网关也必须更改为该 IP；子网掩码一般使用默认设置，也可以根据需要进行选择，局域网中所有计算机的子网掩码必须与之相同。一般情况下此项保持默认参数。

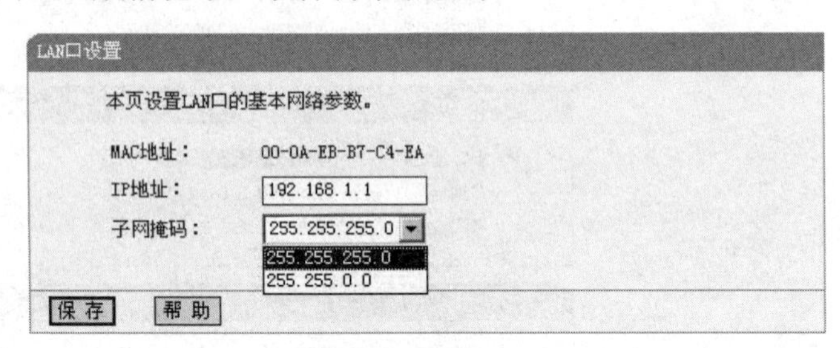

图 10-5　宽带路由器 LAN 端口设置

② WAN 口设置：根据连接外网的方式选择 WAN 口连接类型，如果上网方式为“动态 IP”，不需要填写任何内容即可直接上网，管理页面将会显示你从 ISP 的 DHCP 服务器动态得到的 IP 地址、子网掩码、网关、DNS 服务器等信息；如果上网方式为“静态 IP”，则要求输入 ISP 提供的 IP 地址、子网掩码、网关、DNS 服务器等信息(需询问要接入的外网的网管人员)；“PPPoE”，即虚拟拨号方式(ADSL 就属于这种方式)，是目前家庭用户用得较多的方式，需要填写 ISP 提供的上网账号、口令(如果 ISP 指定了 IP 也需要填写，不过这种情况较少)，如果是包月上网用户，可以选择【自动连接】模式，如果是非包月用户，可以选择【按需连接】或者【手动连接】模式，并且输入自动断线等待时间，防止忘记断线而浪费上网时间(如图 10-6 所示)。

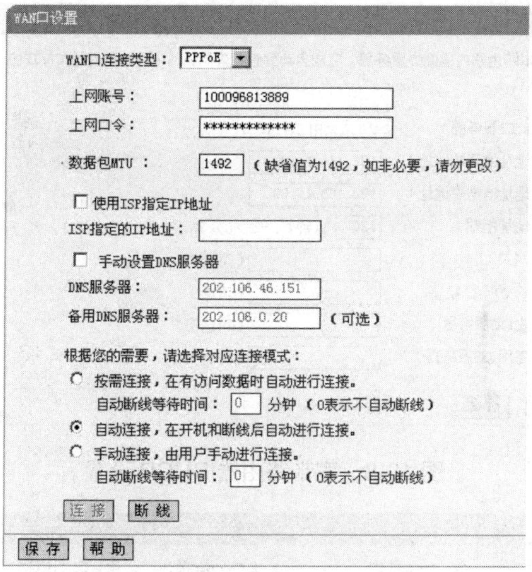

图 10-6　宽带路由器 WAN 端口设置

③ MAC 地址克隆：MAC 地址是路由器对外网的 MAC 地址。有时外网(如某些 ISP)可能会对 MAC 地址进行绑定以便进行管理，这就需要在【MAC 地址】文本框中输入 ISP 提供的值，单击【保存】按钮更改本路由器对广域网的 MAC 地址(如图 10-7 所示)。在【当前管理 PC 的 MAC 地址】文本框中显示的是当前进行管理操作计算机网卡的 MAC 地址，如果在使用路由器前，ISP 已绑定了你当前网卡的 MAC 地址，那么可以单击【克隆 MAC 地址】按钮把当前管理 PC 的 MAC 地址填入到【MAC 地址】文本框中，把它指定给路由器的 MAC 地址，这样路由器才能接入外网。

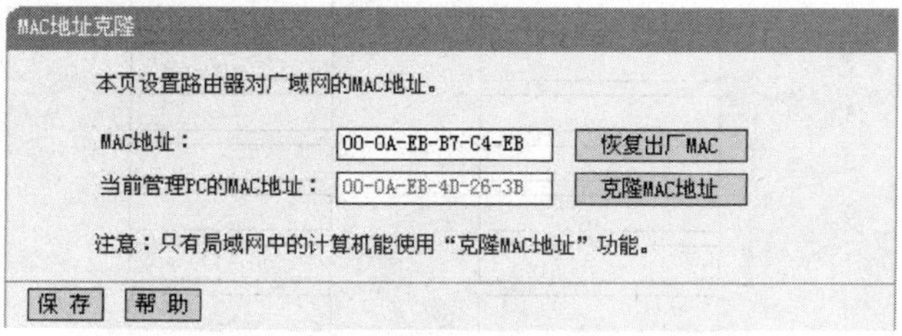

图 10-7　宽带路由器 MAC 地址克隆

3) 利用宽带路由器配置 DHCP

在管理员页面左侧菜单栏中选择【DHCP 服务器】菜单进行配置，如图 10-8 所示。

在【DHCP 服务】对话框中，启动 DHCP 服务器功能，确定地址池开始和结束的地址，根据具体情况在【网关】文本框中输入路由器 LAN 口的 IP 地址，设置默认域名、主 DNS 服务器和备用 DNS 服务器。

【客户端列表】中显示的是所有 DHCP 获得 IP 的主机的信息，如图 10-9 所示。

“静态地址分配”可以让你对家中计算机的 IP 地址进行有效控制，静态地址分配表可以为具有 MAC 地址的计算机预留静态 IP 地址，如图 10-10 所示。每当此计算机请求 DHCP 服务器获得 IP 地址时，DHCP 服务器将给它分配此预留的 IP 地址，每次设置后需重启路由器让更改生效。

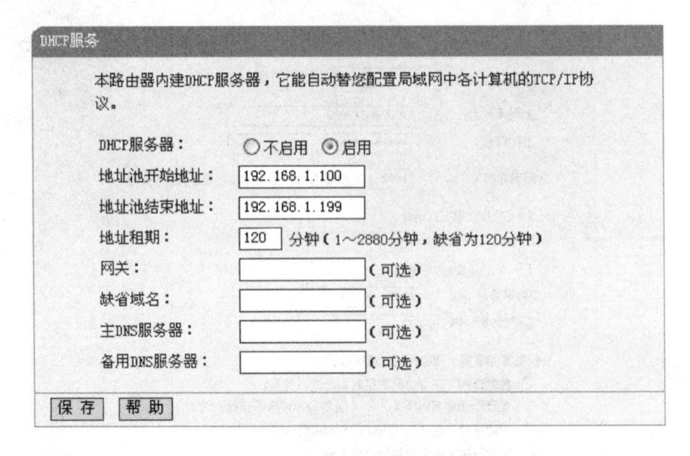

图 10-8　宽带路由器 DHCP 设置

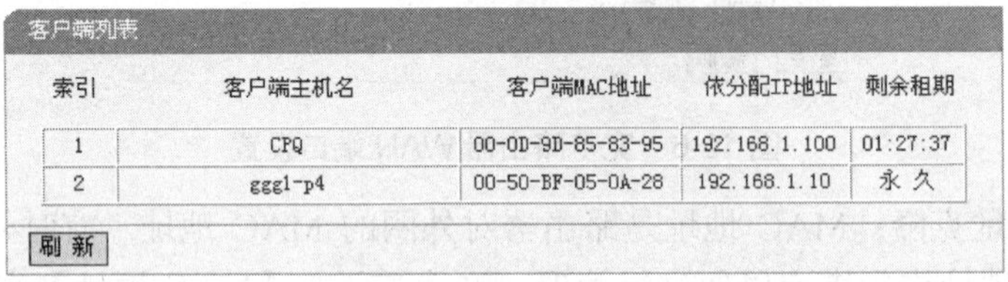

客户端列表

索引	客户端主机名	客户端MAC地址	依分配IP地址	剩余租期
1	CPQ	00-0D-9D-85-83-95	192.168.1.100	01:27:37
2	gggl-p4	00-50-BF-05-0A-28	192.168.1.10	永 久

刷 新

图 10-9　客户端列表

静态地址分配

本页设置DHCP服务器的静态地址分配功能。

ID	MAC地址	IP地址
1	00-50-BF-05-0A-28	192.168.1.10
2		
3		
4		
5		
6		
7		
8		

上一页　下一页　清 空　保 存　帮 助

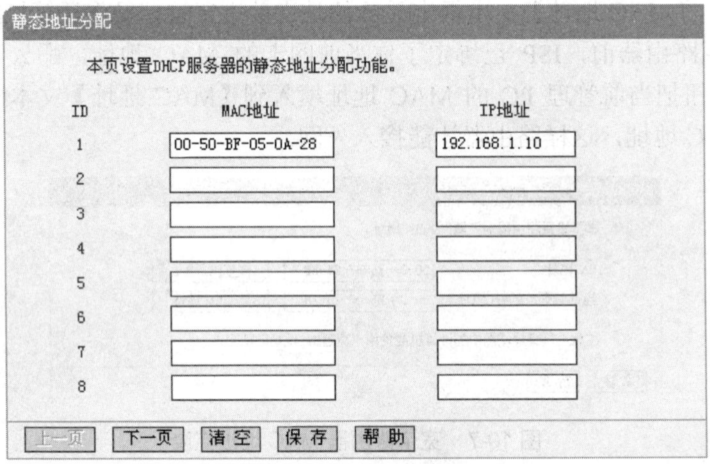

图 10-10　静态地址分配

4) 宽带路由器的安全配置

在管理员页面左侧菜单栏中选择【安全设置】菜单进行配置，此项包括【防火墙设置】、【域名过滤】、【MAC 地址过滤】、【远程 Web 管理】和 Ping 5 个子项。

(1) 防火墙设置：如果你想禁止网中 IP 地址为 192.168.1.2 的计算机收发邮件，IP 地址为 192.168.1.3 的计算机不能访问 IP 地址为×××. ×××. ×××. ×××的网站，对其他计算机不做限制，要进行一下操作。选中【打开数据包过滤】，启用数据包过滤功能；选中【允许下表中未出现的数据包通过本路由器】，在【局域网 IP 地址】文本框中分别输入“192.168.1.2”和“192.168.1.3”，其中 192.168.1.2 计算机的【广域网 IP 地址】处不填

(表示对整个广域网进行控制)，端口为 25、110(收发邮件的端口)；192.168.1.3 计算机的【广域网 IP 地址】为×××.×××.×××.×××(表示仅对该 IP 进行控制)，端口为空(表示控制该计算机的所有端口)，都选中【启用】复选框，单击【保存】按钮完成设置。

(2) 域名和 MAC 地址过滤：域名过滤和 MAC 地址过滤功能设置过程基本相同，都是先打开该功能，填入要过滤的项并启用相应规则，这样有些域名将无法访问，可以用于禁止访问某些网站。

(3) 远程 Web 管理：设置路由器的 Web 管理端口和广域网中可以执行远程 Web 管理的计算机的 IP 地址。

(4) Ping 功能：选中【忽略来自 WAN 口的 Ping】和【禁止来自 LAN 口的 Ping 包通过路由器】选项后，黑客将均无法 Ping 到路由器，还可有效防范冲击波病毒。

10.7　思考与练习

1. 说明网络设计的过程，及在各个步骤中应注意的事项。
2. 简述在选择网络拓扑结构时应注意的几个问题。
3. 什么叫综合布线系统？它有哪些特点？
4. 目前国际上有哪些综合布线标准？
5. 简述综合布线系统的各个组成部分。
6. 掌握 Ping、Ipconfig/Winipcfg 与 Netstat 命令的使用。

第 11 章 一个典型应用案例——网吧设计与管理

本章要点

- ☑ 网吧系统设计需求分析
- ☑ 网络设备的选择
- ☑ 网吧服务器的配置
- ☑ 网吧管理软件的使用

近年来，随着网吧数量的日益增多，在一定程度上促进了 Internet 在中国的普及。从技术层面讲，网吧无论是组建还是管理维护方面，都具有内部局域网与外网连接应用方式的典型性。本章以一个拥有 200 台 PC 的中型网吧为例，讨论其设计与管理方面的工作。

11.1 需求分析与系统目标

目前，网吧所提供的服务，全部与网络有关。随着网络技术的发展，网吧目前所提供的服务已经不再是单纯诸如网页浏览等对网络要求较低的网络服务。网络游戏、在线电影、远程教育等对网络传输要求苛刻的服务，已经成为网吧最基本的服务了。

11.1.1 网络设计原则

大型网吧网络系统建设是一项大型网络工程，各网吧需要根据自身的实际情况来制定网络设计原则。在大型网吧的网络建设过程中，应遵循以下网络设计原则。

1. 实用性和经济性

网吧一次性资金投入大，设备折旧快，目前外部经营环境差；另外，网吧应用环境比较恶劣，顾客应用水平参差不齐，因此，在网络的建设过程中，系统建设应始终贯彻面向应用、注重实效的方针，坚持实用、经济的原则。

2. 先进性和成熟性

当前计算机网络技术发展很快，设备更新淘汰也很快，这就要求网络建设在系统设计时既要采用先进的概念、技术和方法，又要注意结构、设备和工具的相对成熟。只有采用当前符合国际标准的成熟先进的技术和设备，才能确保网络能够适应将来网络技术发展的需要，保证在未来几年内占据主导地位。

3. 可靠性和稳定性

在考虑技术先进性和开放性的同时，还应从系统结构、技术措施、设备性能、系统管理、厂商技术支持及维修能力等方面着手，确保系统运行的可靠性和稳定性，达到最大的平均无故障时间。

4. 安全性和保密性

在系统设计中，既要考虑信息资源的充分共享，更要注意信息的保护和隔离，因此系统应分别针对不同的应用和不同的网络通信环境，采取不同的安全措施，包括系统安全机制、数据存取的权限控制等。

11.1.2　系统设计目标

对于 200 台 PC 的中型网吧而言，无论对路由器还是交换机都有比较高的要求，同时还得保证足够的接入带宽，对于较多的信息点，还应注意管理方面的问题，具体需求状况如下。

(1) 为满足 200 个信息点的接入，采用一台百兆位路由器，骨干网络采取三层百兆位交换机实现不同网段的划分，方便管理。

(2) 能实现电信走电信、网通走网通的策略路由，保证网络流量正常流通，解决由于数据走错线路造成网络卡壳等现象。

(3) 需要给用户提供网页浏览、收发邮件、QQ 聊天、网络游戏、网络教育、网上电影以及其他各类网络服务，并且同一用户可能同时进行多种活动，对路由器的出口带宽及其可建立连接数提出了要求。

(4) 可以依据网吧的自身需要，管制每台计算机或者软件的使用带宽，以免客户使用一些软件抢占带宽造成整个网络的不正常运行。

(5) 可以限制或是禁止 BT、迅雷等 P2P 大流量软件的使用。

(6) 提供网络的高速度、低延时，承受大流量冲击的长期稳定可靠性。

(7) 防止 ARP 攻击等危害网吧环境的行为。

(8) 内部用户能共享内部服务器，如电影服务器、游戏服务器、监控软件服务器及其他内部用户需要使用的服务器。

(9) 网吧内部设立高档服务区，具有较高配置的机器并优先分配带宽。

11.2　网络接入方式选择

目前，网吧的接入方式主要有以下几种： ISDN 接入、DDN 专线接入、光纤接入以及类似家庭宽带的 ADSL 接入。随着电信运营商对网络的改造，目前光纤接入已经成为一种主流的接入方式。从稳定性来看，光纤接入的速度是最稳定的，DDN 专线次之，ADSL 接入方式的稳定性最差，而且容易受天气变化的影响。网络接入方式的资费，是与稳定性成正比的。虽然光纤接入已经非常普及，但是由于运营商网络覆盖范围不同，网吧可以选择的网络接入方式也是不同的。

电信业务的拆分，使得中国有了多个电信运营商，长江以南是电信，长江以北是网通，除此之外，各地还有铁通、移动、联通等多家运营商共存。到底选择哪一家电信运营

商作为网吧的接入商，也是要慎重考虑的。要综合考虑网络稳定性和资费对网吧运营的影响。通常网吧在选择网络接入商时，选择当地主流的网络接入商较为适宜。电信的拆分也为网吧带来了一些不利影响，使用网通接入的网吧，访问电信的网站和使用电信接入的网络游戏服务器时，效果较差，很多网吧开始同时使用网通和电信双线路接入。但就目前的网络环境来看，网络游戏运营商和一些网站，已经分别租用电信和网通的服务器，解决了互联互通的问题，网吧已没有必要再使用双线路接入，毕竟双线路意味着宽带的成本费用要增加一倍。

11.3　网络结构设计

网吧网络结构的总体设计，首先要保证优质的网络传输速度，然后，还要考虑到以后的网络升级，更重要的是要方便日后的网络维护。

网吧的网络层次，特别是对于大中型网吧，应该采取接入层、汇聚层、交换层 3 个网络层次的设计理念。使用层次清晰的网络模式，一是方便日后的升级，二是可以减少维护成本。

1. 网络接入层设计

网吧的网络接入层，通常主要考虑网吧使用何种网络接入方式，选择多少接入带宽，以及选择何种网络接入设备。

网络接入方式前面已作讨论，设备选择将在后面论述，此处分析带宽。

当网吧确定使用哪家电信运营商接入后，还有一个重要的网络参数需要网吧经营者选择，这就是网络带宽，即所谓宽带速度。由于带宽大小与资费直接挂钩，网吧经营者必须选择一个合适的带宽才可以，带宽太小，上机高峰时段容易卡机；带宽太大，网吧经营者要承担太高的宽带费用。宽带带宽的大小选择，可以根据网吧的客户机数量来计算。

就网吧目前提供的多项网络服务来说，网络游戏、视频聊天、在线电影被称为最耗费带宽的 3 种业务，为此我们计算带宽大小的时候，要想保证网络传输质量，首先要把带宽消耗大户考虑在内。一般来说，要想让在线电影和在线视频保持流畅，我们可以计算出带宽消耗的极限值。以单台机器来说，视频聊天需要占用 50kbps 的带宽，在线电影需要占用 300kbps 的带宽，网页一般仅仅需要占用 20kbps 左右的带宽，而且是瞬间占有，网络游戏需要占用 7kbps 左右的带宽，这样，一台机器的极限带宽是 377kbps。一家拥有 100 台机器的网吧，接入带宽为 37700kbps，也就是 37Mbps，加上线路的损失，申请一条 50Mbps 的宽带是绰绰有余的。另外还有一种计算方法，许多网吧不考虑满足所有用户对外网的在线电影需要占用的带宽(因为外网的在线电影是否流畅，因素较多)，而是在内网架设电影服务器提供服务，因此接入带宽可小很多，每台机器最大的网络流量以 77kbps 计算，100 台机器是 7700kbps 左右，加上 30%的网络损耗，申请一条 10Mbps 的宽带是足够的。因为视频聊天一般不是每个上网者都同时进行，所以在对网速不是很讲究的情况下，实际上 10Mbps 的接入带宽支持 150～200 台机器也是可行的。当然，为了吸引客户，也可增大接入带宽。

2. 网络汇聚层设计

汇聚层是整个局域网的核心部分，担负内部网络的主干交换任务，一些网吧在内部建立了在线电影点播和 CS 游戏服务器，使得网吧内部的数据交换量特别大，在该层应选择百兆或千兆交换(大型网吧应考虑千兆交换，并且要划分 VLAN)。因此，我们在选择汇聚层设备的时候，一定要选择一款合适的汇聚层网络设备。

网吧局域网内部数据，全部在汇聚层的交换机处进行数据交换，因此汇聚层的核心交换机必须具备高强度的稳定性，以及快速的数据转发能力。

3. 网络交换层设计

交换层是整个网络的中间层，连接着汇聚层和网络节点，是决定整体网络传输质量的很重要的一个环节。随着百兆网络设备的普及，交换层的网络设备肯定首选百兆。虽然现在已经提出了千兆网络传输概念，但对于网吧来说，目前普及千兆网络并无实际意义。真正的千兆网络，无论是作为网络传输介质的网线，还是网络设备，与百兆网络的成本相比，都要高出数倍。最重要的一点是，对于网吧内部数据流量，百兆网络已经能够满足需要。

11.4　网络主要设备与布线设计

11.4.1　网络主要设备

1. 网络接入设备

目前光纤接入已经是网吧网络接入的主流，在接入层会有两个关键的网络设备，一个是光电转发器，主要负责将光信号转换成为网络信号；另外一个设备是路由器。光电转发器，一般是由电信接入商提供，网吧经营者只需选择一款合适的路由器就可以了。

由于网吧数据流量比较大，如果路由器转发能力差，就容易引起网络速度卡滞的故障。为此，网吧经营者必须慎重选择路由器。一些厂商已经专门为网吧研发了专用路由器设备，除满足网吧对高数据流量的要求外，还提供了一些安全功能，保障网吧的上网安全。

除硬件路由器外，网吧经营者也可以选择软路由。Smoothwall、Icpop、Route Os、Linux 等软路由操作系统的性能，不亚于硬件路由器，而且成本要低很多。网吧经营者可以根据自己的情况进行选择。

2. 网络汇聚层交换机

网吧局域网内部数据，全部在汇聚层的交换机处进行数据交换，因此汇聚层的核心交换机必须具备高强度的稳定性，以及快速的数据转发能力。对于数量超过 200 台机器的网吧，可以选择具备网管功能的三层交换设备，支持 VLAN 功能是首选。当网络容量达到一定规模后，为保障网络的通畅，我们必须划分 VLAN。

衡量交换机性能的指标是背板带宽，对于安置在数据汇聚层的三层交换机来说，背板带宽不能低于 16 Gbps，而且要支持 MAC 地址学习功能，MAC 地址表不能小于 32 KB。汇聚层网络设备最好支持网络管理功能，以方便我们的管理和维护；汇聚层网络设备的端

口数量，最好比设备的网络端口数量多出一些，以方便以后的网络升级和改造。

3. 交换层交换机

对于交换层的网络设备，只需要采购真正全双工的普通交换机就可以了。交换层的交换机，直接与 PC 相连，因此不需要太多的功能，交换机只要转发率足够快就可以了。目前市场上售价千元左右的交换机，都可以满足网络交换层的需要。

4. 服务器

网络的中心是服务器，对于网吧网络也是如此，即便含义有所不同。服务器的作用发挥得好，可有效地对网吧进行网络管理，并且节省资源，提高网吧效益。以下是网吧中可能建立的 3 种独立服务器。

1) 接入代理服务器

为了提供稳定的、快速的 Internet 接入服务，有必要采用单独的拨号代理服务器，可用一台配置较好的 PC 充当。从稳定性考虑，有条件的、较大的网吧应采用小型专用服务器充当拨号代理服务器。服务器采用的操作系统可采用 Windows 2000，也可考虑 Linux，服务器应安装病毒、安全防火墙；代理软件可采用 Windows 2000 自带的 ICS、NAT，或者单独的产品，如 ISA、SYGATE、WINGATE、Squid(Linux 下)。

2) 视频服务器

为了给网友提供更多的选择，可用一台普通 PC 充当视频服务器，但硬盘容量要大，大容量的硬盘用来存放电影、音乐、常用软件等。视频服务器操作系统可采用 Windows 2000，设置一个超级用户账号和普通账号，前者供网吧管理员使用，后者供上网者使用(设置好权限，使其无权删除该机上的文件甚至无权访问硬盘)，这样这台机器也不会因充当服务器而不产生效益。如何将视频服务器上的视频提供给网友观看呢？主要有两种方式：一种是通过共享；另一种是配置流媒体服务器，如采用微软的 Window Media 服务器、Real 公司的 RealServer、国内上海傲行公司的傲行服务器。前者很容易实现；后者稍微复杂，并且对机器硬件要求也高许多(流媒体要求服务器拥有大容量内存)。

视频服务器在硬件选择方面需要注意以下几点。

(1) 不需要高频 CPU。视频服务器在提供服务时，主要体现为持续的 I/O 操作，CPU 资源占用并不大。P4 2.0 以上的 CPU 就能很好胜任。

(2) 高稳定性。高稳定性十分重要，视频服务器一般会连续开机运行 10 天以上，如果在用户看电影时常常 down 机，对网吧形象有很大影响。因此应选择稳定性好的普通 PC 主板。如果选用 64 位带宽的服务器主板则更佳，这样对持续和大量的 I/O 操作非常有益。

(3) 优良的存储系统。存储子系统是视频服务器的关键。主要体现在内存和硬盘两方面，内存容量要大，如果是架设流媒体服务器，则需要大容量内存，应在 1 GB 以上。为了适应视频服务器长时间的大量 I/O 操作，系统和视频文件不要采用共享一个硬盘的方法，应使用单独的磁盘或磁盘阵列来存放视频文件。如果主板是带 SCSI 接口的服务器主板，那么使用 SCSI 硬盘更好，当然成本较高。

(4) 网络部分。因为服务器的网络传输量要比网吧内的普通机大得多，因此不要使用廉价的普通 PC 网卡作为服务器网卡，通常应配置高档网卡，虽然增加成本，但物有所值。另外，视频服务器应该连接在网吧内的主干交换机上，这对网络性能也很重要。

3) 游戏服务器

根据当地网友的爱好，单独拿出一台机器作为游戏服务器，比如 CS 服务器。当然应获得有关方面的许可。

11.4.2　布线设计

在网吧的施工中，综合布线占了很大的因素，主要有两大部分：电源布线和网络布线。

1. 电源系统的布线

网吧电源系统的布线，可以分为设计、施工和验收 3 个步骤，在这 3 个步骤中需要注意以下规则和事项。

1) 布线设计

现在市电供应系统普遍采用 3 相 4 线制供电模式，建议仍在使用两相供电的网吧更换为 3 相 4 线制的供电模式。对于普通网吧来说，网吧的主要用电系统如下。

(1) 空调：对网吧来说，空调已经成为一种标准配置，一般使用柜式空调，而且功耗很大，每台功率一般在 3500～4500 W。因此，在设计电源布线系统时，必须给空调配备专用电源线路。

(2) 计算机：一般在对网吧电源系统进行布线设计时，容易产生一个误区，认为计算机使用的电源线随便拉一条就行。其实，网吧内总负载最大的还是计算机，在不配备音箱的情况下，每台机器的功率一般在 150W 左右，机器数量增多，功率就明显增大。因此，网吧计算机使用的电源线，不应该是逐一串联的模式，而是使用分组点接，具体做法如下。

每隔 1.5 m 左右接入一只 10 A 三芯国标插座(即墙上嵌入的独立插座)作为一个点，再将上述多孔插座接入，在 1.5m 的范围内，将会有 4 或 5 台计算机使用这一个插座接入电源；然后，根据实际情况把电脑按 10 台或 16 台分为一组，每组由一个空气开关控制，整个网吧可以分为 4～6 组或者更多的组。

根据每条主干线的负载，合理选择电源线的型号。一般来说，主干线路使用铜芯线，下面的分支线路可以使用铝芯线(笔者建议，最好网吧电源系统的所有线路全部采用 GB 的铜芯线)。同时，根据电源的负载合理选择不同规格的电源线。

(3) 网络设备和照明设备：对于有专业机柜的网吧，建议对路由器等价值较高的网络设备加 UPS 后备电源，以保护网络设备的安全。

2) 具体施工

电源系统的具体施工，主要应考虑以下几个方面。

(1) 电源布线应该与房间装修同步进行，为了网吧环境的美观，不宜将电源线布置在明处，可以放置在 PVC 管道或专用的电源线通道中。

(2) 对于比较重要的主干线路，最好在布线施工时多布设一条线路做备用线路。同时，为避免影响网线和电话线的传输质量，电源线最好单独走一个管道或者 PVC 槽子。对于一些不易进行二次施工的管道，请务必布设备用线路。

(3) 选择电源主干和分支线路的规格时，建议在目前负载功率的基础上，上浮 50%～80%的数值，以满足未来网吧机器升级时的供电需求。

(4) 在布设电源线时，应该做上一些标记。每个空气开关控制哪条线路，都要做详细

的记录。

3) 验收

所有电源布线工作结束后，必须在所有的布线管道封闭之前进行一系列的验收和检测。电源系统的检测主要分为以下几个方面。

(1) 测试所有设备工作是否正常：网吧电源布线工作结束后，请测试所有的线路是否能够正常工作，空气开关工作是否正常。

(2) 网吧全负载运行：运行第一步测试后，把网吧内的设备分批次打开，并逐步达到网吧的全负载功率运行。全负载运行的时间最好在 24 小时以上，这样才能检验电源布线系统的真正性能。在全负载运行过程中，如果出现空气开关自动跳闸或者保险丝被烧断，请务必仔细检查原因。

(3) 网吧超负荷运行：经过全负载运行后，可以进行短时间的超负荷运行，以检测电源系统的质量和抗压性能。超负荷运行的时间可以在 10 小时左右，根据实际情况进行测试。

4) 需要注意的几个问题

网吧电源布线的整个过程中，必须高度重视一些小问题，因为一些微小失误就可能造成无法估计的损失。

(1) 地线的安装：细心的技术人员会发现，在电脑的三相电源插头中，负责接地的那一芯是没有电源线的，也就是缺乏有效的接地措施。但是，网吧内的电脑和一些网络设备，在正常工作中外壳都可能产生一些静电，如果没有有效的接地措施，静电积累到一定程度，可能会烧坏硬件或者击伤人。因此，在网吧电源布线时，必须安装地线。

(2) 避雷措施：在很多技术人员眼中，避雷似乎与网吧毫不相关，但是，如果网吧没有良好的避雷措施，遇到雷击时，可能会烧毁网吧内所有的设备。

(3) 备份线路：对于网吧电源系统的主干线路或一些不方便检修的线路，一定要布设备份线路，如果主线路损坏，立即更换成备份线路。特别是对于正在营业中的网吧，布设备份线路是提高网吧自身竞争力的一大举措。

(4) 高质量的配线间：对于百台以上的网吧，在设计电源系统时最好准备一个独立的空间安装空气开关、UPS 及其他的网吧电源设备。

(5) 在使用 3 相 4 线制供电系统的网吧，设计电源系统时，要保证 3 根火线的负载不要相差太大，差值以 500 W 左右最佳。

网吧电源系统的布线，最好找专业的电工技师或者专业的综合布线人员来做，并且要做好布线的档案记录工作，每一条电源线的负责范围、走向如何等都要记录在文档中，以方便日后维护。

2. 网吧的网络布线

网吧网络综合布线与网吧电源系统布线相比更加复杂，不但要考虑到网络布线，还要考虑到网络设备的安装位置、网络通信介质的选择等因素。

1) 网络布线设计

网络布线必须根据网吧的网络结构来设计。目前，网吧一般都是路由器—主交换机—交换机—客户机的网络模式。在网络布线设计前，必须了解以下两点基础知识。

(1) 双绞线最长的通信距离：目前，网吧内使用最多的就是超五类双绞线，理论上其点与点之间最大的通信距离是 100 m，而实际上只有 95 m。所以，在进行网吧网络布线设计时，最好先测量一下点与点之间的实际距离。

(2) 交换机最大的级联数目：对于一些面积较大的网吧，机器数目多且位置分散，交换机通常需要级联，而级联的最大数目不能超过 5 个。也就是说，双绞线借助于交换机的级联可以延长传输距离，但理论上最长不能超过 500m。

2) 布线施工及注意事项

(1) 双绞线正确接法：根据网络布线标准，双绞线有 568A 和 568B 两种标准接法，目前使用最广泛的是 568B 接法。由于现在网络设备都是智能型设备，支持 568A 和 568B 两种接线标准，因此，建议使用 568B 接线标准。在 568B 接线标准中，定义的标准线序是橙白、橙、绿白、蓝、蓝白、绿、棕白、棕，从左至右是 1 号线至 8 号线。568B 的接线标准就是水晶头的两端都使用标准的线序。

(2) 选择质量过关的水晶头：选择水晶头时，中档品牌就可以，但切记不能选择低档的劣质货。劣质水晶头长时间使用后，里面的金属卡片网线容易接触不良，会降低网络传输质量。

(3) 交换机位置的安放：无论是主交换机还是二级交换机，在选择安装位置时，一定要选择节点的中间位置，这样一方面可以节约网线的使用量，另外还可以将网络的传输距离减小到最短，从而提高网络传输质量。

(4) 合理布放双绞线：布线时，可以把双绞线放在 PVC 管或专业的线槽中，双绞线经过的地方，尽量不要有强磁场、大功能的电器(空调)、电源线等，否则会大大降低网络传输质量。

(5) 尽量布放备份线路：双绞线都有一定的使用寿命，加上客观自然条件的影响，双绞线损坏是正常的事情，所以进行网络布线时，对于从主交换机到二级交换机之间的级联线，至少要布放 1 或 2 根备份线路。交换机至工作站之间的双绞线，可以根据网吧的实际情况，布放一定数量的备用线路。

(6) 把线路编上号：网络布线时，把每条双绞线都做一个编号，并且双绞线的两端要做相同的编号。为方便日后维护，双绞线每隔一定的距离最好也做上编号，特别是对于距离比较长的双绞线。

注意： 网络布线时，双绞线的两端最好预留 2～3m 的富余长度，这样水晶头故障时这条线还有再利用的价值。

3) 检测

(1) 网线测试：网线布设完毕、水晶头安装在两端后，立即用网络测试仪测试线路是否可以正常工作。如果不行，则可以判定水晶头与网线连接不好，这就需要重做水晶头并测试，一直到网线可以正常工作为止。

(2) 网络设备测试：网络设备安装完毕后，加电进行测试。先测试所有的网络设备包括网线是否工作正常；然后测试点与点之间的网络传输速度；最后测试一点对多点的网络传输速度。

(3) 综合测试：测试外部网络和内部网络的互联互通性能，主要包括以下几点：下载速度测试、网络游戏顺畅程度、在线影院流畅度等。如在测试中发现问题，请仔细查找原因并排除。

11.5 网络与服务器配置

11.5.1 网络的配置

1. IP 地址设置

网吧内机器的 IP 地址设置一般采用指定静态 IP 方式，而不采用动态分配方式，选用私有地址段，即 10.0.0.0～10.255.255.255、172.17.0.0～172.31.255.255 和 192.168.0.0～192.168.255.255，根据网吧机器的数量选择。如 200 台机器，可采用 C 类地址，设置为 192.168.1.1～192.168.1.254。

2. VLAN 划分

划分 VLAN 的目的通常有两个：一是安全因素，二是控制广播风暴。网吧的主机一般都是平等关系，安全方面用得较少，主要用于控制广播风暴。

VLAN 划分是为了让网络达到最佳速度，通常一个 VLAN 不超过 150 台机器为宜。

有的网吧设立普通区和 VIP 高档区，这就要求对不同区域进行带宽控制，划分 VLAN 以控制不同区域的用户对资源的访问权限。

11.5.2 电影服务器的配置

1. VOD 点播系统

这是使用专用软件的方式，通常是安装一个 VOD 点播系统，如美萍 VOD 点播系统。此类软件功能强大，使用简单，内置高效服务器引擎，采用多线程、多并发流处理技术，客户端支持 Web 界面点播或者应用程序界面点播两种界面。这类软件支持目前流行的媒体格式，并且自动生成网页文件，即使你设置了禁止下载也不会影响点播。

2. 使用 ASP 编写的 Web 方式

该方式利用共享或流媒体播放程序打开服务器上的电影，例如“file://电影服务器名字/电影/百年好合”。这样的好处是可以把电影分类，并利于查找。此类编好的程序很多地方都可以下载。如果有电影资源想共享，使用 Serv-U 软件建立一个 FTP 服务器，就可以很简单地实现。

3. 安装流媒体服务器

目前通常安装 RealSystem 的 Real Server 8.0+和 Windows Media Server 流媒体服务器。

首先安装 Windows 2008 Server，然后安装 IIS，只需选择 Web 服务、公用文档和服务器管理 3 个部件。Media 选项默认不安装，应手工选上。注意把系统安装到专门为系统准备的硬盘上，把流媒体文件放在专门为流媒体文件准备的硬盘或硬盘阵列上。建立一个流媒体文件的专用目录(如 Media)，作为后面的 RealServer 装入位置。

RealServer 很多地方都有下载。自带 10 用户许可。安装时一路按 Enter 键，最后需要设定管理界面的用户名和密码。安装完成后会在桌面上生成两个图标。运行 RealServer

Administrator 进入配置界面。此时需要输入用户密码，就是刚才安装时设定的用户密码。

选择 Configure | General Setup | Connection Control 命令，将 Maximum Client Connections 设置项改成你的许可支持的最大数目。Maximum Licensed Client 就是你的许可最大数目。

选择 Configure | Genera | Setup | Mount Points 命令，在 Edit Mount Point 下面的文本框中填上你想要的访问视频流的虚拟目录名，假设是 Movie，那么填入“Movie”。然后在 BasePath 下面的文本框里填入你的视频文件的本地路径，假设是 E 盘的 Media 目录，那么就填入“E:\Media”。然后单击 Edit 按钮，再单击 Apply 按钮，即可修改成功，然后需要重启 RealServer。单击最上面的 Restart Server 按钮，过一会后重启完成，至此，就完成了 RealServer 的流媒体服务端安装。

完成安装后，可以先试用一下，现在将一个 rm 格式视频的文件(假如是 A01.rm)复制进流媒体文件的专用目录 e:\Media，假设流媒体服务器的 IP 地址是 192.168.1.250。启动 RealPlayer，在【文件】菜单中选择【打开位置】命令，填入“rtsp://192.168.1.118/Movie/01.rm”并单击【确定】按钮。在正常情况下，会看到 RealPlayer 显示正在缓冲，几秒之后便开始播放。然后回到 RealServer 的配置界面，单击 Monitor，就可以看到 RealServer 的运行情况。Player connected 显示当前有多少用户连线，File Usage 显示当前点播的不同的流文件数量。CPU Usage 显示 RealServer CPU 占用率，Memory Usage 显示内存占用率，Bandwidth Usage 表示带宽使用。

11.6　网 吧 管 理

网吧管理包括多个方面，文化、公安等部门还制定了相关的管理条例和政策法规，此处主要介绍利用专门的软件实施网吧的计费与上机控制等日常操作管理。

摇钱树网吧管理系统是河南郑州易灵信软件有限公司开发，集合多款网吧机房计费管理系统的精华，具有灵活多样的费率设置、强大的会员管理、普通用户管理、商品管理、远程监控、连锁网吧管理、详细的上机记录及充值加钱记录功能，可实现用户自由择机、连锁网吧使用，支持远程查账、统一安装、远程客户机唤醒等众多功能，是大中小型网吧智能管理计费的理想选择。该网吧管理软件拥有很多用户，功能完善，安全稳定，操作界面简单直观，内置的帮助系统细致全面，一般无须再对技术服务人员进行培训，即可迅速上手操作。

11.6.1　2012 摇钱树网吧计费管理软件的安装

1. 安装计费服务端和客户端

分别在服务端机器和客户端机器上安装摇钱树网吧计费管理软件。

(1) 下载安装文件，将压缩包内的文件解压缩到一个文件夹内，会看到两个主文件：摇钱树网吧计费管理服务端软件.exe，摇钱树网管客户端软件.exe。

(2) 在网吧服务器上运行“摇钱树网吧计费管理服务端软件.exe”，按照提示安装服务端软件，安装完毕后在桌面会生成一个【摇钱树网吧管理系统】的图标，双击图标即可运

行摇钱树网吧管理系统服务端软件。

(3) 服务端软件运行后，可单击【账号生成】按钮生成一个账号，并记住账号、密码。

(4) 在网吧客户机上安装客户机软件，安装完毕后即可运行，使用服务端生成的账号、密码即可登录并使用摇钱树网吧计费管理软件。

11.6.2 2012 摇钱树网吧计费管理软件的主要功能

1. 日常管理部分

双击【摇钱树网吧管理系统】的图标，运行摇钱树网吧管理系统服务端软件，进入日常管理。

(1) 单个生成账号单击【账号生成】按钮，打开窗口，如图 11-1 所示。

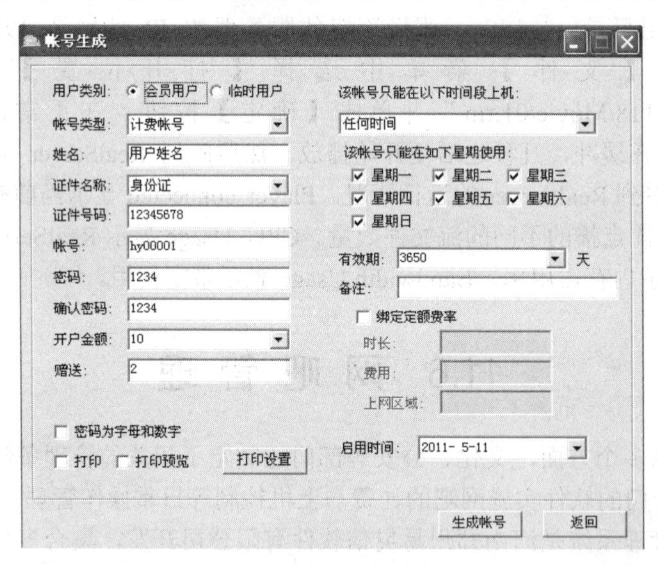

图 11-1 账号生成

账号生成分为会员账号和临时账号，其中会员账号又分为计费账号、计时账号、免费账号 3 种类型；临时账号分为计费账号和计时账号两种类型。各种账号的计费方式如下：

- 计费账号即在线时持续扣除金额，直至为零，是比较常见的账号类型。
- 计时账号即在线时持续扣除时间直至零的账号类型。
- 免费账号即不计费，只统计上机记录。

对于会员账号，生成的时候，可以在开户时设置会员的属性：允许上机时间段 (可以设置多个时间段)、星期几可以上和有效期。另外还有绑定定额费率：可以设置后根据不同的需要来选择生成。

(2) 批量生成账号，打开窗口，如图 11-2 所示。首先选择生成【会员用户】或者【临时用户】，然后在【开户金额】文本框中输入账号所要含有的金额，在【密码】文本框中输入统一的密码，在【生成个数】文本框中输入要生成账号的数量，最后单击【生成账号】按钮，软件即会提示生成成功。在生成账号的时候，软件支持自定义生成账号，选择账号相关的属性后，生成即可。

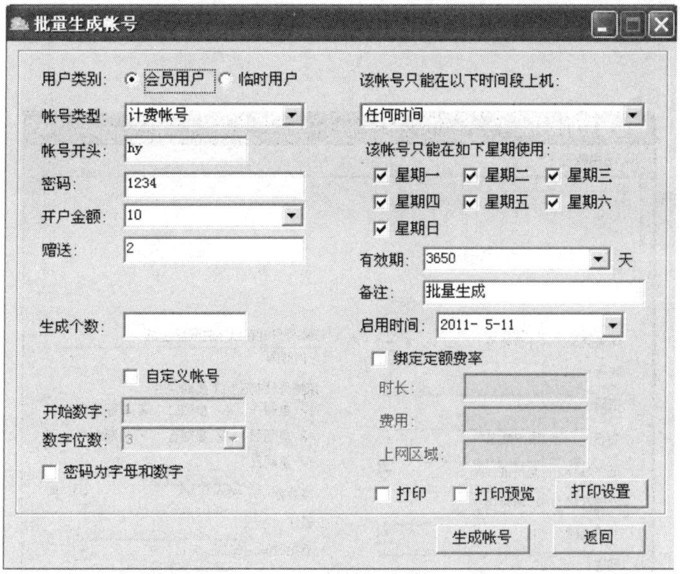

图 11-2　批量生成账号

(3) 账号充值或者是直接单击【账号充值】按钮，实现账号充值。选择账号的类型后输入账号，该账号的相关属性会自动添加，之后输入充值金额或者是充值的时间，单击【充值】按钮，软件即可提示充值成功以及账号的余额信息。如图 11-3 所示。

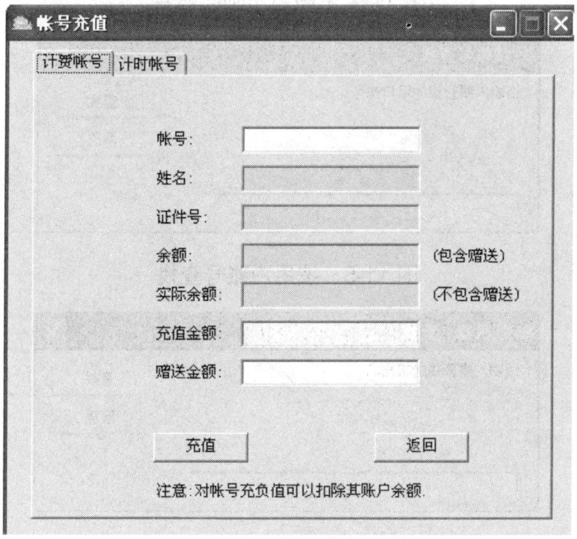

图 11-3　账号充值

(4) 重新启用临时账号单击【重启临时】按钮即可打开窗口，如图 11-4 所示。选择需要重新启用的账号，设置相关的属性以及金额、登录信息后，单击【启用】按钮即可。

(5) 按照用户账号查找或按照机器名称查找，如图 11-5 和图 11-6 所示。

(6) 发送消息通知。选中要发送消息的机器，单击右键，选中发送消息。在发送消息框中可以选择向全部机器发送。向全部机器发送消息时还可以设置每隔多长时间发一次，一共发多少次。发完消息后，在最下边可以单击【上一条】、【下一条】按钮来查询所发送的消息。也可以设置向单个机器发送。发送后，相应的客户机会有信息提示。如图 11-7 所示。

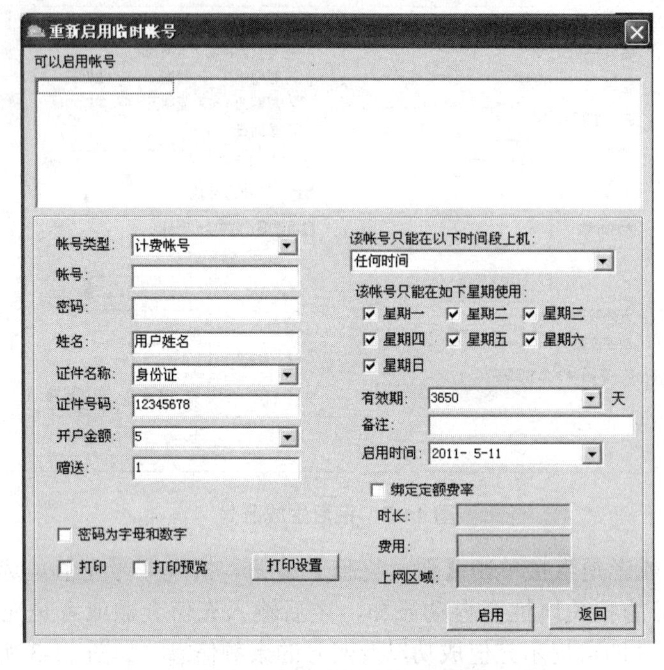

图 11-4 重新启用临时账号

图 11-5 按用户账号查找

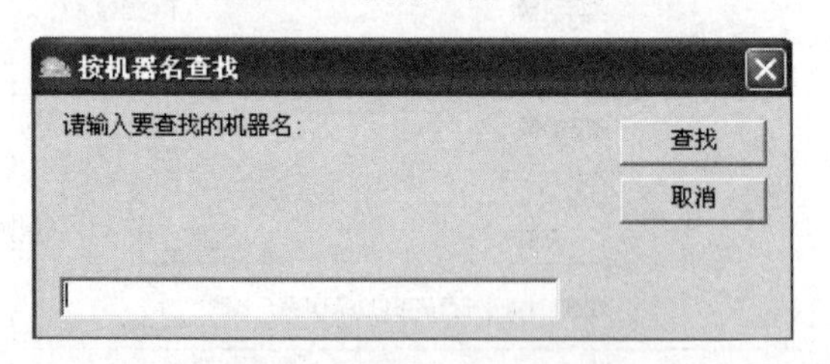

图 11-6 按用户机器名查找

(7) 更换操作员，如图 11-8 所示。输入操作员账号和密码后单击【确定】按钮，即可更换成功，在服务端的右下角即显示当前的操作员。

(8) 营业员交接班单击【营业交班】按钮，打开窗口，如图 11-9 所示。把吧台的实际总收入正确填入，单击【确定】按钮即出现如图 11-10 所示窗口。显示交班营业员的当前营业详细信息，输入上交金额和预留金额，单击【确定】按钮即可。

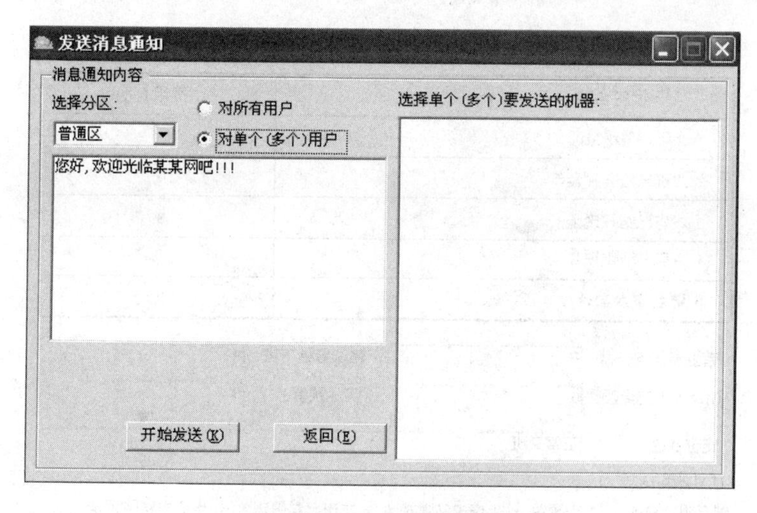

图 11-7　发送消息通知

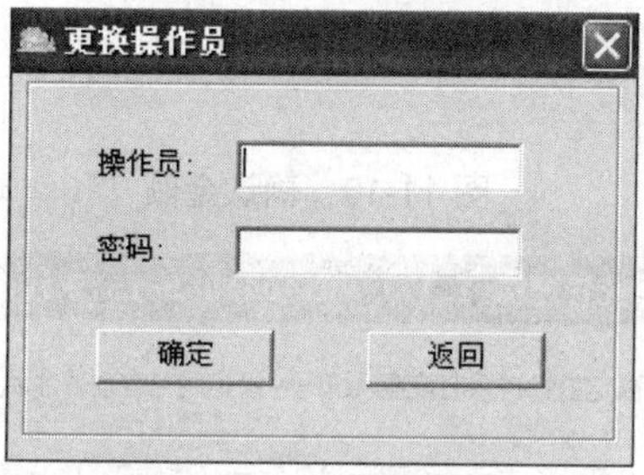

图 11-8　更换操作员

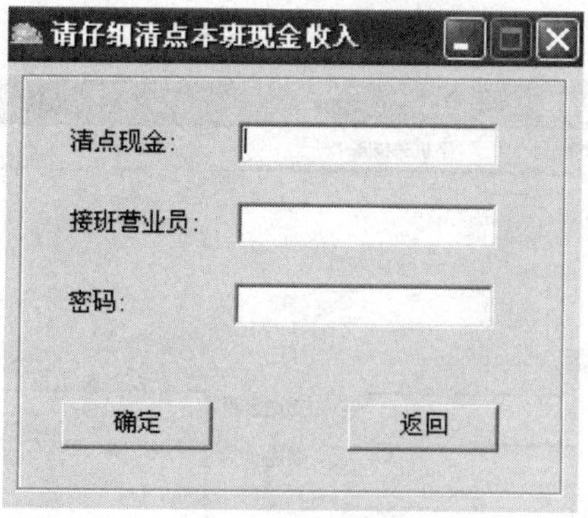

图 11-9　输入金额

(9) 锁定系统，如图 11-11 所示，单击【是】按钮即可锁定系统。

(10) 临时用户结账单击【临时结账】按钮，在打开的窗口中单击【结账】按钮即可，如图 11-12 所示。

(11) 用户欠账。把相应项填写完整，添加后即可完整地保存用户欠账信息，如图 11-13 所示。下次可以通过数据查询→用户欠账记录查询查到详细情况。

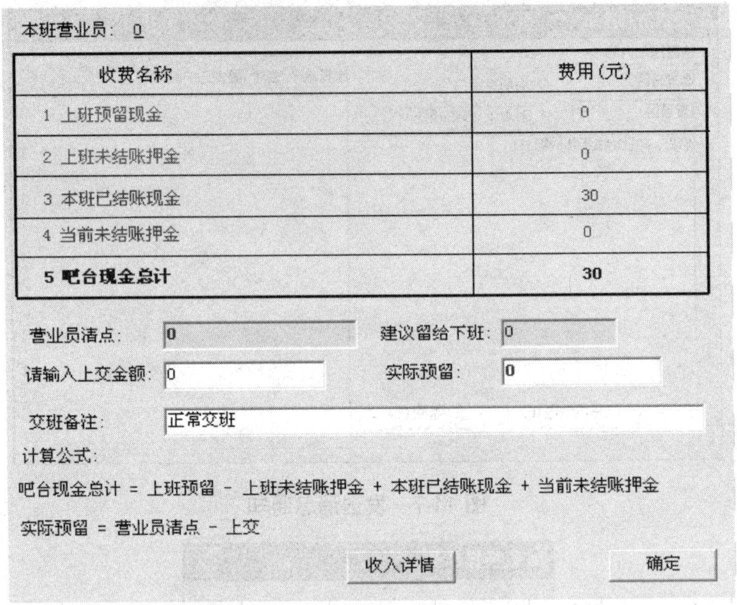

本班营业员: 0
收费名称
费用(元)
1 上班预留现金
0
2 上班未结账押金
0
3 本班已结账现金
30
4 当前未结账押金
0
5 吧台现金总计
30
营业员清点:
0
建议留给下班:
0
请输入上交金额:
0
实际预留:
0
交班备注:
正常交班
计算公式:
吧台现金总计 = 上班预留 - 上班未结账押金 + 本班已结账现金 + 当前未结账押金
实际预留 = 营业员清点 - 上交
收入详情
确定

图 11-10　确认金额

摇钱树网吧管理系统管理端 1.1.1.20110419_beta[未注册]
您确定要锁定摇钱树网吧管理系统吗? 锁定网吧管理软件后,不能进行任何操作!
是(Y)
否(N)

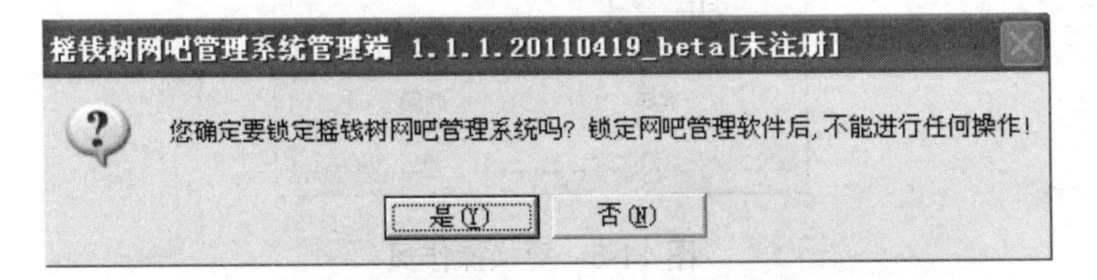

图 11-11　锁定系统

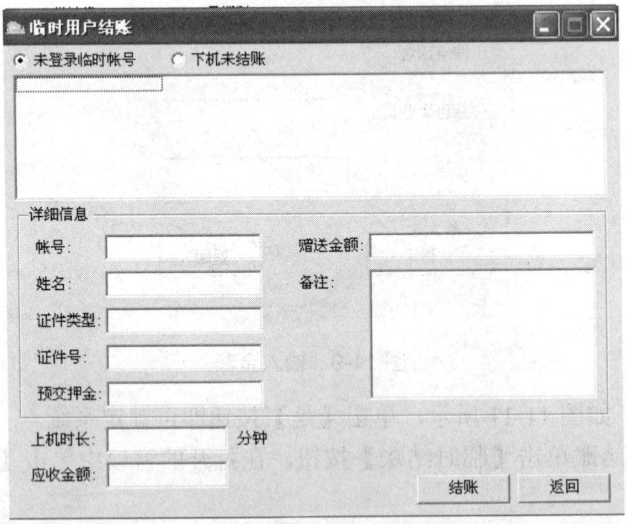

临时用户结账
未登录临时帐号
下机未结账
详细信息
帐号:
赠送金额:
姓名:
备注:
证件类型:
证件号:
预交押金:
上机时长:
分钟
应收金额:
结账
返回

图 11-12　临时用户结账

(12) 退出系统单击【退出系统】按钮，在打开的窗口中输入相应的密码后，单击【确定】按钮即可退出，如图 11-14 所示。

图 11-13　用户欠账登记

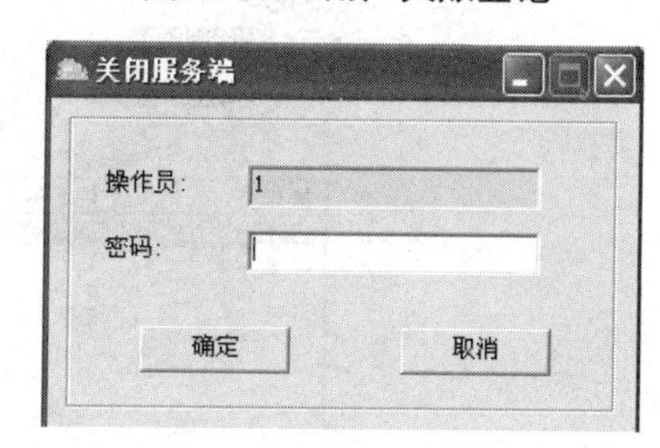

图 11-14　退出系统

2. 系统设置部分

(1) 操作员设置。用 admin 进入管理系统(默认管理员账号：admin；密码：admin)，单击【系统设置】|【操作员设置】命令，打开【操作员设置】窗口，如图 11-15 所示。在【操作员】文本框中输入管理员/营业员/老板的登录代号，如 001、002 等，在【姓名】文本框中输入使用该代号管理员/营业员/老板的真实姓名，在【密码】文本框中输入该代号的密码，在【确认密码】文本框中重新输入一遍密码，权限选择相应的管理员/营业员/老板，最后单击【添加】按钮，即可在右侧列表中看到所添加的代号信息，下次登录软件的时候就可以使用新登录代号、密码。在右面可设置管理员/营业员/老板相应的权限。

(2) 分区设置。进行分区的时候，首先要将客户机选择到未划分区域的机器里面，之后分别选择对应的分区进行划分后，保存区域划分即可。在分区设置中，可以实现自定义增加分区，分区内可以设置允许登录的各种账号类型，如图 11-16 所示。

(3) 费率设置。费率设置可分为计费账号费率、计时账号费率和定额费率的设置，用户可根据自己的需要来设置，具体如图 11-17、图 11-18 和图 11-19 所示。在费率设置中，可以分别设置普通费率和优惠时段费率。将“十”字形的光标放置在相应的时间段，或者直接拖动表格，单击即可设置这个时间段的费率。同时还可以分别设置会员与临时用户的最小收费单位和起步价。普通费率和优惠时段费率的设置方式一致。

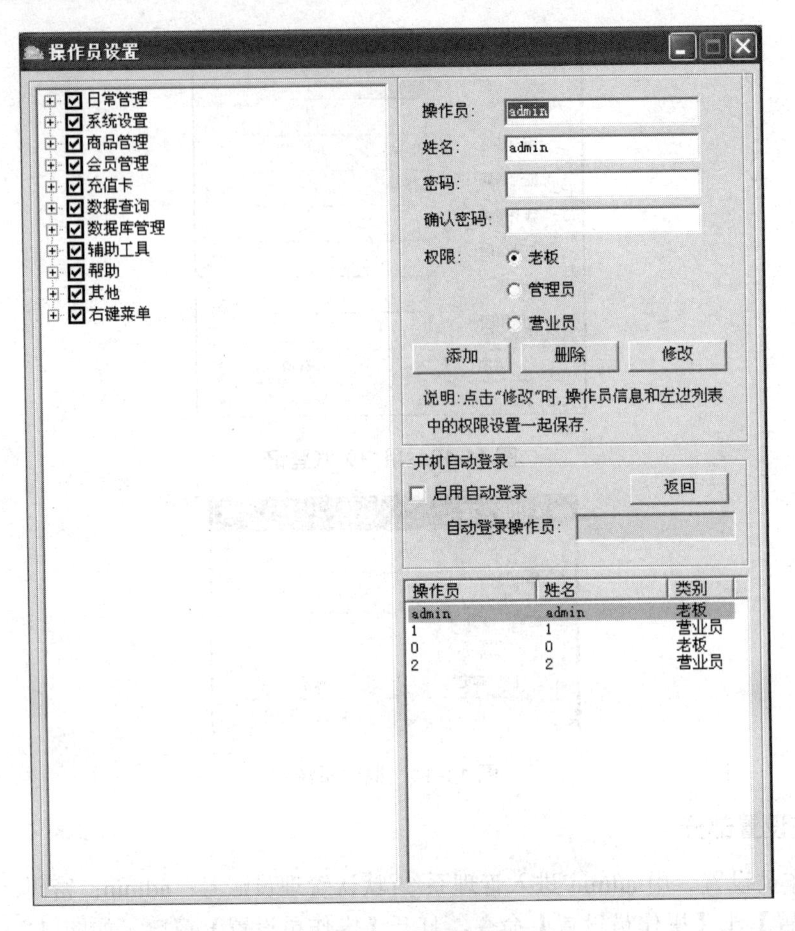

图 11-15　设置操作员

图 11-16　分区设置

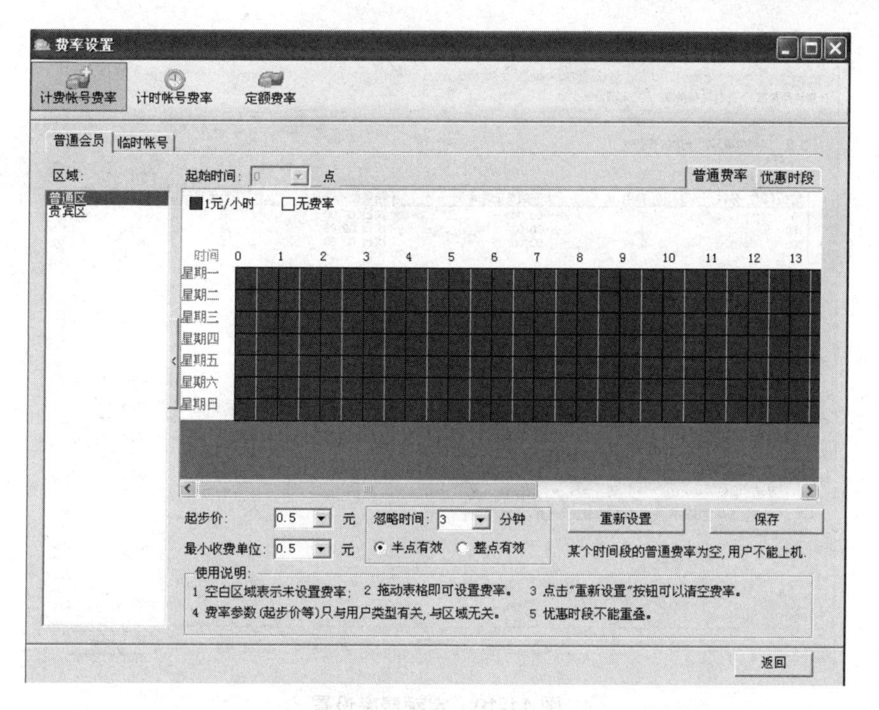

图 11-17　计费账号费率设置

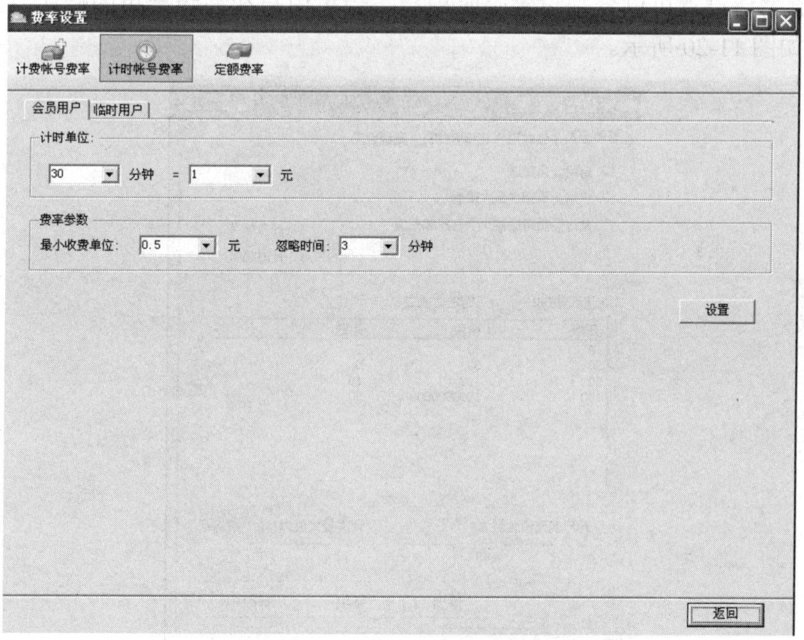

费率设置
计费帐号费率　计时帐号费率　定额费率
会员用户　临时用户
计时单位：
30　分钟　=　1　元
费率参数
最小收费单位：0.5　元　　忽略时间：3　分钟
设置
返回

图 11-18　计时账号费率设置

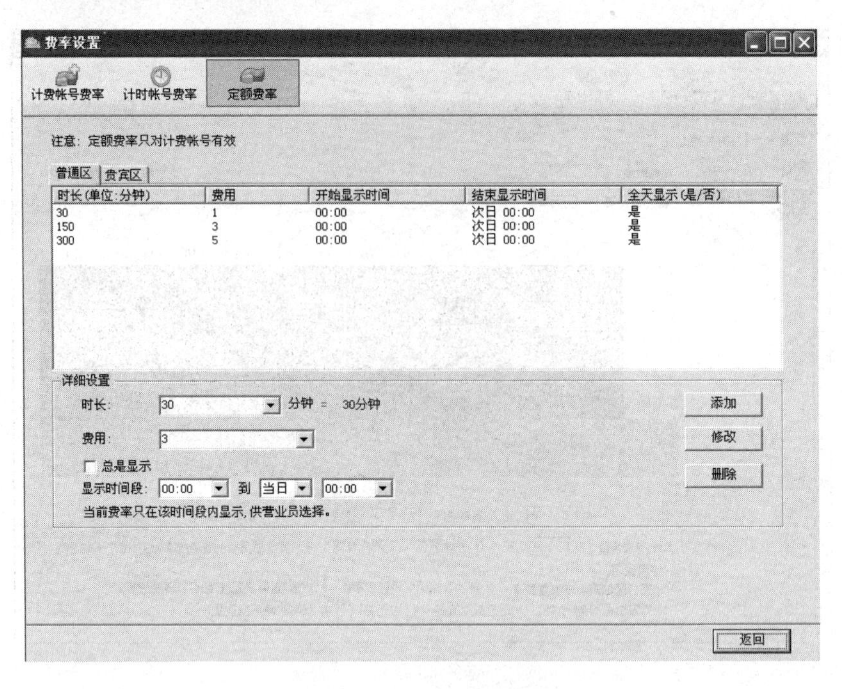

图 11-19 定额费率设置

(4) 充值赠送设置可以分别设置临时用户、会员用户和高级会员的赠送方式，设置后保存即可，如图 11-20 所示。

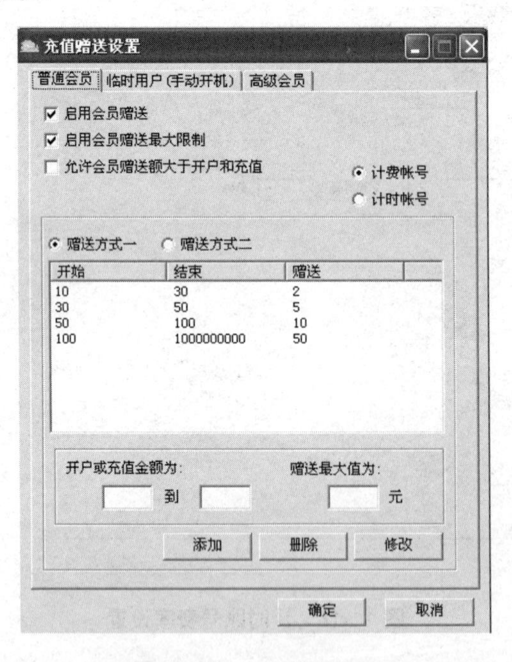

图 11-20 充值赠送设置

(5) 参数设置。单击【参数设置】按钮，可以分为服务端设置、客户端设置、区域参数设置和账号设置，如图 11-21 所示。

高等学校应用型特色规划教材

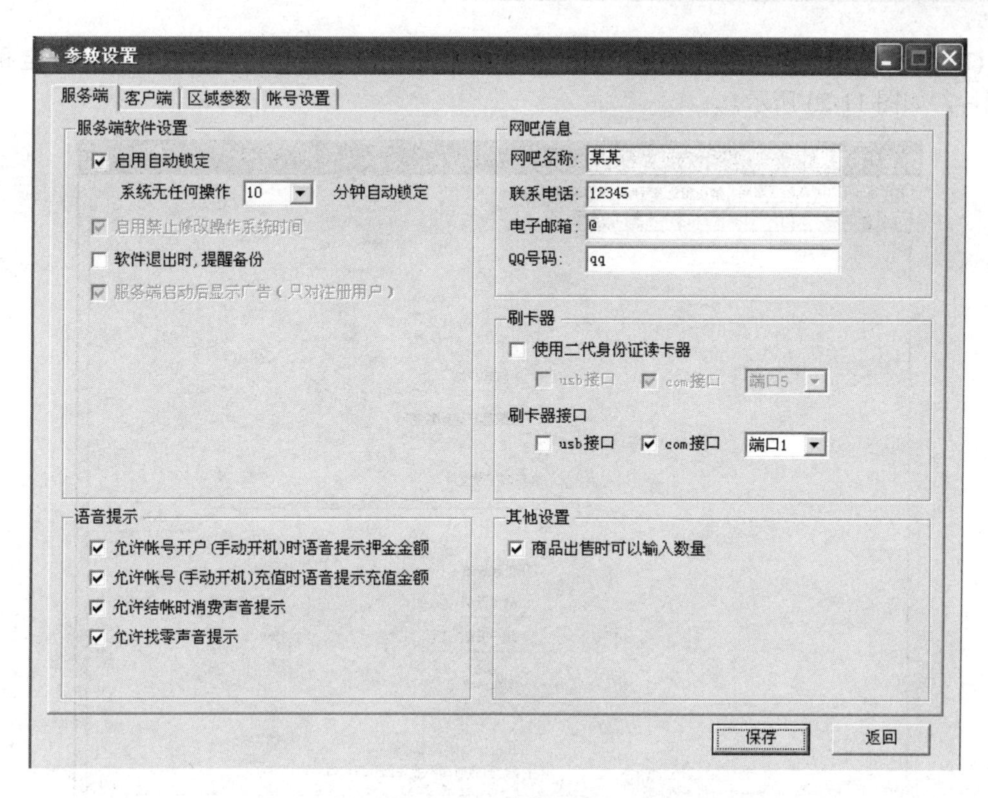

图 11-21　参数设置

(6) 设置客户端主机后，可以对客户机进行编号处理，扫描在一个局域网内的客户端，对客户端进行删除等操作，如图 11-22 所示。

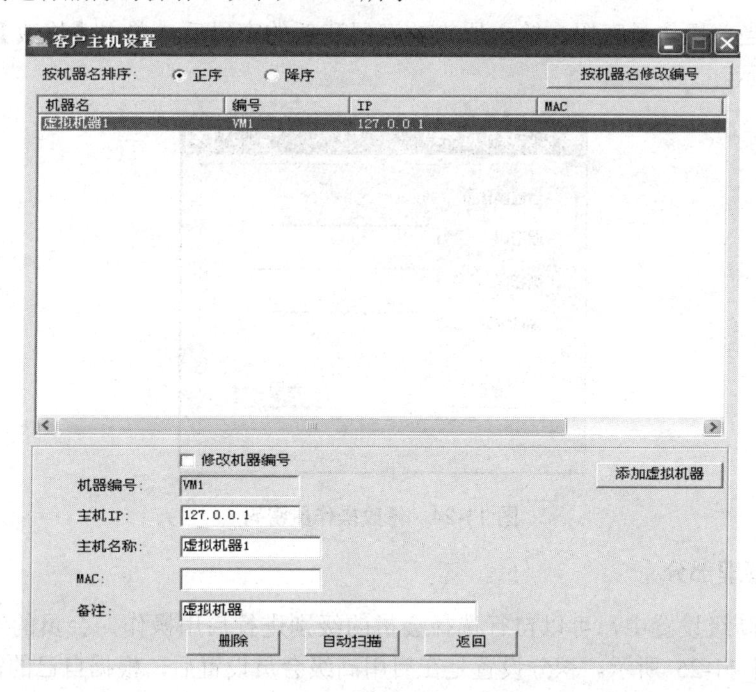

图 11-22　客户端主机设置

(7) 客户机管理，可以分为客户端升级和修改超管密码、禁止和允许程序、锁定和挂机图片，如图 11-23 所示。

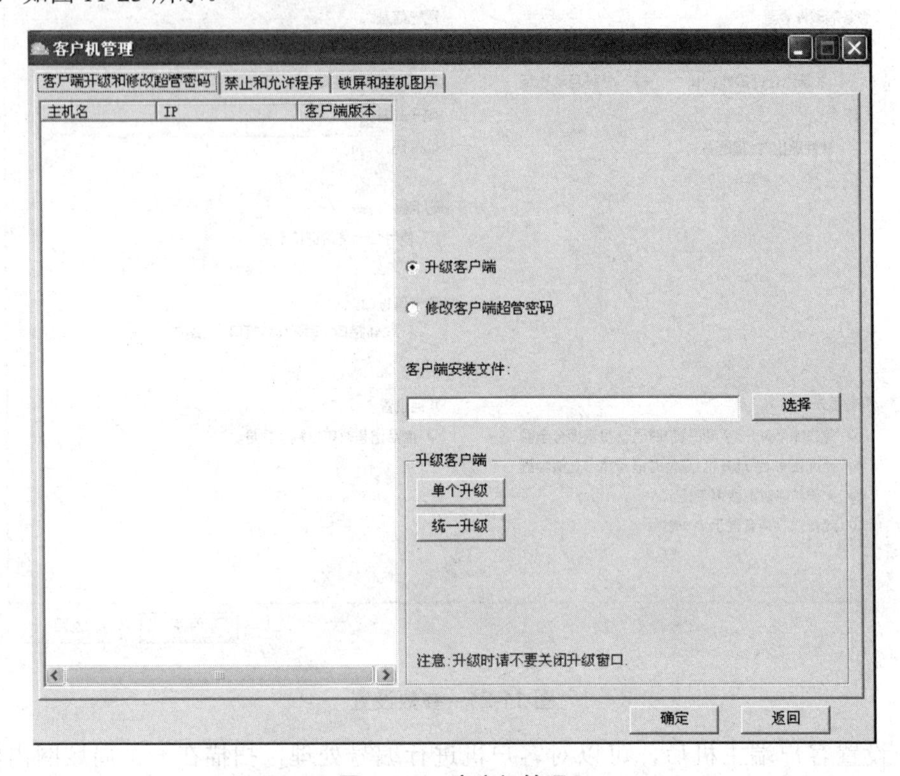

图 11-23　客户机管理

(8) 修改当前操作员密码。输入原来的密码和新的密码后，单击【修改】按钮即可，如图 11-24 所示。

图 11-24　修改操作员密码

3. 会员管理部分

(1) 会员高级设置中，可以自行选择会员的级别进行启用操作，会员的级别支持自定义设置，如图 11-25 所示。积分设置是在启用高级会员设置后，根据自己的需要来设置积分以及积分兑换的情况，如图 11-26 所示。

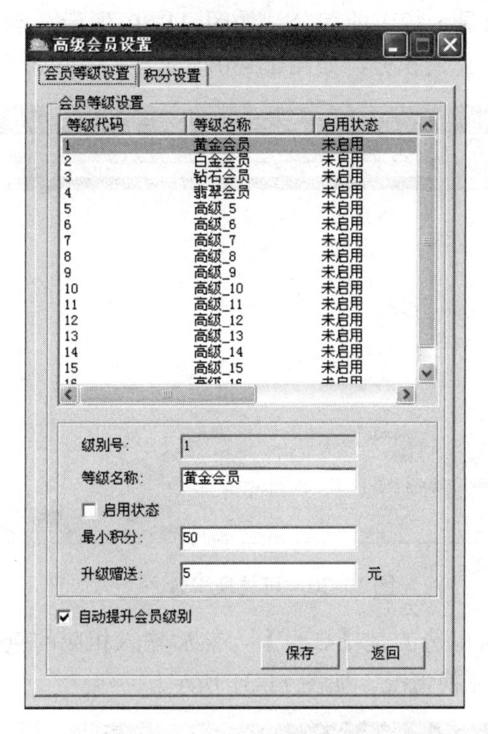

图 11-25　设置会员等级

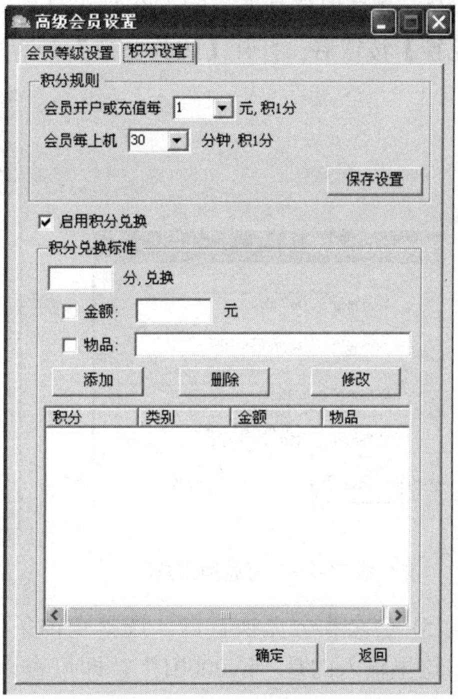

图 11-26　设置积分兑换

(2) 会员转账。输入对应的账号和密码后，单击【转账】按钮即可(转出账号必须不在线状态)，如图 11-27 所示。

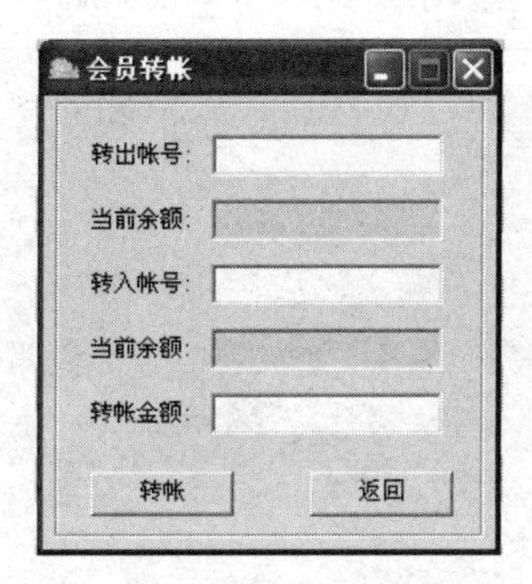

图 11-27　会员转账

(3) 会员转账查询。选择相应项目，这里选择的是【转出账号】选项，然后输入相应的查询值，这里输入的是转出账号(hy0001)，单击【查询】按钮即可，如图 11-28 所示。

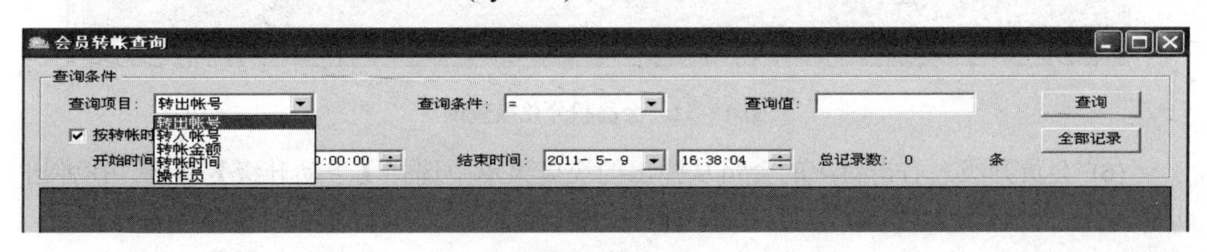

图 11-28　会员转账查询

(4) 会员积分兑换。输入会员账号后，下面显示相应的积分，如图 11-29 所示。点击【兑换】按钮后，打开【积分兑换】对话框，可兑换积分，如图 11-30 所示。

图 11-29　可兑换用户

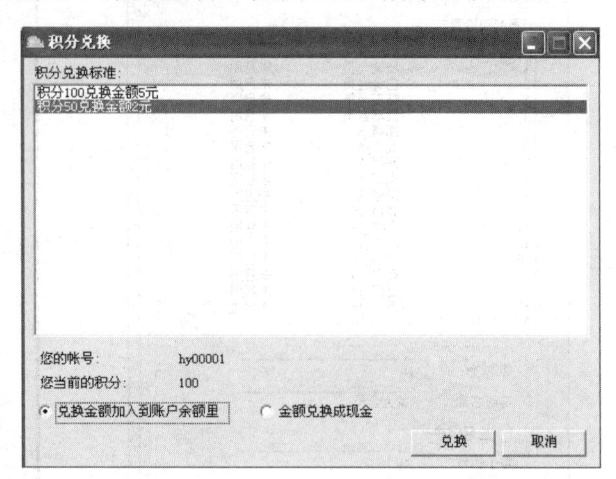

图 11-30　可兑换积分

(5) 会员积分兑换查询。选择查询条件，这里选的是【账号】，然后输入相应的查询值，这里输入的是“hy00001”，即可查询积分兑换情况，如图 11-31 所示。

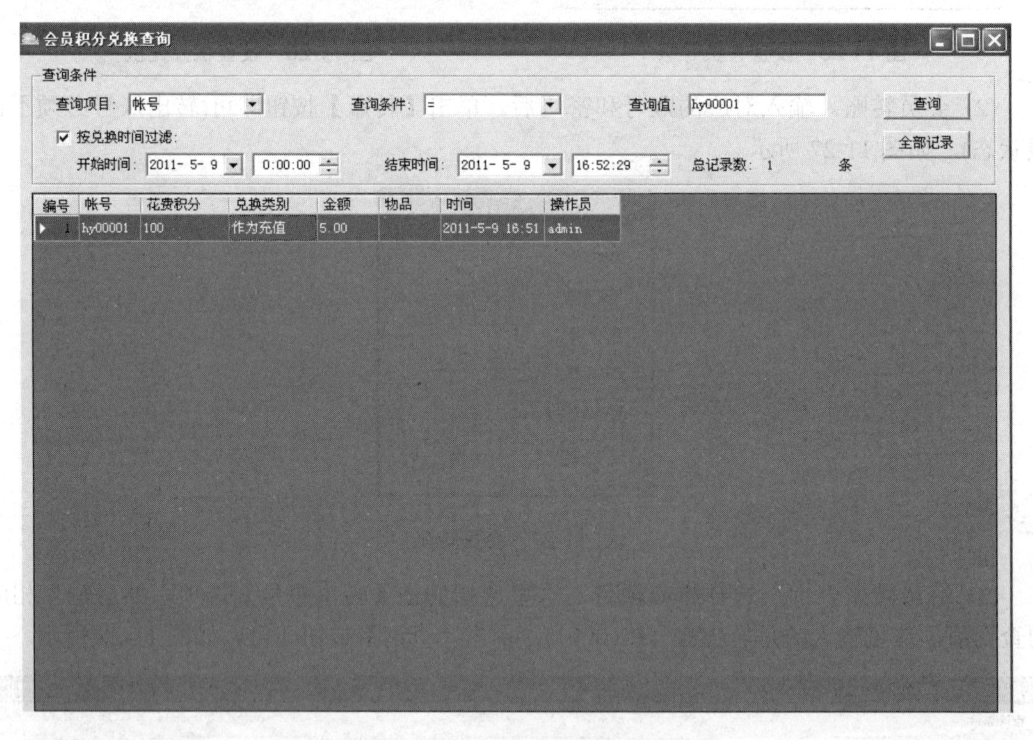

图 11-31　会员积分兑换查询

(6) 会员升级。右击对应的会员从弹出的快捷菜单中选择【手动升级】命令，在弹出的对话框单击【是】按钮，进行升级，如图 11-32 所示。

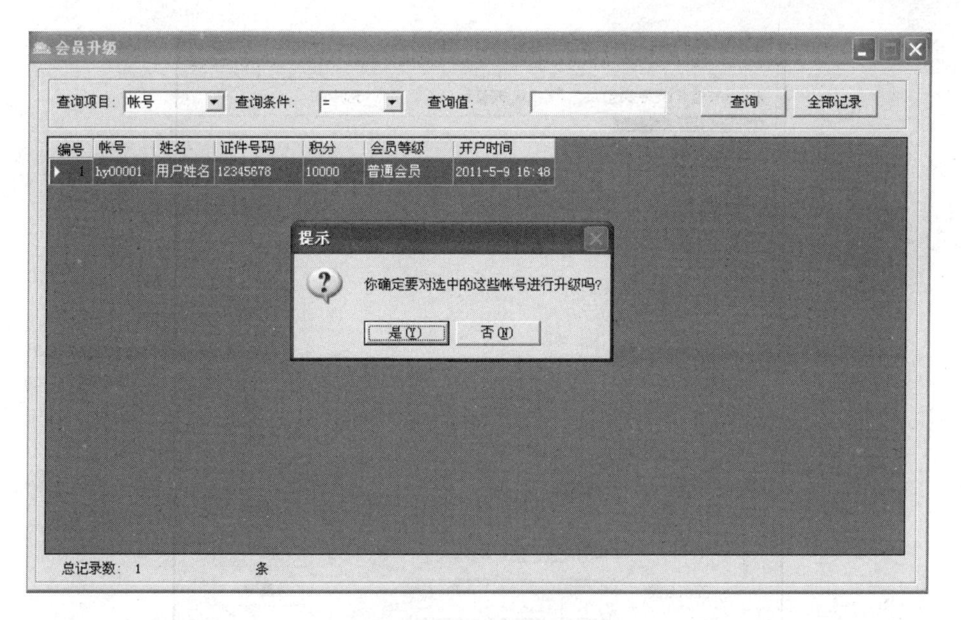

图 11-32　会员升级

4. 充值卡管理部分

(1) 生成充值卡。用户可以根据自己的需要，自定义充值卡和充值卡的开头、位数和相应的出售价格，然后单击【生成】按钮即可，如图 11-33 所示。

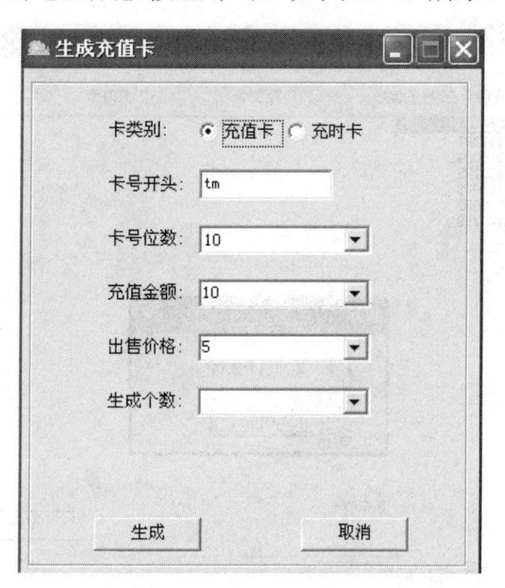

图 11-33　生成充值卡

(2) 出售充值卡。选中需要出售的充值卡，单击【出售】按钮即可，如图 11-34 所示。

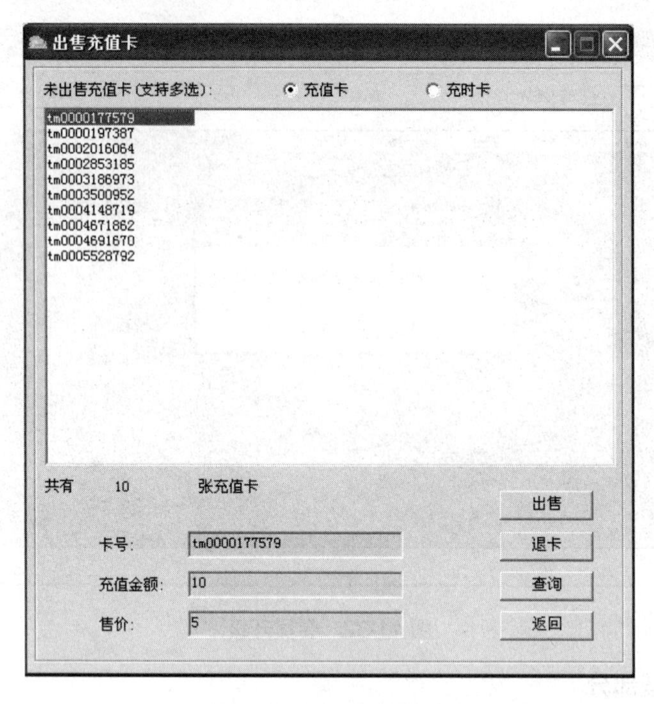

图 11-34　出售充值卡

(3) 退充值卡。选中需要退的充值卡，单击【退卡】按钮即可，如图 11-35 所示。

图 11-35　退充值卡

(4) 查询出售和退卡记录。选中查询全部后，窗口会显示所有的出售和退卡的记录，如图 11-36 所示。

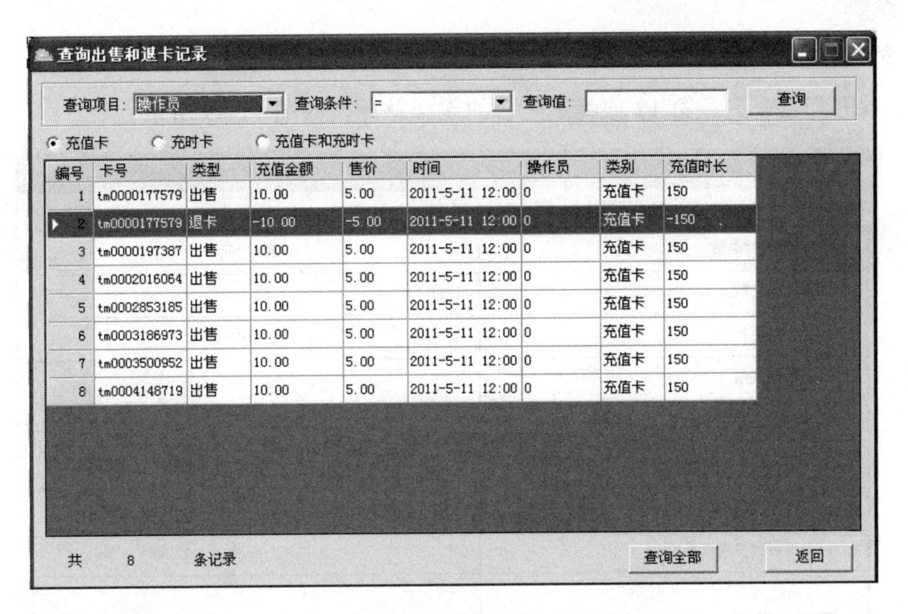

图 11-36　查询出售和退卡记录

5. 数据库管理部分

(1) 即时备份数据。设置备份路径后，单击【开始备份】按钮即可。软件中，默认的即时备份的目录是在 D 盘——新版摇钱树数据备份的文件夹里面，如图 11-37 所示。

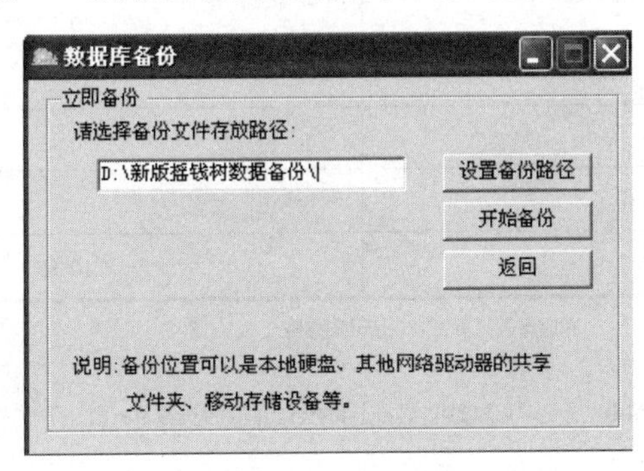

图 11-37　备份数据库

(2) 恢复数据。在恢复数据的时候，可以选择恢复整个数据库或只恢复账号信息，选择备份的文件后，单击【开始恢复】按钮即可，如图 11-38 所示。

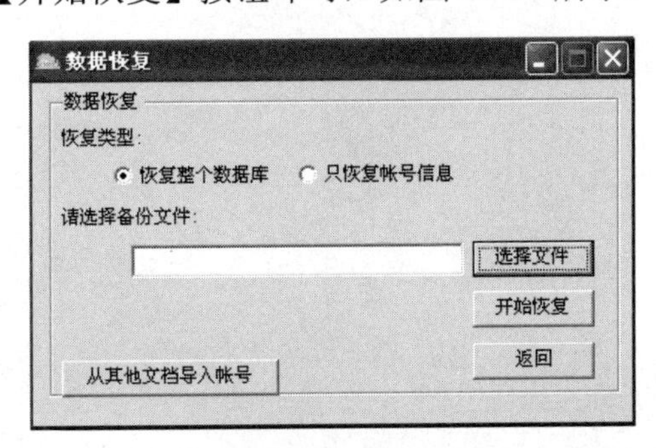

图 11-38　恢复数据库

6. 数据查询管理部分

(1) 本班营业查询。第 17 项就是吧台的现金总计，如图 11-39 所示。

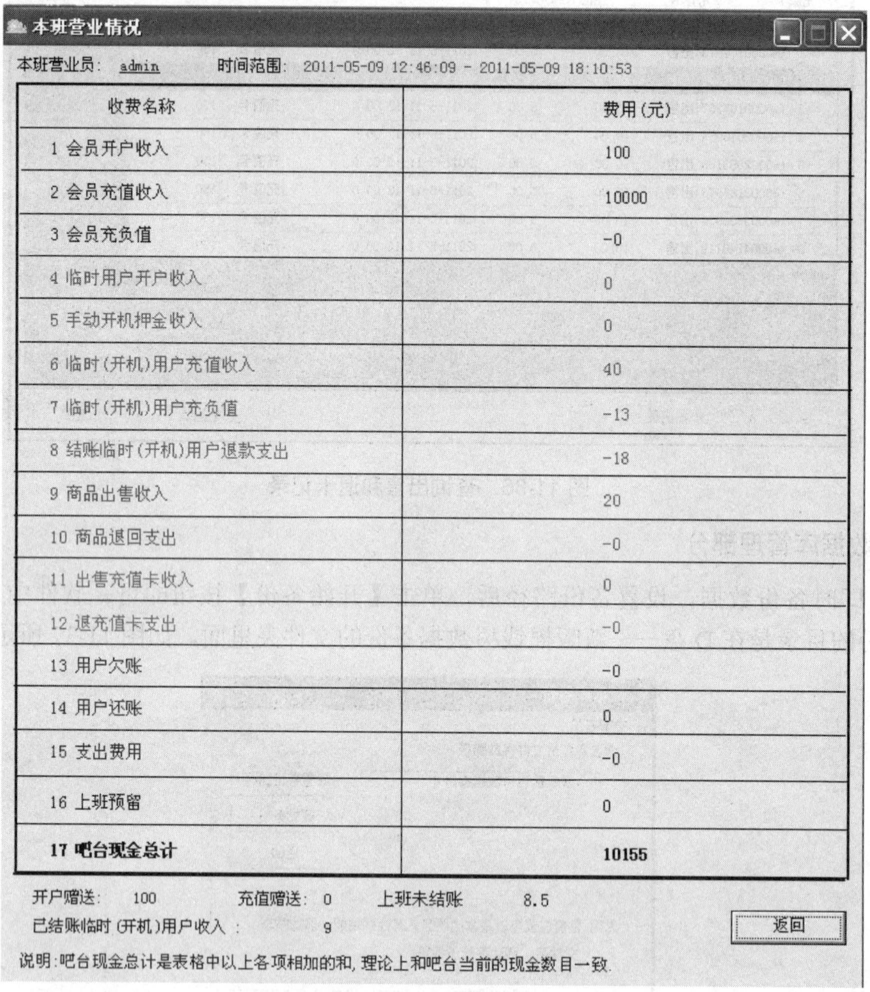

本班营业情况

本班营业员: admin　　时间范围: 2011-05-09 12:46:09 - 2011-05-09 18:10:53

收费名称	费用(元)
1 会员开户收入	100
2 会员充值收入	10000
3 会员充负值	-0
4 临时用户开户收入	0
5 手动开机押金收入	0
6 临时(开机)用户充值收入	40
7 临时(开机)用户充负值	-13
8 结账临时(开机)用户退款支出	-18
9 商品出售收入	20
10 商品退回支出	-0
11 出售充值卡收入	0
12 退充值卡支出	-0
13 用户欠账	-0
14 用户还账	0
15 支出费用	-0
16 上班预留	0
17 吧台现金总计	**10155**

开户赠送: 100　　充值赠送: 0　　上班未结账　8.5

已结账临时(开机)用户收入: 9　　返回

说明:吧台现金总计是表格中以上各项相加的和, 理论上和吧台当前的现金数目一致.

图 11-39　本班营业查询

(2) 收入统计。用户可以根据不同时间段来查询每天或每月的收入情况，如图 11-40 所示。

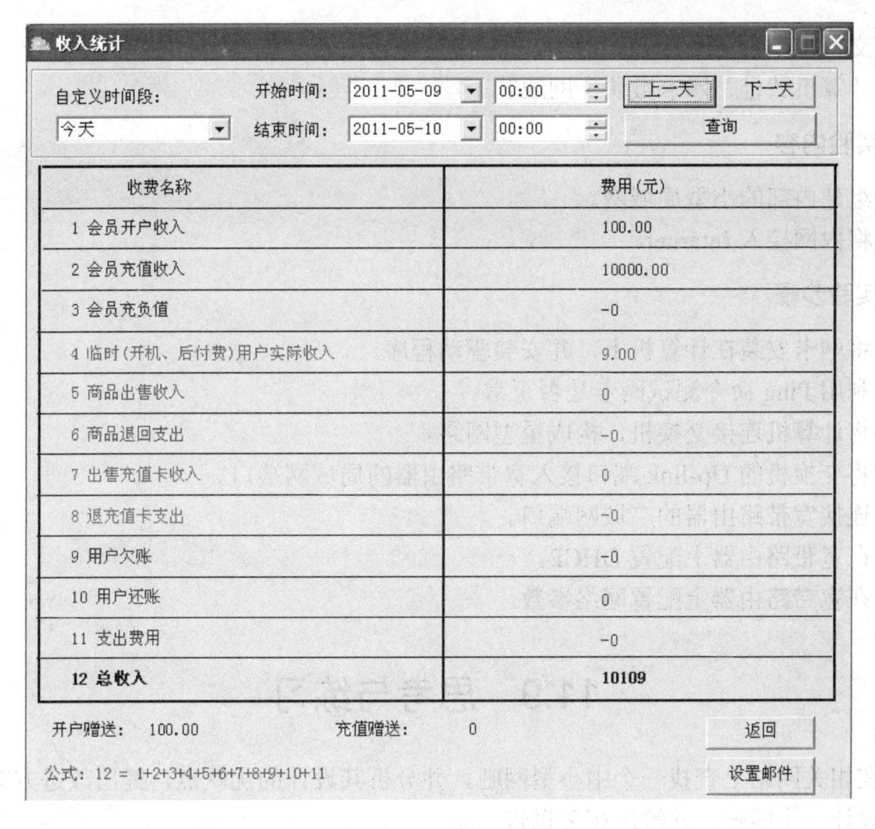

图 11-40　收入统计

此外还有其他查询，例如营业员交接班记录查询、账号高级查询、充值高级查询等。

11.7　本 章 小 结

近年来，随着网吧数量的日益增多，在一定程度上促进了 Internet 在中国的普及。本章以一个中型网吧为例，讨论了局域网设计与管理方面的工作，主要包括网吧系统设计需求分析、网络设备的选择、网吧服务器的配置以及网吧管理软件的使用等方面的内容。

11.8　小型案例实训

本案例主要介绍综合运用前面的知识，组建一个接入 Internet 的小型网络。

1. 实验目的

掌握组建一个接入 Internet 的小型网络的方法。

2. 实验设备

(1) 一个宽带账号。
(2) 宽带路由器 1 台。

(3) 交换机1台。
(4) 计算机数台、网卡数块、网线若干。

3. 实验内容

(1) 组建内部的小型局域网。
(2) 将内网接入Internet。

4. 实验步骤

(1) 将网卡安装在计算机上，并安装驱动程序。
(2) 利用Ping命令测试网卡是否正常。
(3) 将计算机连接交换机，构成星型网络。
(4) 将交换机的Up-link端口接入宽带路由器的局域网端口。
(5) 连接宽带路由器的广域网端口。
(6) 在宽带路由器上配置DHCP。
(7) 在宽带路由器上配置网络参数。

11.9 思考与练习

1. 在相关网站上查找一个中小型网吧，并分析其设计的优缺点，提出改进方案。
2. 设计一个网吧，并给出相关报告。

第 12 章　典型应用案例二——校园网设计案例

本章要点

- ☑ 校园网的需求分析
- ☑ 校园网物理结构设计
- ☑ 网络设备选型
- ☑ 校园网逻辑结构设计
- ☑ 校园网应用设计

随着计算机、通信和多媒体技术的发展，网络的应用日益丰富。同时在多媒体教育和管理等方面的需求，对校园网络也提出了进一步的要求。因此需要一个高速的、先进的、可扩展的校园计算机网络以适应当前网络技术发展的趋势并满足学校各方面应用的需求。本章将从用户需求分析、设备选型、网络结构设计和应用等方面详细介绍某中型校园网的设计方案。

12.1　用户概况与需求分析

校园网的建设是一项非常复杂的系统工程，这就需要我们在设计之初就要充分调研，对学校进行需求分析。不同规模的学校对网络的应用需求不同，因此对硬件、软件资源的要求也不同，相应的投资规模也各不相同。所以，在设计网络之前，对学校的需求进行详细分析是必需的。

下面以×学校的网络设计为例，设计一个校园网解决方案。

12.1.1　用户概况

×学校是一个中等规模的学校，目前只有一个校区，占地面积 500 亩，全校计算机数量近 1000 台，信息点近 700 个，目前图书馆、电子阅览室、各计算机实验室已建成局域网，各个内部局域网是相对独立的，整体上没有互联。

×学校的主要信息点集中在行政楼、教学楼、实验楼、图书馆和宿舍楼。网络中心设置在图书馆。宿舍楼接入点比较多，一期建设时只考虑接入问题，二期再考虑提速。学校平面示意图如图 12-1 所示。

1. 图书馆内部信息点分布

图书馆有 5 层，信息点共 76 个。各层信息点分布如下。

- 第 1 层：学生阅览室，信息点 5 个。
- 第 2 层：电子阅览室，信息点 50 个。

- 第 3 层：网络中心，信息点 10 个。
- 第 4 层：借书室，信息点 4 个。
- 第 5 层：办公室，信息点 6 个。

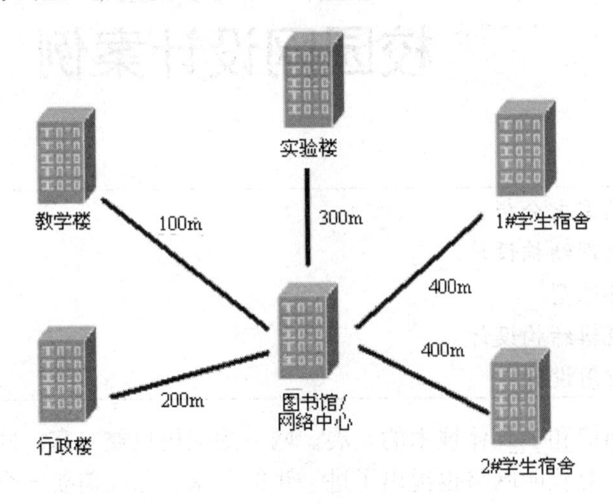

图 12-1　X 学校建筑物平面分布

2. 教学楼内部信息点分布

教学楼有 5 层，各层信息点分布如下。

- 第 1、3、5、6 层为普通教室，共有 44 个信息点。
- 第 2 层为多媒体教室，共有 50 个信息点。

3. 实验楼内部信息点分布

实验楼共有 4 层，各层信息点分布如下。

- 第 1 层：办公室，信息点 5 个。
- 第 2 层：计算机实验室，信息点 100 个。
- 第 3 层：计算机实验室，信息点150 个。
- 第 4 层：办公室，信息点 5 个。

4. 行政楼内部信息点分布

行政楼有 5 层，全部为办公室，共有信息点 40 个。

5. 宿舍楼内部信息点分布

宿舍楼有两栋：1#宿舍楼和 2#宿舍楼，每栋宿舍楼各有 200 个信息点。

12.1.2　学校需求

1. 总体目标

校园网络可以帮助学生强化管理，辅助教师开展生动的教学，激发学生自主学习的兴趣，提高学校教学、教务和后勤等方面工作的水准。从长远来看，校园网的建设有利于学校各方面业务的开展，能使广大师生员工利用最新的计算机发展成果和全球计算机网络环境进行教学，为加快培养面向世界、面向未来的高素质人才提供有力的保障。

根据学校现有信息点的分布情况和领导、老师对校园网络建设提出的要求，×学校校园网建设的总体目标如下。

(1) 在整个校园范围内搭建网络平台，使其覆盖到校园的各个角落。校园各主要楼宇之间包括行政楼、实验楼、图书馆、教学楼、宿舍楼等均铺设光缆以构成校园网的主干。

(2) 在局域网上实现浏览 WWW、发送电子邮件、文件传输等，实现校园网内部信息资源的共享。

(3) 网上视频点播(VOD)、网上教学软件学习、信息查询。

(4) 校园网接入 Internet；校园网通过接入教育城域网接入 Internet。

(5) 具有安全保密、域名解析以及 E-mail、FTP、BBS、WWW 等功能。

2. 网络主干的需求分析

在校园内部主要楼宇之间铺设光缆，搭建校园网的主干线路，网络光纤主干线将覆盖行政楼、教学楼、实验楼、图书馆、宿舍楼等主节点。在全校主干网中，根据各节点的具体情况，分别考虑由中心机房到各节点间的数据传输速率，为最终用户提供足够的带宽。考虑到行政楼、教学楼、实验楼、图书馆和宿舍楼内部信息点较多，信息量相对较大，从中心机房到这些节点间的连接均采用千兆位以太网连接技术。

3. 主机系统的需求分析

校园网的主机系统承担着整个校园内各种服务、用户账户管理、共享资料的检索和查询、服务器端多媒体教学软件的运行、安全性管理等，因此我们认为主机系统应满足如下的要求。

- 高性能、高可靠性，能够长期不间断工作。
- 高可用性，即使在主机故障时，仍能利用备用主机继续提供服务，保证主机系统的安全性和数据安全性。
- 选择 TCP/IP 协议。
- 模块化结构，容易升级。
- 高度的安全性，防止攻击。

12.2　校园网物理结构设计

12.2.1　总体架构设计

网络拓扑结构是决定网络性能的主要技术之一，同时也在很大程度上决定了网络系统的可靠性、传输速度和通信效率。网络拓扑结构与网络布线系统有着密切的关系，将对整个网络系统的工程投资产生重要的影响。

计算机网络拓扑结构是指网络节点与链路的几何排列。通过对网络进行拓扑分析，可初步确定物理网络的选择。近年来，由于网络技术的发展以及新型网络设备的不断出现，使得校园主干网大多数采用网状或星型拓扑结构，接入网的用户端采用星型拓扑结构。根据用户应用需求、网络中心的位置和对网络总体规模的考虑，×学校校园网系统拓扑结构如图 12-2 所示。

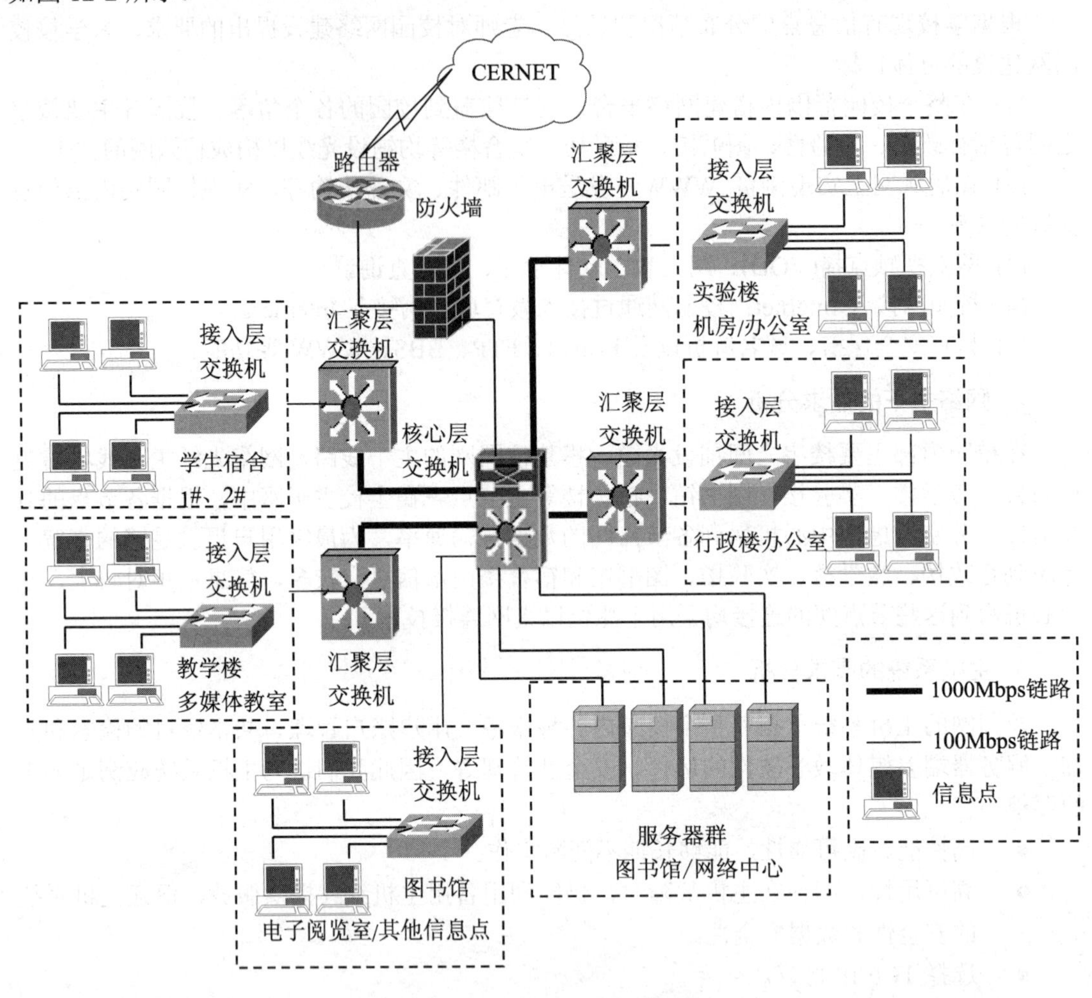

图 12-2　X 学校网络拓扑结构

×学校校园网中各个行政子网的拓扑结构如图 12-3 所示。

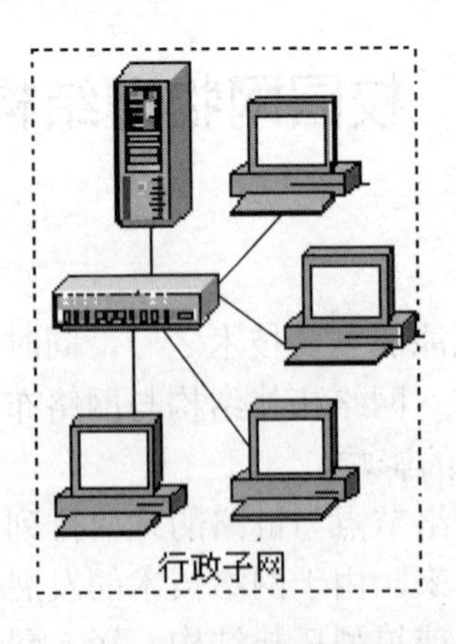

图 12-3　X 学校行政子网拓扑结构

12.2.2　网络结构设计

在如图 12-2 所示的拓扑结构图中，整个校园网分为 3 层模型，即核心层、汇聚层和接入层，每一层都起着特定的作用。

1. 核心层设计

核心层负责完成网络各汇聚节点之间的互联及完成高效的数据传输、交换、转发及路由分发，是校园网的高速主干。核心层是校园网建设成败的关键，最好采用冗余组件。

核心层应具有高可靠性、稳定性、高性能和可控制性，并且能快速适应变化。建设校园网时要合理分配有限的投资，核心层设备、重要部门和链路的结构将是投资的重点。

2. 汇聚层设计

汇聚层是网络的核心层和接入层之间的分界点。汇聚层扮演许多重要角色，包括如下几点。

- 从安全性方面考虑，控制对资源的访问。
- 从网络性能方面考虑，控制通过核心层的网络通信等。
- 支持 VALN 的设置，可以完成不同 VLAN 间的路由。

3. 接入层设计

接入层为用户提供在局域网段访问互联网的能力。接入层交换机上连汇聚层交换设备，主要负责用户的局域网接入，100 Mbps 交换到桌面，基本满足目前应用的需求。

12.2.3　校园网内部结构设计

根据×学校对网络的应用需求，主干网可以采用千兆以太网结构，每栋楼与网络中心用多模光纤连接，百兆到桌面。各楼具体的网络设计如下。

1. 图书馆内部设计

网络中心设在图书馆第 2 层，是接入 CERNET 和校园网内部网络的地方。核心层交换机放置在网络中心。

核心层交换机通过 1000Mbps 链路分别与实验楼、行政楼、教学楼和宿舍楼的汇聚层交换机相连，网络中心的服务器以 100Mbps 或 1000Mbps 直接连接核心层交换机，其他服务器、网管工作站通过网络中心内部的接入层交换机连接核心层交换机。

核心层交换机连接路由器并通过 100Mbps 光纤接入 CERNET，进而接入 Internet。当然为了保证内部网络的安全性，通常还需配置防火墙。

图书馆内部的网络结构如图 12-4 所示。

2. 教学楼内部设计

在教学楼 2 层放置一个汇聚层交换机，再根据信息点的数量放置若干台接入层交换机。汇聚层交换机与接入层交换机采用百兆交换，每个信息点通过接入层交换机百兆到桌面。

2 层的多媒体教室，按照 VOD 视频点播系统设计，以满足远程视频点播需求。教室的信息点为教师教学、学生课后上网浏览信息服务。

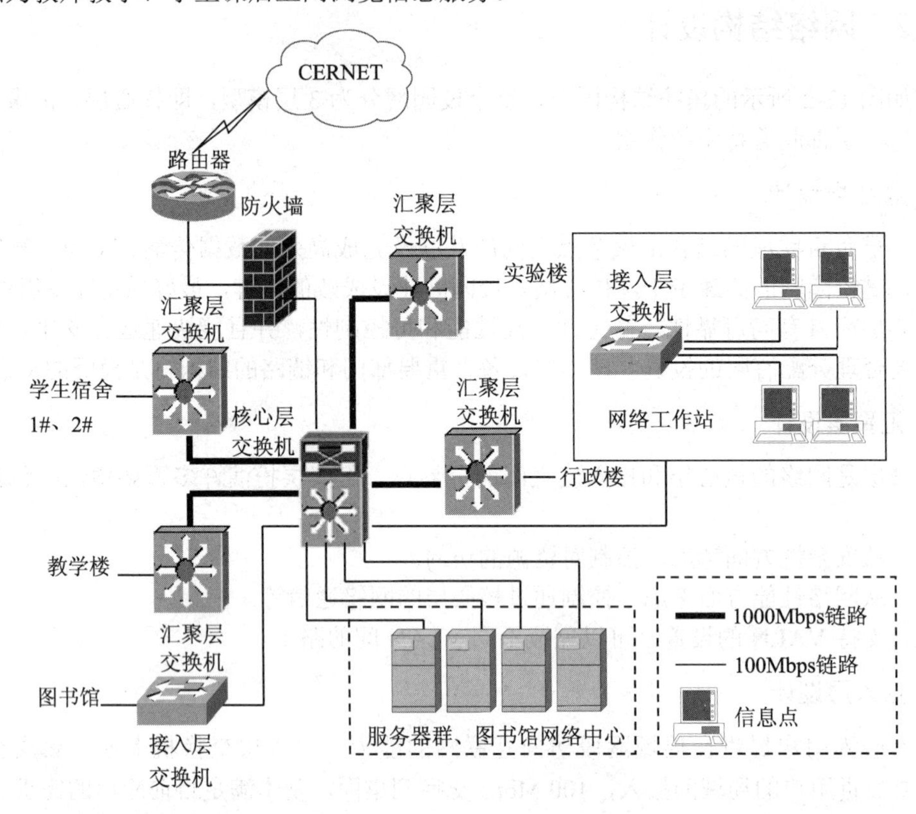

图 12-4　图书馆内部拓扑结构

教学楼内部的网络结构如图 12-5 所示。

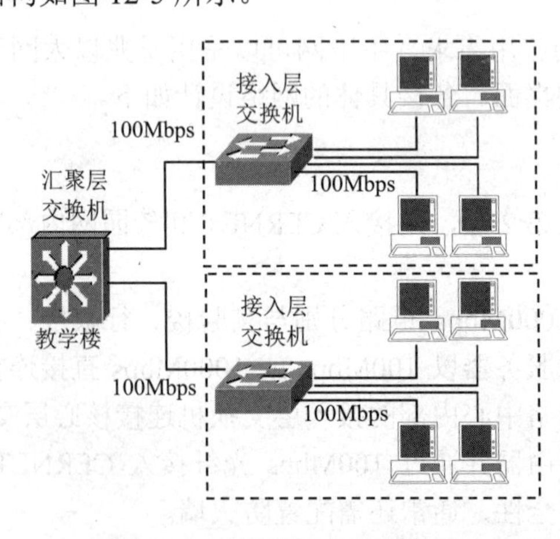

图 12-5　教学楼内部拓扑结构

3. 实验楼内部设计

实验楼的 1 层和 4 层各有 5 个信息点，为实验教师的办公室接入校园网的信息点，因此可以把这 10 个点的 IP 地址划入办公室中。2 层和 3 层为计算机实验室，每个计算机实验室有 50 台计算机，以百兆接入每个计算机实验室，供学生上网浏览信息。

实验楼内部的网络结构与图 12-5 类似。

4. 行政楼内部设计

由于行政楼都是办公室，教师上网处理的数据信息主要是普通数据，如管理信息资源、科研学术信息、图书资料信息、上网浏览信息、电子邮件和共享软件等。行政楼所有信息点的 IP 地址均划入办公室中，以百兆交换到桌面。

行政楼内部的网络结构与图 12-5 类似。

5. 宿舍楼内部设计

校园网连接主要是指实验楼、行政楼、教学楼和图书馆/网络中心的互联，在本方案设计中暂不考虑宿舍楼的问题。

12.2.4　布线系统设计

1. 楼间传输介质

楼间的网络传输介质选用 62.5/125 μm 多模室外光缆，具体分布如下。

- 网络中心—教学楼，8 芯。
- 网络中心—实验楼，8 芯。
- 网络中心—宿舍楼，6 芯。

2. 楼内网络传输介质

楼内网络传输介质主要采用双绞线。各网段或子网内部的布线系统按照结构化布线规范 EIA/TIA 568B 设计，采用超五类非屏蔽双绞线和连接件，按星型拓扑布线。这种布线设计可保证校园网主干 1000 Mbps、100 Mbps 到桌面的要求，并且可以使将来系统升级时无须重新布线，只是更换一下网卡、交换机等设备就能实现。

3. 远程传输介质

校园网可以通过光电信息网络光缆线路接入 CERNET。将光缆从广电网接入到学校，初期要支付施工费，然后每年还需交纳光缆租用费，成本相对比较高。但使用光缆接入的优点是：线路稳定、可靠、带宽高、速率高。

4. 信息点布线规范

每个信息点配有一个 RJ-45 接口的 8 针模式插座。每个插座由 4 对非屏蔽电缆单独配线，可用于数据和图像等网络连接应用。信息点使用的 8 针模式插座，应符合 ISO 8877 标准和 EIA/TIA 568 协会的机械性能和电气性能标准。

12.3　网络设备选型

Cisco 系统公司是世界上处于领先地位的网间互联技术和产品供应商，Cisco 公司致力于协议的标准化、技术的先进性和产品的互联性，所有产品均基于最常用的数据网络类型(包括(10/100) Mbps 以太网、Token Ring、ATM、FDDI/CDDI、X.25、ISDN、Frame Relay

等)，且支持更多更全的网络通信协议(包括 TCP/IP、Novell IPX、DECnet、Banyan VINES、OSI、IBM、SNA、Bridge 等)。

Cisco 公司能为客户提供可靠、可用、先进、安全而又易于管理的产品，同时非常注意产品的投资保护，产品之间的互操作性也非常好，多年来一直是网络技术的先导，在技术上有很多的创新。在网络设备选型时，我们将选用扩充能力比较强的网络设备，且所选用的交换机均支持 Cisco Works 设备管理、VLAN 划分，便于网管中心管理。

12.3.1 确定交换机数量

×学校的校园网采用分层设计的方法，各层交换机数量如下。

- 核心层交换机 1 台。
- 汇聚层交换机 4 台，每栋楼 1 台(网络中心位于图书馆，因此图书馆不需要汇聚层交换机)。
- 接入层交换机，选择 24 口 100Base-T 交换机，设综合布线交换机柜中信息点数为 N，则该柜中所需交换机数量为 N/24 的整数加 1。

由于电子阅览室、多媒体教室和计算机实验室内部的局域网均已建成，因此不需要再增加交换机。在计算接入层交换机数量时，每个房间按一个信息点计算。

1. 图书馆/网络中心交换机使用情况

网络中心的 10 个信息点和电子阅览室的接入点直接连接到核心交换机上。因此，图书馆需要连接到接入层交换机的信息点数是 16 个，所以只需 1 台接入层交换机。

图书馆/网络中心使用交换机的情况如图 12-6 所示。

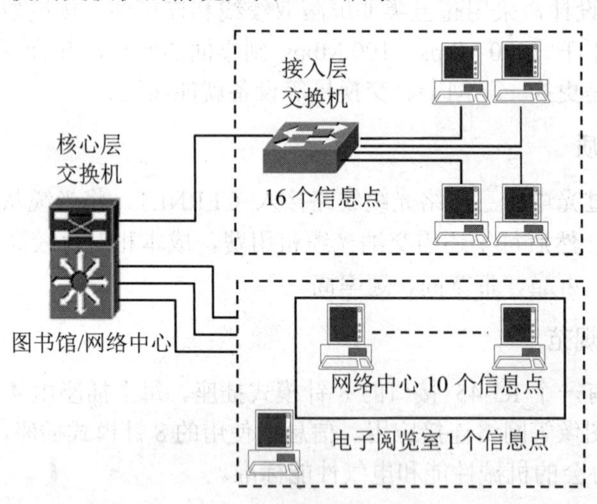

图 12-6　图书馆/网络中心使用交换机的情况

2. 教学楼交换机使用情况

教学楼的多媒体教室直接连接到教学楼的汇聚层交换机，所以连接接入层交换机的信息点是 44 个，需要两台接入层交换机。教学楼使用交换机的情况如图 12-7 所示。

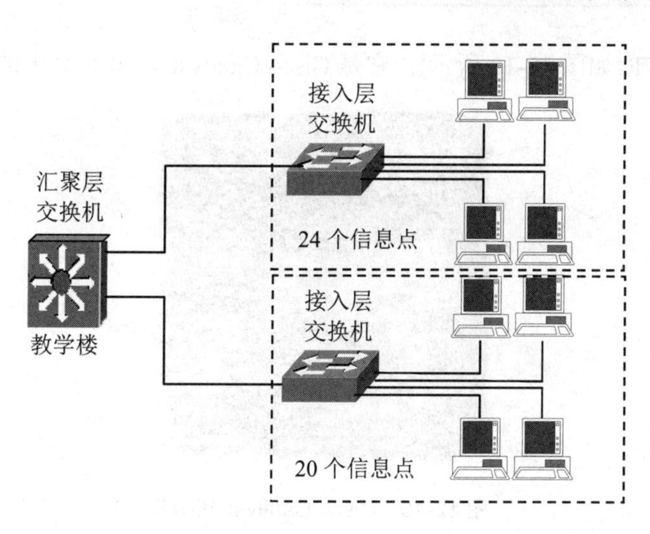

图 12-7　教学楼使用交换机的情况

3. 实验楼交换机使用情况

实验楼共有 5 个实验室(每个实验室有 50 台计算机)，每个实验室用两个信息点上连，因此计算机实验室共需 10 个上连信息点，加上办公室信息点 10 个，共计 20 个，直接连到汇聚层交换机上。

实验楼使用交换机的情况如图 12-8 所示。

4. 行政楼交换机使用情况

行政楼有 40 个信息点，可将 24 个信息点连接到接入层交换机，将重要部门的信息点连接到汇聚层交换机。

行政楼使用交换机的情况如图 12-9 所示。

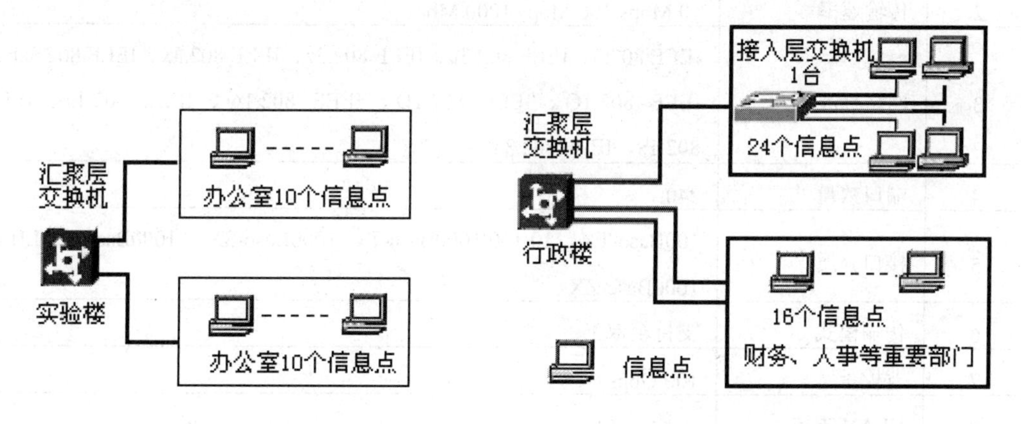

图 12-8　实验楼使用交换机的情况　　图 12-9　行政楼使用交换机的情况

12.3.2　核心交换机选型

根据×学校的规模和应用需求，主干为千兆、百兆到桌面，建议核心交换机使用

Cisco Catalyst 4507R(如图 12-10 所示)，它是 Cisco Catalyst 4500 系列中的一款产品。

图 12-10　Cisco Catalyst 4507R

Cisco Catalyst 4500 系列能够为无阻碍的第 2/3/4 层交换提供集成式弹性，因而能进一步加强对融合网络的控制。可用性高的融合语音/视频/数据网络能够为正在部署的基于互联网企业应用的企业和城域以太网客户提供业务弹性。4500 系列中提供的集成式弹性增强包括 1+1 超级引擎冗余(只对 Cisco Catalyst 4507R)、集成式 IP 电话电源、基于软件的容错以及 1+1 电源冗余。硬件和软件中的集成式冗余性能够缩短停机时间，从而提高生产率、利润率和客户成功率。

表 12-1 中列出的是 Cisco Catalyst 4507R 的一些主要参数。

表 12-1　Cisco Catalyst 4507R 主要参数

序　号	参　数	说　明
1	交换机类型	企业级交换机
2	传输速率	10 Mbps/100 Mbps/1000 Mbps
3	网络标准	IEEE 802.3、IEEE 802.3u、IEEE 802.3z、IEEE 802.3x、IEEE 802.3ab、IEEE 802.1Q、IEEE 802.1D、IEEE 802.1w、IEEE 802.1s、IEEE 802.1x、IEEE 802.3af
4	端口数量	240
5	接口介质	100Base-TX、10/100/1000Base-T、1000Base-SX、1000Base-LX/LH、1000Base-ZX
6	传输模式	支持全双工
7	背板带宽	100 Gbps
8	VLAN 支持	支持
9	MAC 地址表	32 k
10	模块化插槽数	7
11	指示面板	风扇制冷：包含在热插入/热取出单元中；良好：绿色(良好)；故障：红色(错误)；支持 SNMP MIB

续表

序　号	参　数	说　明
12	尺寸/ mm	439.7×317×487.4
13	重量/ kg	20.07
14	其他技术参数	7 个总插槽数；2 个交换管理引擎插槽；超级引擎冗余性(只限 Supervisor Engine II-Plus，IV 和 V)；支持的交换管理引擎 Supervisor Engine II-Plus，IV，V；5 个线路卡插槽；2 个电源机架数量；支持交流输入电源；支持直流输入电源；集成 PoE(IP 电话和无线接入点)支持；1 个风扇机架；19 英寸机架安装位置

12.3.3　汇聚层交换机选型

汇聚层交换机需要支持第三层交换，本方案可选择 Cisco WS-C3560G-24TS-S 交换机(如图 12-11 所示)。它是 Cisco Catalyst 3560 系列中的一款产品。

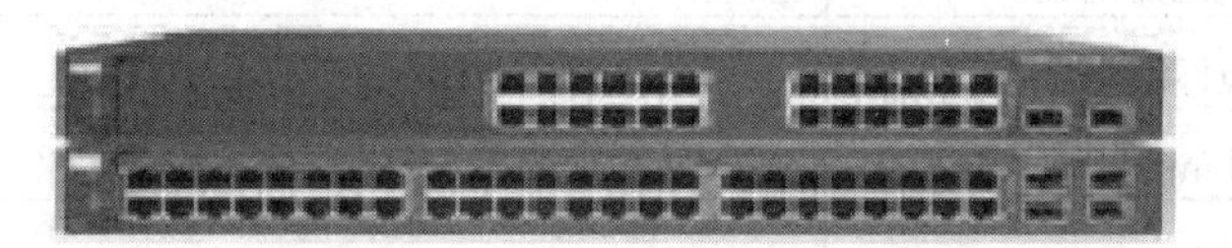

图 12-11　Cisco WS-C3560G-24TS-S

Cisco Catalyst 3560 系列交换机是一种采用快速以太网配置的固定配置、企业级、IEEE 802.3af 和思科预标准以太网电源(PoE)的交换机，它适用于小型企业布线室或分支机构环境的理想接入层交换机，这些环境将其 LAN 基础设施用于部署全新产品和应用，如 IP 电话、无线接入点、视频监视、建筑物管理系统和远程视频信息等。客户可以部署网络范围的智能服务，如高级 QoS、速率限制、访问控制列表、组播管理和高性能 IP 路由，并保持传统 LAN 交换的简便性。内嵌在 Cisco Catalyst 3560 系列交换机中的思科集群管理套件(CMS)让用户可以利用任何一个标准的 Web 浏览器，同时配置多个 Catalyst 桌面交换机并对其排障。Cisco CMS 软件提供了配置向导，可以大幅度简化融合网络和智能化网络服务的部署。

Catalyst 3560 系列为采用思科 IP 电话和 Cisco Aironet 无线 LAN 接入点，以及任何 IEEE 802.3af 兼容终端设备的部署，提供了较低的总体拥有成本(TCO)。以太网电源使客户无须再为每台支持 PoE 的设备提供墙壁电源，免除了在 IP 电话和无线 LAN 部署中所必不可少的额外布线。Catalyst 3560 24 端口版本可以支持 24 个 15.4 W 的同步全供电 PoE 端口，从而获得了最佳上电设备支持。

表 12-2 中列出了 Cisco WS-C3560G-24TS-S 的一些主要参数。

表 12-2　Cisco WS-C3560G-24TS-S 主要参数

序　号	参　数	说　明
1	交换机类型	千兆以太网交换机
2	内存	128 MB DRAM 和 32 MB 闪存

续表

序　号	参　数	说　　明
3	传输速率	10 Mbps/100 Mbps/1000 Mbps
4	网络标准	IEEE 802.3、IEEE 802.3u、IEEE 802.3z、IEEE 802.3ab
5	端口数量	24
6	接口介质	10/100/1000Base-T/1000FX/SX
7	传输模式	支持全双工
8	配置形式	可堆叠
9	交换方式	存储-转发
10	背板带宽	32 Gbps
11	VLAN 支持	支持
12	MAC 地址表	12 k
13	模块化插槽数	2
14	环境标准	工作温度 0～45℃
15	尺寸/mm	378×445×44
16	重量/kg	5.4
17	其他技术参数	网管功能 SNMP，CLI，Web，管理软件

12.3.4 接入层交换机选型

接入层计算机需要支持 VLAN 划分，可选用 Cisco WS-C2950-24 交换机(如图 12-12 所示)，它是 Cisco Catalyst 2950 系列中的一款。

图 12-12　Cisco WS-C2950-24

快速以太网桌面交换机 Cisco Catalyst 2950 系列，可以为局域网(LAN)提供极佳的性能和功能。这些独立的(10/100) Mbps 自适应交换机能够提供增强的服务质量(QoS)和组播管理特性，所有的这些都由易用、基于 Web 的 Cisco 集群管理套件(CMS)和集成 Cisco IOS 软件来进行管理。带有(10/100/1000) Mbps BaseT 上行链路的 Cisco Catalyst 2950 铜线千兆位，可为中等规模的公司和企业分支机构办公室提供理想的解决方案，使它们能够利用现有的五类铜线从快速以太网升级到更高性能的千兆位以太网主干。

表 12-3 中列出了 Cisco WS-C2950-24 的一些主要参数。

表 12-3　Cisco WS-C2950-24 主要参数

序　号	参　数	说　　明
1	交换机类型	快速以太网交换机
2	内存	16 MB DRAM 和 8 MB 内存
3	传输速率	10 Mbps/100 Mbps
4	网络标准	IEEE 802.1x、IEEE 802.3x、IEEE 802.1D、IEEE 802.1p CoS、IEEE 802.1Q、IEEE 802.3ab、IEEE 802.3u、IEEE 802.3
5	端口数量	24
6	接口介质	10/100Base-T
7	传输模式	支持全双工
8	配置形式	可堆叠
9	交换方式	存储-转发
10	背板带宽	8.8 Gbps
11	VLAN 支持	支持
12	MAC 地址表	8000
13	尺寸/mm	445×242×44
14	重量/kg	3.0
15	其他技术参数	网管功能：SNMP 管理信息库(MIB)II，SNMP MIB 扩展，桥接 MIB(RFC 1493)

12.3.5　路由器选型

在本方案中，校园网接入 Internet 的路由器选择 Cisco 2611XM(如图 12-13 所示)，它是 Cisco 2600 系列中的一款产品。Cisco 2600 系列可使用 Cisco 1600 和 Cisco 3600 系列的接口模块，提供了高效率、低成本的解决方案，以满足当今远程分支机构的需求，同时可支持以下应用。

- 多业务语音/数据集成。
- 办公室拨号服务。
- 企业外部网/VPN 访问。

Cisco 2600 系列的模块化体系结构具有适应此种变化所需要的通用性。Cisco 2600 系列使用功能强大的 RISC 处理器，其超强的功能可支持当今远程分支机构需要的高级服务质量、安全性和网络集成特性等。

Cisco 2600 系列具有单或双以太局域网接口，两个 Cisco 广域网接口卡插槽，一个 Cisco 网络模块插槽以及一个新型高级集成模块(AIM)插槽。

图 12-13　Cisco 2611XM 路由器

表 12-4 中列出了 Cisco 2611XM 的一些主要参数。

表 12-4　Cisco 2611XM 主要参数

序　号	参　数	说　明
1	Cisco2600 系列型号	2611XM
2	处理器类型	40 MHz CPU
3	性能	20kbps
4	内存	16MB 闪存，最大 48MB；系统内存 32MB，最大 128MB
5	集成化 WIC 插槽	2
6	机载 AIM(内部)	1
7	最低 Cisco IOS 版本	12.1(14) mainline、12.2(x) mainline(将来)、12.2(8)T1 或更高版本

12.3.6　防火墙选型

在本方案中，防火墙选择 Cisco PIX 515E(如图 12-14 所示)，它是被广泛采用的 Cisco PIX 515 平台的增强版本。它可以提供业界领先的状态防火墙和 IP 安全(IPSec)虚拟专用网服务，具有更强的处理能力和集成化的、基于硬件的 IPSec 加速功能。

Cisco PIX 515E 多功能的单机架单元(1RU)机箱可以支持 6 个接口，使之成为那些需要一个具有 DMZ 支持的、成本低廉的安全解决方案的企业的理想选择。作为全球领先的 Cisco PIX 防火墙系列的一部分，它可以为今天的网络用户提供无与伦比的安全性、可靠性。

Cisco PIX 515E 是一个针对特定需求而设计的防火墙设备，可以提供前所未有的安全性。它可以与 Cisco PIX 操作系统(OS)紧密集成，该操作系统是一个专用的、强化的系统，可以消除在通用的操作环境中经常出现的安全漏洞和性能损耗。

该系统的核心是一种基于自适应安全算法(ASA)的保护机制，可以提供针对状态的、面向连接的防火墙功能，同时阻截常见的拒绝服务(DoS)攻击。

Cisco PIX 515E 还是一个全功能的 VPN 网关，可以在公共网络上安全地传输数据。它可以通过 56 位数据加密标准(DES)或者 168 位 3 重 DES(3DES)支持站点间和远程接入 VPN 应用。根据所选择的 Cisco PIX 515E 型号的不同，VPN 功能可以作为 Cisco PIXOS

的一项服务提供，也可以通过一个集成的、基于硬件的 VPN 加速卡(VAC)提供，这种加速卡最多可以提供 63 Mbps 的吞吐量和 2000 个 IPSec 隧道。

图 12-14　Cisco PIX 515E 防火墙

12.4　校园网逻辑结构设计

校园网逻辑结构设计主要是子网的划分及 VLAN 的设置。从校园网的安全性、IP 地址的可管理性和 IP 地址资源的有限性出发，将整个校园网络分成若干个子网网段进行有效管理是十分必要的。

12.4.1　子网划分的原则

把一个大的网络划分成若干个小的网络，叫子网。划分 IP 子网，有利于搞好系统维护，合理配置系统资源，减少资源浪费。以下是子网划分时可依据的基本原则。

- 需要将校外开放的服务器划分在同一网段，并分配给真实的 IP 地址。
- 除了接入 Internet 的路由器外，将所有网络设备划分到私有网段。
- 将不对外开放的服务器划分到专有的网段，其地址对外是隐藏的。
- 将不同部门的机器相互隔离，划分到不同的网段中。
- 划分子网应使 IP 地址管理简单，同时避免 IP 地址资源的大量浪费。

12.4.2　子网划分的方法

根据×学校的应用类型划分子网时，将具有相同应用的部门划分在同一个子网中。下面是×学校划分的子网。

- 服务器子网：所有直接连入 Internet 的、对校外开放的服务器划分在同一网段，并分配给真实的 IP 地址。
- 网络设备子网：除了接入广域网的路由器之外，其他所有的网络设备划分到私有的网段，并分配私有的 IP 地址。
- 办公室子网：主要包括行政楼所有的计算机、图书馆办公室的计算机和实验楼办公室的计算机。
- 多媒体教室子网：包括教学楼中所有多媒体教室内的计算机。
- 教室子网：包括教学楼中所有教室内的计算机。
- 电子阅览室子网：电子阅览室所有的计算机。

- 图书馆子网：学生阅览室和借书室的计算机。
- 计算机实验室子网 1：包括计算机实验室 1 中的所有计算机。
- 计算机实验室子网 2：包括计算机实验室 2 中的所有计算机。
- 计算机实验室子网 3：包括计算机实验室 3 中的所有计算机。
- 计算机实验室子网 4：包括计算机实验室 4 中的所有计算机。
- 计算机实验室子网 5：包括计算机实验室 5 中的所有计算机。
- 学生宿舍 1#子网：包括学生宿舍 1#的 200 台计算机。
- 学生宿舍 2#子网：包括学生宿舍 2#的 200 台计算机。

上面这些子网所包含的计算机，它们在物理上并不完全处于一个物理网段中，而是我们根据具体的应用类型将其归纳到一起。这里每一个子网就是一个逻辑的子网，也可称为 VLAN(虚拟局域网)。因此，选用的接入层交换机应支持 VLAN 划分，具备三层交换的能力。

12.5 校园网应用系统设计

12.5.1 网络管理

为了保证校园网更加有效地、可靠地运行，建议配置一台网络管理工作站，以便更有效地对校园网进行管理。网络工作站上运行 Cisco Works 2000 for Windows 2000 企业版网管软件。该软件是 Cisco 公司最新的基于 Web 界面的网管产品，其主要功能如下。

- 提供校园网内 Cisco 交换器、路由器的自动识别和自动拓扑结构图。
- 提供系统级的虚拟局域网拓扑结构图。
- 通过简单的鼠标单击提供链路信息。
- 虚拟局域网的管理功能(路径、增/删/改名称、故障检查)。
- 性能管理，包括性能监视分析、性能趋势分析、报警等。
- 远程网络配置功能。
- 网络设备管理，建立和维护网络设备数据库。

12.5.2 Internet 应用

校园网向 CERNET 申请 IP 地址和域名后，通过配置相应的设备可以提供 DNS、WWW、FTP、E-mail、BBS 服务。设计时要考虑两个方面的内容：网络操作系统和服务器。

1. 网络操作系统

网络操作系统是网络的灵魂和核心，它使得网络上的计算机能够方便而有效地进行网络通信和资源共享，为用户提供各种网络服务，用户可以有效地使用和管理网络资源。网络操作系统是网络和用户之间的接口。

网络操作系统都是多任务、多用户的操作系统，有专门设计的多种功能，如性能优化、访问控制、高级安全性以及 Web 功能。

目前比较流行的网络操作系统有：Windows 系列、Linux、UNIX、NetWare 等。

2. 服务器

在服务器的选择上，每种服务可以由一台服务器承担，以提高系统的可靠性；也可以几种服务由一台服务器承担。

服务器可以采用品牌产品，如 Dell、联想、HP、方正等相关公司的产品。

服务器是提供信息让别人访问的机器，通常又称为主机。由于要求人们在任何时候都可以访问到它，因此它必须每时每刻都连接到 Internet 上，并拥有自己永久的 IP 地址。为此不仅需要设置专用的计算机硬件，还得租用昂贵的数据专线，再加上各种维护费用，如房租、人工、电费等，使得系统成本提高。为此，建议采用虚拟主机技术。

12.5.3　视频点播

基于校园网的视频点播(VOD)，实际上就是在校园网上运行的一款或者一组 IP/TV 软件。这款 IP/TV 软件能提供 VOD 视频点播功能，并且随着用户数的增加可以随时扩充 VOD 服务器的能力；同时，该软件要符合国际上网络的实时数据流传输的多项协议和标准，可运行于复杂的、大中型网络环境上，能够均衡网络和服务器负载，避免网络阻塞，并且具有很高的图像和声音传输质量。上网的人只要通过浏览器或 IP/TV 接收软件即可点播到想要收听收看的节目，学生可以通过电脑在不同的多媒体教室等地方进行教学课程和课件的视频点播等。

IP/TV 系统软件在校园网中的位置如下。

- 视频点播服务器上装有 IP/TV 软件及 Server 软件，进行 IP/TV 系统管理，并充当点播服务器。
- 在 WWW 服务器上装有 Server 软件，充当点播服务器。
- 在多媒体服务器上装有 IP/TV 软件及 Server 软件，充当点播服务器。

12.5.4　基于校园网的多媒体教学系统

基于校园网的多媒体教学系统是一个由硬件、软件、教学内容和教学管理机构组成的一体化有机系统。下面主要介绍硬件和软件两个部分。

1. 硬件结构

支撑网络教学系统的物质基础就是一个实际的计算机网络，一般是一个网络中心，它根据支持的学生人数、范围、学生访问网络的方式等诸多因素的不同而有较大的变化，组织结构形式也各不相同。

一般来说，网络教学系统包含以下几个模块。

(1) 接入模块：主要设备是路由器，主要作用是通过网络专线将校园网接入 Internet。

(2) 交换模块：整个网络连接与传输的核心。

(3) 服务器模块：负责信息的收集、存储和发布。一般有 Web 服务器、FTP 服务器、

E-mail 服务器、DNS 服务器和数据库服务器等。

(4) 网络管理和计费模块：管理模块负责整个网络的监控、运行性能的监测、故障的预警与诊断等。计费模块主要用来记录网络使用的资费信息。

(5) 拨号用户和局域网用户模块：主要功能是让学生和老师能够以多种方式访问网络资源，从而达到教学或学习的目的，其主要设备是访问服务器。

(6) 课件制作与开发模块：主要是开发、维护网上的教学内容与教育资源，以实现教育信息的不断更新和丰富。

(7) 双向交互同步教学模块：是一个基于高速数据网络的双向可视会话系统，它可以将演播教室中教师的讲解情况实时传送到远程多媒体教室。

2. 软件结构

一个完整的基于 Internet 的教学系统，不仅需要系统软件的支持，同时还需要一些专门支持教学的应用软件。一个多媒体教学系统软件包括以下几个部分。

- 多媒体授课系统。
- 师生交互工具。
- 题库管理系统。
- 考试和评价系统。
- 学习资源库管理系统。
- 自动答疑系统。
- 学习管理系统。
- 作业批阅系统。
- 网络课件写作系统。
- 教学管理系统。
- 基于 Web 的虚拟实验室。

当然，还有其他的一些应用，我们在设计校园网时需要重点考虑和研究，在本校园网方案中我们就不作具体介绍了。

12.6 小型案例实训

1. 实验目的

初步掌握局域网工程设计的方法与原理，并能书写简单的工程设计方案。

2. 实验设备

无。

3. 实验内容

假设某个小学有两栋楼：教学楼和园丁楼(教工宿舍楼)，两栋楼相距 500 m。教学楼的 1 层为学校行政办公区，共 8 间办公室(其中有一个办公室将安装 5 台计算机，其余各安装 1 台)；2～5 层为 16 间教室；6 层有图书馆(安装 2 台计算机)、计算机室(安装 50 台计算机)、语音室、多功能会议室(安装 15 台计算机)。园丁楼共 36 位教师。学校计划建设校园网，网络中心设在教学楼 6 层。请为其进行网络设计。

4. 实验步骤

(1) 用户需求分析。

(2) 网络与拓扑结构设计。

(3) 网络软硬件结构设计。

(4) 设计方案特点。

(5) 方案预算。

12.7　思考与练习

1. 在相关网站上，查找一个企业网络或校园网，并分析其设计的优缺点，提出改进方案。

2. 对学校某一部门或学院的网络系统进行调查，按网络设计步骤为其设计一个网络系统。

附录A　全国计算机等级考试三级网络技术考试大纲(2013年版)

基本要求

1. 了解大型网络系统规划、管理方法。
2. 具备中小型网络系统规划、设计的基本能力。
3. 掌握中小型网络系统组建、设备配置调试的基本技术。
4. 掌握企事业单位中小型网络系统现场维护与管理基本技术。
5. 了解网络技术的发展。

考试内容

一、网络规划与设计

1. 网络需求分析。
2. 网络规划与设计。
3. 网络设备及选型。
4. 网络综合布线方案设计。
5. 接入技术方案设计。
6. IP地址规划与路由设计。
7. 网络系统安全设计。

二、网络构建

1. 局域网组网技术。

(1) 网线制作方法。

(2) 交换机配置与使用方法。

(3) 交换机端口的基本配置。

(4) 交换机VLAN配置。

(5) 交换机STP配置。

2. 路由器配置与使用。

(1) 路由器基本操作与配置方法。

(2) 路由器接口配置。

(3) 路由器静态路由配置。

(4) RIP动态路由配置。

(5) OSPF动态路由配置。

3. 路由器高级功能。

(1) 设置路由器为DHCP服务器。

(2) 访问控制列表的配置。
(3) 配置 GRE 协议。
(4) 配置 IPSec 协议。
(5) 配置 MPLS 协议。
4. 无线网络设备安装与调试。

三、网络环境与应用系统的安装调试

1. 网络环境配置。
2. WWW 服务器安装调试。
3. E-mail 服务器安装调试。
4. FTP 服务器安装调试。
5. DNS 服务器安装调试。

四、网络安全技术与网络管理

1. 网络安全。
(1) 网络防病毒软件与防火墙的安装与使用。
(2) 网站系统管理与维护。
(3) 网络攻击防护与漏洞查找。
(4) 网络数据备份与恢复设备的安装与使用。
(5) 其他网络安全软件的安装与使用。
2. 网络管理。
(1) 管理与维护网络用户账户。
(2) 利用工具软件监控和管理网络系统。
(3) 查找与排除网络设备故障。
(4) 常用网络管理软件的安装与使用。

五、上机操作

在仿真网络环境下完成以下考核内容。
1. 交换机配置与使用。
2. 路由器基本操作与配置方法。
3. 网络环境与应用系统安装调试的基本方法。
4. 网络管理与安全设备、软件安装、调试的基本方法。

考试方法

上机考试，120 分钟，总分 100 分。

附录B　全国计算机等级考试三级网络技术样卷与答案解析

样卷1

(考试时间90分钟，满分100分)

一、选择题(每小题1分，共40分)

下列各题A)、B)、C)、D)四个选项中，只有一个选项是正确的，请将正确选项涂写在答题卡相应位置上，答在试卷上不得分。

1．下列属于广域网QoS技术的是_______。

A) RSVP　　B) PSTN　　C) MSTP　　D) ISDN

2．下列关于RPR技术的描述中，错误的是_______。

A) 可以对不同的业务数据分配不同的优先级

B) 能够在100ms内隔离出现故障的节点和光纤段

C) 内环和外环都可以用于传输数据分组和控制分组

D) 是一种用于直接在光纤上高效传输IP分组的传输技术

3．按照ITU-T标准，传输速度为622.080 Mbps的标准是_______。

A)OC-3　　B)OC-12　　C)OC-48　　D)OC-192

4．下列关于光纤同轴电缆混合网HFC的描述中，错误的是_______。

A)HFC是一个双向传输系统

B)HFC光纤节点通过同轴电缆下引线为用户提供服务

C)HFC为有线电视用户提供了一种Internet接入方式

D)HFC通过Cable Modem将用户计算机与光缆连接起来

5．允许用户在不切断电源的情况下，更换存在故障的硬盘、电源或板卡等部件的功能是_______。

A)热插拔　　B)集群　　C)虚拟机　　D)RAID

6．下图是企业网中集群服务器接入核心层的两种方案。

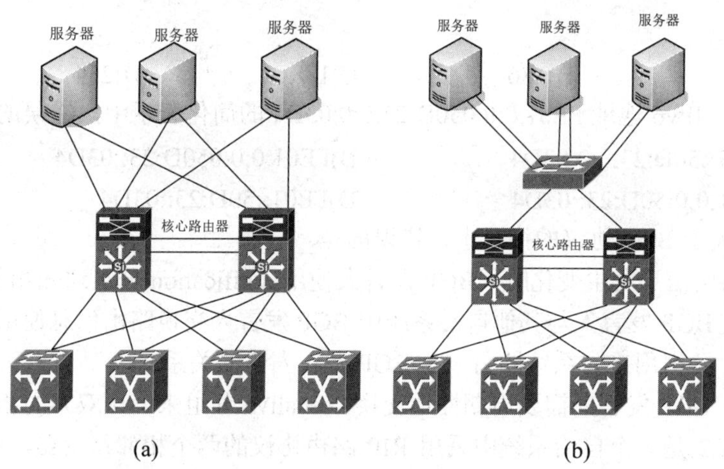

关于两种方案技术特点的描述中，错误的是_______。

A)两种方案均采取链路冗余的方法　　B)方案(a)较(b)的成本高

C)方案(a)较(b)的可靠性低　　D)方案(b)较(a)易形成带宽瓶颈

7．一台交换机具有12个10/100 Mbps电端口和2个1 000 Mbps光端口，如果所有端口都工作在全双工状态，那么交换机总宽带应为_______。

A)3.2Gbps　　B)4.8Gbps　　C)6.4Gbps　　D)14Gbps

8．IP地址211.81.12.129/28的子网掩码可写为_______。

A)255.255.255.192　　B)255.255.255.224

C)255.255.255.240　　D)255.255.255.248

9．下图是网络地址转换NAT的一个示例。

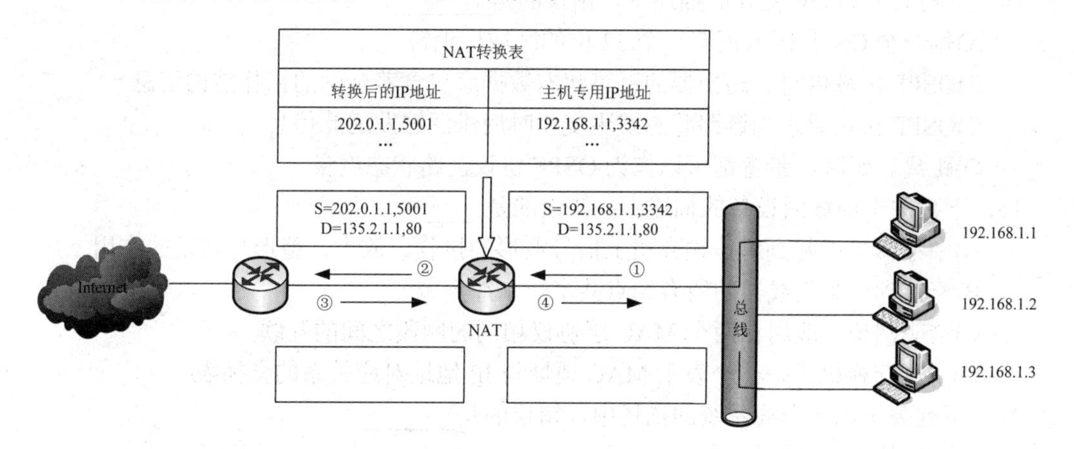

根据图中信息，标号为③的方格中的内容应为_______。

A)S=135.2.1.1,80　　D=202.0.1.1,5001

B)S=135.2.1.1,80　　D=192.168.1.1,3342

C)S=202.0.1.1,5001　　D=135.2.1.1,80

D)S=192.168.1.1,3342　　D=135.2.1.1,80

10．IP地址块59.67.159.0/26、59.67.159.64/26和59.67.159.128/26聚合后可用的地址

数为_______。

A)126　　B)186　　C)188　　D)254

11．下列对IPv6地址FE01:0:0:050D:23:0:0:03D4的简化表示中，错误的是_______。

A)FE01::50D:23:0:0:03D4　　B)FE01:0:0:050D:23::03D4

C)FE01:0:0:50D:23::03D4　　D)FE01::50D:23::03D4

12．下列关于BGP协议的描述中，错误的是_______。

A)当路由信息发生变化时，BGP发言人使用notification分组通知相邻自治系统

B)一个BGP发言人与其他自治系统中BGP发言人交换路由信息使用TCP连接

C)open分组用来与系统的另一个BGP发言人建立关系

D)两个BGP发言人需要周期性地交换keepalive分组来确认双方的相邻关系

13．R1、R2是一个自治系统中采用RIP路由协议的两个相邻路由器，R1的路由表如下图(a)所示，R1收到R2发送的如下图(b)的(V，D)报文后，R1更新的4个路由表项中距离值从上到下依次为0、2、3、3。

目的网络	距离	路由
10.0.0.0	0	直接
20.0.0.0	3	R2
30.0.0.0	5	R3
40.0.0.0	3	R4

(a)

目的网络	距离
10.0.0.0	①
20.0.0.0	②
30.0.0.0	③
40.0.0.0	④

(b)

那么，①②③④可能的取值依次为_______。

A)0、3、4、3　B)1、2、3、3　　C)2、1、3、2　　D)3、1、2、3

14．下列关于OSPF协议的描述中，错误的是_______。

A)每一个OSPF区域拥有一个32位的区域标识符

B)OSPF区域内每个路由器的链路状态数据库包含着全网的拓扑结构信息

C)OSPF协议要求当链路状态发生变化时用洪泛法发送此信息

D)距离、延时、带宽都可以作为OSPF协议链路状态度量

15．下列关于局域网设备的描述中，错误的是_______。

A)中继器只能起到对传输介质上信号波形的接收、放大、整形与转发的作用

B)连接到一个集线器的所有结点共享一个冲突域

C)透明网桥一般用在两个MAC层协议相同的网段之间的互联

D)二层交换机维护一个表示MAC地址与IP地址对应关系的交换表

16．下列关于综合布线系统的描述中，错误的是_______。

A)STP比UTP的成本高

B)对于高速率终端可采用光纤直接到桌面的方案

C)建筑群子系统之间一般用双绞线连接

D)多介质插座用来连接铜缆和光纤

17．Cisco Catalyst 6500交换机采用Telnet远程管理方式进行配置，其设备管理地址是194.56.9.178/27，默认路由是194.56.9.161，下列对交换机预先进行的配置，正确的是_______。

A)Switch-6500>(enable)set interface sc0 194.56.9.178 255.255.255.224 194.56.9.191
Switch-6500>(enable)set ip route0.0.0.0 194.56.9.161

B)Switch-6500>(enable)set port sc0 194.56.9.178 255.255.255.224 194.56.9.191
Switch-6500>(enable)set ip route0.0.0.0 194.56.9.161

C)Switch-6500>(enable)set interface sc0 194.56.9.178 255.255.255.224 194.56.9.255
Switch-6500>(enable)set ip default route 194.56.9.161

D)Switch-6500>(enable)set interface vlan1 194.56.9.178 255.255.255.224 194.56.9.191
Switch-6500>(enable)set ip route0.0.0.0 194.56.9.161

18．IEEE 制定的生成树协议标准是_______。

A)IEEE 802.1B　B)IEEE 802.1D　C)IEEE 802.1Q　D)IEEE 802.1X

19．现有 SW1-SW4 四台交换机相连，它们的 VIP 工作模式分别设定为 Server、Client、Transparent 和 Client。若在 SW1 上建立一个名为 VLAN100 的虚拟网，这时能够学到这个 VLAN 配置的交换机应该是_______。

A)SW1 和 SW3　B)SW1 和 SW4　C)SW2 和 SW4　D)SW3 和 SW4

20．下列对 VLAN 的描述中，错误的是_______。

A)VLAN 以交换式网络为基础　B)VLAN 工作在 OSI 参考模型的网络层
C)每个 VLAN 都是一个独立的逻辑网段　D)VLAN 之间通信必须通过路由器

21．Cisco 路由器用于查看路由表信息的命令是_______。

A)show ip route　B)show ip router　C)show route　D)show router

22．下列对 loopback 接口的描述中，错误的是_______。

A)Loopback 是一个虚拟接口，没有一个实际的物理接口与之对应
B)Loopback 接口号的有效值为 0～214 748 364 7
C)网络管理员为 loopback 接口分配一个 IP 地址，其掩码应为 0.0.0.0
D)Loopback 永远处于激活状态，可用于网络管理

23．在一台 Cisco 路由器上执行 show access-lists 命令显示如下一组限制远程登录的访问控制列表信息。

```
Standard IP access list 40
permit 167.112.75.89(54 matches)
permit 202.113.65.56(12 matches)
deny   any   (1581 matches)
```

根据上述信息，正确的 access-list 的配置是_______。

A)Router(config)#access-list 40 permit 167.112.75.89
Router(config)#access-list 40 permit 202.113.65.56
Router(config)#access-list 40 deny any
Router(config)#line vty 0 5
Router(config-line)#access-class 40 in

B)Router(config)#access-list 40 permit 167.112.75.89 log
Router(config)#access-list 40 permit 202.113.65.56 log
Router(config)#access-list 40 deny any log

Router(config)#line vty 0 5

Router(config-line)#access-class 40 in

C)Router(config)#access-list 40 permit 167.112.75.89 log

Router(config)#access-list 40 permit 202.113.65.56 log

Router(config)#access-list 40 deny any log

Router(config)#line vty 0 5

Router(config-line)#access-class 40 out

D)Router(config)#access-list 40 permit 167.112.75.89

Router(config)#access-list 40 permit 202.113.65.56

Router(config)#access-list 40 deny any log

Router(config)#line vty 0 5

Router(config-line)#access-class 40 out

24．某校园网采用 RIPv1 路由协议，通过一台 Cisco 路由器 R1 互连两个子网，地址分别为 213.33.56.0 和 213.33.56.128，掩码为 255.255.255.128，并要求过滤 g0/1 接口输出的路由更新信息，那么 R1 正确的路由协议配置是_______。

A)Router(config)#access-list 12 deny any

Router(config)#router rip

Router(config-router)#distribute-list 12 in g0/1

Router(config-router)#network 213.33.56.0

B)Router(config)# router rip

Router(config)#passive-interface g0/1

Router(config-router)#network 213.33.56.0 255.255.255.128

Router(config-router)#network 213.33.56.128 255.255.255.128

C)Router(config)# router rip

Router(config-router)#passive-interface g0/1

Router(config-router)#network 213.33.56.0

D)Router(config)#passive-interface g0/1

Router(config)# router rip

Router(config-router)#network 213.33.56.0

25．下列关于 IEEE 802.11 标准的描述中，错误的是_______。

A)定义了无线结点和无线接入点两种类型的设备

B)无线结点的作用是提供无线和有线网络之间的桥接

C)物理层最初定义了 FHSS、DSSS 扩频技术和红外传播三个规范

D)MAC 层的 CSMA/CA 协议利用 ACK 信号避免冲突的发生

26．在组建一个家庭局域网时，有三台计算机需要上网访问 Internet，但 ISP 只提供一个连接到网络的接口，且只为其分配一个有效的 IP 地址。那么在组建这个家庭局域网时可选用的网络设备是_______。

A)无线路由器　　B)无线接入点　　C)无线网桥　　D)局域网交换机

27．下列关于蓝牙系统的技术指标的描述中，错误的是_______。

A)工作频段在 2.402～2.480 GHz 的 ISM 频段

B)标准数据速率是 1 Mbps

C)对称连接的一步信道速率是 433.9 kbps

D)同步信道速率是 192 kbps

28．下列 Windows 2003 系统命令中，可以清空 DNS 缓存(DNS Cache)的是_______。

A)nbtstat　　B)netstat　　C)nslookup　　D)ipconfig

29．下列关于 Windows 2003 系统下 DHCP 服务器的描述中，正确的是_______。

A)设置租约期限可控制用户的上网时间

B)添加排除时不需要获取客户机的 MAC 地址信息

C)保留是指客户机静态配置的 IP 地址，不需服务器分配

D)新建保留时需输入客户机的 IP 地址、子网掩码和 MAC 地址等信息

30．下列关于 Windows 2003 系统下 WWW 服务器的描述中，错误的是_______。

A)Web 站点必须设置网站的默认文档后才能被访问

B)建立 Web 站点时必须为该站点指定一个主目录

C)网站的连接超时选项是指 HTTP 连接的保持时间

D)网站的宽带选项能限制该网站可使用的网络宽带

31．下列关于 Serv_U FTP 服务器配置的描述中，错误的是_______。

A)Serv_U FTP 服务器中的每个虚拟服务器由 IP 地址唯一识别

B)Serv_U FTP 服务器中的最大用户数是指同时在线的用户数量

C)Serv_U FTP 服务器最大上传或下载速度是指整个服务器占用的带宽

D)配置服务器的域端口号时，既可使用端口 21 也可选择其他合适的端口号

32．若用户 A 和 B 的邮件服务器分别为 mail.aaa.com 和 mail.bbb.com，则用户 A 通过 Outlook 向用户 B 发送邮件时，用户 A 端需解析的域名及类型为_______。

A)mail.aaa.com 和邮件交换器资源记录　　B)mail.bbb.com 和邮件交换器资源记录

C)mail.aaa.com 和主机资源记录　　D)mail.bbb.com 和主机资源记录

33．下列关于入侵检测系统探测器获取网络流量的方法中，错误的是_______。

A)利用交换设备的镜像功能　　B)在网络链路中串接一台分路器

C)在网络链路中串接一台集线器　　D)在网络链路中串接一台交换机

34．下列关于数据备份方法的描述中，错误的是_______。

A)完全备份比差异备份使用的空间大　　B)差异备份比增量备份的恢复速度慢

C)增量备份比完全备份的备份速度快　　D)恢复时差异备份只使用两个备份记录

35．Cisco PIX 525 防火墙能够进行操作系统映像更新、口令恢复等操作的模式是_______。

A)特权模式　　B)非特权模式　　C)监视模式　　D)配置模式

36．根据可信计算机系统评估准则(TESEC)，不能用于多用户环境下重要信息处理的系统属于_______。

A)A 类系统　　B)B 类系统　　C)C 类系统　　D)D 类系统

37．下列关于 ICMP 的叙述中，错误的是_______。

A)IP 包的 TTL 值域为 0 时路由器发出“超时”报文

B)收到“Echo 请求”报文的目的节点必须向源节点发出“Echo 应答”报文
C)ICMP 消息被封装在 TCP 数据包内
D)数据包中指定的目的端口在目的节点无效时，源节点会收到一个“目标不可达”报文

38. 网络防火墙不能够阻断的攻击是______。

A)DoS　B)SQL 注入　C)Land 攻击　D)SYN Flooding

39. 如果在一套主机的 Windows 环境下执行命令 Ping www.pku.edu.cn，得到下列信息。

```
Pinging www.pku.edu.cn [162.105.131.113] with 32 bytes of data:
Request timed out.
Request timed out.
Request timed out.
Request timed out.
Ping statistics for 162.105.131.113:
Packets:Sent=4,Received=0,Lost=4 (100%loss)
```

那么下列结论中无法确定的是______。
A)为 www.pku.edu.cn 提供名字解析的服务器工作正常
B)本机配置的 IP 地址可用
C)本机使用的 DNS 服务器工作正常
D)本机的网关配置正确

40. 下列 Windows 命令中，可以用于检测本机配置的域名服务器是否工作正常的命令是______。

A)netstat　B)pathping　C)ipconfig　D)nbstat

二、综合题(每空 2 分，共 40 分)

请将每一个空的正确答案写在答题卡【1】～【20】序号的横线上，答在试卷上不得分。

1. 计算并填写下表。

IP 地址	111.181.21.9
子网掩码	255.192.0.0
地址类别	【1】
网络地址	【2】
直接广播地址	【3】
主机号	【4】
子网内的最后一个可用 IP 地址	【5】

2. 如图 1 所示，某园区网用 10 Gbps 的 POS 技术与 Internet 相连，POS 接口的帧格式是 SDH。园区网内部路由协议采用 OSPF，园区网与 Internet 的连接使用静态路由协议。

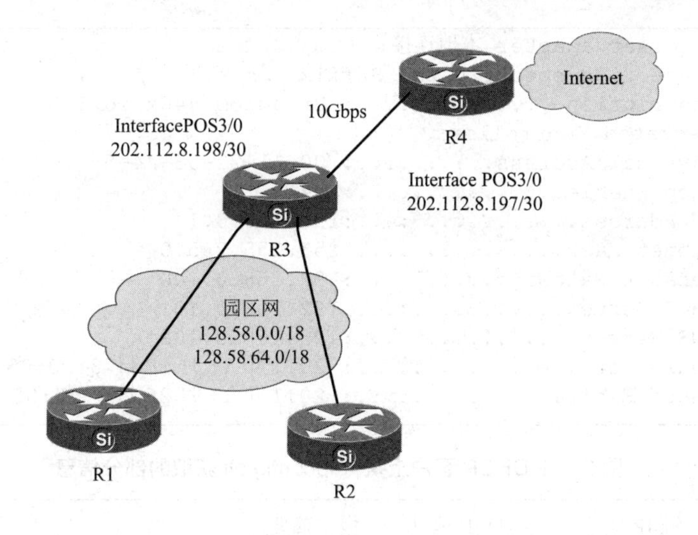

图 1　网络拓扑图

请阅读以下 R3 的部分配置信息，并补充【6】～【10】空白处的配置命令或参数，按题目要求完成路由器的配置。

R3 的 POS 接口、OSPF 和默认路由的配置信息如下。

```
Router-R3#configure terminal
Router-R3(config)#
Router-R3(config)#interface pos3/0
Router-R3(config-if)#description To Internet
Router-R3(config-if)#bandwidth 10000000
Router-R3(config-if)#ip address 202.112.8.198 255.255.255.252
Router-R3(config-if)#crc 32
Router-R3(config-if)#pos__________【6】__________sdh
Router-R3(config-if)#no ip directed-broadcast
Router-R3(config-if)#pos flag__________【7】__________
Router-R3(config-if)#no shutdown
Router-R3(config-if)#exit
Router-R3(config)#__________【8】__________65
Router-R3(config-router)#network 128.58.0.0__________【9】__________area 0
Router-R3(config- router)#redistribute connected metric-type 1 subnets
Router-R3(config- router)#area 0 range 128.58.0.0 255.255.128.0
Router-R3(config- router)#exit
Router-R3(config)#ip route__________【10】__________
Router-R3(config)#exit
Router-R3#
```

3．网络管理员使用 DHCP 服务器对公司内部主机的 IP 地址进行管理，在 DHCP 客户机上执行“ipconfig/all”命令得到的部分信息如图 2 所示，该客户机在进行地址续约时捕获的其中 1 条报文及相关分析如图 3 所示。请分析图中的信息，补全图 3 中【11】～【15】的内容。

```
  Ethernet adapter 本地连接:
  Connection-specific DNS Suffix  .:
  Description...............: Broadcom 440x 10/100
Integrated Controller
  Physical Address..........: 00-11-22-33-44-55
  Dhcp Enable...............:Yes
  IP Address................:192.168.0.1
  Subnet Mask...............:255.255.255.0
  Default Gateway...........:192.168.0.100
  DHCP Server...............:192.168.0.101
  DNS Server................:192.168.0.102
  Lease Obtained...........: 2011年11月18日 8:30:05
  Lease Expires............: 2011年11月26日 8:30:05
```

图2 在DHCP客户上执行ipconfig/all获取的部分信息

```
编号   源IP地址   目的IP地址   报文摘要
 1    【11】     【12】      DHCP: Request, Type: DHCP【13】
DHCP:-----DHCP Header-----
DHCP:Boot record type                      =1(Request)
DHCP:Hardware address type                 =1(10MEthernet)
DHCP:Hardware address length               =6 bytes
DHCP:Hops                                  =0
DHCP:Transaction id                        =34191219
DHCP:Elapsed boot time                     =0 seconds
DHCP:Flags                                 =0000
DHCP:0                                     =no broadcast
DHCP:Client self-assigned address          =【14】
DHCP:Client address                        =【15】
DHCP:Next Server to use  in bootstrap      =[0.0.0.0]
DHCP:Reply Agent                           =[0.0.0.0]
DHCP:Client hardware address               =001122334455
DHCP:Host name                             =""
DHCP:Boot file name                        =""
DHCP:Vendor Information tag                =53825276
DHCP:Message Type                          =3
DHCP:Client identifier                     =01001122334455
DHCP:Hostname                              ="Host1"
DHCP:Unidentified tag 81
DHCP:Class identifier                      =4D53465420352E30
DHCP:Parameter Request List:11 entries
```

图3 在DHCP客户机上进行地址续约时捕获的一条报文及相关分析

4. 图4是校园网某台主机使用浏览器访问某个网站，在地址栏中输入URL时用sniffer捕获的数据包。

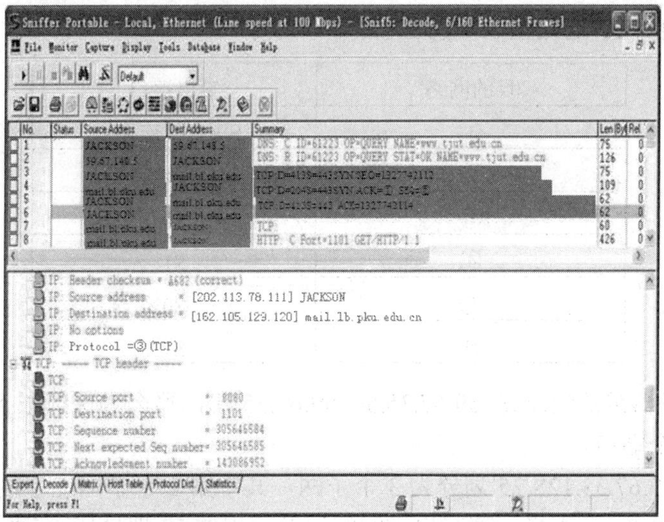

图 4　Sniffer 捕获的数据包

请根据图中信息回答下列问题。

(1) 该 URL 是____【16】____。

(2) 该主机配置的 DNS 服务器的 IP 地址是____【17】____。

(3) 图中的①②③删除了部分显示信息，其中②应该是____【18】____，③应该是____【19】____。

(4) 该主机的 IP 地址是____【20】____。

三、应用题

请根据图 5 所示网络结构回答下列问题。

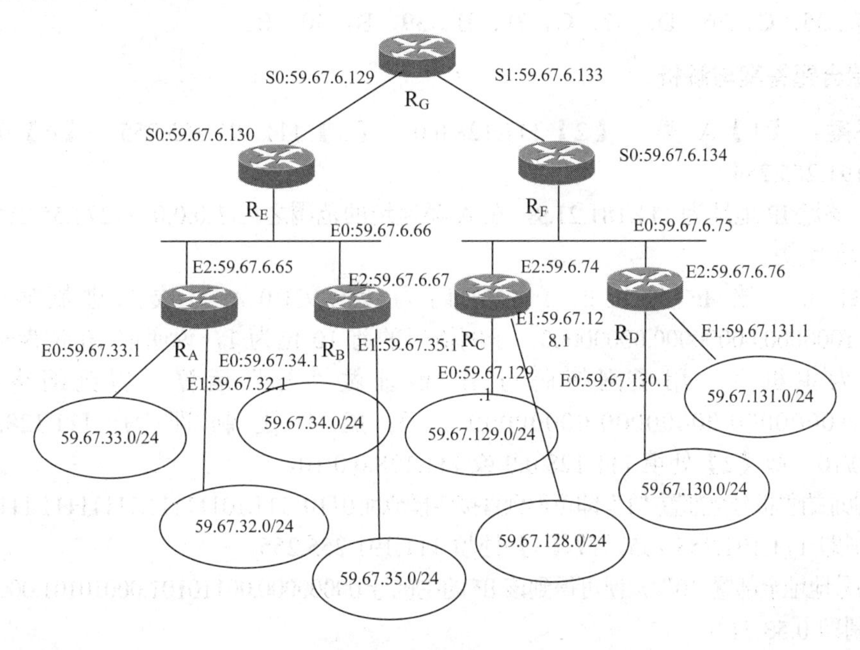

图 5　网络结构示意图

(1) 填写路由器 R_G 的路由表项①至⑥。

目的网络	输出端口
①	S0(直接连接)
②	S1(直接连接)
③	S0
④	S1
⑤	S0
⑥	S1

(2) 如果服务器组的地址是 59.67.35.5～59.67.35.10，那么为保护服务器应将 IPS 串接在哪个设备的哪个端口。

(3) 如果将 59.67.33.128/25 划分为 3 个子网，其中第 1 个子网能容纳 58 台主机，后两个子网分别能容纳 26 台主机，请写出子网掩码及可用的 IP 地址段。(注：请按子网顺序号分配网络地址)。

样卷 1 答案解析

一、选择题答案与解析

1．A。2．B。3．B。4．D。5．A。6．C。7．C。8．C。9．A。
10．D。11．D。12．A。13．D。14．B。15．D。16．C。17．A。
18．B。19．C。20．B。21．A。22．C。23．A。24．C。25．C。
26．A。27．D。28．D。29．B。30．D。31．C。32．B。33．D。
34．B。35．C。36．D。37．C。38．B。39．B。40．B。

二、综合题答案与解析

1．**答案**：【1】A 类　【2】111.128.0.0　【3】111.191.255.255　【4】0.53.21.9　【5】111.191.255.254

解析：该题 IP 地址为 111.181.21.9，在 A 类地址的范围之内(1.0.0.0～127.255.255.255)，故【1】处填 A 类。

由题目知，该 IP 地址的子网掩码为 255.192.0.0，写成二进制表示法为 11111111.11000000.00000000.00000000，子网掩码的前 10 位为 1，说明前 10 位为网络号，后 22 位为主机号。用子网掩码与 IP 地址做“与”运算，得到网络地址为 11111111.10000000.00000000.00000000，写成十进制即为 111.128.0.0 或 111.128.0.0/10。故【2】处填 111.128.0.0 或 111.128.0.0/10。

把 IP 地址的主机号全部置“1”即可得到直接广播地址 01101111.10111111.11111111.11111111，写成十进制即 111.191.255.255，故【3】处填 111.191.255.255。

将网络号地址全部置“0”，便可得到该 IP 的主机号 0000000.00110101.00010101.00001001，写成十进制即 0.53.21.9。

由于主机号全置“1”时为广播地址，是不可用的 IP 地址，所以最后一个 IP 地址的主

机号为广播地址减去 1，即 111.191.255.254

2．答案：【6】framing 【7】s1 s0 2 【8】router ospf 【9】0.0.127.255 【10】0.0.0.0 0.0.0.0 202.112.8.197

解析：【6】后面是 sdh，是一种帧格式，故此处应设置帧格式，填 framing。

s1 s0=00 表示是 SONET 帧的数据，s1 s0=10(十进制 2)表示是 SDH 的数据，此处帧格式为 SDH，故设置 s1 s0 为 2。故【7】处填 s1 s0 2。

Ospf 的基本配置命令为 router ospf<Process ID>，其中 Process ID 是 ospf 的进程号，此处进程号是 65，故【8】处填 router ospf。

在路由器的 OSPF 配置模式下，可以使用“network ip <子网号> <wildcard-mask> area <区域号>”命令定义参与 OSPF 的子网地址。因为整个园区网内部都采用 OSPF 协议，而园区网由两个子网“128.58.0.0/18”和“128.58.64.0/18”两个网址块组成，对这两个网址块进行汇聚，得到的园区网的网络地址为 128.58.0.0/17，其子网掩码为 255.255.128.0，所以在<wildcard-mask>中应该填写子网掩码的反码，即 0.0.127.255。

静态路由配置的命令格式：ip route<目的网络地址><子网掩码><下一跳路由器的 IP 地址>。与 R3 直接相连的是路由器 R4，没有与网络直接相连，故目的网络地址为 0.0.0.0，子网掩码 0.0.0.0，下一跳路由器的 IP 地址即 R4 的 IP 地址为 202.112.8.197。故【10】处填 0.0.0.0 0.0.0.0 202.112.8.197。

3．答案【11】192.168.0.1 【12】192.168.0.101 【13】request 【14】[0.0.0.0] 【15】192.168.0.1

解析：客户机(192.158.0.1)向 DHCP(192.168.0.101)发送已经取得的 IP 地址，故【11】和【12】处分别填 192.168.0.1 和 192.168.0.101。【13】接受 IP 租约，客户机收到后发送 DHCP REQUEST。由于 DHCP 客户机还未配置 IP 地址，它只能使用广播方式发送消息，并且源 IP 地址设置为 0.0.0.0，故【14】处填 0.0.0.0。客户机 IP 地址从试题中的图中可查到，即【15】处填 192.168.0.1。

4．答案：【16】http://mail.pku.edu.cn 【17】59.67.148.5 【18】1327742113 【19】IP 【20】202.113.78.111

三、应用题答案与解析

(1) 答案：①59.67.6.128/30 ②59.67.6.132/30 ③59.67.6.64/29 ④59.67.6.72/29 ⑤59.67.32.0/22 ⑥59.67.128.0/22

解析：空①是路由器 R_G 的 S0 端口直接连接的目的网络，从图中可以看出应为 59.67.6.129 与 59.67.6.130 汇聚后的网络，设为目的网络 A；同理，空②是路由器 R_G 的 S1 端口直接连接的网络，从图中可以看出应为 59.67.6.133 与 59.67.6.134 汇聚后的网络，设为目的网络 B。同时应该注意的是，网络 A 和网络 B 并不在同一个网络中，所以最终汇聚的结果只有一个，目的网络 A 为 59.67.6.128/30，网络 B 为 59.67.6.132/30。

从图中可以看出，空③是路由器 R_E 下面连接的网络，即 59.67.6.66、59.67.6.65 以及 59.67.6.67 汇聚后的网络，设为目的网络 C；空④是路由器 R_F 下连接的网络，即 59.67.6.75、59.67.6.74 和 59.67.6.76 聚合后的网络，设为目的网络 D。考虑到要保留网络号和广播地址，并且网络 C 和网络 D 并不在同一个网络中。为了不造成 IP 地址的浪费，可以得到目的网络 C 为 59.67.6.64/29；目的网络 D 为 59.67.6.72。

因为路由表只有 6 项，所以空⑤的目的网络应该为路由器 RA 和路由器 RB 下面所连接的所有网络的汇聚网络，将所有的网络汇聚，得到的网络地址为 59.67.32.0/22；同理，空⑥的目的网络应该为路由器 RC 和路由器 RD 下面所连接的所有网络的汇聚网络，将所有的网络汇聚，得到的网络地址为 59.67.128.0/22。

(2)**答案**：路由器 RB 设备的 E1 端口

解析：因为服务器组的地址是 59.67.35.5～59.67.35.10，图中与此相符合的是 RB 的 E1 端口的地址。

(3)**答案**：

子网	子网掩码	可用 IP 地址段
子网 1：	255.255.255.192	59.67.33.129～59.67.33.190
子网 2：	255.255.255.224	59.67.33.193～59.67.33.222
子网 3：	255.255.255.224	59.67.33.225～59.67.33.254

解析：网络地址为 59.67.33.128/25 下，一共可以用的网络地址为 $2^7-2=126$ 个，要划分成分别有 58 台主机、26 台主机和 26 台主机的子网，其思路如下。①首先将子网掩码扩展一位，这样能划分成两个能容纳 $2^6-2=62$ 台主机的子网，其网络地址分别为 59.67.33.128/26 和 59.67.33.192/26；②留下 59.67.33.128/26 作为题目中要求容纳 58 台主机的网络；选取 59.67.33.192/26，再次将子网掩码扩展一位，这样能再划分出两个能容纳 $2^5-2=30$ 台主机的子网，网络地址分别为 59.67.33.192/27 和 59.67.33.224/27，这两个网络都能作为题目中所要求的容纳 25 台主机的网络。

样卷 2

(考试时间 90 分钟，满分 100 分)

一、选择题(每小题 1 分，共 40 分)

下列各题 A)、B)、C)、D)四个选项中，只有一个选项是正确的，请将正确选项涂写在答题卡相应位置上，答在试卷上不得分。

1．下列不属于宽带城域网 QoS 技术的是________。

A)密集波分复用 DWDM

B)区分服务 DiffServ

C)资源预留 RSVP

D)多协议标记交换 MPLS

2．WLAN 标准 802.11a 将传输速率提高到________。

A)5.5 Mbps　　B)11 Mbps

C)54 Mbps　　D)100 Mbps

3．ITU 标准 OC-12 的传输速率为________。

A)51.84 Mbps　　B)155.52 Mbps

C)622.08 Mbps　　D)9.95328 Gbps

4．下列关于网络接入技术和方法的描述中，错误的是________。

A)“三网融合”中的三网是指计算机网络、电信通信网和广播电视网

B)宽带接入技术包括 xDSL、HFC、SDH、无线接入等

C)无线接入技术主要有 WLAN、WMAN 等

D)Cable Modem 的传输速率可以达到 10～36Mbps

5．当服务器组中一台主机出现故障，该主机上运行的程序将立即转移到组内其他主机上。下列技术中能够实现上述需求的是________。

A)RAID　　B)Cluster

C)RISC　　D)CISC

6．下列不属于路由器性能指标的是________。

A)吞吐量　　B)丢失率

C)延时与延时抖动　　D)最大可堆叠数

7．若服务器系统年停机时间为 55 分钟，那么系统可用性至少达到________。

A)99%　　B)99.9%

C)99.99%　　D)99.999%

8．IP 地址块 58.192.33.120/29 的子网掩码可写为________。

A)255.255.255.192

B)255.255.255.224

C)255.255.255.240

D)255.255.255.248

9．下图是网络地址转换 NAT 的一个示例。

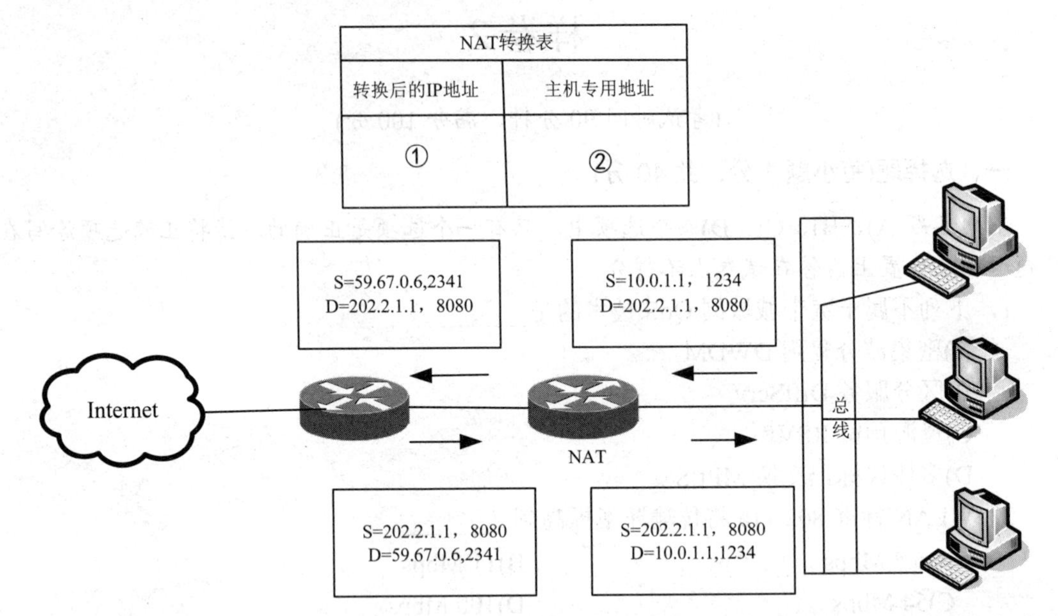

图中①和②是地址转换之后与转换之前的一对地址(含端口号)，它们依次应为________。

A)10.0.1.1,1234 和 59.67.0.6,2341　　B)59.67.0.6,2341 和 10.0.1.1,1234

C)10.0.1.1,1234 和 202.2.1.1,8080　　D)202.2.1.1,8080 和 10.0.1.1,1234

10．IP 地址块 202.113.79.0/27、202.113.79.32/27 和 202.113.79.64/27 经过聚合后可用的地址数为________。

A)64　　B)92　　C)94　　D)126

11．下列对 IPv6 地址的表示中，错误的是________。

A)::50D:BC:0:0:03DA　　B)FE23::0:45:03/48

C)FE23:0:0:050D:BC::03DA　　D)FF34:42:BC::0:50F:21:0:03D

12．BGP 协议的分组中，需要周期性交换的是________。

A)open　　B)update　　C)keepalive　　D)notification

13．R1、R2 是一个自治系统中采用 RIP 路由协议的两个相邻路由器，R1 的路由表如下图(a)所示，当 R1 收到 R2 发送的如下图(b)的(V, D)报文后，R1 更新的 4 个路由表项中距离值从上到下依次为 0、3、3、4。

目的网络	距离	路由
10.0.0.0	0	直接
20.0.0.0	4	R2
30.0.0.0	5	R3
40.0.0.0	4	R4

(a)

目的网络	距离
10.0.0.0	①
20.0.0.0	②
30.0.0.0	③
40.0.0.0	④

(b)

那么，①②③④可能的取值依次为________。

A)0、4、4、3　B)l、3、3、3　C)2、2、3、2　D)3、2、2、3

14．OSPF协议中，一般不作为链路状态度量值(metric)的是________。

A)距离　B)延时　C)路径　D)带宽

15．下列标准中，不是综合布线系统标准的是________。

A)ISO/IEC 18011

B)ANSI/TIA/EIA 568-A

C)GB/T 50311—2000和GB/T 50312-2000

D)TIA/EIA-568-B.1、TIA/EIA-568-B.2和TIA/EIA-568-B.3

16．下列关于综合布线系统的描述中，错误的是________。

A)STP比UTP的抗电磁干扰能力好

B)水平布线子系统电缆长度应该在90米以内

C)多介质插座是用来连接计算机和光纤交换机的

D)对于建筑群子系统来说，管道内布线是最理想的方式

17．下列对交换表的描述中，错误的是________。

A)交换表的内容包括目的MAC地址及其所对应的交换机端口号

B)Cisco大中型交换机使用“show mac-address-table”命令显示交换表内容

C)交换机采用Flood技术建立一个新的交换表项

D)交换机采用盖时间戳的方法刷新交换表

18．如下图所示，Cisco 3548交换机A与B之间需传输名为VL10(ID号为10)和VL15(ID号为15)的VLAN信息。下列为交换机A的g0/1端口分配VLAN的配置，正确的是________。

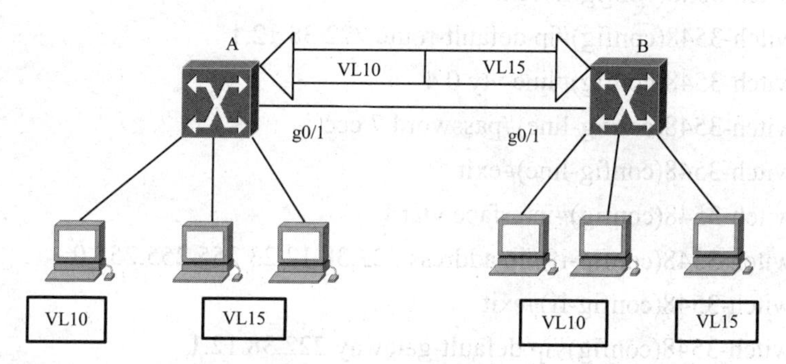

A)Switch-3548 (config)#interface g0/1

Switch-3548 (config-if)#switchport mode trunk

Switch-3548 (config-if)#switchport trunk allowed vlan 10,15

B)Switch-3548 (config)#interface g0/1

Switch-3548 (config-if)#switchport mode trunk

Switch-3548 (config-if)#switchport trunk access vlan 10,15

C)Switch-3548 (config)#interface g0/1

Switch-3548 (config-if)#switchport allowed vlan vlan 10,vlan 15

D)Switch-3548 (config)#interface g0/l

Switch-3548 (config-if)#switchport mode trunk

Switch-3548 (config-if)#switchport trunk allowed vlan 10-15

19．Cisco 3548 交换机采用 Telnet 远程管理方式进行配置，其设备管理地址是 222.38.12.23/24，默认路由是 222.38.12.1。下列对交换机预先进行的配置，正确的是________。

A)Switch-3548(config)#interface vlan1
  Switch-3548(config-if)#ip address 222.38.12.23 255.255.255.0
  Switch-3548(config-if)#ip default-gateway 222.38.12.1
  Switch-3548(config-if)#exit
  Switch-3548(config)#line vty 0 4
  Switch-3548(config-line)#password 7 ccc
  Switch-3548(config-line)#exit

B)Switch-3548(config)#interface vlan1
  Switch-3548(config-if)#ip address 222.38.12.23 255.255.255.0
  Switch-3548(config-if)#exit
  Switch-3548(config)#ip default-gateway 222.38.12.1
  Switch-3548(config)#line vty 0 4
  Switch-3548(config-line)#password 7 ccc
  Switch-3548(config-line)#exit

C)Switch-3548(config)#interface vlan1
  Switch-3548(config-if)#ip address 222.38.12.23 255.255.255.0
  Switch-3548(config-if)#exit
  Switch-3548(config)#ip default-route 222.38.12.1
  Switch-3548(config)#line vty 0 4
  Switch-3548(config-line)#password 7 ccc
  Switch-3548(config-line)#exit

D)Switch-3548(config)#interface vlan1
  Switch-3548(config-if)#ip address 222.38.12.23 255.255.255.0
  Switch-3548(config-if)#exit
  Switch-3548(config)#ip default-gateway 222.38.12.1
  Switch-3548(config)#line aux 0 4
  Switch-3548(config-line)#password 7 ccc
  Switch-3548(config-line)#exit

20．将 Cisco 6500 第 4 模块第 1 端口的通信方式设置为半双工，第 2～24 端口的通信方式设置为全双工，以下交换机的端口配置，正确的是________。

A)Switch-6500> (enable) set interface duplex 4/1 half
  Switch-6500> (enable) set interface duplex 4/2-24 full

B)Switch-6500> (enable) set port 4/1 duplex half
  Switch-6500> (enable) set port 4/2-24 duplex full

C)Switch-6500> (enable) set port duplex 4/1 half

Switch-6500> (enable) set port duplex 4/2-4/24 full

D)Switch-6500> (enable) set port duplex 4/l half

Switch-6500> (enable) set port duplex 4/2-24 full

21．将 Cisco 路由器的配置保存在 NVRAM 中，正确的命令是________。

A)Router #write flash　　　　B)Router #write network

C)Router #write memory　　　D)Router #write erase

22．Cisco 路由器第 3 模块第 1 端口通过 E1 标准的 DDN 专线与一台远程路由器相连，端口的 IP 地址为 195.112.41.81/30，远程路由器端口封装 PPP 协议。下列路由器的端口配置，正确的是________。

A)Router (config)#interface s3/1

Router (config-if)#bandwidth 2048

Router (config-if)#ip address 195.112.41.81 255.255.255.252

Router (config-if)#encapsulation ppp

Router (config-if)#exit

B)Router (config)#interface a3/1

Router (config-if)#bandwidth 2000

Router (config-if)#ip address 195.112.41.81 255.255.255.252

Router (config-if)#encapsulation ppp

Router (config-if)#exit

C)Router (config)#interface s3/1

Router (config-if)#bandwidth 2

Router (config-if)#ip address 195.112.41.81 255.255.255.252

Router (config-if)#encapsulation ppp

Router (config-if)#exit

D)Router (config)#interface s3/1

Router (config-if)#bandwidth 2048

Router (config-if)#ip address 195.112.41.81 255.255.255.252

Router (config-if)#encapsulation hdlc

Router (config-if)#exit

23．拒绝转发所有 IP 地址进与出方向的、端口号为 1434 的 UDP 和端口号为 4444 的 TCP 数据包，下列正确的 access-list 配置是________。

A)Router (config)#access-list 30 deny udp any any eq 1434

Router (config)#access-list 30 deny tcp any any eq 4444

Router (config)#access-list 30 permit ip any any

B)Router (config)#access-list 130 deny udp any any eq 1434

Router (config)#access-list 130 deny tcp any any eq 4444

Router (config)#access-list 130 permit ip any any

C)Router (config)#access-list 110 deny any any udp eq 1434

Router (config)#access-list 110 deny any any tcp eq 4444

Router (config)#access-list 110 permit ip any any

D)Router (config)#access-list 150 deny udp ep 1434 any any

Router (config)#access-list 150 deny tcp ep 4444 any any

Router (config)#access-list 150 permit ip any any

24．在 Cisco 路由器上建立一个名为 zw246 的 DHCP 地址池，地址池的 IP 地址是 176.115.246.0/24，其中不用于动态分配的地址有 176.115.246.2～176.115.246.10，默认网关为 176.115.246.1，域名为 tj.edu.cn，域名服务器地址为 176.115.129.26，地址租用时间设定为 6 小时 30 分钟。下列 DHCP 地址池的配置，正确的是________。

A)Router (config)#ip dhcp pool zw246

Router (dhcp-config)#ip dhcp excluded-address 176.115.246.2 176.115.246.10

Router (dhcp-config)#network 176.115.246.0 255.255.255.0

Router (dhcp-config)#default-router 176.115.246.1

Router (dhcp-config)#domain-name tj.edu.cn

Router (dhcp-config)#dns-server address 176.115.129.26

Router (dhcp-config)#lease 0 6 30

B)Router (config)#ip dhcp excluded-address 176.115.246.2-10

Router (config)#ip dhcp pool zw246

Router (dhcp-config)#network 176.115.246.0 255.255.255.0

Router (dhcp-config)#default-router 176.115.246.1

Router (dhcp-config)#domain-name tj.edu.cn

Router (dhcp-config)#dns-server address 176.115.129.26

Router (dhcp-config)#lease 0 6 30

C)Router (config)#ip dhcp excluded-address 176.115.246.2 176.115.246.10

Router (config)#ip dhcp pool zw246

Router (dhcp-config)#network 176.115.246.0 255.255.255.0

Router (dhcp-config)#default-router 176.115.246.1

Router (dhcp-config)#domain-name tj.edu.cn

Router (dhcp-config)#dns-server address 176.115.129.26

Router (dhcp-config)#lease 0 6 30

D)Router (config)#ip dhcp excluded-address 176.115.246.2 176.115.246.10

Router (config)#ip dhcp pool zw246

Router (dhcp-config)#network 176.115.246.0 255.255.255.0

Router (dhcp-config)#default-router 176.115.246.1

Router (dhcp-config)#domain-name tj.edu.cn

Router (dhcp-config)#dns-server address 176.115.129.26

Router (dhcp-config)#lease 30 6 0

25．下列关于 IEEE 802.11b 基本运作模式的描述中，错误的是________。

A)点对点模式是指无线网卡和无线网卡之间的通信方式

B)点对点连接方式只要 PC 插上无线网卡即可与另一具有无线网卡的 PC 连接，最多可连接 512 台 PC

C)基本模式是指无线网络规模扩充或无线和有线网络并存时的通信方式

D)采用基本模式时，插上无线网卡的 PC 需要由接入点与另一台 PC 连接，一个接入点最多可连接 1024 台 PC

26．下列具有 NAT 功能的无线局域网设备是________。

A)无线网卡 B)无线接入点 C)无线网桥 D)无线路由器

27．下列对 Cisco Aironet 1100 的 SSID 及其选项设置的描述中，错误的是________。

A)SSID 是客户端设备用来访问接入点的唯一标识

B)SSID 区分大小写

C)快速配置页面的“Broadcast SSID in Beacon”选项为“yes”，是默认设置

D)默认设置表示设备必须指定 SSID 才能访问接入点

28．下列关于 Windows 2003 系统 DNS 服务器的描述中，正确的是________。

A)DNS 服务器的 IP 地址应该由 DHCP 服务器分配

B)DNS 服务器中根 DNS 服务器需管理员手工配置

C)主机记录的生存时间指该记录在服务器中的保存时间

D)转发器是网络上的 DNS 服务器，用于外部域名的 DNS 查询

29．下列关于 Windows 2003 系统 DHCP 服务器的描述中，正确的是________。

A)新建作用域后即可为客户机分配地址

B)地址池是作用域除保留外剩余的 IP 地址

C)客户机的地址租约续订是由客户端软件自动完成的

D)保留仅可使用地址池中的 IP 地址

30．下列关于 Windows 2003 系统 WWW 服务器配置与访问的描述中，正确的是_______。

A)Web 站点必须配置静态的 IP 地址

B)在一台服务器上只能构建一个网站

C)访问 Web 站点时必须使用站点的域名

D)建立 Web 站点时必须为该站点指定一个主目录

31．下列关于 Serv_U FTP 服务器配置的描述中，正确的是________。

A)用户可在服务器中自行注册新用户

B)配置服务器域名时，必须使用该服务器的域名

C)配置服务器的 IP 地址时，服务器若有多个 IP 地址需分别添加

D)添加名为“anonymous”的用户时，系统会自动判定为匿名用户

32．下列关于 Winmail 邮件服务器配置、使用与管理的描述中，正确的是________。

A)Winmail 邮件服务器允许用户自行注册新邮箱

B)Winmail 用户可以使用 Outlook 自行注册新邮箱

C)用户自行注册新邮箱时需输入邮箱名、域名和密码等信息

D)为建立邮件路由，需在 DNS 服务器中建立该邮件服务器主机记录

33．下列关于安全评估的描述中，错误的是________。

A)在大型网络中评估分析系统通常采用控制台和代理结合的结构

B)网络安全评估分析技术常被用来进行穿透实验和安全审计

C)X-Scanner 可采用多线程方式对系统进行安全评估

D)ISS 采用被动扫描方式对系统进行安全评估

34．下列关于数据备份方法的描述中，错误的是________。

A)增量备份比完全备份使用的空间少

B)差异备份比增量备份恢复的速度慢

C)差异备份比完全备份的备份速度快

D)恢复时完全备份使用的副本最少

35．关于网络入侵检测系统的探测器部署，下列方法中对原有网络性能影响最大的是________。

A)串入到链路中　　B)连接到串入的集线器

C)连接到交换设备的镜像端口　　D)通过分路器

36．根据可信计算机系统评估准则(TESEC)，用户能定义访问控制要求的自主保护类型系统属于________。

A)A 类　　B)B 类　　C)C 类　　D)D 类

37．下列关于 SNMP 的描述中，错误的是________。

A)由 1.3.6.1.4.1.9.开头的标识符(OID)定义的是私有管理对象

B)MIB-2 库中计量器类型的值可以增加也可以减少

C)SNMP 操作有 get、put 和 notifications

D)SNMP 管理模型中，Manager 通过 SNMP 定义的 PDU 向 Agent 发出请求

38．包过滤路由器能够阻断的攻击是________。

A)Teardrop　　B)跨站脚本　　C)Cookie 篡改　　D)SQL 注入

39．如果在一台主机的 Windows 环境下执行 Ping 命令得到下列信息。

```
Pinging www.nankai.edu.cn [202.113.16.33] with 32 bytes of data:
Reply from 202.113.16.33: bytes=32 time<1ms TTL=128
Reply from 202.113.16.33: bytes=32 time<1ms TTL=128
Reply from 202.113.16.33: bytes=32 time<1ms TTL=128
Reply from 202.113.16.33: bytes=32 time<1ms TTL=128
Ping statistics for 202.113.16.33:
Packets: Sent = 4, Received = 4, Lost = 0 (0%loss),
Approximate round trip times in milli-seconds:
Minimum = 0ms, Maximum = 0ms,Average = 0ms
```

那么下列结论中无法确定的是________。

A)为 www.nankai.edu.cn 提供名字解析的服务器工作正常

B)本机使用的 DNS 服务器工作正常

C)主机 www.nankai.edu.cn 上 WWW 服务工作正常

D)主机 www.nankai.edu.cn 的网关配置正确

40．Windows 环境下可以用来修改主机默认网关设置的命令是________。

A)route　　B)ipconfig　　C)NET　　D)NBTSTAT

二、综合题(每空 2 分，共 40 分)

请将每一个空的正确答案写在答题卡【1】～【20】序号的横线上，答在试卷上不得分。

1．计算并填写下表。

IP 地址	111.143.19.7
子网掩码	255.240.0.0
地址类别	【1】
网络地址	【2】
直接广播地址	【3】
主机号	【4】
子网内的最后一个可用 IP 地址	【5】

2．如图 1 所示，某园区网用 2.5 Gbps 的 POS 技术与 Internet 相连，POS 接口的帧格式是 SONET。路由协议的选择方案是：园区网内部采用 OSPF 动态路由协议，园区网与 Internet 的连接使用静态路由。

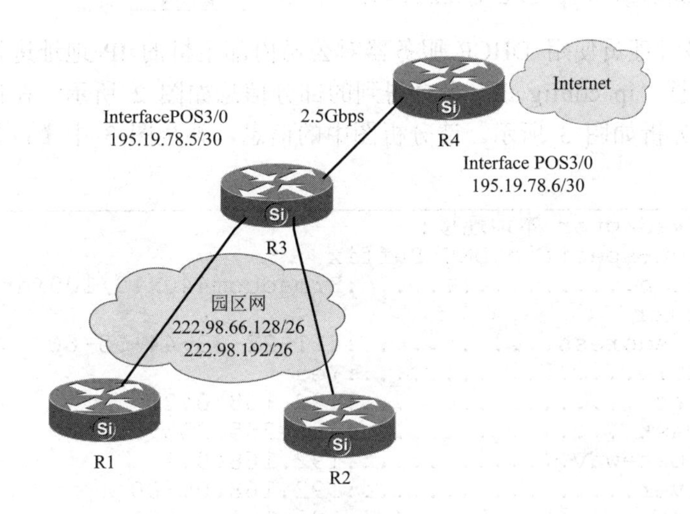

图 1　网络拓扑图

问题：

请阅读以下 R3 和 R4 的部分配置信息，并补充【6】～【10】空白处的配置命令或参数，按题目要求完成路由器的配置。

R3 的 POS 接口、OSPF 和默认路由的配置信息如下。

```
Router-R3 #configure terminal
Router-R3 (config)#
Router-R3 (config)#interface pos3/0
```

```
Router-R3 (config-if)#description To Internet
Router-R3 (config-if)#bandwidth 2500000
Router-R3 (config-if)#ip address 195.19.78.5 255.255.255.252
Router-R3 (config-if)# ___【6】___ 32
Router-R3 (config-if)#pos framing sonet
Router-R3 (config-if)#no ip directed-broadcast
Router-R3 (config-if)#pos flag ___【7】___
Router-R3 (config-if)#no shutdown
Router-R3 (config-if)#exit
Router-R3 (config)#router ospf 65
Router-R3 (config-router)#network 222.98.66.128 ___【8】___ area 0
Router-R3 (config-router)#redistribute connected metric-type 1 subnets
Router-R3 (config-router)#area 0 range 222.98.66.128 ___【9】___
Router-R3 (config-router)#exit
Router-R3 (config)#ip route 0.0.0.0.0.0.0.0 195.19.78.6
Router-R3 (config)#exit
Router-R3 #
```

R4 的静态路由配置信息如下。

```
Router-R4 #configure terminal
Router-R4 (config) #ip route 222.98.66.128 ___【10】___
```

3．某公司网络管理员使用 DHCP 服务器对公司内部主机的 IP 地址进行管理。在某 DHCP 客户机上执行“ip config/all”命令得到的部分信息如图 2 所示，在该客户机捕获的部分报文及相关分析如图 3 所示。请分析图中的信息，补全图 3 中【11】～【15】的内容。

```
  Ethernet adapter 本地连接:
  Connection-specific DNS Suffix  .:
  Description................ :Broadcom440x10/100Integrat
ed Controller
  Physical Address............: 11-22-33-44-55-66
  Dhcp Enable.................:Yes
  IP Address..................:192.168.0.20
  Subnet Mask.................:255.255.255.0
  Default Gateway.............:192.168.0.1
  DHCP Server.................:192.168.0.100
  DNS Server..................:192.168.0.101
  Lease Obtained..............: 2011 年 5 月 18 日 9:30:05
  Lease Expires...............: 2011 年 5 月 26 日 9:30:05
```

图 2　在 DHCP 客户机上执行 ipconfig/all 命令获取的部分信息

编号	源 IP 地址	目的 IP 地址	报文摘要	报文捕获时间
1	【11】	255.255.255.255	DHCP:Request,Type:DHCP discover	2011-5-18 09:30:05
2	【12】	【13】	DHCP:Reply,Type:DHCP 【14】	2011-5-18 09:30:05

```
DHCP:-----DHCP Header-----
DHCP:Boot record type                          =2(Reply)
DHCP:Hardware address type                     =1(10M Ethernet)
DHCP:Hardware address length                   =6 bytes
DHCP:Hops                                      =0
DHCP:Transaction id                            =3419121F
DHCP:Elapsed boot time                         =0 seconds
DHCP:Flags                                     =0000
DHCP:0                                         =no broadcast
DHCP:Client self-assigned address              =[0.0.0.0]
DHCP:Client address                            = 【15】
DHCP:Next Server to use  in bootstrap          =[0.0.0.0]
DHCP:Reply Agent                               =[0.0.0.0]
DHCP:Client hardware address                   =112233445566
DHCP:Host name                                 =""
DHCP:Boot file name                            =""
DHCP:Vendor Information tag                    =53825276
DHCP:Message Type                              =2
DHCP:Address renewel interval                  =345600(seconds)
DHCP:Address rebinding interval                =604800(seconds)
DHCP:Request IP Address leased time            =691200(seconds)
DHCP:Sever IP Address                          =[192.168.0.100]
DHCP:Subnet mask                               =255.255.255.0
DHCP:Gateway address                           =[192.168.0.1]
DHCP:Domain Name Server address                =[192.168.0.101]
```

图3　在 DHCP 客户机上捕获的报文及第 2 条报文的分析

4．图 4 是一台主机在命令行模式下执行某个命令时用 sniffer 捕获的数据包。

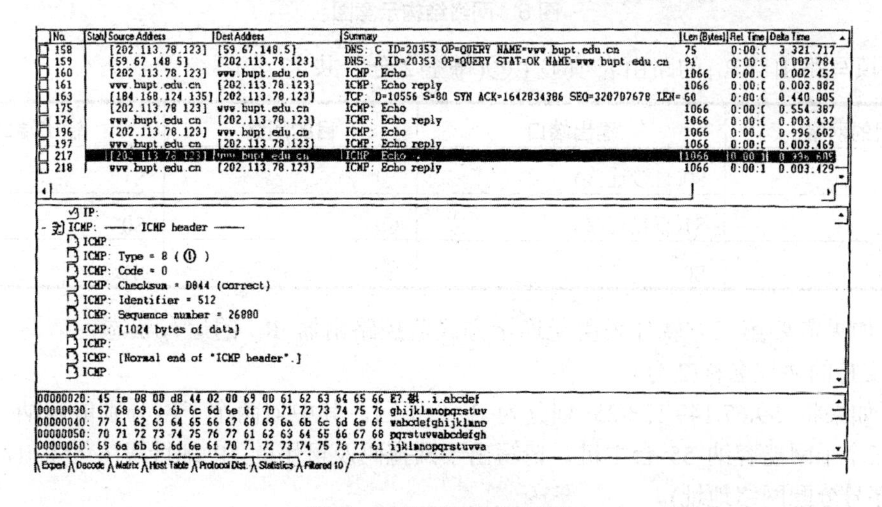

图4　sniffer 捕获的数据包

请根据图中信息回答下列问题。

(1) 该主机上执行的命令完整内容是____【16】____。

(2) 主机 59.67.148.5 的功能是____【17】____，其提供服务的默认端口是【18】____。

(3) 图中①处删除了部分显示信息，该信息应该是____【19】____。

(4) 如果用 Sniffer 统计网络流量中各种应用的分布情况，应打开的窗口是【20】____。

三、应用题(共 20 分)。

应用题必须用蓝、黑色钢笔或者圆珠笔写在答题纸的相应位置上，否则无效。

请根据图 5 所示的网络结构回答下列问题。

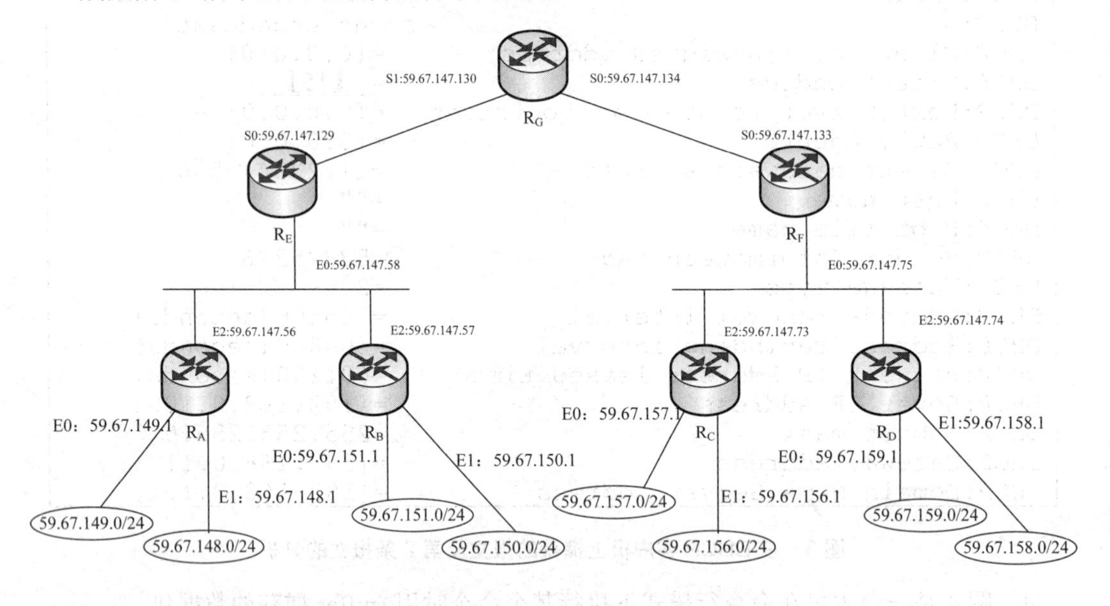

图 5　网络结构示意图

(1) 填写路由器 R_G 的路由表项①至⑥(每空 2 分，共 12 分)

目的网络	输出端口	目的网络	输出端口
①	S0(直接连接)	④	S1
②	S1(直接连接)	⑤	S0
③	S0	⑥	S1

(2) 如果需要第三方软件采用无连接方式监控路由器 R_G 的运行状态，请写出路由器 R_G 必须支持的协议名称(2 分)。

(3) 如果将 59.67.149.128/25 划分为 3 个子网，其中前两个子网分别能容纳 25 台主机，第三个子网能容纳 55 台主机，请写出子网掩码及可用的 IP 地址段(6 分)。(注：请按子网顺序号分配网络地址)。

样卷2答案解析

一、选择题答案与解析

1．A。2．C。3．C。4．C。5．B。6．D。7．B。8．D。9．B。10．D。11．D。12．C。13．D。14．C。15．A。16．C。17．B。18．B。19．B。20．D。21．C。22．A。23．B。24．C。25．B。26．D。27．C。28．B。29．C。30．D。31．D。32．A。33．D。34．B。35．A。36．C。37．C。38．A。39．C。40．C。

二、综合题答案与解析

1．答案：【1】A类

解析：题目中给定的IP地址111.143.19.7的第一字节范围属于1～126，可以判断该IP地址属于A类地址；或者将IP地址写成二进制形式为01101111.10001111.00010011.00000111，第一字节以“01”开头，也可以判断出该IP地址属于A类地址。

【2】111.128.0.0

解析：由题目可知，该IP地址的子网掩码为255.240.0.0，写成二进制表示法为11111111.11110000.00000000.00000000，子网掩码的前12位为“1”，说明前12位为网络号，后20位为主机号。用子网掩码与IP地址做“与”运算，得到网络地址为01101111.10000000.00000000.00000000，写成十进制即111.128.0.0或111.128.0.0/12。

【3】111.143.255.255

解析：把IP地址的主机号全部置“1”即可得到直接广播地址为01101111.10001111.11111111.11111111，写成十进制即111.143.255.255。

【4】0.15.19.7

解析：将网络号地址全部置“0”便可得到该IP的主机号，即00000000.00001111.00010011.00000111，写成十进制即0.15.19.7。

【5】111.143.255.254

解析：由于主机号全置“1”时为广播地址，是不可用的IP地址，所以最后一个IP地址为主机号为广播地址减去1，即111.143.255.254。

2．答案：【6】crc

解析：(config-if)# crc 32指的是配置CRC的校验功能。

【7】s1 s0 0

解析：在pos flag的设置中，s1 s0=00(十进制0)表示是SONET帧的数据，s1 s0=10(十进制2)表示是SDH帧的数据。本题要求设置为SONET帧的数据，故填s1 s0 0。

【8】0.0.0.127

解析：在路由器的OSPF配置模式下，可以使用“network ip <子网号> <wildcard-mask> area <区域号>”命令定义参与OSPF的子网地址。因为整个园区网内部都采用OSPF协议，而园区网由两个子网“222.98.66.128/26”和“222.98.66.192/26”两个网址块组成，对这两个网址块进行汇聚，得到的园区网的网络地址为222.98.66.128/25，其子网掩码为255.255.255.128，所以在<wildcard-mask>中应该填子网掩码的反码，即0.0.0.127。

【9】255.255.255.128

解析：可以使用"area <区域号> range <子网地址> <子网掩码>"命令定义某一特定范围子网的聚合。对于本题的网络中，根据上一题的解释，可知聚合后的网络地址为 222.98.66.128/25，所以子网掩码为 255.255.255.128。

【10】255.255.255.128　195.19.78.5

解析：静态路由配置 ip route 源地址为 222.98.66.128，可得知子网掩码为 255.255.255.128，下一跳路由是 R3，故下一跳 IP 地址为 R3 的地址，即为 195.19.78.5。

3．**答案**：【11】0.0.0.0

解析：从报文中可以看出，第一行报文为客户机发送的 DHCP discover 报文。在发送此报文的时候，客户机没有 IP 地址，也不知道 DHCP 服务器的 IP 地址。所以，该报文以广播的形式发送，源 IP 地址为 0.0.0.0，代表网络中本主机的地址；目的 IP 地址为 255.255.255.255，代表广播地址，对当前网络进行广播。

【12】192.168.0.100；【13】255.255.255.255；【14】offer

解析：第二行报文是 DHCP 服务器发送 DHCP offer 作为对 DHCP discover 报文的响应，源 IP 地址为 DHCP 服务器 192.168.0.100；目的 IP 地址为 255.255.255.255，代表广播地址，对当前网络进行广播。

【15】192.168.0.20

解析：从"DHCP：Client hardware address=112233445566"中可以看出，客户端的 MAC 地址为 112233445566，该 MAC 地址是图 2 中用户的 MAC 地址，其 IP 地址为 192.168.0.20。

4．**答案**：【16】Ping www.bupt.edu.cn

解析：从报文段中可以看出，本题中的报文段是通过 ICMP 协议传输出错报告控制信息，所以本题中执行的命令一定为"Ping"命令；由于在刚开始的时候进行了域名解析，说明"Ping"后面的地址是以域名的形式写的，从报文端可以看出，该域名为 www.bupt.edu.cn。所以在题目中使用的命令为 Ping www.bupt.edu.cn。

【17】DNS 服务器；【18】53

解析：从第一行报文中的"DNS C"可以看出，这是客户机向 DNS 服务器发出的报文。所以在该报文中，IP 地址为 202.113.78.123 的客户机向 IP 地址为 59.67.148.5 的 DNS 服务器发出的报文。所以 59.67.148.5 为域名服务器，即 DNS 服务器。DNS 的默认端口为 53。

【19】Echo reply

解析：返回的是 ICMP 的头，其中 TYPE=8。并且显示返回的内容 Echo reply。

【20】Expert

解析：Sniffer Pro 内置了一个流量查看器，打开 Expert 窗口查看。

三、应用题答案与解析

答案：(1)①59.67.147.132/30 ；②59.67.147.128/30

解析：空①是路由器 R_G 的 S0 端口直接连接的目的网络，从图中可以看出应为 59.67.147.133 与 59.67.147.134 汇聚后的网络，设为目的网络 A；同理，空②是路由器 R_G

的 S1 端口直接连接的网络，从图中可以看出应为 59.67.147.130 与 59.67.147.129 汇聚后的网络，设为目的网络 B。同时应该注意的是，网络 A 和网络 B 并不在同一个网络中，所以最终汇聚的结果只有一个，目的网络 A 为 59.67.147.132/30，网络 B 为 59.67.147.128/30。

③59.67.147.64/28；④59.67.147.48/28

解析：从图中可以看出，空③是路由器 R_F 下面连接的网络，即 59.67.147.75、59.67.147.73 以及 59.67.147.74 汇聚后的网络，设为目的网络 C；空④是路由器 R_E 下连接的网络，即 59.67.147.58、59.67.147.56 和 59.67.147.57 聚合后的网络，设为目的网络 D。考虑到要保留网络号和广播地址，并且网络 C 和网络 D 并不在同一个网络中。为了不造成 IP 地址的浪费的原则，可以得到目的网络 C 为 59.67.147.64/28，目的网络 D 为 59.67.147.48/28。

⑤59.67.156.0/22；⑥59.67.148.0/22

解析：因为路由表只有 6 项，所以空⑤的目的网络应该为路由器 R_C 和路由器 R_D 下面所连接的所有网络的汇聚网络，将所有的网络汇聚，得到的网络地址为 59.67.156.0/22；同理，空⑥的目的网络应该为路由器 R_A 和路由器 R_B 下面所连接的所有网络的汇聚网络，得到的网络地址为 59.67.148.0/22。

答案：(2)SNMP

解析：为了使第三方软件采用无连接方式监控路由器 R_G 的运行状态，R_G 必须支持 SNMP 简单网络管理协议。

答案：(3)

	子网网络地址	子网掩码	可用 IP 地址段
子网 1(25 台)	59.67.149.192/27	255.255.255.244	59.67.149.193～59.67.149.222
子网 2(25 台)	59.67.149.224/27	255.255.255.224	59.67.149.224～59.67.149.254
子网 3(55 台)	59.67.149.128/26	255.255.255.192	59.67.149.129～59.67.149.190

解析：网络地址为 59.67.149.128/25 下，一共可以用的网络地址为 $2^7-2=126$ 个，要划分成分别有 25 台主机、25 台主机和 55 台主机的子网，其思路如下。①首先将子网掩码扩展一位，这样能划分成两个能容纳 $2^6-2=62$ 台主机的子网，其网络地址分别为 59.67.149.128/26 和 59.67.149.192/26；②留下 59.67.149.128/26 作为题目中要求容纳 55 台主机的网络；选取 59.67.149.192/26，再次将子网掩码扩展一位，这样能再划分出两个能容纳 $2^5-2=30$ 台主机的子网，网络地址分别为 59.67.149.192/27 和 59.67.149.224/27，这两个网络都能作为题目中所要求的容纳 25 台主机的网络。所以，下表可以表示最终划分的网络。

	子网网络地址	子网掩码	可用 IP 地址段
子网 1(25 台)	59.67.149.192/27	255.255.255.244	59.67.149.193～59.67.149.222
子网 2(25 台)	59.67.149.224/27	255.255.255.224	59.67.149.224～59.67.149.254
子网 3(55 台)	59.67.149.128/26	255.255.255.192	59.67.149.129～59.67.149.190

样卷 3

(考试时间 90 分钟，满分 100 分)

一、选择题(每小题 1 分，共 40 分)

下列各题 A、B、C、D 四个选项中，只有一个选项是正确的，请将正确的选项涂写在答题卡相应位置上，答在试卷上不得分。

1. 按照 ITU 标准，传输速率为 155.520 Mbps 的标准是________。

A)OC-3　　B)OC-12　　C)OC-48　　D)OC-192

2. 下列关于 RPR 技术的描述中，错误的是________。

A)RPR 能够在 50 ms 内隔离出现故障的节点和光纤段
B)RPR 环中每一个节点都执行 SRP 公平算法
C)两个 RPR 节点之间的裸光纤最大长度为 100 千米
D)RPR 用频分复用的方法传输 IP 分组

3. 以下关于 IEEE 802.16 协议的描述中，错误的是________。

A)802.16 主要用于解决城市地区范围内的宽带无线接入问题
B)802.16a 用于移动节点接入
C)802.16d 用于固定节点接入
D)802.16e 用于固定或移动节点接入

4. 下列关于 xDSL 技术的描述中，错误的是________。

A)xDSL 技术按上行与下行速率分为速率对称与非对称两类
B)ADSL 技术在现有用户电话线上同时支持电话业务和数字业务
C)ADSL 上行传输速率最大可以达到 8 Mbps
D)HDSL 上行传输速率为 1.544 Mbps

5. 下列关于服务器技术的描述中，错误的是________。

A)对称多处理技术可以在多 CPU 结构的服务器中均衡负载
B)集群系统中一台主机出现故障时不会影响系统的整体性能
C)采用 RISC 结构处理器的服务器通常不采用 Windows 操作系统
D)采用 RAID 技术可提高磁盘容错能力

6. 一台交换机具有 48 个 10/100 Mbps 端口和 2 个 1000 Mbps 端口，如果所有端口都工作在全双工状态，那么交换机总带宽应为________。

A)8.8 Gbps　　B)12.8 Gbps　　C)13.6 Gbps　　D)24.8 Gbps

7. 服务器系统年停机时间为 8.5 小时，系统可用性可以达到________。

A)99%　　B)99.9%　　C)99.99%　　D)99.999%

8. IP 地址块 211.64.0.0/11 的子网掩码可写为________。

A)255.192.0.0　　B)255.224.0.0　　C)255.240.0.0　　D)255.248.0.0

9. 某企业产品部的 IP 地址块为 211.168.15.192/26，市场部的为 211.168.15.160/27，财务部的为 211.168.15.128/27，这三个地址块经聚合后的地址为________。

A)211.168.15.0/25　B)211.168.15.0/26　C)211.168.15.128/25　D)211.168.15.128/26

10．IP 地址块 59.67.79.128/28、59.67.79.144/28 和 59.67.79.160/27 经聚合后的可用地址数为________。

A)62　　B)64　　C)126　　D)128

11．下列对 IPv6 地址 FF23:0:0:0:0510:0:0:9C5B 的简化表示中，错误的是________。

A)FF23::0510:0:0:9C5B　　B)FF23:0:0:0:0510::9C5B

C)FF23:0:0:0:051::9C5B　　D)FF23::510:0:0:9C5B

12．将专用 IP 地址转换为公用 IP 地址的技术是________。

A)ARP　　B)DHCP　　C)UTM　　D)NAT

13．R1、R2 是一个自治系统中采用 RIP 路由协议的两个相邻路由器，R1 的路由表如表 1 所示，当 R1 收到 R2 发送的如表 2 所示的(V, D)报文后，R1 更新的路由表项中距离值从上到下依次为 0、4、4、3。

表 1

目的网络	距　离	路　由
10.0.0.0	0	直接
20.0.0.0	5	R2
30.0.0.0	4	R3
40.0.0.0	3	R4

表 2

目的网络	距　离
10.0.0.0	(1)
20.0.0.0	(2)
30.0.0.0	(3)
40.0.0.0	(4)

那么，(1)、(2)、(3)、(4)可能的取值依次为________。

A)0、5、4、3　B)1、3、4、3　C)2、3、4、1　D)3、4、3、3

14．不同 AS 之间使用的路由协议是________。

A)BGP-4　　B)ISIS　　C)OSPF　　D)RIP

15．下列关于局域网设备的描述中，错误的是________。

A)中继器工作在 MAC 层

B)连接到一个集线器的所有节点共享一个冲突域

C)交换机在源端口与目的端口间建立虚连接

D)网桥的主要性能指标包括帧转发速率和帧过滤速率

16．下列关于综合布线系统的描述中，错误的是________。

A)STP 比 UTP 的抗电磁干扰能力强

B)管理子系统提供与其他子系统连接的手段

C)对于建筑群子系统来说，架空布线是最理想的方式

D)对高速率终端用户可直接铺设光纤到桌面

17．下列对交换机的描述中，错误的是________。

A)交换机根据接收数据包中的 IP 地址过滤和转发数据

B)交换机可将多台数据终端设备连接在一起，构成星状结构的网络

C)交换机有存储转发、快速转发和碎片丢弃三种交换模式

D)交换机允许多个站点进行并发通信

18．图 1 中交换机同属一个 VTP 域。除交换机 B 外，所有交换机的 VLAN 配置都与交换机 A 相同。交换机 A 和 B 的 VTP 工作模式的正确配置是________。

A)set vtp mode transparent 和 set vtp mode server

B)set vtp mode server 和 set vtp mode transparent

C)set vtp mode server 和 set vtp mode client

D)set vtp mode server 和 set vtp mode server

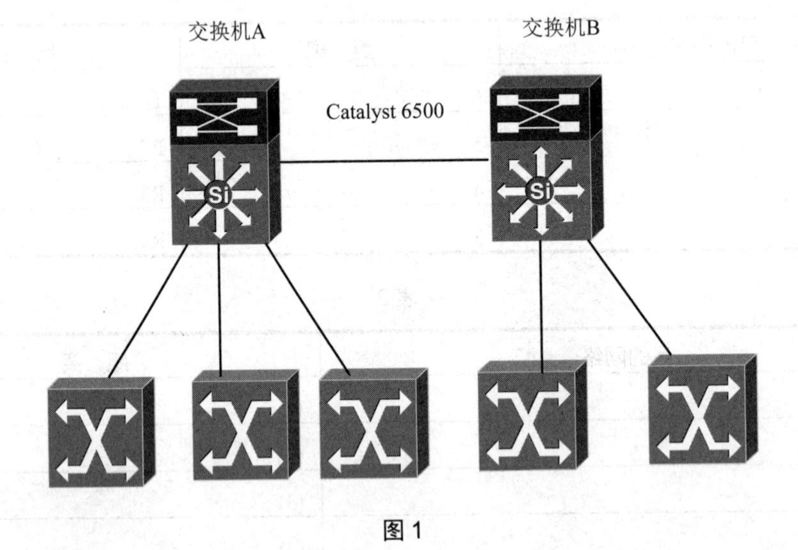

图 1

19．在 Cisco Catalyst 3548 以太网交换机上建立一个名为 lib 105 的 VLAN，下列正确的配置是________。

A)Switch-3548#vlan 1 name lib 105
  Switch-3548#exit

B)Switch-3548(vlan)#vlan 1 name lib 105
  Switch-3548(vlan)#exit

C)Switch-3548(vlan)#vlan 1000 name lib 105
  Switch3548(vlan)#exit

D)Switch-3548(vlan)#vlan 1002 name lib 105
  Switch-3548(vlan)#exit

20．将 Catalyst 6500 交换机的设备管理地址设置为 203.29.166.9/24，默认网关的 IP 地址为 203.29.166.1，正确的配置语句是________。

A)set interface vlan1 203.29.166.9 0.0.0.255 203.29.166.1

B)set interface vlan1 203.29.166.9 255.255.255.0 203.29.166.1

C)set interface sc0 203.29.166.9 0.0.0.255 203.29.166.1

D)set interface sc0 203.29.166.9 255.255.255.0 203.29.166.1

21．封禁 ICMP 协议，只转发 212.78.170.166/27 所在子网的所有站点的 ICMP 数据包，正确的 access-list 配置是________。

A)Router(config)#access-list 110 permit icmp 212.78.170.166 0.0.0.0 any
Router(config)#access-list 110 deny icmp any any
Router(config)#access-list 110 permit ip any any

B)Router(config)#access-list 110 permit icmp 212.78.170.0 255.255.255.224 any
Router(config)#access-list 110 permit ip any any
Router(config)#access-list 110 deny icmp any any

C)Router(config)#access-list 110 perimt icmp 212.78.170.0 0.0.0.255 any
Router(config)#access-list 110 deny icmp any any
Router(config)#access-list 110 permit ip any any

D)Router(config)#access-list 110 permit icmp 212.78.170.160 0.0.0.31 any
Router(config)#access-list 110 deny icmp any any
Router(config)#access-list 110 permit ip any any

22．Cisco 路由器执行 show access-list 命令显示如下一组控制列表信息。

```
Standard IP access list 30
deny 127.0.0.0,wildcard bits 0.255.255.255
deny 172.16.0.0,wildcard bits 0.15.255.255
permit any
```

根据上述信息，正确的 access-list 配置是________。

A)Router(config)#access-list 30 deny 127.0.0.0 255.255.255.0
Router(config)#access-list 30 deny 172.16.0.0 255.240.0.0
Router(config)#access-list 30 permit any

B)Router(config-std-nacl)#access-list 30 deny 127.0.0.0 0.255.255.255
Router(config-std-nacl)#access-list 30 deny 172.16.0.0 0.15.255.255
Router(config-std-nacl)#access-list 30 permit any

C)Router(config)#access-list 30 deny 127.0.0.0 0.255.255.255
Router(config)#access-list 30 deny 172.16.0.0 0.15.255.255
Router(config)#access-list 30 permit any

D)Router(config)#access-list 30 deny 127.0.0.0 0.255.255.255
Router(config)#access-list 30 permit any
Router(config)#access-list 30 deny 172.16.0.0 0.15.255.255

23．通过拨号远程配置 Cisco 路由器时，应使用的接口是________。

A)AUX　　B)Console　　C)Ethernet　　D)VTY

24．在 Cisco 路由器上配置 RIP v1 路由协议，参与 RIP 路由的网络地址有

193.22.56.0/26、193.22.56.64/26、193.22.56.128/26 和 193.22.56.192/26，正确的配置命令是________。

A)Router(config)# network 193.22.56.0 0.0.0.255

B)Router(config-router)# network 193.22.56.0 255.255.255.0

C)Router(config)# network 193.22.56.0

D)Router(config-router)# network 193.22.56.0

25．下列关于蓝牙技术的描述中，错误的是________。

A)工作频段在 2.402～2.480 GHz

B)非对称连接的异步信道速率是 433.9 kbps/57.6 kbps

C)同步信道速率是 64 kbps

D)扩展覆盖范围是 100 米

26．下列关于 IEEE 802.11b 协议的描述中，错误的是________。

A)采用 CSMA/CA 介质访问控制方法　　B)允许无线节点之间采用对等通信方式

C)室内环境通信距离最远为 100 米　　D)最大传输速率可以达到 54 Mbps

27．下列关于 Cisco Aironet 1100 进入快速配置步骤的描述中，错误的是________。

A)使用 5 类无屏蔽双绞线将 PC 和无线接入点连接起来

B)接入点加电后，确认 PC 获得了 10.0.0.x 网段的地址

C)打开 PC 浏览器，并在浏览器的地址栏中输入接入点的默认 IP 地址 10.0.0.254

D)输入密码进入接入点汇总状态页面，并单击 Express Setup 进入快速配置页面

28．下列关于 Windows 2003 系统下 DNS 服务器参数的描述中，错误的是________。

A)安装 DNS 服务时，根服务器被自动加入到系统中

B)反向查找区域用于将 IP 地址解析为域名

C)主机记录的 TTL 是该记录被查询后放到缓存中的持续时间

D)转发器用于将外部域名的查询转发给内部 DNS 服务器

29．下列关于 Windows 2003 系统下 DHCP 服务器参数的描述中，错误的是_______。

A)作用域是网络上 IP 地址的连续范围

B)排除是从作用域内排除的有限 IP 地址序列

C)保留不可以使用被排除的 IP 地址序列

D)地址池是作用域应用排除范围之后剩余的 IP 地址

30．下列关于 Windows 2003 系统下 WWW 服务器配置的描述中，错误的是_______。

A)设置默认文档后使用浏览器访问网站时能够自动打开网页

B)网站选项可设置网站的标识，并可启用日志记录

C)目录安全选项可选择配置身份验证和访问控制、IP 地址和域名限制、安全通信

D)性能选项可设置影响带宽使用的属性及客户端 Web 连接的数量和超时时间

31．下列关于 Serv_U FTP 服务器配置的描述中，错误的是_______。

A)配置服务器域名时，可以使用域名或其他描述

B)配置服务器 IP 地址时，服务器有多个 IP 地址需要分别添加

C)配置服务器域端口号时，可使用端口 21 或其他合适的端口号

D)配置域存储位置时，小的域应选择 .ini 文件存储，而大的域应选择注册表存储

32．下列关于邮件系统工作过程的描述中，错误的是________。

A)用户使用客户端软件创建新邮件

B)客户端软件使用 SMTP 协议将邮件发送到接收方的邮件服务器

C)接收方的邮件服务器将收到的邮件存储在用户的邮箱中待用户处理

D)接收方客户端软件使用 POP3 或 IMAP4 协议从邮件服务器读取邮件

33．差异备份、增量备份、完全备份三种备份策略的恢复速度由慢到快依次为________。

A)增量备份、差异备份、完全备份　B)差异备份、增量备份、完全备份

C)完全备份、差异备份、增量备份　D)完全备份、增量备份、差异备份

34．Cisco PIX525 防火墙用来允许数据流从具有较低安全级接口流向较高安全级接口的配置命令是________。

A)fixup　　B)conduit　　C)global　　D)nameif

35．下列方式中，利用主机应用系统漏洞进行攻击的是________。

A)Land 攻击　　B)暴力攻击　　C)源路由欺骗攻击　　D)SQL 注入攻击

36．以下不属于网络安全评估内容的是________。

A)数据加密　　B)漏洞检测　　C)风险评估　　D)安全审计

37．Cisco 路由器上使用团体字 pub 向管理站 pub.abc.edu.cn 发送自陷消息，正确的 snmp 配置语句是________。

A)snmp-server enable traps
snmp-server host pub.abc.edu.cn pub

B)snmp-server traps enable
snmp-server host pub.abc.edu.cn pub

C)snmp-server enable traps
snmp-server pub.abc.edu.cn pub

D)snmp-server traps enable
snmp-server pub.abc.edu.cn pub

38．下列关于漏洞扫描技术和工具的描述中，错误的是________。

A)主动扫描工作方式类似于 IDS

B)CVE 为每个漏洞确定了唯一的名称和标准化的描述

C)X-Scanner 采用多线程方式对指定 IP 地址段进行安全漏洞扫描

D)ISS 的 System Scanner 通过依附于主机上的扫描器代理侦测主机内部的漏洞

39．在一台主机上用浏览器无法访问到域名为 www.abc.edu.cn 的网站，并且在这台主机上执行 tracert 命令时有如下信息。

```
Tracing route to www.abc. edu.cn[202.113.96.10]
Over maximum of 30 hops:
1 <1ms <1ms <1ms 59.67.148.1
2 59.67.148.1 reports:Destination net unreachable
Trace complete
```

分析以上信息，会造成这种现象的原因是________。

A)该计算机 IP 地址设置有误　　B)相关路由器上进行了访问控制

C)该计算机没有正确设置 DNS 服务器

D)该计算机设置的 DNS 服务器工作不正常

40．攻击者使用无效 IP 地址，利用 TCP 连接的三次握手过程，连续发送会话请求，使受害主机处于开放会话的请求之中，直至连接超时，最终因耗尽资源而停止响应。这种

攻击被称为________。

A)DNS 欺骗攻击　B)DDoS 攻击　C)重放攻击　D)SYN Flooding 攻击

二、综合题(每空 2 分，共 40 分)

请将每一个空的正确答案写在答题卡【1】～【20】序号的横线上，答在试卷上不得分。

1．计算并填写下表。

IP 地址	191.23.181.13
子网掩码	255.255.192.0
地址类别	【1】
网络地址	【2】
直接广播地址	【3】
主机号	【4】
子网内的最后一个可用 IP 地址	【5】

2．如图 2 所示，某园区网用 2.5 Gbps 的 POS 技术与 Internet 相连，POS 接口的帧格式是 SONET。路由协议的选择方案是，园区网内部采用 OSPF 协议，园区网与 Internet 的连接使用静态路由。

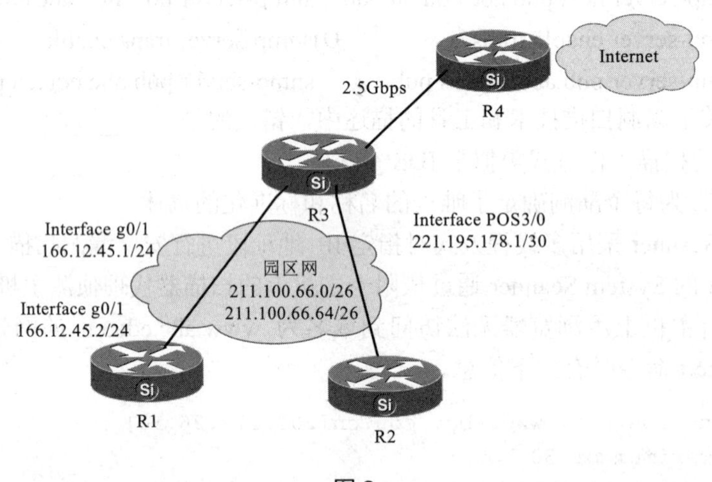

图 2

请阅读以下 R1 和 R3 的部分配置信息，并补充【6】～【10】空白处的配置命令或参数，按题目要求完成路由器的配置。

R1 默认路由的配置信息：

```
Router-R1 #configure terminal
Router-R1(config)#
Router-R1(config)# ip router 0.0.0.0 【6】
Router-R1(config)# exit
Router-R1 #
```

R3 的 POS 接口和 OSPF 协议的配置信息：

```
Router-R3 # configure terminal
Router-R3 (config) #
Router-R3(config) # interface pos3/0
Router-R3(config-if) # description To Internet
Router-R3(config-if) # bandwidth 2500000
Router-R3(config-if) # ip address 221.195.178.1 255.255.255.252
Router-R3(config-if) # crc 32
Router-R3(config-if) # pos 【7】
Router-R3(config-if) # no ip directed-broadcast
Router-R3(config-if) # pos flag 【8】
Router-R3(config-if) # no shutdown
Router-R3(config-if) # exit
Router-R3(config)# router ospf 65
Router-R3(config-router)# network 211.100.66.0 【9】 area 0
Router-R3(config-router)# redistribute connected metric-type 1 subnets
Router-R3(config-router)# area 0 range 211.100.66.0 【10】
Router-R3(config-router)# exit
Router-R3(config)#
```

3．某公司网络管理员使用 DHCP 服务器对公司内部主机的 IP 地址进行管理。在某 DHCP 客户机上连续执行“ipconfig /all”和“ipconfig /renew”命令，执行“ipconfig /all”命令得到的部分信息如图 3 所示，执行“ipconfig /renew”命令时，在客户机捕获的报文及相关分析如图 4 所示。请分析图中的信息，补全【11】～【15】的内容。

```
Ethernet adapter 本地连接：
Description.........................: Broadcom 440x 10/100 Integrated Controller
Physical Address................: 00-16-18-F1-C5-68
Dhcp Enabled.....................: Yes
IP Address..........................: 192.168.0.50
Subnet Mask........................: 255.255.255.0
Default Gateway.................: 192.168.0.1
DHCP server.......................: 192.168.0.100
DNS server..........................: 192.168.0.100
Lease Obtained....................: 2010 年11 月18 日 8:29:03
Lease Expires.......................: 2010 年11 月26 日 8:29:03
```

图 3

编号	源IP地址	目的IP地址	报文摘要	报文捕获时间
1	192.168.0.50	【11】	DHCP:Request,Type:DHCP request	2010-11-1809:10:00
2	192.168.0.100	【12】	DHCP:Reply,Type:DHCP ack	2010-11-1809:10:00

```
DHCP:-----DHCP Header-----
DHCP:Boot record type                       =2(Reply)
DHCP:Hardware address Type                  =1 (10M Ethernet)
DHCP:Hardware address length                = 【13】 bytes
DHCP:Hops                                   =0
DHCP:Transaction id                         =2219121F
DHCP:Elapsed boot time                      =0 seconds
DHCP:Flags                                  =0000
DHCP:0                                      =no broadcast
DHCP:Client self-assigned address           =[0.0.0.0]
DHCP:Client address                         =[192.168.0.50]
DHCP:Next Server to use in bootstrap        =[0.0.0.0]
DHCP:Relay Agent                            =[0.0.0.0]
DHCP:Client hardware address                = 【14】
DHCP:Host name                              =""
DHCP:Boot file name                         =""
DHCP:Vendor Information tag                 =53825363
DHCP:Message Type                           =5(DHCP Ack)
DHCP:Address renewel interval               =345600(seconds)
DHCP: Address rebinding interval            =604800(seconds)
DHCP: Request IP Address leased time        =691200(seconds)
DHCP:Sever IP Address                       =[192.168.0.100]
DHCP:Submast                                =255.255.255.0
DHCP:gateway address                        =[192.168.0.1]
DHCP:Domain Name Server address             = 【15】
```

图4

4. 如图5所示是校园网中一台主机在命令行模式下执行某个命令时用Sniffer捕获的数据包。

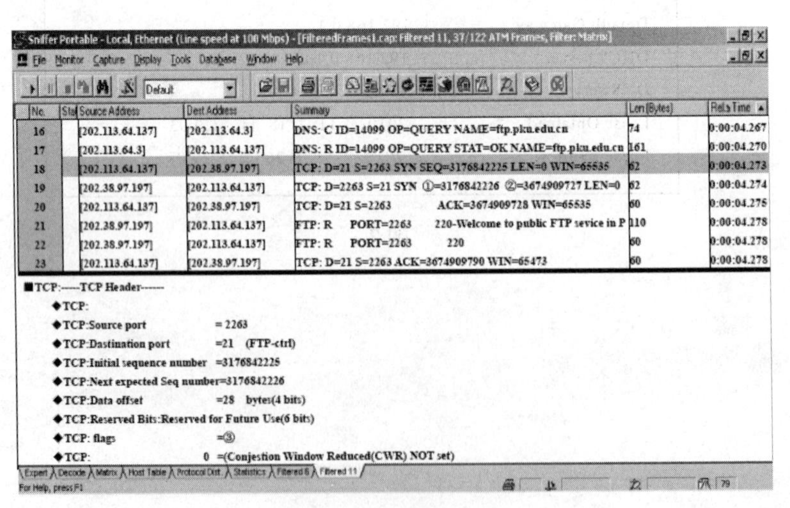

图5

请根据图中信息回答下列问题。

(1) ftp.pku.edu.cn 对应的IP地址是__【16】__。

(2) 图中①②③处删除了部分显示信息，其中②和③处的信息分别是__【17】__和__【18】__。

(3) 主机202.113.64.3 的功能是__【19】__。

(4) 当需要回放捕获的数据包时，可以使用Sniffer内置的__【20】__。

三、应用题(共20分)

应用题必须用蓝、黑色钢笔或者圆珠笔写在答题纸的相应位置上，否则无效。

请根据图6所示的网络结构回答下列问题。

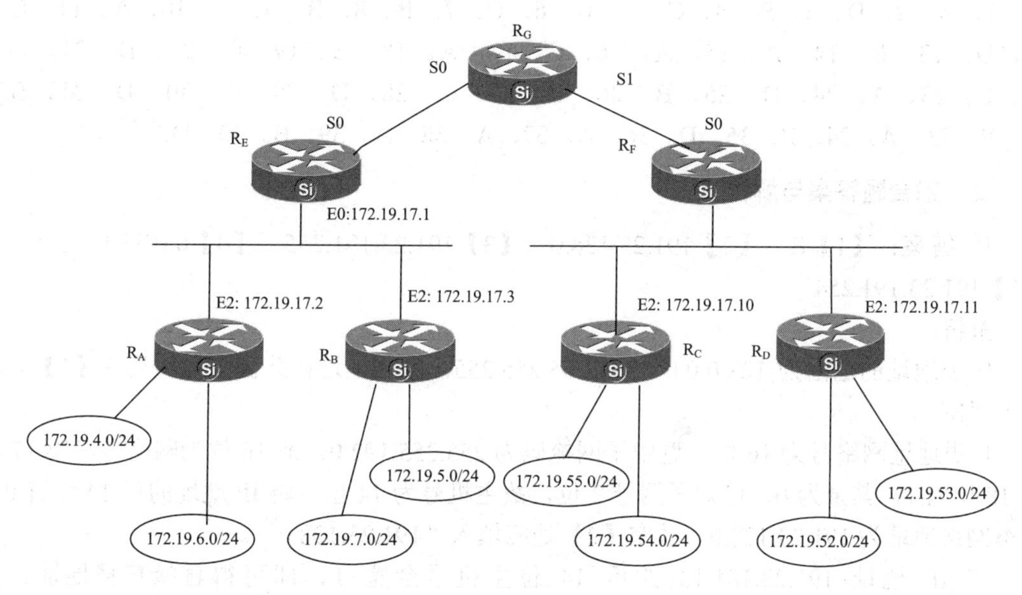

图6

(1) 填写路由器 R_G 的路由表项①至④。(每空2分，共8分)

目的网络	输出端口
172.19.63.192/30	S0(直接连接)
172.19.63.188/30	S1(直接连接)
①	S0
②	S1
③	S0
④	S1

(2) 请写出路由器 R_G 和路由器 R_E 的S0口的IP地址。(2分)

(3) 如果该网络内服务器群的IP地址为172.19.52.100～172.19.52.126和172.19.53.100～172.19.53.200，要求用一种设备对服务器群提供如下保护：检测发送到服务器群的数据包，如果发现恶意数据包，系统发出警报并阻断攻击。请回答以下两个问题。

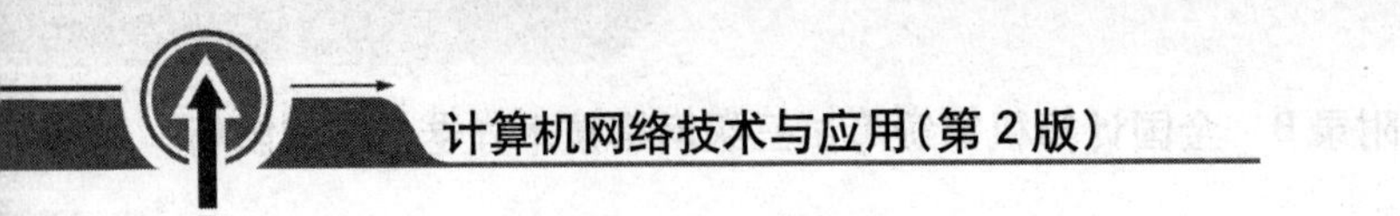

第一，写出这种设备的名称。(2 分)

第二，该设备应该部署在图中的哪个设备的哪个接口。(2 分)

(4) 如果将 172.19.52.128/26 划分为 3 个子网，其中前两个子网分别能容纳 10 台主机，第 3 个子网能容纳 20 台主机。请写出子网掩码及可用的 IP 地址段。(6 分)(注：请按子网顺序号分配网络地址)。

样卷 3 答案解析

一、选择题答案与解析

1．A。2．D。3．B。4．C。5．B。6．C。7．B。8．B。9．C。10．A。11．C。12．D。13．B。14．A。15．A。16．C。17．A。18．B。19．C。20．D。21．D。22．C。23．A。24．D。25．B。26．D。27．C。28．D。29．C。30．D。31．B。32．B。33．A。34．B。35．D。36．A。37．A。38．A。39．B。40．D。

二、综合题答案与解析

1．答案：【1】B　【2】191.23.128.0　【3】191.23.191.255　【4】0.0.53.1　【5】191.23.191.254

解析：

B 类地址的范围为 128.0.0.0～191.255.255.255，题中地址在此范围内。故空【1】处应填入“B”。

B 类地址网络号为 16 位，题中子网掩码为 255.255.192.0，前 16 位为网络号，第 17 位和 18 位为 1，其余为 0，可知子网号 2 位，故主机号为 14 位，将 IP 地址的后 14 位置 0，可得网络地址为 191.23.128.0。故空【2】处应填入“191.23.128.0”。

将 IP 地址 191.23.181.13 的后 14 位主机号全置 1，即可得直接广播地址，为 191.23.191.255。故空【3】处应填入“191.23.191.255”。

将 IP 地址 191.23.181.13 的后 14 位不变，前 18 位置 0，即可求得主机号为 0.0.53.1。故空【4】处应填入“0.0.53.1”。

子网内可用的 IP 地址范围为 191.23.128.0～191.23.191.254。故空【5】处应填入“191.23.191.254”。

2．答案：【6】0.0.0.0 166.12.45.1　【7】framing sonnet　【8】s1 s0 0　【9】0.0.0.127　【10】255.255.255.128

解析：

路由器 R1 需要配置默认路由，将下一跳路由器指定为 R3，即下一跳地址为 R3 的地址 166.12.45.1。故空【6】处应填入“0.0.0.0 166.12.45.1”。

题目要求 POS 接口的帧格式是 SONET，故此处设置帧格式。故空【7】处应填入“framing sonnet”。

s1 s0=00 表示是 SONET 帧的数据，s1 s0=10(十进制 2)表示是 SDH 的数据，此处帧格式为 SONET，故设置 s1 s0 为 0。故空【8】处应填入“s1 s0 0”。

园区网内的 IP 地址属于 C 类地址，主机号为 8 位，网络前缀是 26 位，故子网号为 2

位，所以将前 26 位置 1，可得出子网掩码是 255.255.255.128，取其反码为 0.0.0.127。本题需要把园区网的两个子网汇聚。故空【9】处应填入“0.0.0.127”。

园区网内的 IP 地址属于 C 类地址，主机号为 8 位，网络前缀是 26 位，故子网号为 2 位，所以将前 26 位置 1，可得出子网掩码是 255.255.255.128。故空【10】处应填入“255.255.255.128”。

3．**答案：**【11】192.168.0.100　【12】192.168.0.50　【13】6　【14】001618F1C568　【15】192.168.0.100

解析：

根据后面的报文摘要 DHCP:Request,Type:DHCP request，可知目的 IP 地址应为 DHCP server 的 IP 地址：192.168.0.100。故空【11】处应填入“192.168.0.100”。

根据后面的报文摘要 DHCP:Reply,Type:DHCP ack，可知目的 IP 地址应为 192.168.0.50。故空【12】处应填入“192.168.0.50”。

一个字节存储两个数，而 MAC 地址有 12 个数，所以这里的硬件地址有 6 个字节。故空【13】处应填入“6”。

由题目可知物理地址为 001618F1C568。故空【14】处应填入“001618F1C568”。

从表中可查到 DHCP server 的 IP 地址为 192.168.0.100。故空【15】处应填入“192.168.0.100”。

4．**答案：**【16】202.38.97.197　【17】SEQ　【18】2　【19】DNS 服务器　【20】数据包生成器

解析：

ftp.pku.edu.cn 对应的 IP 地址是图中阴影部分的目的地址。故空【16】处应填入“202.38.97.197”。

标号为 19 的一行表示 TCP 报文，在 TCP/IP 协议中，发送一个数据，接收成功后将回复一个确认数据，即①处为确认数据 ACK。接收方在确认之后将再次发送一个数据，以便与下面的握手连接，即②处是接收方向原发送方发出的数据，即为 SEQ。故空【17】处应填入“SEQ”。

原发送方向接收方发送数据 SEQ=317 684 222 5，接收方成功接收后向原发送方发送确认数据 ACK，并继续握手，再次发送数据 SEQ=317 684 222 7，前后数据标志位相差 2。故空【18】处应填入“2”。

查看图 5，由标号为 16 的数据包可知，源地址为 202.113.64.137 的主机，要访问目的 IP 地址为 202.113.64.3 的 DNS 服务器。故空【19】处应填入“DNS 服务器”。

Sniffer 内置了一个数据包生成器，可以回放捕获的数据包。故空【20】处应填入“数据包生成器”。

三、应用题答案与解析

(1)**答案：**① 172.19.17.0/29　② 172.19.17.8/29　③ 172.19.4.0/22　④ 172.19.52.0/22

解析：从图 6 中可以看出，这个网络一共包括了 12 个子网，其中 4 个子网用于路由器之间的互联，它们都在 172.19.17.0/24 网络中；另外 8 个子网分配给用户，由于路由表只有 6 项，故这其中一定存在路由聚合。对于空①，应该是 R_E 连接 R_A 和 R_B 的网络；对

于空②，应该是 R_F 连接 R_C 和 R_D 的网络。这两个网络都用了 3 个 IP 地址，如果子网掩码使用/30，每个子网只能有两个可用地址；如果使用/28，两个网络就成了 1 个网络，因此子网掩码是/29。①处包含了 172.19.17.1、172.19.17.2 和 192.19.17.3，对应的子网是 172.19.17.0/29；②处包含了 172.19.17.10、192.19.17.11 和 192.19.17.12，对应的子网是 172.19.17.8/29；对于空③，应该是 R_A 和 R_B 连接的 4 个子网的路由聚合，这 4 个子网分别是 172.19. 4.0/24、172.19.5.0/24、172.19.6.0/24 和 172.19.7.0/24，经过路由聚合，应为 172.19.4.0/22；同理，空④是 172.19.52.0、172.19.53.1、172.19.53.2 和 192.19.53.3 的聚合，应为 172.19.52.0/22。

(2)答案：172.19.63.193　172.19.63.194

解析：第一个目的网络地址为 172.19.63.192/30，后两位分配，S0 口地址后两位分 01，可得 IP 地址为 172.19.63.193。

类似地，将后两位分 10，可得 IP 地址为 172.19.63.194。

(3)答案：设备名称为 IPS，该设备应部署在 R_D 的 E_2 接口。

解析：基于网络的入侵防护系统如果检测到一个恶意的数据包，系统发出警报并阻断攻击。该网络内服务器群的 IP 地址为 172.19.52.100～172.19.52.126 和 172.19.53.100～172.19.53.200，由图 6 中的 IP 地址分配情况可直接看出。

(4)答案：

子网一的掩码为 255.255.255.240，可用的 IP 地址段为 172.19.52.129～172.19.52.142。

子网二的掩码为 255.255.255.240，可用的 IP 地址段为 172.19.52.145～172.19.52.158。

子网三的掩码为 255.255.255.224，可用的 IP 地址段为 172.19.52.161～172.19.52.190。

解析：该地址是 B 类地址，子网数量为 3，可取子网号的长度为 2，前两个子网分别能容纳 10 台主机，主机号位数可取 4，第 3 个能容纳 20 台主机，主机号位数可取 5，因此前两个子网的后 4 位置 0，即前 28 位全为 1，可得子网掩码为 255.255.255.240；第 3 个子网的后 5 位置 0，前 27 位全为 1，可得子网掩码为 255.255.255.224。由于子网号和主机号不能使用全 0 或全 1，故前两个子网只能容纳 14 台主机，大于 10 台，符合；第 3 个子网只能容纳 30 台主机，大于 20。故子网 1 的可用 IP 段为 172.19.52.129～172.19.52.142，子网 2 的可用 IP 段为 172.19.52.145～172.19.52.158，子网 3 的可用 IP 段为 172.19.52.161～172.19.52.190。

参 考 文 献

1. 郑阿奇. 计算机网络原理与应用. 北京：电子工业出版社，2003.

2. 关桂霞等. 网络系统集成. 北京：电子工业出版社，2004.

3. 刘远生. 计算机网络基础. 北京：电子工业出版社，2001.

4. 郑娟. 计算机网络技术与应用教程. 北京：机械工业出版社，2005.

5. 冯文新. 计算机网络技术与应用. 北京：电子工业出版社，2005.

6. 葛武滇，乔正洪等. Internet 教学与应用. 北京：清华大学出版社，2005.